大学入試
亀田 和久の
無機化学
が面白いほどわかる本

代々木ゼミナール講師
亀田 和久
kazuhisa kameda

＊本書には「赤色チェックシート」がついています。

はじめに

　無機化学は暗記だと信じ，ひたすらプリントを丸暗記するという学習法の人がいます。ところが，この学習法には次のような欠点があります。

> 1　本当のところ，原理・原則がわからない
> 2　実際には丸暗記できないし時間がたつと忘れてしまう
> 3　あまり楽しくない

　一番問題なのは，最後の「あまり楽しくない」ということです。**サイエンスは，スポーツや芸術のように非常に魅力的なものです**。そこで，原理・原則を理解し，感動して楽しんでもらえるように本書を書きました。理解に必要な，図やイラストを非常に多く使用しました。そのためページが多いのですが，まるでマンガを読んでいるように学習できるはずです。化学の本質がわかれば，パターン学習とは違って次のようになっていくはずです。

> 1　原理・原則がわかり，自然に頭に入ってくる
> 2　原理を考えながら問題を解くようになるから応用がきく
> 3　身のまわりの現象がわかり，化学が楽しく感じる

　理解して学べば，原理・原則がわかるだけでなく「化学は楽しい！」と感じるようになります。本質がわかれば，もちろん問題が解けるようになるばかりでなく応用もききます。**原理・原則がわかって問題を解いている人が，いちばん本番に強いのです。**

　私の感動した大好きなサイエンスをみなさんに是非，体感して楽しんでもらいたいんです!!

　最後に，本書のためにたくさんのイラストを提供してくれたイラストレーター，イラストと図が非常に多くて複雑な紙面にもかかわらず，すばらしい本に仕上げてくれた編集者の方々に心から感謝です。

亀田 和久

この本の使い方

この本は story ，Point! ，確認問題，そして**別冊（無機化学のデータベース）**という4つの部分で構成されています。この本を最大限に活用するために，次のような使用法を推奨します。

まずは学ぶ順番です。
1 元素を周期表でイメージできるよう，**「Ⅰ 周期表と化学式の基礎」を最初に読む。**
2 基本的に「Ⅰ 周期表と化学式の基礎」以降は，どこから読んでもよいが，なるべく章単位で学習する。

次に各章をどう読むかです。
1 各章の story をしっかり読む
 ⇒基本的に対話形式で， とマンツーマンで教わっているように読めるので，楽しく集中して学べます。
2 Point! はしっかり覚える
 ⇒重要な公式などは story に Point! としてまとめてあるので，原理・原則がわかったら Point! をしっかり覚えましょう。
3 確認問題 をやる
 ⇒ story を読んで Point! を覚えたら，確認問題 を自力で解けるようになるまで解くようにしましょう。
4 別冊（無機化学のデータベース）で確認する
 ⇒つねに持ち歩いて， story で学んだ内容を思い出しながら，知識の確認しましょう！

この4段階をくり返せば，原理・原則がわかり，「化学は楽しい」と感じながら学べるようになります!!

この本では，常温常圧での物質の状態を気体，液体，固体　　の記号を用いて示しています。また，化学反応式中の化学式を酸化剤　　，還元剤　　，酸　　，塩基　　と色分けして示しています。

もくじ

はじめに ...... 2　　この本の使い方 3

I● 周期表と化学式の基礎 9

第1章 電子式の書き方　10
- story 1　電子式の基本　10
- story 2　分子の形　13
- story 3　オクテット則　16
- story 4　配位結合の表記　19
- story 5　電荷のつけ方　20
- story 6　ルイス構造の書き方　24
- 確認問題　32

第2章 周期表と元素の性質　33
- story 1　周期表の位置と元素の性質　33
- story 2　電気陰性度　35
- story 3　水素化物と周期表　38
- 確認問題　42

第3章 酸化物の分類　44
- story 1　酸化物と周期表　44
- story 2　塩基性酸化物　46
- story 3　両性酸化物　48
- story 4　酸性酸化物　51
- 確認問題　57

第4章 オキソ酸の性質　59
- story 1　オキソ酸と周期表　59
- story 2　オキソ酸の電離　61
- story 3　オキソ酸の縮合　64
- story 4　オキソ酸の強さ　68
- 確認問題　70

II● 非金属元素の単体と化合物(1)
－水素, 希ガス, ハロゲン－ ………………………… 71

第5章 水　素　72
- story1 水素の化合物　72
- story2 水素の製法　73
- story3 水素の反応　79
- 確認問題　81

第6章 希 ガス　82
- story1 希ガスの所在　82
- story2 希ガスの性質　85
- story3 ネオンサイン　88
- 確認問題　90

第7章 ハロゲン単体の性質　91
- story1 ハロゲン単体の状態　91
- story2 ハロゲン単体の酸化力　93
- story3 ハロゲン単体の製法　96
- story4 ハロゲン単体の性質　101
- 確認問題　108

第8章 ハロゲン化合物の性質　110
- story1 ハロゲン化水素　110
- story2 塩素のオキソ酸　115
- story3 ハロゲン化銀　116
- 確認問題　118

III ● 非金属元素の単体と化合物(2)
－14,15,16族元素－ ……………………………… 121

第9章 酸素とその化合物　122
- story1　オゾン　122
- story2　過酸化水素　125
- story3　酸素の製法　127
- 確認問題　128

第10章 硫黄とその化合物　129
- story1　硫黄の単体　129
- story2　硫化水素　131
- story3　二酸化硫黄　137
- story4　硫酸　145
- 確認問題　154

第11章 窒素とその化合物　156
- story1　窒素と窒素酸化物　156
- story2　硝酸　162
- story3　アンモニア　167
- 確認問題　171

第12章 リンとその化合物　173
- story1　リンの単体　173
- story2　十酸化四リン　176
- story3　リン酸塩　178
- 確認問題　180

第13章 炭素とその化合物　181
- story1　炭素の単体　181
- story2　炭素の酸化物　185
- story3　二酸化炭素の性質と製法　187
- 確認問題　193

第14章 ケイ素とその化合物　194
- story1　ケイ素の単体　194
- story2　二酸化ケイ素とガラス　199
- story3　二酸化ケイ素の反応　203
- 確認問題　209

IV ● 気体の製法と性質 ……………………………………… 211

第15章 気体の製法と性質　212
- story1 気体の製法　212
- story2 気体の発生装置と乾燥剤・捕集法　222
- story3 気体の性質と試験紙の反応　227
- 確認問題　232

V ● 金属一般の性質 ……………………………………… 235

第16章 イオン化傾向と金属の性質　236
- story1 イオン化傾向　236
- story2 金属と酸の反応　240
- story3 金属の製錬　244
- 確認問題　249

第17章 金属の基本的性質と合金　250
- story1 金属の密度と結晶　250
- story2 金属の融点　253
- story3 合金と表面処理材料　255
- 確認問題　259

第18章 金属イオンの沈殿と錯イオン　261
- story1 沈殿のペア　261
- story2 錯イオン　264
- story3 金属イオンの系統分離　269
- 確認問題　274

第19章 両性元素の反応　276
- story1 水酸化物の反応　276
- story2 酸化物の反応　281
- story3 単体の反応　284
- 確認問題　288

VI ● 金属元素の単体と化合物 ・・・・・・・・・・・・・・・・・・・・・・・ 289

第20章 アルカリ金属の性質　290
- **story 1** 単体とイオン　290
- **story 2** アルカリ金属の化合物　297
- **story 3** アルカリ金属と工業　300
- 確認問題　306

第21章 アルカリ土類金属の性質　308
- **story 1** 単体とイオン　308
- **story 2** 2族元素の化合物　310
- **story 3** アルカリ土類金属の化合物と工業　315
- 確認問題　320

第22章 アルミニウムの性質　322
- **story 1** アルミニウムの製錬法　322
- **story 2** アルミニウムの化合物　325
- 確認問題　329

第23章 鉄の性質　330
- **story 1** 鉄の酸化物　330
- **story 2** 鉄の製錬法　333
- **story 3** 鉄(Ⅱ)イオン Fe^{2+} と鉄(Ⅲ)イオン Fe^{3+}　336
- 確認問題　340

第24章 銅と銀の性質　342
- **story 1** 銅の製錬法　342
- **story 2** 銅の化合物　345
- **story 3** 銅と銀の化合物の比較　348
- 確認問題　352

第25章 クロムとマンガンの性質　354
- **story 1** クロムの性質　354
- **story 2** マンガンの性質　359
- 確認問題　363

さくいん ・・・・・・・・・・・・・・・・・・・ 365
元素の周期表 ・・・・・・・・・・・・・・ 374

Point! 一覧 ・・・・・・・・・・・・・・・・・・・ 371

本文イラスト　：北　ピノコ
章見出しイラスト：中口美保

I

周期表と
化学式の基礎

第1章 電子式の書き方

▶第3周期の非金属元素は周りの電子を8個にしたがる。

story 1 電子式の基本

(1) 原子価

　原子の手の数は決まっているの？

　原子から出る手を，正式には**価標**という。その**価標の数は原子価**というが，**基本的には周期表の族によって決まっている**よ。

▼原子価

	1族	2族	13族	14族	15族	16族	17族	18族
第1周期	H							He
第2周期	Li	Be	B	C	N	O	F	Ne
第3周期	Na	Mg	Al	Si	P	S	Cl	Ar
第4周期	K	Ca	Ga	Ge	As	Se	Br	Kr
基本の原子価	1価	2価	3価	4価	3価	2価	1価	0価

周期表と化学式の基礎

簡単だね。でも，例外もあるから注意だよ。

(2) 電子式とルイス構造（式）

　じゃあ，原子価はいつ，何本になるのか教えて！

　もちろん，簡単に教えてあげたいんだけど，それがわかるためには**電子式**が必要不可欠になってくるんだ。

まず，電子式とは何かだけど，**電子式は各原子の最外殻電子を点（・）で表記したもの**だよ。

▼ 最外殻電子の数

	1族	2族	13族	14族	15族	16族	17族	18族
第1周期	H							He
第2周期	Li	Be	B	C	N	O	F	Ne
第3周期	Na	Mg	Al	Si	P	S	Cl	Ar
第4周期	K	Ca	Ga	Ge	As	Se	Br	Kr
最外殻電子の数	1	2	3	4	5	6	7	8(He:2)

例えば，C，N，O，Fの水素化物を考えた場合，電子式は次のようになっているよね（詳しくは『大学入試 亀田和久の 理論化学が面白いほどわかる本』の「第6章 共有結合」を見てね）。

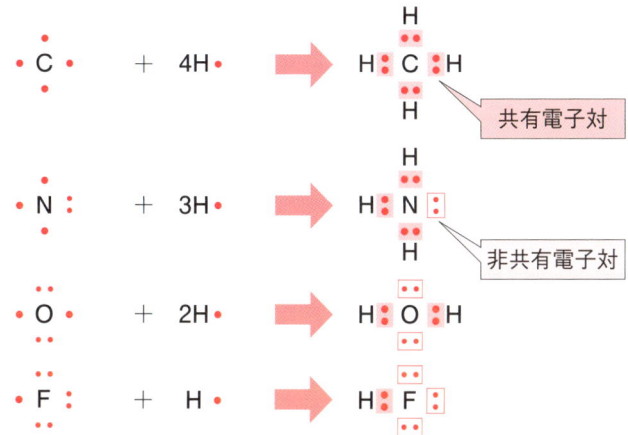

第1章 電子式の書き方　11

電子2個のセットを電子対といい，2つの原子で共有されている電子対を**共有電子対**，共有されていない電子対を**非共有電子対**というんだ。

電子をドット（・）または線（ー）で表したものを**ルイス構造（式）**といっているんだけど，ルイス構造には下の表に示すようにいろいろな書き方があるんだ。構造式は，共有電子対だけを線（価標）で表すけど，**ルイス構造**は電子対を線やドットで表すんだ。

次のルイス構造と構造式の書き方の例を見れば，違いは一目瞭然だよ。

▼ ルイス構造と構造式

分子式 名称	ルイス構造			構造式 （共有電子対だけを線で表す）
	すべて点で表したもの（受験でいう**電子式**） タイプA	共有電子対を線（価標）で表したもの タイプB	電子対をすべて線で表したもの タイプC	
CH₄ メタン	H:C:H の周りにH	H-C-H の周りにH	H-C-H の周りにH	H-C-H の周りにH
NH₃ アンモニア	H:N:H H	H-N-H H	H-N-H H	H-N-H H
H₂O 水	H:O:H	H-O-H	H-O-H	H-O-H
HF フッ化水素	H:F:	H-F:	H-F	H-F

実は，受験でいう電子式は表の一番左（タイプA）で，点だらけで少々わかりづらいんだ。世界中で一番多く使われているのが共有電子

対を線（価標）で表した**タイプB**なんだ。

タイプBのルイス構造を理解すれば，無機化学分野の理解をかなり助けてくれるんだよ。例えば，次の分子の形がそうなんだ。

story 2 分子の形

　　　　　分子の形って，暗記しなくちゃいけないの？

　　　実は，分子の形を暗記しなくても，**ルイス構造**（**電子式**）が書ければわかるんだ。これからそのやり方を教えるね。

まず，最初に注意しなければならないのはK殻，L殻，M殻，N殻，……という電子殻だ。しかし，これは原子の話で，分子になると，**分子軌道**というものをつくってそこに電子を収めるから，K殻，L殻などの電子殻の形は保たれていないんだ。そのかわり，原子は最外殻の電子を使って，**分子軌道をつくるよ。大切なのは，1つの軌道に電子は2個しか入らない**のが規則で，実はこれが電子対の正体なんだ。つまり，**分子軌道＝電子対**というわけなんだ。

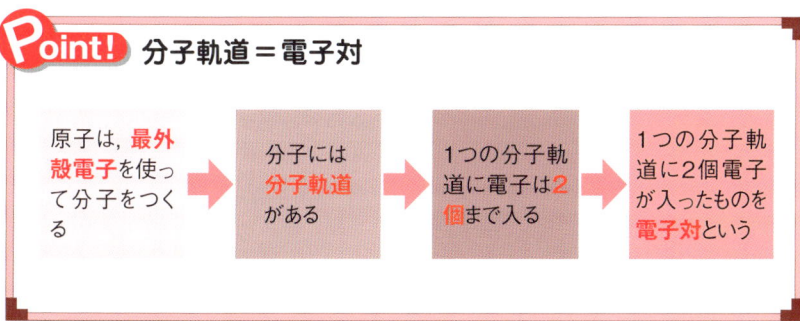

だから，ルイス構造を書いて電子対を表せば，分子のもつ軌道がわかるんだ。受験に頻出の CH_4，NH_3，H_2O，HF の分子軌道の形を考えてみるとおもしろいことがわかるよ。**1つの原子の周りに分子軌道（電子対）が4つあれば，その軌道は空間的に対称的な四面体の方向**

に出るんだ。それによって、分子の形が決定するよ。非共有電子対も形があるんだけど、通常、分子の形を聞かれたら、非共有電子対を無視して、**原子の配置だけを見た形**を答えるのが普通だから、次の表中の「**分子の形B**」を答えればいいんだ。

▼ ルイス構造と分子の形

分子式 名称	ルイス構造 （電子式） 共有電子対を線 （価標）で表し たもの タイプB	中心原子の 周りの電子対 （軌道）の数	分子の形	
			実際の分子の 形 **分子の形A**	原子の配置だ けを見た形 **分子の形B**
CH₄ メタン	H-C-H の構造	Cの周りの 電子対が**4つ**		正四面体形
NH₃ アンモニア	H-N-H	Nの周りの 電子対が**4つ**		正三角錐形
H₂O 水	H-O-H	Oの周りの 電子対が**4つ**		折れ線形
HF フッ化水素	H-F	Fの周りの 電子対が**4つ**		直線形

上の例では、原子の周りの電子対はみんな4つなんだ！

原子の周りに4つの軌道（電子対）があれば、実際の分子の形は四面体になるんだよ！

二重結合や三重結合はどう考えればいいの？

分子の形を考えるときには，二重結合や三重結合は単結合と考えるんだ。π結合がわかる人は，**π結合を無視するだけ**と考えればいいよ（『大学入試　亀田和久の　有機化学が面白いほどわかる本』第7章，第8章参照）。ルイス構造を書いて具体的に教えると，次の通りだよ。

▼二重結合, 三重結合と分子の形

分子式名称	ルイス構造（電子式）共有電子対を線で表したものタイプB	中心原子の周りの電子対（軌道）の数	分子の形		
			二重, 三重結合を単結合と考えた場合	実際の分子の形 分子の形A	原子だけの配置を見た形 分子の形B
CH_2O ホルムアルデヒド	H-C-H ∥ O	Cの周りの電子対が4つ	Cの周りの電子対は3つと考えて，軌道を対称に出す。 H-C-H :O:	H H C O	三角形 H H C O
CO_2 二酸化炭素	O=C=O		Cの周りの電子対は2つと考えて，軌道を対称に出す。 O-C-O	O-C-O	直線形 O-C-O
HCN シアン化水素	H-C≡N:		Cの周りの電子対は2つと考えて，軌道を対称に出す。 H-C-N:	H-C-N	直線形 H-C-N

中心の原子でない，端っこの原子の軌道（電子対）の数は，形を考えるときには，最終的に無視するから考えなくてもいいんだ。表には，端っこの原子から出る軌道も，参考に書いておいたけどね。

story 3 オクテット則

電子式を書くときに，オクテット則って習ったんだけど教えてください！

オクテット則というのは，「**原子の周りの電子は8個になりやすい**」という規則だよ。1つの軌道（電子対）に電子は2個まで入るから，**オクテット則（octet rule）（8隅子則）**は，「**原子の周りの電子対は4つになりやすい**」というルールなんだ。分子の形を考えるとき，中心原子のC，N，O，Fなどの周りの電子対はすべて**4つ**になっているね。正にそれがオクテット則なんだ！

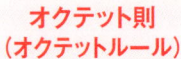 原子の周りの電子は8個になりやすい 原子の周りの軌道（電子対）は4つになりやすい

じゃあ，どんな元素もオクテット則が成り立っているってことね！

いやいや，第1周期の水素は，電子対（軌道）が1つ（電子が2個）で満杯なんだ。電子の数は2個だから**2隅子則（duplet rule）**が成り立つ。第2周期以降の典型元素ではオクテット則に従う元素が多いんだ。

第1周期の元素  原子の周りの電子は2個が最大（**2隅子則**）

第2周期以降の典型の元素  原子の周りの最外殻電子は8個が最大（**オクテット則**）

▼2隅子則とオクテット則

族	1	2	13	14	15	16	17	18	原子の最外殻 電子対(軌道)の最大値	電子の最大値	
第1周期	H							He	1つ	2個	◀ 2隅子則
第2周期以降									4つになりやすい	8個になりやすい	◀ オクテット則

シアン化水素分子を例にオクテット則を検証してみよう。HCN の構造式（H−C≡N）ではなくて，必ずルイス構造（H−C≡N:）を書いて考えるんだ。それと，価標の部分（共有結合の部分）は共有電子対だから，電子が2個あるのを忘れないでね！

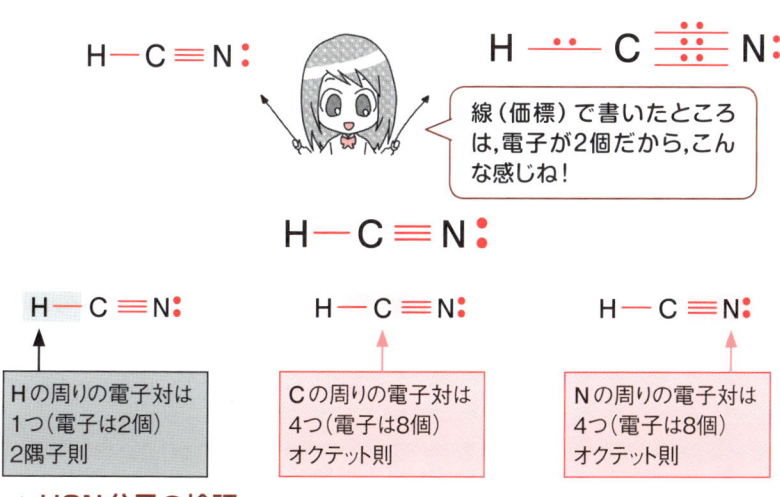

▲ HCN分子の検証

じゃあ，3価のホウ素なんかもオクテット則に従うの？

ホウ素Bは，オクテット則に従う傾向にあるっていったほうがいいかな。例えば，BF_3という分子について考えてみよう。
　Bは13族で基本的な原子価は3価だから，手の数は3本で，構造式を書くと何も問題ない中性分子に見えるね。

　だけど，Bの周りの電子対（軌道）の数は3つしかないから，電子の数にして6個で，オクテット則に従っていないんだ。でも，この分子は実際に存在するから，オクテット則は絶対ではないことがわかるね。

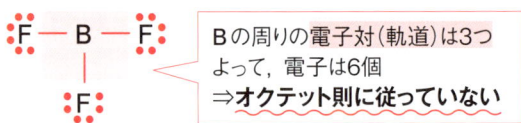

　ところが，やはり8個になりたがっていて（オクテットをつくりたがっていて）非共有電子対をもったイオンや分子がやってくると，一方的に，非共有電子対をもらって共有結合をつくるんだ。このように，**一方的に電子対を受け取った共有結合を配位結合**といって，昔は矢印→で表していたんだ。

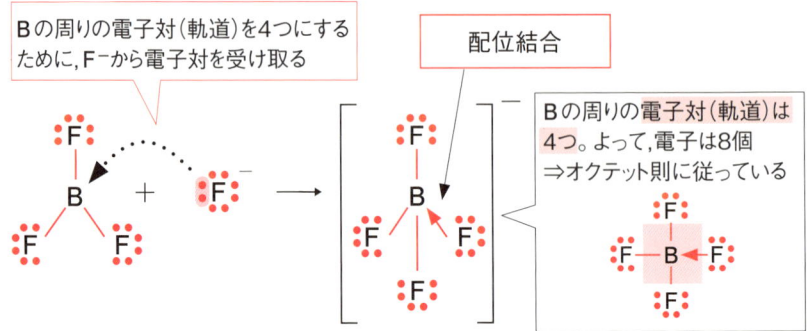

　生成した$[BF_4]^-$のBの周りの電子対（軌道）は4つで，電子の数にして8個だから，このイオンはオクテット則に従っているんだ。

story 4 配位結合の表記

昔は配位結合を矢印→で書いていたけど，今はどう表すの？

配位結合は，結合したあとは共有結合と同じになるから，最近は矢印で書かないことが多いんだ。例えば，H^+にCl^-が近づいてきて共有結合をつくったとしよう。これは，Cl^-にある非共有電子対がH^+に一方的に供給された結合なので配位結合ということになるね。でも，H原子とCl原子が近づいて共有結合したら，配位結合とはいわないね。どちらも共有結合なので本質的な差はないんだ。いわば，**配位結合は共有結合ができるまでの生い立ちみたいなもの**なんだ。

例えば，結婚するときに素敵なテーブルを女性が家からもってきて，新居に置いたとしよう。でも，いっしょに住み始めたあとでテーブルを見たら，どっちから提供されたものか本人どうししかわからないでしょ。

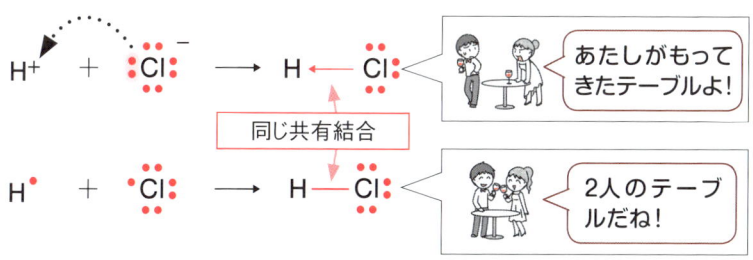

同様にAg^+にCl^-が2つ結合したら配位結合と考えられるけど，もし，Ag原子にCl原子とCl^-が近づいて結合したら，一方は配位結合ではないよね。でも，全く同じものなので矢印でなく，普通の価標で書くことが多いんだ。

第1章 電子式の書き方

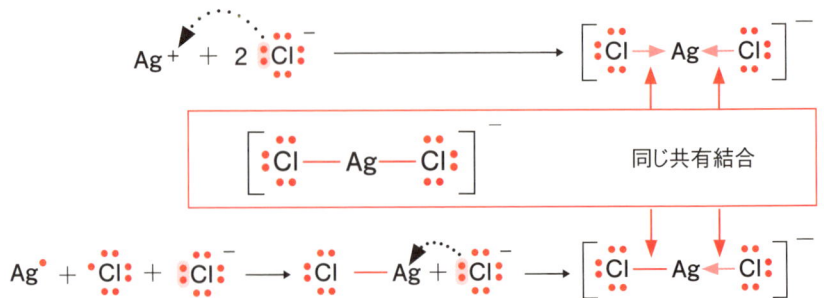

story 5 電荷のつけ方

アンモニウムイオンを例に配位結合を詳しく教えて！

そうだね。**配位結合**といえば，アンモニウムイオン NH_4^+ が有名だね。アンモニアと水素イオンからアンモニウムイオンをつくってみよう。

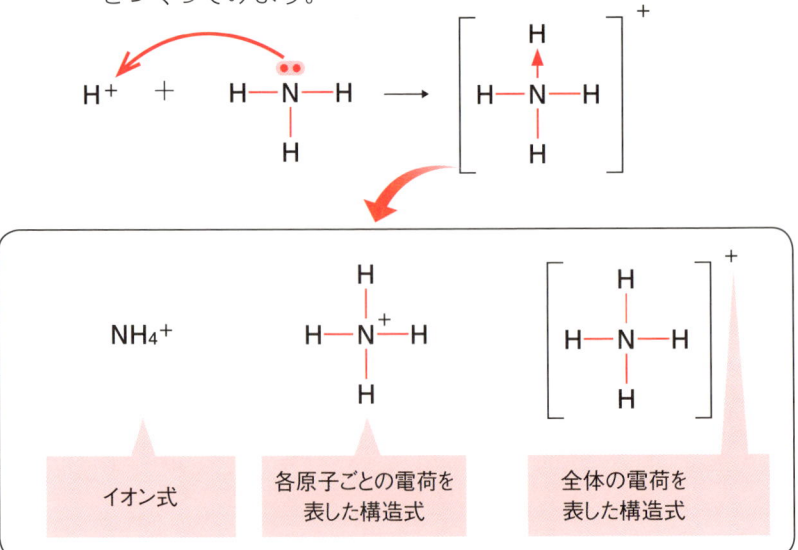

アンモニウムイオンの構造式だけど，配位結合は結合したあとは単なる共有結合だから，矢印でなく，普通の線で表すのが一般的だ。イオン式で書くと一番左の形になるけど，構造式でイオン全体の電荷を表すときには前ページの右側の表記のように［　］をつけて右上に＋を書き，各原子ごとの電荷を表すときは，真ん中のように原子の右上に＋をつけるんだ。

アンモニウムイオンは，真ん中の窒素が＋に帯電しているって，どうやってわかるの！

原子の電荷を調べるコツを教えよう！　ズバリこれだ！
「共有電子対は山分けしろ！」
　つまり，原子間の共有結合（＝共有電子対）にある電子２個のうち１個は各原子のものと考えるんだ。電荷を書かずに，まず構造式を仕上げて，価電子を数えてみると電荷の位置が自然にわかることが多いよ。NH_4^+を例に考えてみよう。

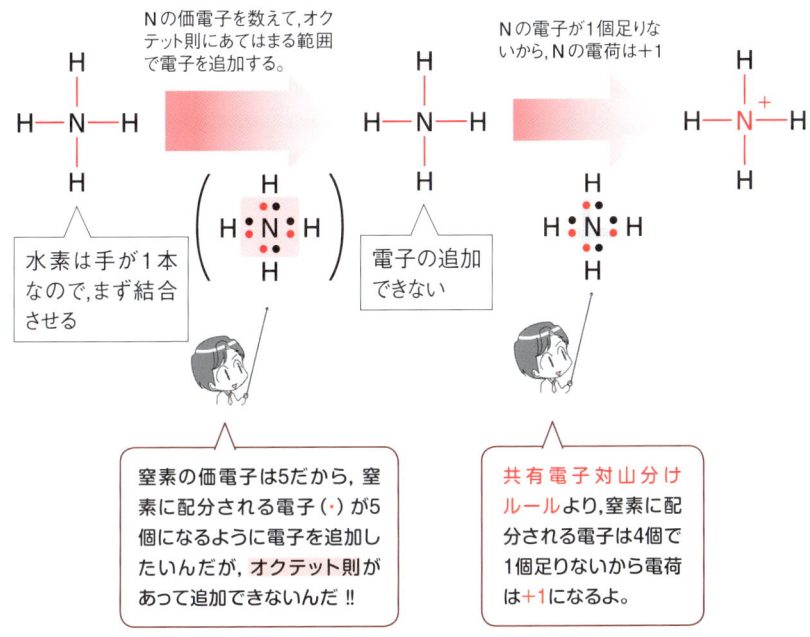

第1章　電子式の書き方　21

Nは15族だから価電子は5個のはずなのに，NH₄⁺の構造式では4個しかない計算になるね。だから，1個足りないから電荷はNが+1になるんだ。NH₄⁺の+1の電荷はN原子の電子不足の電荷だったわけだね。Hは価電子が1個だから電荷は±0だ。

　このように，**ルイス構造**を書けば電荷の位置が詳細にわかるんだ。もう1つの例として，H₃O⁺（**オキソニウムイオン**）を考えてみよう。

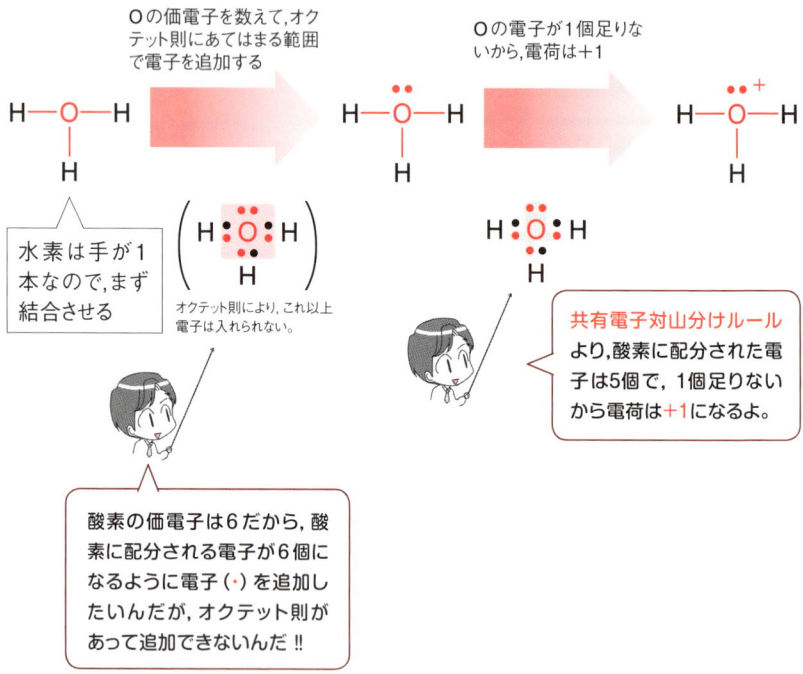

　特に，NとOは手の数と電荷がわかりやすく，よく出てくるからまとめてみるよ。

▼ 窒素と酸素のルイス構造と電荷

原子	価電子 (n)	ルイス構造	配分される電子数 (x) [$n - x =$ 電荷]		例	
					分子式 イオン式	ルイス構造
N	5	$-\overset{..}{\underset{|}{N}}:^{-}$	窒素に配分される電子	6個 (1個多い) (電荷 -1)	NH_2^-	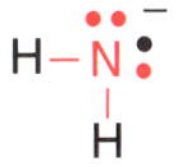 $H-\overset{..}{\underset{H}{N}}:^{-}$
		$-\overset{..}{\underset{|}{N}}-$		5個 (電荷 0)	NH_3	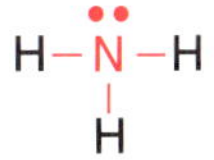 $H-\overset{..}{\underset{H}{N}}-H$
		$-\overset{|}{\underset{|}{N}}-$ (triple bond form)		5個 (電荷 0)	HCN	$H-C\equiv N:$
		$-\overset{|}{\underset{|}{N}}-^{+}$		4個 (1個少ない) (電荷 $+1$)	NH_4^+	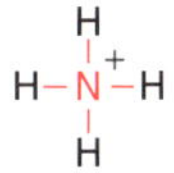 $H-\overset{H}{\underset{H}{N}}-H$ $^+$
O	6	 $-\overset{..}{\underset{..}{O}}:^{-}$	酸素に配分される電子	7個 (1個多い) (電荷 -1)	OH^-	 $H-\overset{..}{O}:^{-}$
		 $-\overset{..}{\underset{..}{O}}-$		6個 (電荷 0)	H_2O	 $H-\overset{..}{\underset{..}{O}}-H$
		$-\overset{..}{\underset{..}{O}}-$		6個 (電荷 0)	CO_2	$\overset{..}{\underset{..}{O}}=C=\overset{..}{\underset{..}{O}}$
		$-\overset{..}{\underset{|}{O}}-^{+}$		5個 (1個少ない) (電荷 $+1$)	H_3O^+	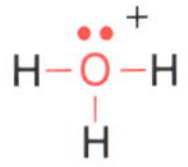 $H-\overset{..}{\underset{H}{O}}-H$ $^+$

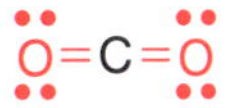

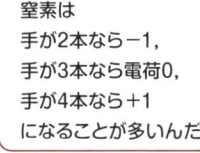

窒素は
手が2本なら-1,
手が3本なら電荷0,
手が4本なら$+1$
になることが多いんだ!

酸素は
手が1本なら-1,
手が2本なら電荷0,
手が3本なら$+1$
になることが多いんだ!

第1章 電子式の書き方

story 6　ルイス構造の書き方

第3周期以降の元素の構造式やルイス構造の書き方も教えて！

その前に，第2周期の元素と第3周期以降の元素が何が違うかを見てみよう。第2周期の元素と第3周期以降の元素の大きな違いは**原子の大きさ**なんだ。

周期	16族元素	16族元素のフッ化物
2	酸素 O	OF_2　F–O–F
3	硫黄 S	SF_6　F₅S構造
4	セレン Se	SeF_6　F₅Se構造
5	テルル Te	TeF_6　F₅Te構造

← O原子とF原子がほぼ同じ大きさのため，F原子はたくさん結合できない。

← S, Se, Te原子は大きいためF原子がたくさん結合できる！

　16族元素とフッ素の化合物を例に考えてみよう。第2周期の元素である酸素Oとフッ素Fはほぼ同じ大きさで，化合物としてはOF_2が実際に知られている。しかし，Fが3個以上結合した化合物は原子どうしが近すぎて反発するので安定に存在できない。

　ところが，第3周期以降の硫黄，セレン，テルルとフッ素の化合物はSF_6，SeF_6，TeF_6が知られていて，これらは，原子どうしがかなり離れているから安定に存在できるんだ。

　ここで1つ問題になるのは**オクテット則**だよ。最近の研究では**13族以降の典型元素はオクテット則に従う傾向にある**ことがわかってきているんだけど，SF_6，SeF_6，TeF_6のS，Se，Teの周りの電子対は6つで，電子の数にすると12個だからオクテット則違反になるよね。

だから，オクテット則に従った正確なルイス構造を書くためには，次のように電子対を2つF原子に移動させてF⁻にする必要があるんだ。

オクテット則を無視した簡易的表現　　　　　オクテット則を考慮した正確な表現

　このように，結合を切らなければオクテット則を満たせないような化合物を超原子価化合物とよぶよ。そして，オクテット則を考慮した正確な表現をすると，6つ存在する共有結合のうち2つはイオン結合ということになってしまって，分子内の結合状態がわかりにくいね。だから，普通はオクテット則を無視した簡易的な表現を使うことが多いんだ（実際には6つの結合は同じで，イオン結合性のある共有結合というのが正しい。しかし，高校化学のレベルを超えている）。

　つまり，第3周期以降の元素を含む**構造式**を書くときには，**オクテット則を無視した簡易的な表現でいい**という，いわば"無法地帯"なんだ！　基本的には共有結合を何本出してもよいので，簡単に構造式が書けるんだ。ただし，ルイス構造や電子式を書くときはオクテット則に従おう‼

第1章　電子式の書き方

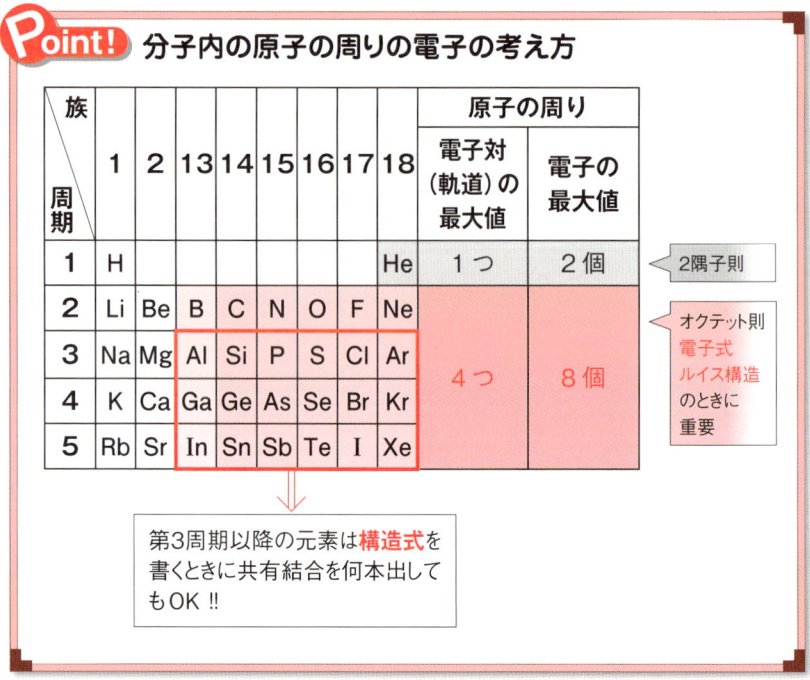

この規則さえわかれば,ルイス構造と構造式は簡単に書けるというわけだよ！

 ルイス構造と構造式の書き方を整理したものがほしい！

 そうだね。それでは高校生にもわかるようにルイス構造と構造式の書き方をフローにしたよ。

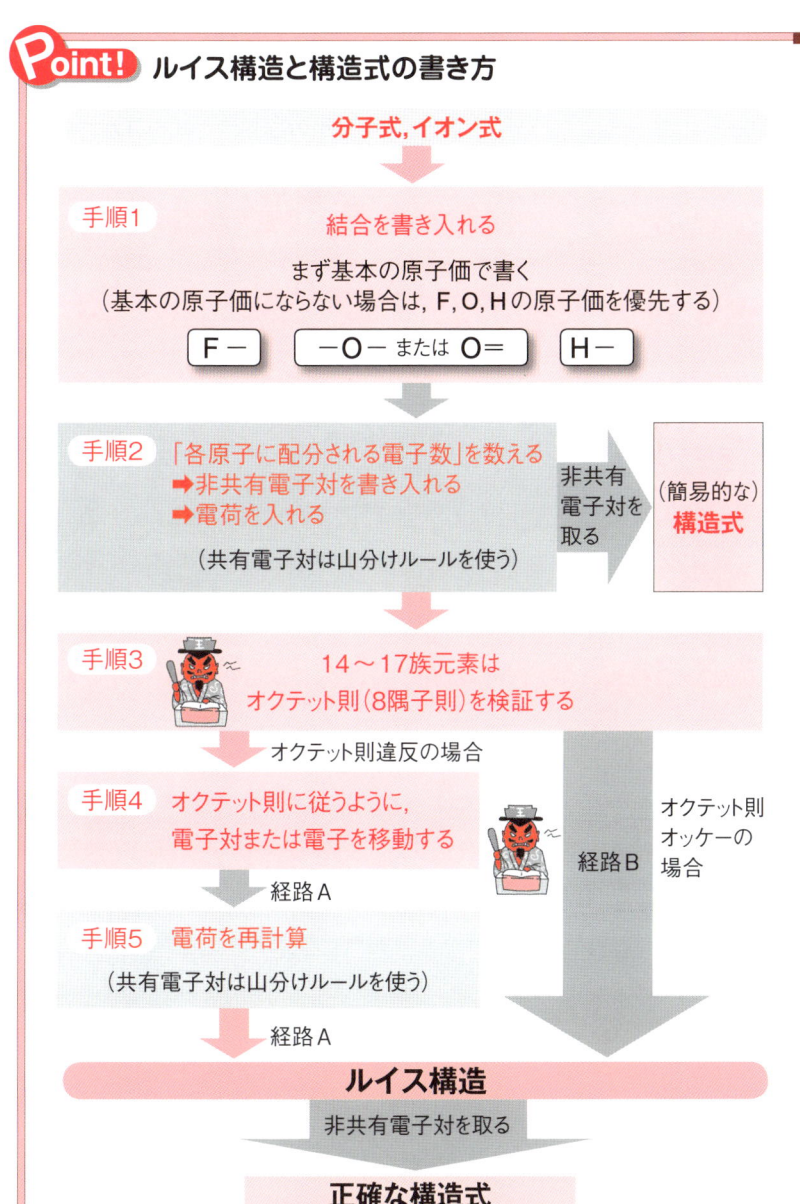

それでは、O_3 と CO_2 を例にやってみよう！

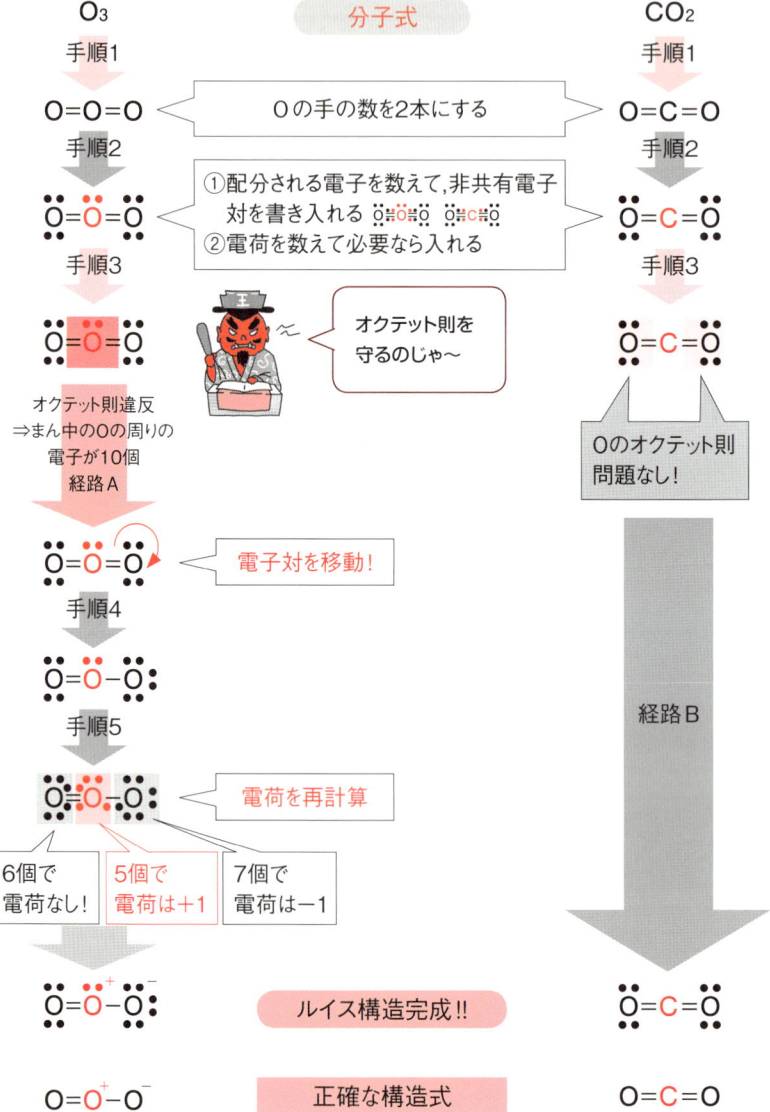

詳細に手順を書いたから大変そうに見えるかもしれないけど，実際にやってみると，ゆっくりやって2分，慣れれば20秒ぐらいでできるよ。ぜひ，見ないで自分でできるように習得してね！

　ルイス構造の例をもっと見たい！

　そうだね，では，炭酸（H_2CO_3）を教えよう。炭酸のように酸素の入った酸はオキソ酸といって，基本的に―OHの構造をもつんだ。―OHを2つ炭素につければ，完成だよ。

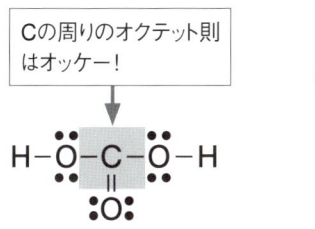
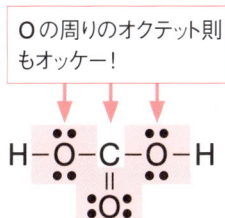

もう1つオキソ酸の例を見てもらおう。第2周期のNのオキソ酸，亜硝酸HNO_2だ。これも―OHの構造をもつから，ルイス構造は次のようになるんだ。

HNO_2
亜硝酸　　H–Ö–N̈=Ö

NもOも第2周期の元素だから，厳密にオクテット則に従うよね。確かめてみると，Nの周りもOの周りもすべてオクテット則を満たしていることがわかる。

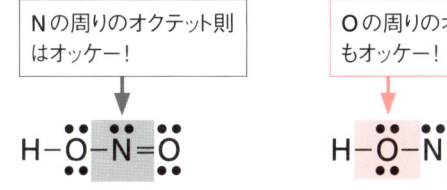

次に，亜硝酸に酸素を1つ増やした硝酸（HNO₃）にチャレンジしてみよう。この構造はちょっと気をつけねばならないんだ。N原子に＝Oを単純に追加してみると，次のようになるね。

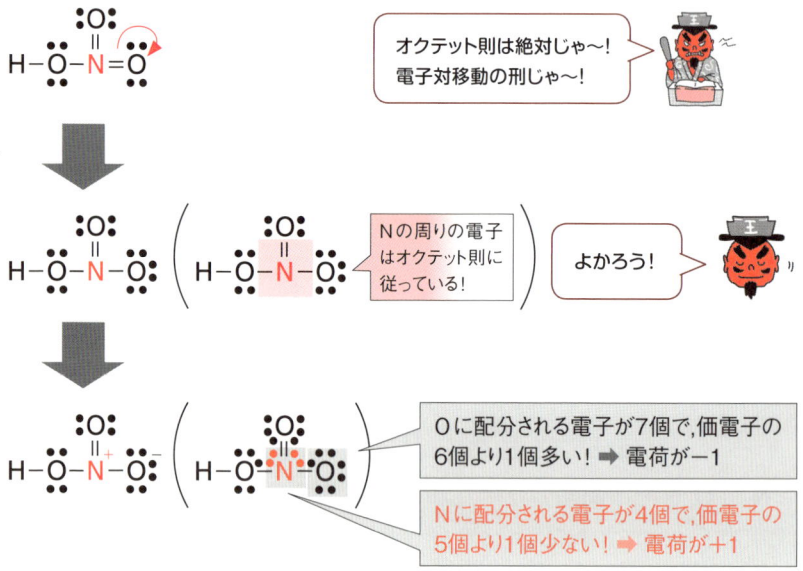

こうやって，硝酸（HNO₃）のルイス構造が完成するんだ。硝酸などの第2周期の元素を含む分子やイオンは構造式だけを書こうとするとわからなくなってしまうから，まずルイス構造を書いて，そこから非共有電子対を取って正確な構造式にするといいよ。

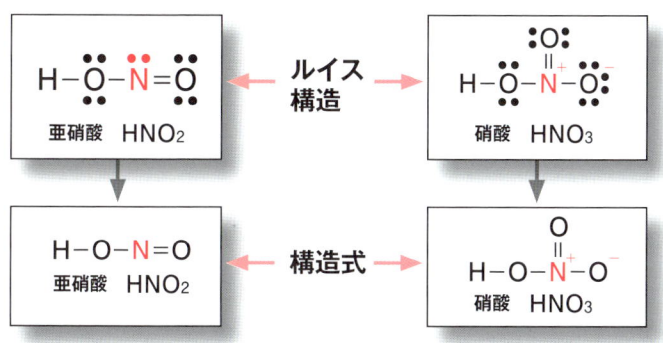

確かに構造式だけでは、オクテット則も、電荷もサッパリわからない！

第1章 電子式の書き方

確認問題

1 次の物質のルイス構造を例にならって示せ。
(1) H₂S　(2) CS₂　(3) Cl₂O　(4) PH₃

例　H–Ö–H

解答

(1) H–S̈–H

(2) S̈=C=S̈

(3) :C̈l–Ö–C̈l:

(4) H–P̈–H
　　　｜
　　　H

2 次の物質の非共有電子対の数を答えよ。
(1) H₂O　(2) O₃　(3) NH₃　(4) CH₄

(1) 2
(2) 6
(3) 1
(4) 0

3 次の元素の中から，オクテット則が成立しないものをすべて選べ。
① H　② He　③ C　④ N
⑤ O　⑥ F

① ②

4 H_3O^+の＋電荷は水素原子にあるか，酸素原子にあるか。

酸素原子

5 $(CH_3)_4N^+$の構造は次の通りである。＋電荷はどの原子にあるか。

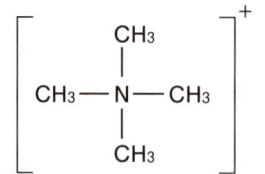

$$\left[\begin{array}{c} \text{CH}_3 \\ | \\ \text{CH}_3-\text{N}-\text{CH}_3 \\ | \\ \text{CH}_3 \end{array}\right]^+$$

窒素原子

第2章 周期表と元素の性質

▶元素は18族を除いて右上にいくほど電子が大好き！

story 1 周期表の位置と元素の性質

金属元素と非金属元素

　無機化学って、どうやって勉強したらいいの？

　例えば、動物の勉強をするとき、今日はオランウータンについて学び、明日はチンパンジー、明後日はカマキリ、……みたいな勉強をしても意味がないんだ。学問は"**分類**"が命だから、サルについて勉強する前に、オランウータンとチンパンジーは霊長類だと学ばなければならないし、その前に霊長類共通の性質を勉強しなければならないんだ。さらに、その前に霊長類は脊椎動物で、脊椎動物共通の性質を勉強しなければならない、……という具合だよ。無機化学もやはり、まず分類が命で、一番大きな元素の分類が**金属元素**と**非金属元素**なんだ。

▼ 金属元素と非金属元素

周期\族	1	2	3	4	5	6	7	8	9	10	11	12	13	14	15	16	17	18
1	H																	He
2	Li	★Be											B	C	N	O	F	Ne
3	Na	Mg											★Al	Si	P	S	Cl	Ar
4	K	Ca	Sc	Ti	V	Cr	Mn	Fe	Co	Ni	Cu	★Zn	Ga	Ge	As	Se	Br	Kr
5	Rb	Sr	Y	Zr	Nb	Mo	Tc	Ru	Rh	Pd	Ag	Cd	In	★Sn	Sb	Te	I	Xe
6	Cs	Ba	ランタノイド	Hf	Ta	W	Re	Os	Ir	Pt	Au	Hg	Tl	★Pb	Bi	Po	At	Rn
7	Fr	Ra	アクチノイド	Rf	Db	Sg	Bh	Hs	Mt	Ds	Rg	Cn						
	典型元素		遷移元素									典型元素						

- □ 金属元素
- ★ 酸にも塩基にも溶ける金属元素(両性元素)
- □ 非金属元素
- □ 金属光沢をもつ単体がある非金属元素

　電気伝導性を比べても，金属と非金属は全然違う性質だよね。現代人である我々は感覚的に金属は**電気伝導体**（**導体**）で，非金属は**絶縁体**という感覚をもっているよね。大方はあっているんだけど，**電気伝導体と絶縁体の中間の性質をもつ物質があるんだ**。それが**半導体**で，ケイ素（Si）とゲルマニウム（Ge）の単体は有名だね。周期表ではちょうど金属と非金属の境界にあるということがわかるでしょう。

　また，非金属元素の中でも金属元素との境界にある，**ホウ素（B），黒鉛（C），ケイ素（Si），黒リン（P），ヒ素（As），灰色セレン（Se），テルル（Te），ヨウ素（I）などは金属光沢があって**，電気的には導体や半導体だったりするんだ。また，単体が酸にも塩基にも溶ける**両性元素**というものもあるけど，これらも境界付近にある金属元素だということがわかるね。両性元素は，Al，Zn，Sn，Pbの4つが特に有名だから覚えておこう。

story 2 電気陰性度

(1) 電気陰性度と周期表

元素の違いを知るための一番重要なコツを教えて！

そうだね，それは知りたいよね。ズバリいえばそれは"**電気陰性度**"なんだ。電気陰性度は数値を覚えたほうがよいくらい重要なんだよ。特に非金属元素は覚えておくと便利なんだ。覚えたほうがよい数値は赤字で入れておいたからね。

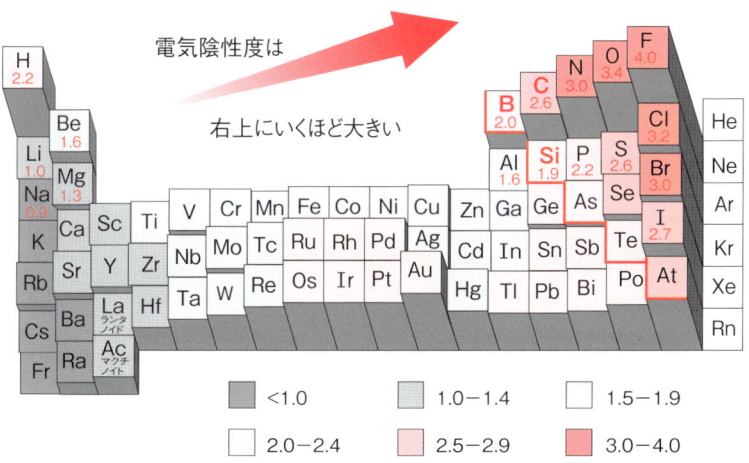

▲ 周期表と電気陰性度

電気陰性度とは，共有結合している原子が電子対を引きつける度合いを指しているんだけど，金属元素は小さい値で，非金属元素は大きい値だよね。希ガスは普通，共有結合しないから数値を入れないんだ。

まず，イメージが大切だよ。数値の低い，図中で高さの低い左下のほうの金属は電子を手放す（電子がいらない）というイメージで，周

期表の右上の非金属は電子を引きつけるというイメージをもってほしいんだ。そうすると周期表全体が大まかに理解できるよ。

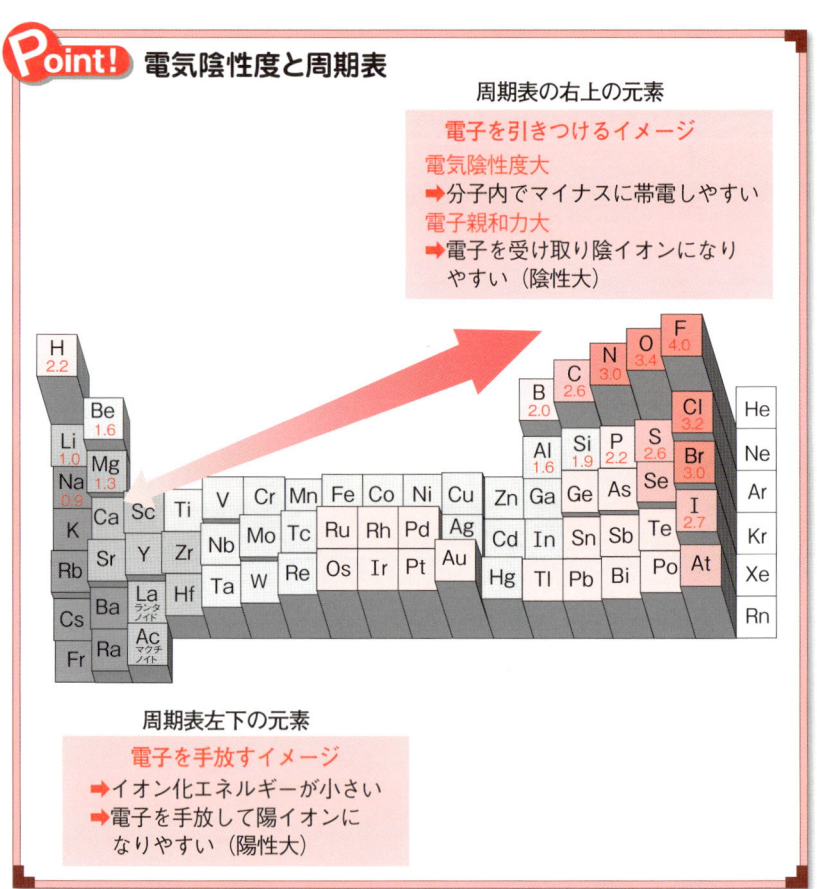

(2) 電気陰性度と単体の結晶

このイメージをもっていれば，**元素の単体**が固体のときにどんな結晶になるか，イメージしやすいよ。電気陰性度を意識して3パターンに分類すると，次のようになるよ。

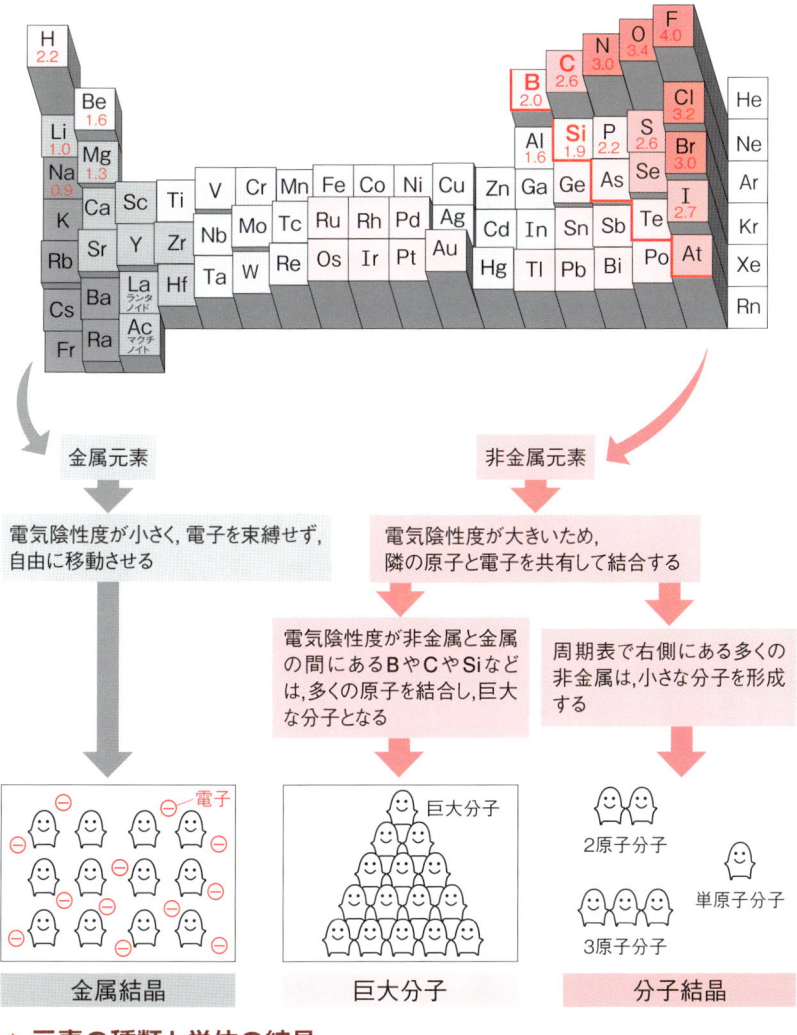

▲ 元素の種類と単体の結晶

　周期表の左側は**金属結晶**，真ん中は**巨大分子**，右側は小さな分子をつくって**分子結晶**という傾向がはっきりわかるだろう。1つ1つの元素の勉強をする前に元素全体の勉強をすることが重要なんだよ。

第2章　周期表と元素の性質

これを踏まえた上で第2周期と第3周期の単体を並べてみるよ。金属結晶中の自由電子はドット（・）で表しているよ。

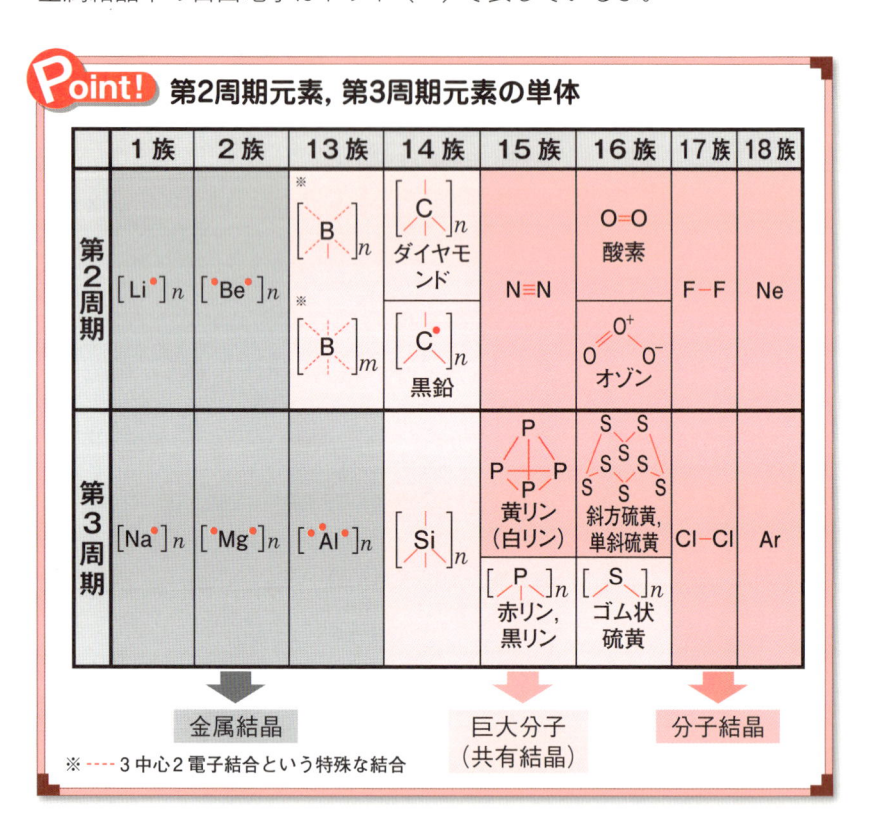

Point! 第2周期元素, 第3周期元素の単体

	1族	2族	13族	14族	15族	16族	17族	18族
第2周期	$[\text{Li}\cdot]_n$	$[\cdot\text{Be}\cdot]_n$	※ $[\text{B}]_n$ ※ $[\text{B}]_m$	$[\text{C}]_n$ ダイヤモンド / $[\text{C}]_n$ 黒鉛	$N\equiv N$	$O=O$ 酸素 / $O-O^+-O^-$ オゾン	$F-F$	Ne
第3周期	$[\text{Na}\cdot]_n$	$[\cdot\text{Mg}\cdot]_n$	$[\cdot\text{Al}\cdot]_n$	$[\text{Si}]_n$	P_4 黄リン（白リン）/ $[\text{P}]_n$ 赤リン, 黒リン	S_8 斜方硫黄, 単斜硫黄 / $[\text{S}]_n$ ゴム状硫黄	$Cl-Cl$	Ar

↓ 金属結晶　　　↓ 巨大分子（共有結晶）　　　↓ 分子結晶

※ ----3中心2電子結合という特殊な結合

---

story 3　水素化物と周期表

(1) 水素化物

> 周期表上での化合物の特徴を教えて！

それでは，水素化物を例に見てみよう。金属元素の水素化物から考えてみると，非常におもしろいことがわかるんだ。ここでも**電気陰性度**が非常に重要になってくるよ。まず，水素

化ナトリウム NaH を考えてみると，水素もナトリウムも1族で価電子が1個だから，その1個ずつを出し合って共有結合をしたと考えられるね。でも，ナトリウムは電気陰性度が小さ過ぎて，電子が水素に取られてしまうんだ。その結果，ナトリウムは Na^+ に，水素は H^-（水素化物イオン）になるというわけだよ。

Naは電気陰性度が非常に小さいから，電子を手放しやすい！

$$Na \underset{0.9}{} - \underset{2.2}{} H \longrightarrow Na^+ + H^-$$
水素化物イオン（ヒドリドイオン）

$$(Na:H \longrightarrow Na^+ + :H^-)$$

水素が電子を受け取り，水素化物イオンになる！

このように，**金属元素と非金属元素**である水素の化合物はイオン結合性のものが多いんだよ。

一方，希ガス以外の非金属元素と水素の化合物は分子または錯イオンをつくるんだ。ただし，電気陰性度が大きい金属元素は水素と共有結合して，分子や錯イオンを形成するものもあるんだよ。

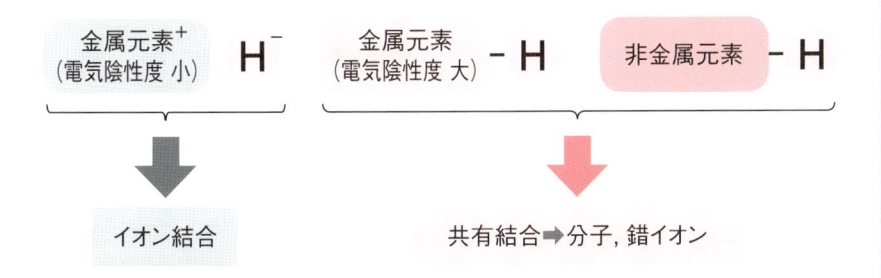

金属元素$^+$（電気陰性度 小）H^- → イオン結合

金属元素（電気陰性度 大）$-H$　非金属元素$-H$ → 共有結合 ➡ 分子，錯イオン

では，具体例を見てもらおう！

第2章　周期表と元素の性質　39

▼ 第2周期, 第3周期元素の水素化物

	1族	2族	13族	14族	15族	16族	17族
第2周期	LiH (Li^+H^-) 水素化リチウム	[H-Be-H]ₙ 水素化ベリリウム	ジボラン / テトラヒドリドホウ酸イオン	メタン	アンモニア / アンモニウムイオン	水 / オキソニウムイオン	フッ化水素
第3周期	NaH (Na^+H^-) 水素化ナトリウム	MgH_2 ($Mg^{2+}H^-H^-$) 水素化マグネシウム	AlH_3 ($Al^{3+}H^-H^-H^-$) 水素化アルミニウム(アラン) / テトラヒドリドアルミン酸イオン	シラン	ホスフィン	硫化水素	塩化水素

→ イオン結晶

→ 分子結晶

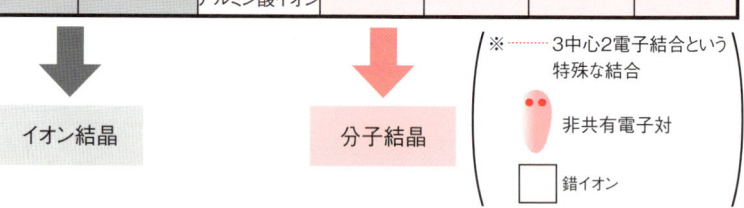

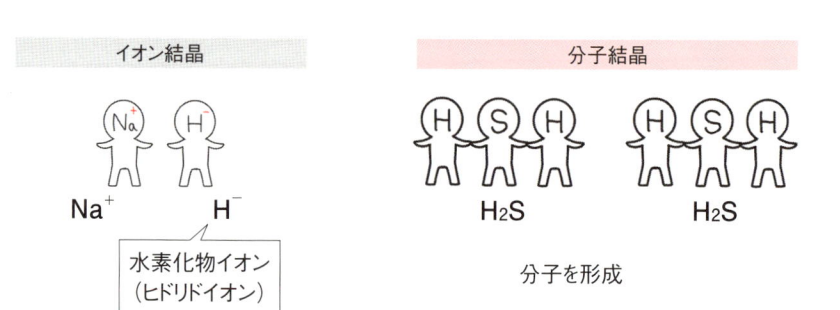

(※ ----- 3中心2電子結合という特殊な結合
　　● 非共有電子対
　　□ 錯イオン)

イオン結晶

Na⁺　　H⁻
　　　水素化物イオン
　　　（ヒドリドイオン）

分子結晶

H₂S　　H₂S

分子を形成

40　周期表と化学式の基礎

(2) 水素結合

水素結合も，周期表で理解できますか？

もちろんできるよ。**水素結合**は分子間力の一種だから分子を形成する水素化合物を考えればいいんだ。電気陰性度の大きな元素は周期表の右上にあって，特にF，O，Nは**電気陰性度が大きい**ため，分子内で大きく分極して分子間で水素結合するんだったね。周期表でいえば**右上の３つの元素の水素化物が水素結合を形成する分子**ということになるね。非常にわかりやすいでしょう。

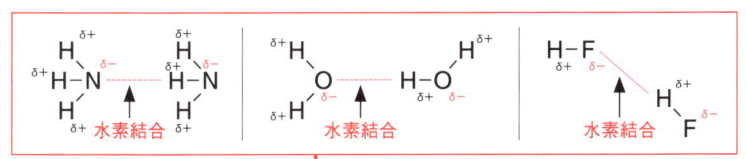

	13族	14族	15族	16族	17族
第２周期	ジボラン	メタン	アンモニア	水	フッ化水素
第３周期		シラン	ホスフィン	硫化水素	塩化水素

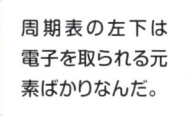

周期表の左下は電子を取られる元素ばかりなんだ。

周期表の右上は電子を引っぱる元素ばかりなのね！

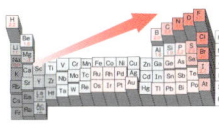

確認問題

1 次の元素の中から、単体が常温常圧で半導体であるものをすべて選べ。
① Li　② Sr　③ Ge　④ Kr
⑤ Br　⑥ Si

解答：③⑥

2 次の元素の中から、常温常圧で金属光沢をもつ同素体があるものをすべて選べ。
① B　② Si　③ I　④ Cl
⑤ As　⑥ Kr

解答：①②③⑤

3 次の元素の中から、電気陰性度が最も大きいものを選べ。
① H　② Na　③ C　④ N
⑤ O　⑥ Cl　⑦ S　⑧ Si

解答：⑤

4 次の単体の中から、巨大分子であるものをすべて選べ。
① ホウ素　② 黒鉛　③ ダイヤモンド
④ ケイ素　⑤ 塩素　⑥ 赤リン
⑦ 斜方硫黄　⑧ ゴム状硫黄

解答：①②③④⑥⑧

5 単斜硫黄の分子式を書け。

解答：S_8

6 黄リンの分子式を書け。

解答：P_4

7 NaH のイオン結晶中にあるイオンを書け。

解答：Na^+, H^-

8 H^- の名称を答えよ。

解答：水素化物イオン（ヒドリドイオン）

9 NH_4^+ はどのような形か。

解答：正四面体形

10 AlH_4^- はどのような形か。

解答 正四面体形

11 H_3O^+ はどのような形か。

正三角錐形

12 H_2S はどのような形か。

折れ線形
（二等辺三角形）

13 次の水素化物の中から，分子結晶を形成するものをすべて選べ。
① LiH   ② MgH_2 ③ H_2O
④ SiH_4 ⑤ CH_4 ⑥ HCl

③④⑤⑥

14 次の水素化物の中から，非共有電子対をもつものをすべて選べ。
① HF   ② H_2O ③ H_3O^+
④ NH_3 ⑤ NH_4^+ ⑥ H_2S
⑦ CH_4

①②③④⑥

第3章 酸化物の分類

▶賛成派, 延期派, どっちでもいい派があるように, 酸化物も酸性, 塩基性, 両性, 中性がある。

story 1 酸化物と周期表

酸化物の分類について教えて!

酸化物は次のように分類されているんだ。

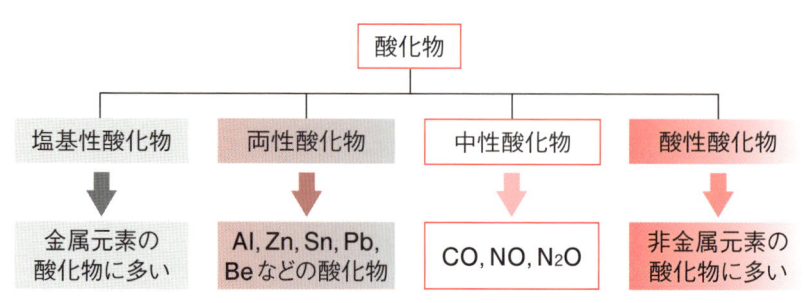

```
                    酸化物
         ┌────────┬────────┬────────┐
      塩基性酸化物  両性酸化物  中性酸化物  酸性酸化物
         │        │        │        │
      金属元素の  Al, Zn, Sn, Pb,  CO, NO, N₂O  非金属元素の
      酸化物に多い  Beなどの酸化物              酸化物に多い
```

- 塩基性酸化物 → 金属元素の酸化物に多い
- 両性酸化物 → Al, Zn, Sn, Pb, Be などの酸化物
- 中性酸化物 → CO, NO, N_2O
- 酸性酸化物 → 非金属元素の酸化物に多い

44　周期表と化学式の基礎

理論上，水と反応して塩基を生じる酸化物が**塩基性酸化物**で，酸を生じる酸化物が**酸性酸化物**，酸も塩基も生じる酸化物が**両性酸化物**で，水とほとんど反応しないのが**中性酸化物**というわけなんだ。

この勉強も，ただ例と反応式を暗記するのでは苦しいだけだから，周期表で理解するのが一番なんだよ。第2周期と第3周期の酸化物を見てごらん。

▼ 第2周期，第3周期元素の酸化物

	1族	2族	13族	14族	15族	16族	17族
第2周期	Li_2O ($Li^+ Li^+ O^{2-}$)	BeO ($Be^{2+} O^{2-}$)	B_2O_3 三酸化二ホウ素 巨大分子	CO_2 二酸化炭素 / CO 一酸化炭素	N_2O_5 五酸化二窒素 / N_2O_3 三酸化二窒素 / NO 一酸化窒素 / N_2O 一酸化二窒素	O_2 酸素 / O_3 オゾン	OF_2 二フッ化酸素
第3周期	Na_2O ($Na^+ Na^+ O^{2-}$)	MgO ($Mg^{2+} O^{2-}$)	Al_2O_3 ($Al^{3+} Al^{3+} O^{2-} O^{2-} O^{2-}$)	SiO_2 二酸化ケイ素 巨大分子	P_4O_{10} 十酸化四リン	SO_3 三酸化硫黄 / SO_2 二酸化硫黄	Cl_2O_7 七酸化二塩素 / Cl_2O 一酸化二塩素

塩基性酸化物（イオン結晶） ← 1族・2族（Li₂O, BeO, Na₂O, MgO）

両性酸化物（イオン結晶） ← Al_2O_3

中性酸化物 CO, NO, N₂O

酸性酸化物（分子，巨大分子）

第3章 酸化物の分類

周期表では**金属酸化物**，つまり左下の**金属元素**の酸化物が**塩基性酸化物**，右上の**非金属元素**の酸化物が**酸性酸化物**，その境界にある元素の酸化物が**両性酸化物**という関係になるんだ。

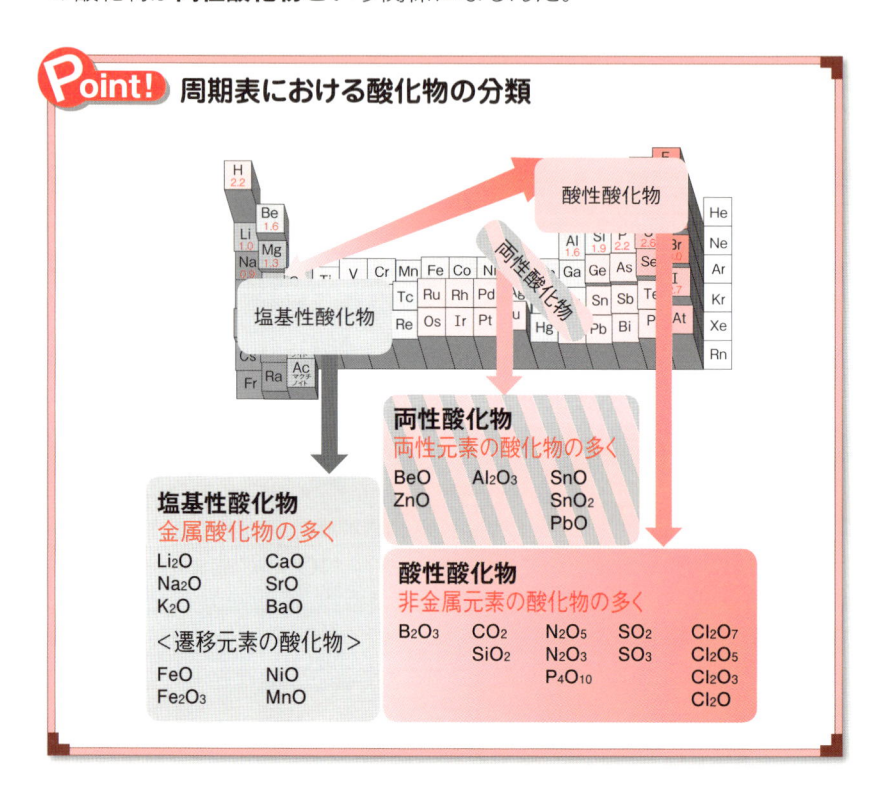

Point! 周期表における酸化物の分類

両性酸化物
両性元素の酸化物の多く
BeO　　Al$_2$O$_3$　　SnO
ZnO　　　　　　　SnO$_2$
　　　　　　　　　PbO

塩基性酸化物
金属酸化物の多く
Li$_2$O　　　CaO
Na$_2$O　　 SrO
K$_2$O　　　BaO

＜遷移元素の酸化物＞
FeO　　　NiO
Fe$_2$O$_3$　　MnO

酸性酸化物
非金属元素の酸化物の多く
B$_2$O$_3$　　CO$_2$　　N$_2$O$_5$　　SO$_2$　　Cl$_2$O$_7$
　　　　SiO$_2$　　N$_2$O$_3$　　SO$_3$　　Cl$_2$O$_5$
　　　　　　　　P$_4$O$_{10}$　　　　　　Cl$_2$O$_3$
　　　　　　　　　　　　　　　　　Cl$_2$O

story 2　塩基性酸化物

> 両性元素以外の金属酸化物はだいたい塩基性酸化物ですね。位置がわかるとおもしろい！　実際に酸性や塩基性になる式を見たい！

そうだね。それではそのコツを教えよう。金属酸化物と非金属酸化物ではコツが異なるんだ。まずは金属酸化物から教えてあげるね。

まず，**金属酸化物はイオン結合と考えて，電離させてみる**んだ。

$$Na_2O \longrightarrow 2Na^+ + O^{2-}$$
$$CaO \longrightarrow Ca^{2+} + O^{2-}$$

どちらも酸化物イオン O^{2-} が生成する。これを水と反応させると、水酸化物イオン OH^- が生成するんだ。

● 酸化物イオンと H_2O の反応式

$$O^{2-} + H_2O \longrightarrow 2OH^-$$

この式は非常に重要な式だから、きちんと覚えておいてね。

アルカリ金属（Li, Na, K, Rb, Cs, Fr）やアルカリ土類金属（Ca, Sr, Ba, Ra）の酸化物は水に溶けると、この O^{2-} をいっぱい出して塩基性になるんだ。全反応式は、OH^- のイオンの形を書かないから、次のようになるよ。

例1 Na_2O と H_2O の反応式

$$\begin{array}{r}O^{2-} + H_2O \longrightarrow 2OH^- \quad \text{←イオン反応式}\\ +)\ 2Na^+ 2Na^+ \quad \text{←両辺に }2Na^+\text{ をたす}\\ \hline Na_2O + H_2O \longrightarrow 2NaOH \quad \text{←全反応式}\end{array}$$

例2 CaO と H_2O の反応式

$$\begin{array}{r}O^{2-} + H_2O \longrightarrow 2OH^-\\ +)\ Ca^{2+} Ca^{2+}\\ \hline CaO + H_2O \longrightarrow Ca(OH)_2\end{array}$$

$NaOH$ や $Ca(OH)_2$ は誰もがよく知っている強塩基でしょう。金属の酸化物は塩基ができるから、**塩基性酸化物**っていうんだよ。

同様にして反応式をつくれば、鉄やニッケルの酸化物の反応式も簡単につくれるんだ。ただし、これらの酸化物は水にはほとんど溶けない。だけど、わずかに反応するんだよ。

$$FeO + H_2O \rightleftarrows Fe(OH)_2$$
$$NiO + H_2O \rightleftarrows Ni(OH)_2$$
$$Fe_2O_3 + 3H_2O \rightleftarrows 2Fe(OH)_3$$

story 3 両性酸化物

> じゃあ，両性酸化物も，反応式のつくり方は塩基性酸化物と同じなの？

その通りなんだ。両性酸化物（BeO，ZnO，Al_2O_3，SnO，SnO_2，PbO）も金属の酸化物だからつくり方は同じなんだ。3つの例を出すから見てみよう。

例1 ZnO と H_2O の反応式

$$\begin{array}{r}O^{2-} + H_2O \longrightarrow 2OH^- \\ +\underline{)\ Zn^{2+} Zn^{2+}} \\ ZnO + H_2O \rightleftarrows Zn(OH)_2\end{array}$$

例2 Al_2O_3 と H_2O の反応式

$$\begin{array}{r}3O^{2-} + 3H_2O \longrightarrow 6OH^- \\ +\underline{)\ 2Al^{3+} 2Al^{3+}} \\ Al_2O_3 + 3H_2O \rightleftarrows 2Al(OH)_3\end{array}$$

例3 SnO_2 と H_2O の反応式

$$\begin{array}{r}2O^{2-} + 2H_2O \longrightarrow 4OH^- \\ +\underline{)\ Sn^{4+} Sn^{4+}} \\ SnO_2 + 2H_2O \rightleftarrows Sn(OH)_4\end{array}$$

BeO や SnO も同様に水和して，水酸化物を生成できるんだ。

$$BeO + H_2O \rightleftarrows Be(OH)_2$$
$$SnO + H_2O \rightleftarrows Sn(OH)_2$$

> 水酸化物イオンが出てくるから塩基性なのはわかるけど，何で両性なの？

そうそう，そこが重要だよね。これらの金属水酸化物は，ヒドロキシド錯イオンというのをつくるんだ。

例えば，$Zn(OH)_2$ を例にすると，次のような錯イオンが生成されるんだ。

$$Zn(OH)_2 + 2OH^- \rightleftharpoons [Zn(OH)_4]^{2-}$$

だから，OH^- のような塩基を入れても，H^+ や酸を入れても，反応するということになるんだ。フローにするとこんな感じだよ。

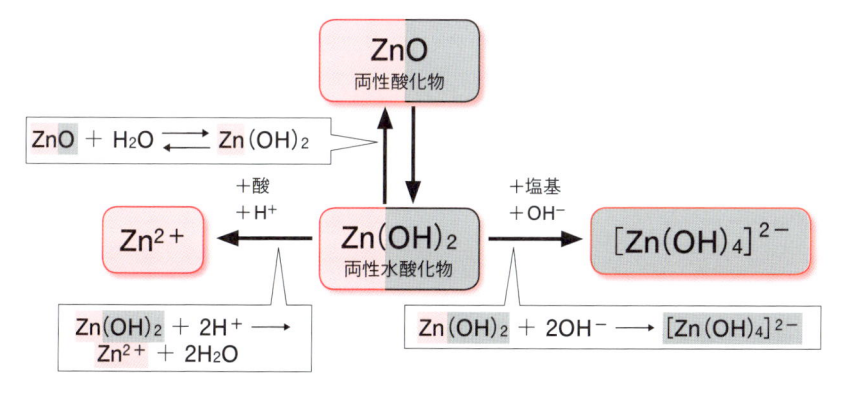

```
                    ZnO
                  両性酸化物
    ZnO + H₂O ⇌ Zn(OH)₂  ↑↓
           +酸                    +塩基
           +H⁺                    +OH⁻
    Zn²⁺  ←     Zn(OH)₂     →  [Zn(OH)₄]²⁻
                両性水酸化物
    Zn(OH)₂ + 2H⁺ →          Zn(OH)₂ + 2OH⁻ → [Zn(OH)₄]²⁻
    Zn²⁺ + 2H₂O
```

▲ ZnO と $Zn(OH)_2$ の両性を示すフロー

$Zn(OH)_2$ は酸とも塩基とも反応するから，**両性水酸化物**（りょうせいすいさんかぶつ）というんだ。一方で ZnO は，水和してできる $Zn(OH)_2$ が両性だから，結果的に**両性酸化物**なんだよ。Al_2O_3 と $Al(OH)_3$ の反応も見てみよう。

$Al_2O_3 + 3H_2O \rightleftarrows 2Al(OH)_3$

Al_2O_3 両性酸化物

$Al(OH)_3$ 両性水酸化物

+酸 +H$^+$ → Al^{3+}

+塩基 +OH$^-$ → $[Al(OH)_4]^-$

$Al(OH)_3 + 3H^+ \longrightarrow Al^{3+} + 3H_2O$

$Al(OH)_3 + OH^- \longrightarrow [Al(OH)_4]^-$

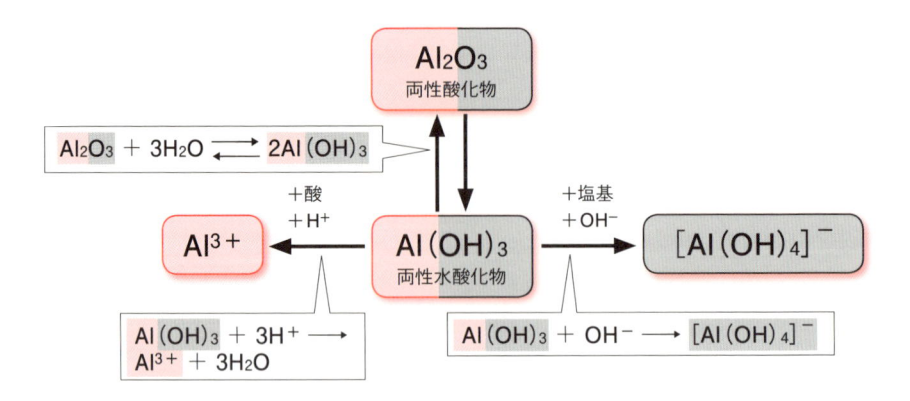

▲ Al_2O_3 と $Al(OH)_3$ の両性を示すフロー

　このように両性酸化物になったり，両性水酸化物になったりするから，**両性酸化物**と**両性水酸化物**はセットで覚えておくといいんだ。反応式も H_2O を加えたり除いたりするだけだから簡単だね。

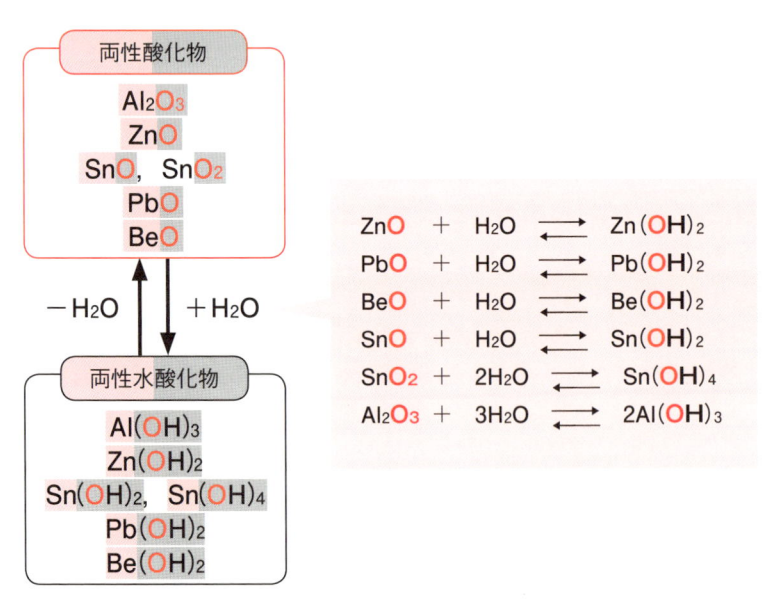

両性酸化物
Al_2O_3
ZnO
SnO, SnO_2
PbO
BeO

－H_2O ↑　↓ ＋H_2O

両性水酸化物
$Al(OH)_3$
$Zn(OH)_2$
$Sn(OH)_2$, $Sn(OH)_4$
$Pb(OH)_2$
$Be(OH)_2$

$ZnO + H_2O \rightleftarrows Zn(OH)_2$
$PbO + H_2O \rightleftarrows Pb(OH)_2$
$BeO + H_2O \rightleftarrows Be(OH)_2$
$SnO + H_2O \rightleftarrows Sn(OH)_2$
$SnO_2 + 2H_2O \rightleftarrows Sn(OH)_4$
$Al_2O_3 + 3H_2O \rightleftarrows 2Al(OH)_3$

▲ 両性酸化物と両性水酸化物の関係

story 4 酸性酸化物

> じゃあ，最後に非金属酸化物が酸性酸化物になるしくみを教えて。

例えば，酸化ナトリウム Na_2O のような典型的な塩基性酸化物と一酸化二塩素 Cl_2O のような酸性酸化物を比べてみるよ。

$$Na_2O + H_2O \longrightarrow 2\underset{塩基}{NaOH}$$

$$Cl_2O + H_2O \longrightarrow 2\underset{酸(オキソ酸)}{ClOH}$$

この2つの反応式は同じようだけど，生成した NaOH と ClOH には決定的な違いがあるんだ。**NaOH は典型的な塩基**なのに，**Cl－OH は酸**なんだ。この違いは Na と Cl の電気陰性度の違いで生じるよ。

● NaOHとCl－OHの電離

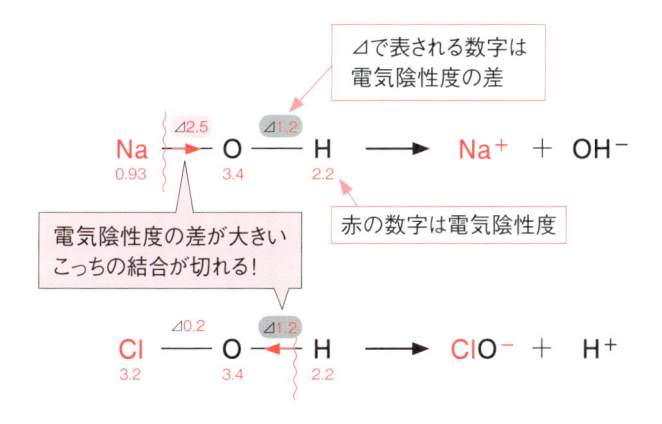

Δで表される数字は電気陰性度の差

$$\underset{0.93}{Na} \xrightarrow{\Delta 2.5} \underset{3.4}{O} \xrightarrow{\Delta 1.2} \underset{2.2}{H} \longrightarrow Na^+ + OH^-$$

電気陰性度の差が大きいこっちの結合が切れる！

赤の数字は電気陰性度

$$\underset{3.2}{Cl} \xrightarrow{\Delta 0.2} \underset{3.4}{O} \xleftarrow{\Delta 1.2} \underset{2.2}{H} \longrightarrow ClO^- + H^+$$

金属元素は一般に電気陰性度が小さいため，水酸化物は金属イオンと水酸化物イオン OH^- に分かれるんだ。でも，非金属元素は電気陰性度が比較的に大きいため，**Cl－O－H では O－H 間の結合が切れて H^+ を放出する**んだ。Cl－OH のような酸素原子を含む酸を一般に

第3章 酸化物の分類

オキソ酸というんだが，オキソ酸にも−OHがあるのはビックリでしょう。

非金属元素から構成されるオキソ酸には2種類あって，非金属元素をEで表すと，$E(OH)_n$ で表される酸と $(O=)_m E(OH)_n$ で表される酸があるんだ。

● オキソ酸の電離

オキソ酸
$$E-(OH)_n \rightleftarrows E-(O^-)_n + nH^+$$
$$(O)\!=\!\!E-(OH)_n \rightleftarrows (O)\!=\!\!E-(O^-)_n + nH^+$$

例
$$Cl-OH \rightleftarrows Cl-O^- + H^+$$
次亜塩素酸
$$O=Cl-OH \rightleftarrows O=Cl-O^- + H^+$$
亜塩素酸

酸性酸化物からオキソ酸を生成する反応式を書くコツはありますか？

そうだね。構造から見ると以外と簡単なんだ。非金属元素をEとすると，E−O−Eという結合を切って，水を入れるか，E=Oの結合をE−$(OH)_2$ にするかのどちらかで，たいてい書けるんだよ。

● 酸性酸化物からオキソ酸を生成する反応式

酸性酸化物　　　　　　オキソ酸

H−O−H
$$E-O-E + H_2O \rightleftarrows 2E-OH$$
酸性酸化物　　　　　　オキソ酸

$$E=O + H_2O \rightleftarrows E\!\!\begin{array}{c}OH\\OH\end{array}$$
酸性酸化物　　　　　　オキソ酸

$B_2O_3 + 3H_2O \rightleftarrows 2H_3BO_3$ みたいな反応式だけ見ていてもピンとこないけど、構造を見てみると意外と簡単なんだ。高校で習う非金属のオキソ酸はたいてい第3周期までの元素だから、マスターしよう。

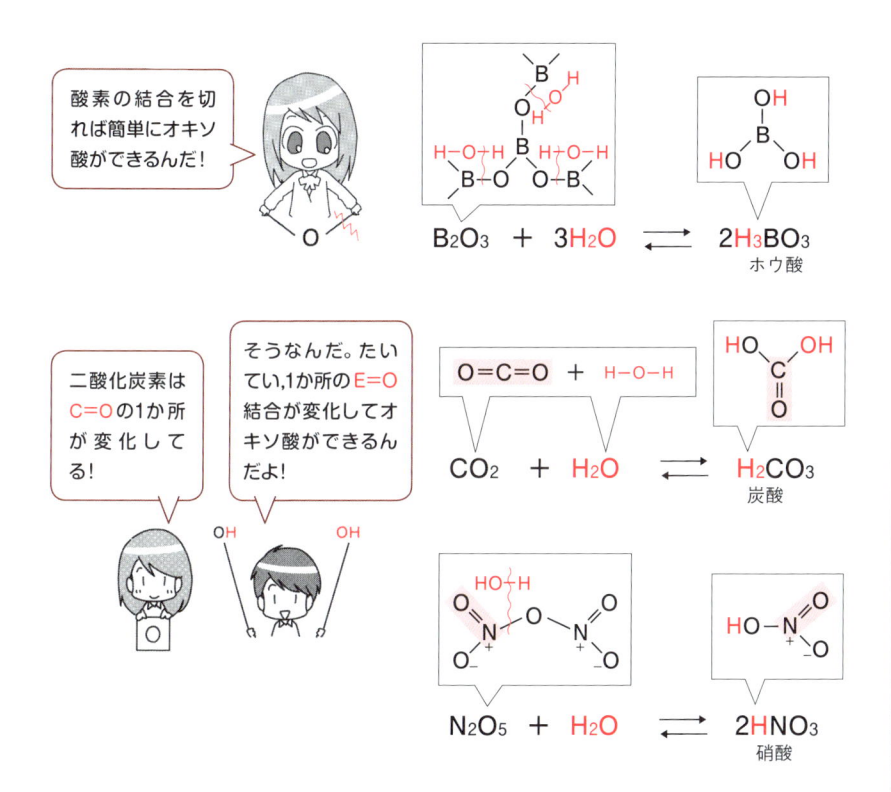

酸素の結合を切れば簡単にオキソ酸ができるんだ!

$B_2O_3 + 3H_2O \rightleftarrows 2H_3BO_3$
ホウ酸

二酸化炭素は $C=O$ の1か所が変化してる!

そうなんだ。たいてい、1か所の $E=O$ 結合が変化してオキソ酸ができるんだよ!

$CO_2 + H_2O \rightleftarrows H_2CO_3$
炭酸

$N_2O_5 + H_2O \rightleftarrows 2HNO_3$
硝酸

第3章 酸化物の分類

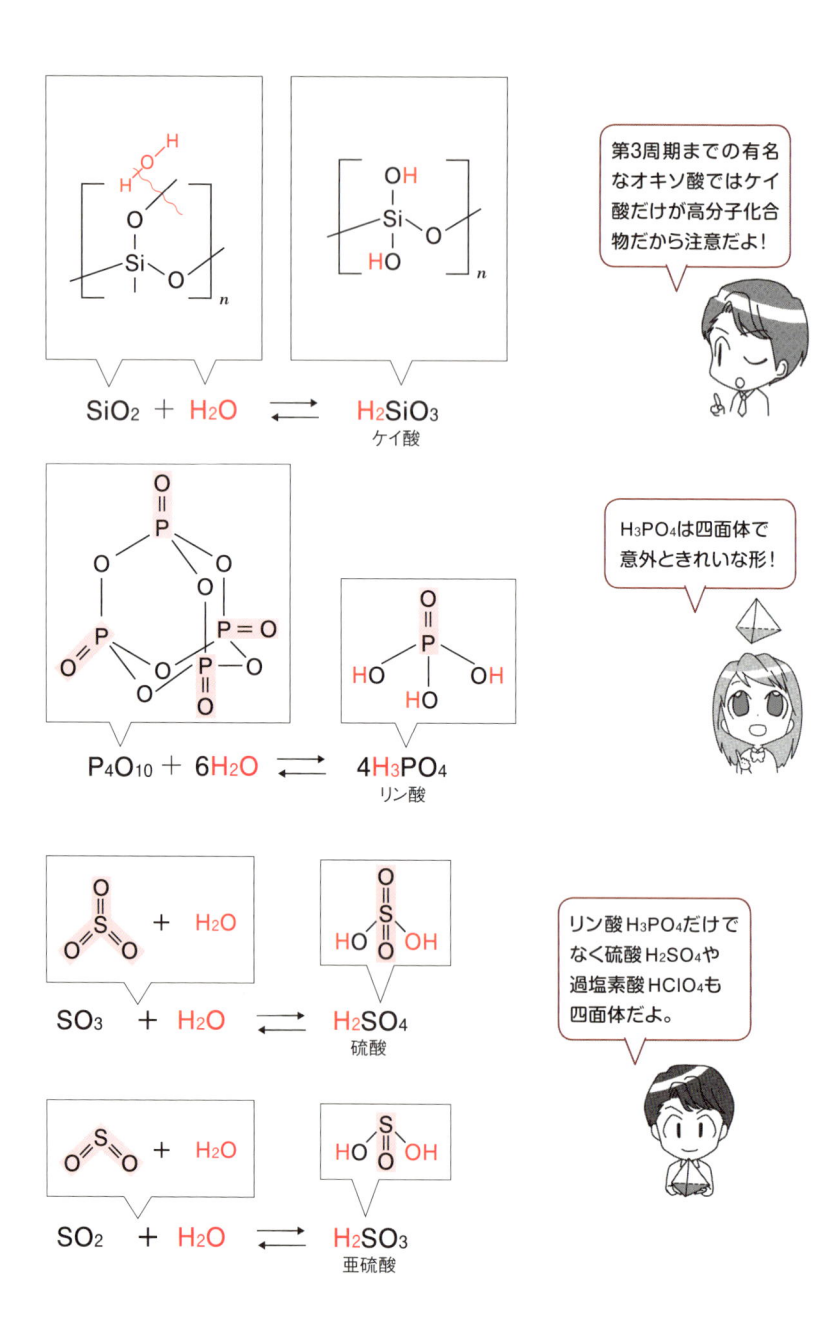

$$SiO_2 + H_2O \rightleftharpoons H_2SiO_3$$
ケイ酸

$$P_4O_{10} + 6H_2O \rightleftharpoons 4H_3PO_4$$
リン酸

$$SO_3 + H_2O \rightleftharpoons H_2SO_4$$
硫酸

$$SO_2 + H_2O \rightleftharpoons H_2SO_3$$
亜硫酸

第3周期までの有名なオキソ酸ではケイ酸だけが高分子化合物だから注意だよ！

H_3PO_4は四面体で意外ときれいな形！

リン酸H_3PO_4だけでなく硫酸H_2SO_4や過塩素酸$HClO_4$も四面体だよ。

54　周期表と化学式の基礎

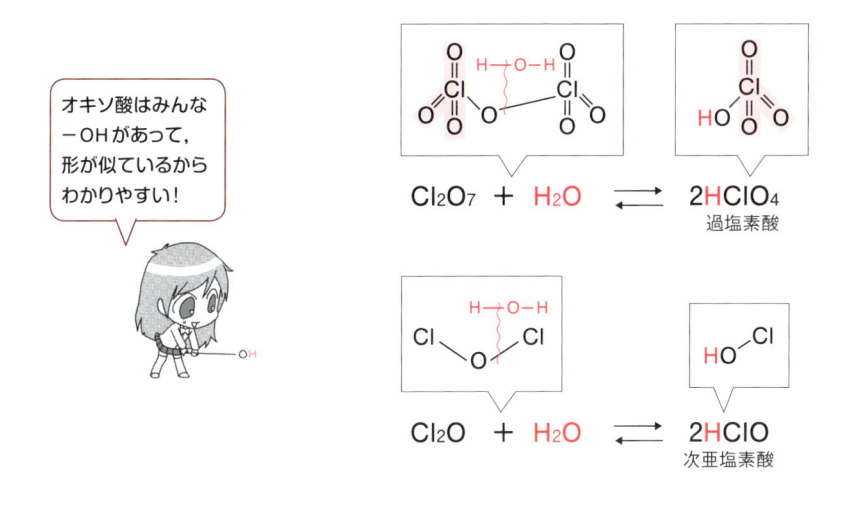

> オキソ酸はみんな－OHがあって，形が似ているからわかりやすい！

$$Cl_2O_7 + H_2O \rightleftharpoons 2HClO_4$$
過塩素酸

$$Cl_2O + H_2O \rightleftharpoons 2HClO$$
次亜塩素酸

　水との反応をまとめてみると次のようになるよ。金属水酸化物やオキソ酸を脱水すると酸化物になるから，関係をよくつかんでおいてね。

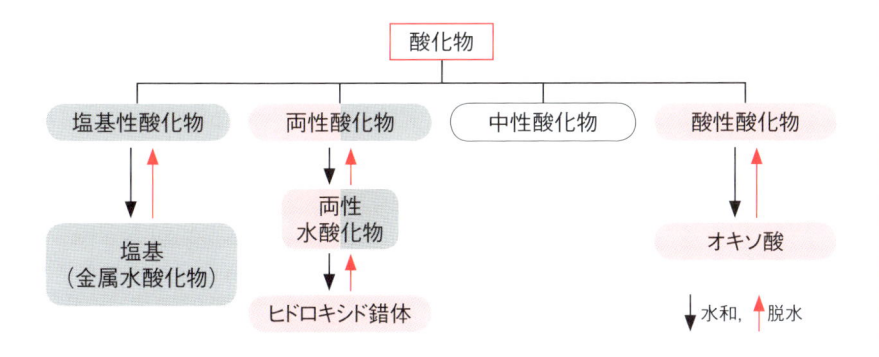

酸化物
- 塩基性酸化物 → 塩基（金属水酸化物）
- 両性酸化物 ⇄ 両性水酸化物 ⇄ ヒドロキシド錯体
- 中性酸化物
- 酸性酸化物 ⇄ オキソ酸

↓水和，↑脱水

▲ 水和と脱水による酸化物，金属水酸化物，オキソ酸の関係

　それでは，酸化物の分類と反応を整理してみよう。

第3章　酸化物の分類

Point! 酸化物の分類と反応

分類		塩基性酸化物	両性酸化物	中性酸化物	酸性酸化物
傾向		金属酸化物の多く	両性元素の酸化物に多い	非金属酸化物の一部	非金属酸化物の多く
例	典型元素	Li_2O Na_2O MgO CaO	BeO, Al_2O_3 ZnO, PbO SnO_2, SnO	CO NO N_2O	B_2O_3, CO_2 N_2O_5, SiO_2 SO_2, SO_3 Cl_2O, Cl_2O_7
	遷移元素	FeO Fe_2O_3			CrO_3 Mn_2O_7
水中における電離の例	酸		$ZnO + 3H_2O$ $\rightleftarrows 2H^+ +$ $[Zn(OH)_4]^{2-}$		$Cl_2O + H_2O$ $\rightleftarrows 2H^+ + 2ClO^-$
	塩基	$Na_2O + H_2O$ $\rightarrow 2Na^+ + 2OH^-$	$ZnO + H_2O$ $\rightleftarrows Zn^{2+} +$ $2OH^-$		

56 周期表と化学式の基礎

確認問題

1 次の酸化物の中から，塩基性酸化物をすべて選べ。
① Li₂O　② SO₂　③ Al₂O₃
④ FeO　⑤ ZnO

解答 ① ④

2 次の酸化物の中から，両性酸化物をすべて選べ。
① Na₂O　② NO₂　③ Al₂O₃
④ SnO　⑤ ZnO

③ ④ ⑤

3 次の酸化物の中から，中性酸化物をすべて選べ。
① MgO　② NO　③ CO
④ SO₃　⑤ SO₂

② ③

4 次の酸化物の中から，酸性酸化物をすべて選べ。
① BeO　② B₂O₃　③ CO₂
④ SO₂　⑤ N₂O₅

② ③ ④ ⑤

5 2族元素の酸化物のうち，両性酸化物であるものの化学式をすべて書け。

BeO

6 酸化亜鉛(Ⅱ)が水和して水酸化亜鉛(Ⅱ)になる化学変化を化学反応式で表せ。

$ZnO + H_2O \rightleftarrows Zn(OH)_2$

7 水酸化亜鉛(Ⅱ)を塩基性溶液中に入れると，テトラヒドロキシド亜鉛(Ⅱ)酸イオンを生じる変化をイオン反応式で表せ。

$Zn(OH)_2 + 2OH^- \rightleftarrows [Zn(OH)_4]^{2-}$

8 酸化アルミニウムが水和して水酸化アルミニウムになる化学変化を化学反応式で表せ。

$Al_2O_3 + 3H_2O \rightleftarrows 2Al(OH)_3$

第3章　酸化物の分類

9 水酸化アルミニウムを塩基性溶液中に入れると、テトラヒドロキシドアルミン酸イオンを生じる変化をイオン反応式で表せ。

解答 $Al(OH)_3 + OH^- \rightleftarrows [Al(OH)_4]^-$

10 二酸化炭素が水和して炭酸が生成する化学変化を化学反応式で表せ。

$CO_2 + H_2O \rightleftarrows H_2CO_3$

11 三酸化硫黄が水和して硫酸が生成する化学変化を化学反応式で表せ。

$SO_3 + H_2O \rightleftarrows H_2SO_4$

12 十酸化四リンを水中で加熱するとリン酸が生成する。このときの化学変化を化学反応式で表せ。

$P_4O_{10} + 6H_2O \rightleftarrows 4H_3PO_4$

第4章 オキソ酸の性質

▶ 金属にOHが結合すればOH⁻が放出されるが，非金属にOHが結合すればH⁺が放出される

story 1 オキソ酸と周期表

代表的なオキソ酸を教えて！

もちろん，教えてあげるよ。せっかくだからオキソ酸だけでなく金属元素の水酸化物を同時に見てみよう。というのは金属元素に OH がつけば，水溶液中で OH^- を放出する塩基として作用することが多いんだ。

$$\text{金属元素} - OH \longrightarrow \text{金属}^+ \text{（金属イオン）} + OH^-$$

水溶液中で OH^- を放出するので，アレニウスの定義で塩基

ところが，非金属元素に OH がつくと OH^- が放出されずに H^+ が放出されることが多いんだ。

非金属元素―OH　➡　非金属元素―O⁻　＋　H⁺

水溶液中でH⁺を放出するので，アレニウスの定義で酸

　元素に OH がくっついているときには，金属元素とくっついていれば塩基，非金属元素とくっついていれば酸になることが多いと言うわけだね（第3章「酸化物の分類」 story 4 「酸性酸化物」（▶ p.51）を参照）。だから，水酸化物とオキソ酸を同時に見てみると全体が理解できるわけなんだ。それでは具体的に第2周期と第3周期の元素がつくる水酸化物とオキソ酸の一覧を見てもらおう。

▼ **第2周期，第3周期元素の水酸化物とオキソ酸**

	1族	2族	13族	14族	15族	16族	17族
第2周期	LiOH	Be(OH)₂ [Be(OH)₄]²⁻	H₃BO₃ ホウ酸 [B(OH)₄]⁻	H₂CO₃ 炭酸	HNO₃ 硝酸 / HNO₂ 亜硝酸		HOF 次亜フッ素酸（不安定）
第3周期	NaOH	Mg(OH)₂	Al(OH)₃ [Al(OH)₄]⁻	H₂SiO₃ ケイ酸	H₃PO₄ リン酸	H₂SO₄ 硫酸 / H₂SO₃ 亜硫酸	HClO₄ 過塩素酸 / HClO₃ 塩素酸 / HClO₂ 亜塩素酸 / HClO 次亜塩素酸

↓塩基（アレニウス塩基）　↓両性水酸化物　↓オキソ酸

🔴🔴 分子の中央にある原子の非共有電子対

▨ 酸として作用したときに生じる陰イオン

オキソ酸は非金属元素の酸化物から生成するから周期表の右側に集まっているんだ。また、塩基となる金属元素の水酸化物は周期表の左側に集まっていて、真ん中が両性元素の水酸化物というわけだ。分類してみるとさらによくわかるよ。

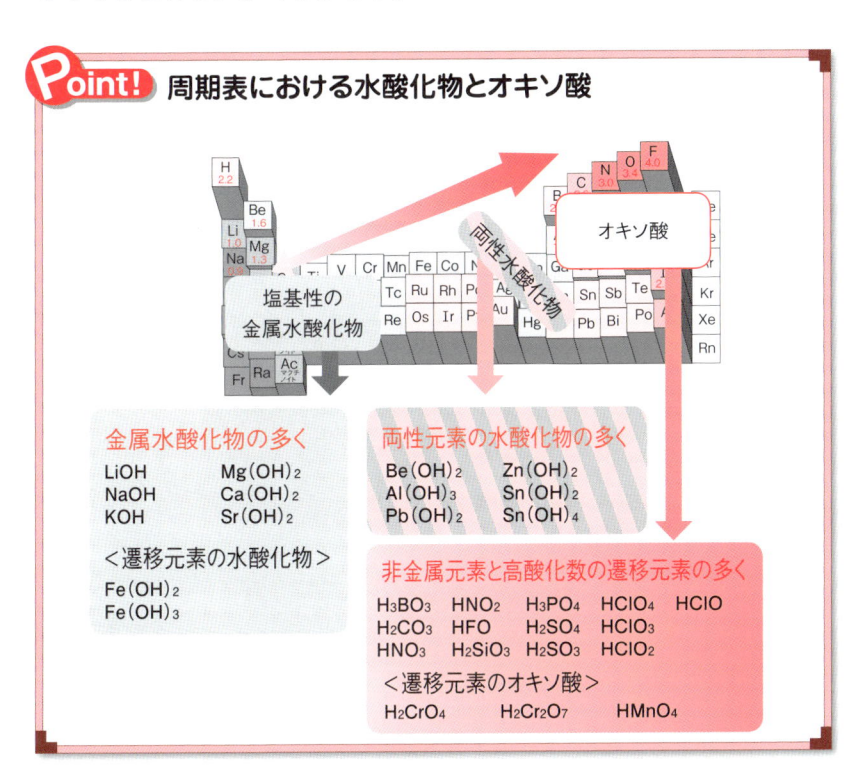

Point! 周期表における水酸化物とオキソ酸

金属水酸化物の多く

LiOH　　Mg(OH)$_2$
NaOH　 Ca(OH)$_2$
KOH　　Sr(OH)$_2$

〈遷移元素の水酸化物〉
Fe(OH)$_2$
Fe(OH)$_3$

両性元素の水酸化物の多く

Be(OH)$_2$　Zn(OH)$_2$
Al(OH)$_3$　Sn(OH)$_2$
Pb(OH)$_2$　Sn(OH)$_4$

非金属元素と高酸化数の遷移元素の多く

H$_3$BO$_3$　HNO$_2$　H$_3$PO$_4$　HClO$_4$　HClO
H$_2$CO$_3$　HFO　　H$_2$SO$_4$　HClO$_3$
HNO$_3$　　H$_2$SiO$_3$　H$_2$SO$_3$　HClO$_2$

〈遷移元素のオキソ酸〉
H$_2$CrO$_4$　　H$_2$Cr$_2$O$_7$　　HMnO$_4$

---

story 2 オキソ酸の電離

(1) 一般的なオキソ酸の電離式

> オキソ酸の電離式を教えて！

オキソ酸の電離式は簡単だよ。オキソ酸にある **E－OH** が次のように電離するんだ。

第4章　オキソ酸の性質

$$\text{E-OH} \rightleftarrows \text{H}^+ + \text{E-O}^-$$
オキソ酸　　　　　　　　　オキソ酸イオン

このような酸を1価のオキソ酸というよ。また，オキソ酸から生成したイオンは，基本的にオキソ酸イオンと命名するから簡単だね。1価のオキソ酸の具体例を見てもらおう。

$HNO_3 \rightleftarrows H^+ + NO_3^-$ 硝酸イオン
$HNO_2 \rightleftarrows H^+ + NO_2^-$ 亜硝酸イオン
$HClO_4 \rightleftarrows H^+ + ClO_4^-$ 過塩素酸イオン
$HClO_3 \rightleftarrows H^+ + ClO_3^-$ 塩素酸イオン
$HClO_2 \rightleftarrows H^+ + ClO_2^-$ 亜塩素酸イオン
$HClO \rightleftarrows H^+ + ClO^-$ 次亜塩素酸イオン

次に，2価のオキソ酸の電離を教えるよ。

$$\text{E}\genfrac{}{}{0pt}{}{-\text{OH}}{-\text{OH}} \rightleftarrows \text{H}^+ + \text{E}\genfrac{}{}{0pt}{}{-\text{O}^-}{-\text{OH}} \rightleftarrows 2\text{H}^+ + \text{E}\genfrac{}{}{0pt}{}{-\text{O}^-}{-\text{O}^-}$$
オキソ酸　　　　　オキソ酸水素イオン　　　　オキソ酸イオン

$H_2CO_3 \rightleftarrows H^+ + HCO_3^- \rightleftarrows 2H^+ + CO_3^{2-}$
　　　　　　　　　炭酸水素イオン　　　　　炭酸イオン

$H_2SiO_3 \rightleftarrows H^+ + HSiO_3^- \rightleftarrows 2H^+ + SiO_3^{2-}$
　　　　　　　　　ケイ酸水素イオン　　　　ケイ酸イオン

$H_2SO_4 \rightleftarrows H^+ + HSO_4^- \rightleftarrows 2H^+ + SO_4^{2-}$
　　　　　　　　　硫酸水素イオン　　　　　硫酸イオン

$H_2SO_3 \rightleftarrows H^+ + HSO_3^- \rightleftarrows 2H^+ + SO_3^{2-}$
　　　　　　　　　亜硫酸水素イオン　　　　亜硫酸イオン

3価の酸はみんなが勉強する範囲ではリン酸しかないから，具体的に表すよ。

$$\text{H}_3\text{PO}_4 \rightleftarrows \text{H}^+ + \text{H}_2\text{PO}_4^- \rightleftarrows 2\text{H}^+ + \text{HPO}_4^{2-} \rightleftarrows 3\text{H}^+ + \text{PO}_4^{3-}$$

リン酸二水素イオン　　　リン酸水素イオン　　　リン酸イオン

(2) ホウ酸と両性水酸化物の電離式

ホウ酸の電離式はリン酸の電離式と違うの？

いいことに気がついたね。ホウ酸は H_3BO_3 だから見た目は3価の酸に見えるけど，実は1価の酸なんだよ。ホウ酸の電離式だけを見ると難しく見えるかもしれないから，まず両性水酸化物が酸として作用するときの電離式を見てもらおう。

●両性水酸化物が酸として作用するときの電離式

$$\text{Be(OH)}_2 + 2\text{H}_2\text{O} \rightleftarrows 2\text{H}^+ + [\text{Be(OH)}_4]^{2-}$$

テトラヒドロキシドベリリウム酸イオン

$$\text{Al(OH)}_3 + \text{H}_2\text{O} \rightleftarrows \text{H}^+ + [\text{Al(OH)}_4]^-$$

テトラヒドロキシドアルミン酸イオン

慣用的にテトラヒドロキシドアルミニウム酸といわないから注意！

第4章　オキソ酸の性質

両性水酸化物である Be(OH)$_2$ と Al(OH)$_3$ は周期表では金属元素と非金属元素の境界にあるよね。ホウ素 B も周期表では境界にあるから，実は Be や Al と似ているんだ。Al も B も 13 族だから，ホウ酸の電離式も Al(OH)$_3$ と同様に書ける。ただし，B(OH)$_3$ は H$_3$BO$_3$ という書き方をする点だけが違うけど，構造を見るとビックリするぐらい似ていることがわかるよ。

● **ホウ酸が酸として作用するときの電離式**

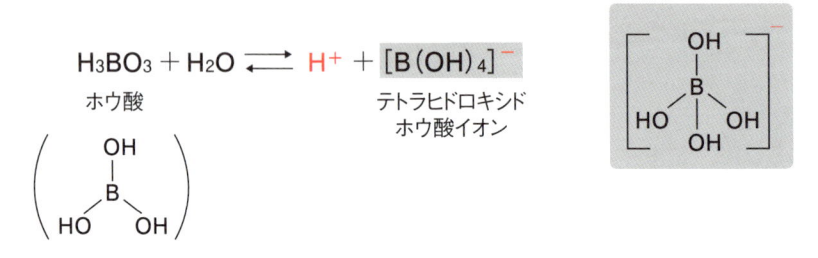

$$H_3BO_3 + H_2O \rightleftarrows H^+ + [B(OH)_4]^-$$

ホウ酸　　　　　　　　　　　テトラヒドロキシド
　　　　　　　　　　　　　　ホウ酸イオン

これを見るとホウ酸は水溶液中で水素イオン H$^+$ を 1 個しか出していないから 1 価の酸であることがわかるね。

story 3　オキソ酸の縮合

(1) ケイ酸, ホウ酸の縮合

なぜ，ケイ酸だけが，たくさんつながって高分子になるの？

いいところに気がついたね。ケイ酸 H$_2$SiO$_3$ は確かに高分子だね。ここでも酸化物とオキソ酸を同時に学んだメリットがかなりあるよ。酸性酸化物とオキソ酸の関係だけ見たら次のようになっているよね。

酸性酸化物 ⇄(水和/脱水) オキソ酸

ところが，第3章「酸化物の分類」 story1 「酸化物と周期表」(▶p.44)でやった通り，**酸性酸化物の中で B_2O_3 と SiO_2 だけが巨大分子を形成**しているよね。だから，オキソ酸になってもその性質は残っていて，B_2O_3 や SiO_2 の粉末に水を入れて加熱しても小さなオキソ酸分子はなかなか得られず，縮合された酸ができるというわけなんだよ。薄い水溶液中で比較的安定な酸としてホウ酸 H_3BO_3 とケイ酸 H_2SiO_3 があるけど，ケイ酸の仲間ではメタケイ酸が一番有名だから，メタケイ酸を単にケイ酸とよんでいるくらいなんだ。

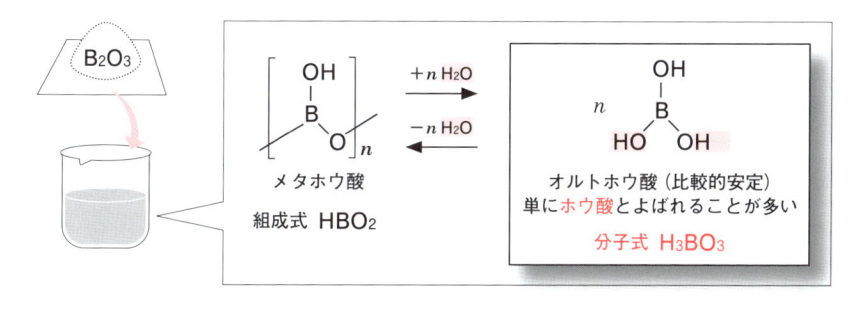

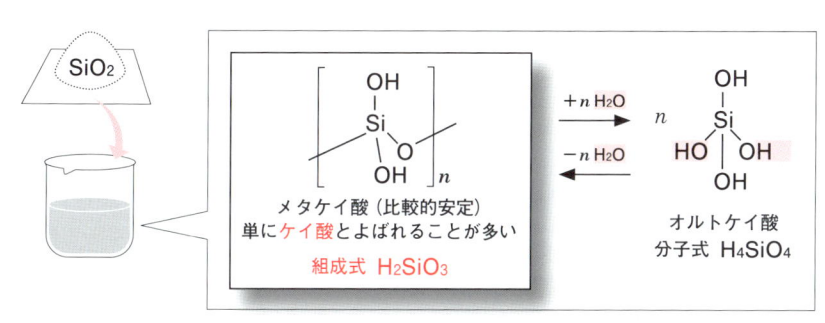

B_2O_3

メタホウ酸
組成式 HBO_2

$+n\,H_2O$ / $-n\,H_2O$

オルトホウ酸（比較的安定）
単にホウ酸とよばれることが多い
分子式 H_3BO_3

SiO_2

メタケイ酸（比較的安定）
単にケイ酸とよばれることが多い
組成式 H_2SiO_3

$+n\,H_2O$ / $-n\,H_2O$

オルトケイ酸
分子式 H_4SiO_4

第4章 オキソ酸の性質

(2) リン酸の縮合

> 有機化学で三リン酸というのが出てきたけど，それも縮合してできるの？

その通り。リン酸や硫酸も条件によって縮合するんだ。特に生体内の反応ではリン酸が2つ縮合した**ニリン酸**や3つ縮合した**三リン酸**が有名だね。

● リン酸の縮合

$2H_3PO_4$ リン酸 ⇌ $H_4P_2O_7$ ニリン酸（$-H_2O$／$+H_2O$）

$H_4P_2O_7$ ニリン酸 ＋ H_3PO_4 リン酸 ⇌ $H_5P_3O_{10}$ 三リン酸（$-H_2O$／$+H_2O$）

　ニリン酸が生成する反応式を次のように分子式で書くとわかりにくいが，構造式で見ると，縮合が一発で理解できるでしょう。

$$2H_3PO_4 \rightleftharpoons H_2O + H_4P_2O_7$$

リン酸　　　　　　　　　　ニリン酸

(3) 硫酸の縮合

> オキソ酸の縮合っておもしろい。他に縮合するものはないの？

実は，硫酸も2分子が縮合して**二硫酸**を生成するよ。

● 硫酸の縮合

$$2H_2SO_4 \underset{+H_2O}{\overset{-H_2O}{\rightleftarrows}} H_2S_2O_7$$

硫酸 　　　　　　　　　二硫酸

ただし，100%の二硫酸（常温常圧で液体）は不安定で，三酸化硫黄 SO_3（固体）が発煙してしまうんだ。次のような平衡状態と考えられているよ。

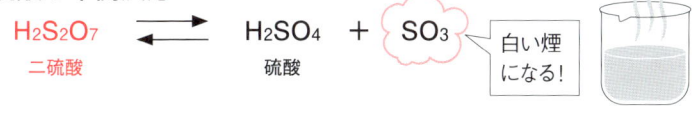

● 二硫酸の平衡反応

$$H_2S_2O_7 \rightleftarrows H_2SO_4 + SO_3$$

二硫酸　　　　　硫酸

白い煙になる！

硫酸をつくる工程で二硫酸を多く含んだ溶液ができるんだけど，通称"**発煙硫酸**"とよばれているんだ。おもしろいネーミングでしょう。

第4章　オキソ酸の性質

story 4　オキソ酸の強さ

> オキソ酸の強さは何で決まるんですか？

オキソ酸の強さは構造と深い関係があるんだ。そもそも，オキソ酸は次のような構造をしているよね。

$$E-(OH)_n$$
オキソ酸

$$(O=)_m E-(OH)_n$$
O＝をもつオキソ酸

図の■の部分が電子を引っぱるほどH^+が放出されやすくなるんだ。■の中が電子を引っぱる構造になるために一番簡単な方法は電気陰性度の大きい酸素原子をくっつけることなんだ。

つまり**($O=)_m$ の数が多いほど，強い酸**と考えられるよ。

ここで，実際に塩素のオキソ酸の例を見てもらおう。

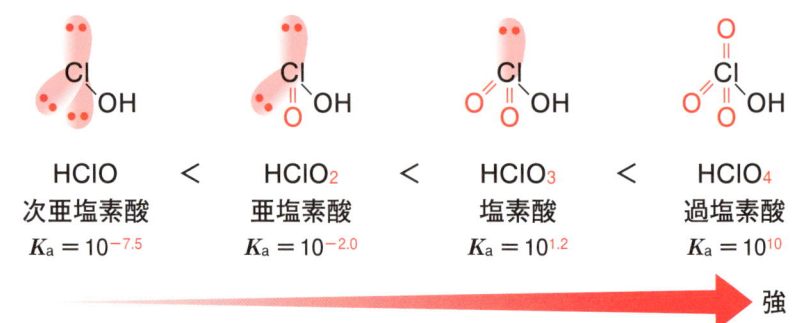

HClO	＜	HClO₂	＜	HClO₃	＜	HClO₄
次亜塩素酸		亜塩素酸		塩素酸		過塩素酸
$K_a = 10^{-7.5}$		$K_a = 10^{-2.0}$		$K_a = 10^{1.2}$		$K_a = 10^{10}$

→ 強

▲ 塩素酸の強さ

硫酸と亜硫酸も同じ関係だよ。

H_2SO_3 亜硫酸 $K_a = 10^{-1.8}$ < H_2SO_4 硫酸 $K_a = 10^{2.0}$

酸素の数が多いほど強い酸なんだ！ 簡単！

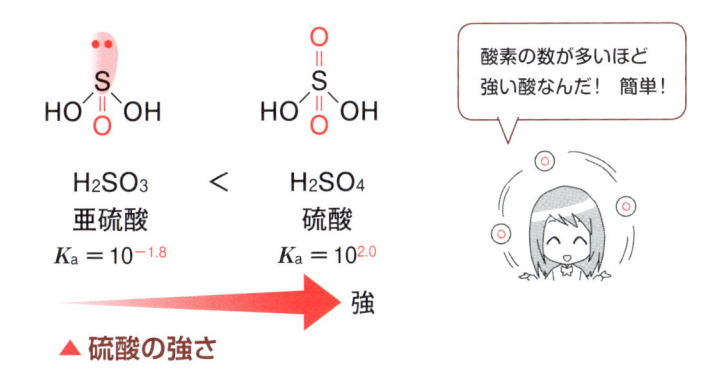

▲ 硫酸の強さ

　硝酸は配位結合している酸素があるけど，同様に酸素の数が多いほど強い酸であることに違いはないね。原理は同じなんだ。

HNO_2 亜硝酸 $K_a = 10^{-3.2}$ < HNO_3 硝酸 $K_a = 10^{1.3}$

一般に同じ元素のオキソ酸は、酸素の数が多いほど、強い酸になるんだ！

▲ 硝酸の強さ

第4章　オキソ酸の性質

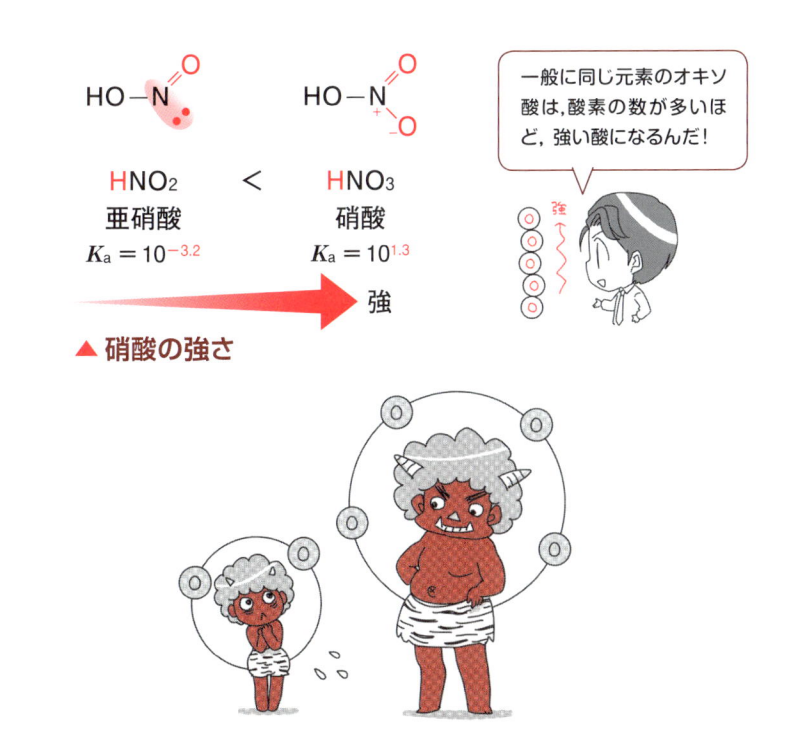

確認問題

1 酸性酸化物を水和して生成する酸は何か。

解答：オキソ酸

2 オキソ酸を脱水してできる酸化物は一般に何とよばれるか。

解答：酸性酸化物

3 ホウ酸は一般に何価の酸か。

解答：1価

4 硫酸と亜硫酸を，それぞれ化学式で表せ。

解答：硫酸 H_2SO_4
亜硫酸 H_2SO_3

5 次の中から，過塩素酸の化学式として最も適当なものを選べ。
① $HClO$　② $HClO_2$　③ $HClO_3$
④ $HClO_4$　⑤ HCl

解答：④

6 ケイ酸（メタケイ酸）の組成式を書け。

解答：H_2SiO_3

7 次の中から，高分子化合物をすべて選べ。
① H_3BO_3　② HBO_2
③ $H_2S_2O_7$　④ H_2SiO_3

解答：②④

8 硝酸と亜硝酸はどちらが強い酸か，化学式で答えよ。

解答：HNO_3（硝酸）

9 次亜塩素酸，亜塩素酸，塩素酸，過塩素酸のうち最も弱い酸を化学式で答えよ。

解答：$HClO$（次亜塩素酸）

II

非金属元素の単体と化合物(1)
― 水素, 希ガス, ハロゲン ―

第5章 水素

▶ロケット燃料に水素と酸素で水ができる反応が利用されることがある。

story 1 水素の化合物

水素の化合物にはどんなものがあるの？

水素は宇宙で一番多い元素で，地球にも多くの水素が化合物として存在しているよ。一番身近な水素化合物は水 H_2O だけど，水素は多くの**非金属元素**と**共有結合**して分子を形成するんだ。**第2周期と第3周期の水素化物は水を除いて，すべて常温では気体だ**。そして17族元素の水素化物は酸素の入っていない酸で，水に非常によく溶けるよ。フッ化水素 HF を水に溶かしたものは**フッ酸**（**フッ化水素酸**），塩化水素 HCl を水に溶かしたものは**塩酸**（**塩化水素酸**）とよばれているね。

非金属元素の単体と化合物 (1) ―水素，希ガス，ハロゲン―

Point! 第2周期元素, 第3周期元素の水素化物

	14族	15族	16族	17族
第2周期	H-C(-H)(-H)-H メタン	N(H)(H)(H) アンモニア 塩基	O(H)(H) 水 両性物質	F-H フッ化水素 酸
第3周期	H-Si(-H)(-H)-H シラン	P(H)(H)(H) ホスフィン 非常に弱い塩基	S(H)(H) 硫化水素 酸	Cl-H 塩化水素 強い酸

(🔴:非共有電子対)

---

story 2　水素の製法

(1) 水素の工業的製法

水素ガスってどうやってつくるんですか?

工業的によく行われているのは、天然ガスから水素をつくる方法だよ。高温で天然ガス（主成分はメタン）と水蒸気を触媒とともに作用させると、次のような反応が起こるんだ。

$$CH_4 + H_2O \xrightarrow[\text{700℃〜1100℃に加熱}]{\text{触媒を入れて}} CO + 3H_2$$

第5章　水素

(2) 金属と酸の反応

> じゃあ，実験室で水素をつくるときはどうするの？

そうだね。一番簡単な方法は金属に酸を入れる方法なんだ。**水素イオンは水溶液として手に入る，一番簡単な酸化剤**といえるんだ。よって，その酸化剤の半反応式を書いてみると，水素ガスが発生するのが簡単に理解できるよ。

酸化剤　$2H^+$ + $2e^-$ ⟶ H_2

どんな還元剤とも反応するというわけではないけど，イオン化傾向が水素より大きな金属は基本的に酸と反応するんだ。

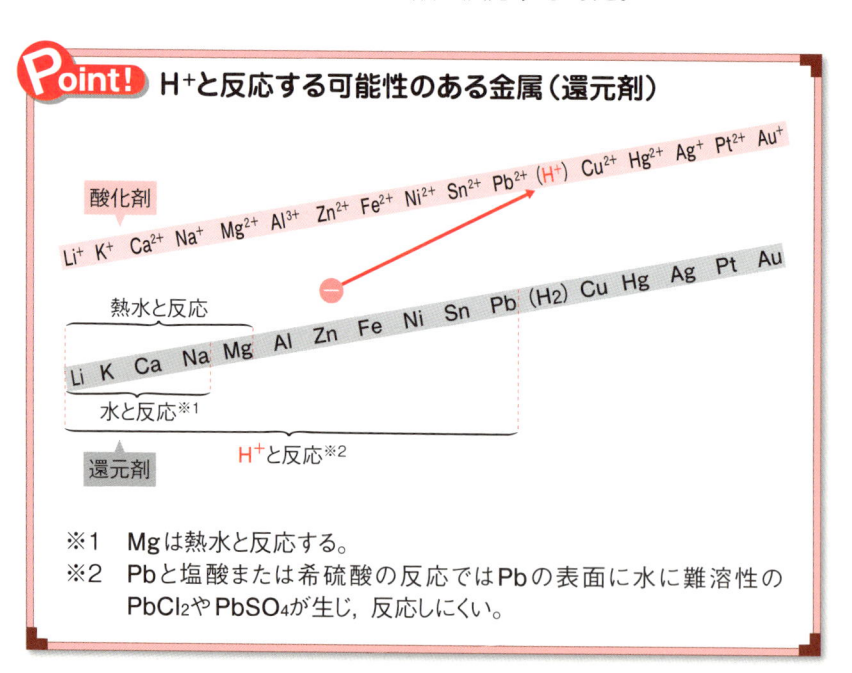

Point! H^+と反応する可能性のある金属（還元剤）

酸化剤: Li^+ K^+ Ca^{2+} Na^+ Mg^{2+} Al^{3+} Zn^{2+} Fe^{2+} Ni^{2+} Sn^{2+} Pb^{2+} (H^+) Cu^{2+} Hg^{2+} Ag^+ Pt^{2+} Au^+

還元剤: Li K Ca Na Mg Al Zn Fe Ni Sn Pb (H_2) Cu Hg Ag Pt Au

- 熱水と反応: Mg
- 水と反応※1: Li K Ca Na
- H^+と反応※2

※1　Mgは熱水と反応する。
※2　Pbと塩酸または希硫酸の反応ではPbの表面に水に難溶性の$PbCl_2$や$PbSO_4$が生じ，反応しにくい。

金属をMで表し,その金属が2価の陽イオンになるとすると,次のような反応になるよ。

$$\begin{array}{r}\text{酸化剤}\quad 2H^+ + 2e^- \longrightarrow H_2 \\ +)\ \text{還元剤}\quad M \longrightarrow M^{2+} + 2e^- \\ \hline M + 2H^+ \longrightarrow M^{2+} + H_2 \end{array}$$ ← イオン反応式完成

例としてZnと塩酸,硫酸の反応式を使ってみよう!

● 亜鉛と塩酸の反応

$$\begin{array}{r} Zn + 2H^+ \longrightarrow Zn^{2+} + H_2 \\ +)\quad 2Cl^- \qquad 2Cl^- \\ \hline Zn + 2HCl \longrightarrow ZnCl_2 + H_2 \end{array}$$ ← イオン反応式
← 両辺にたす

● 亜鉛と硫酸の反応

$$\begin{array}{r} Zn + 2H^+ \longrightarrow Zn^{2+} + H_2 \\ +)\quad SO_4^{2-} \qquad SO_4^{2-} \\ \hline Zn + H_2SO_4 \longrightarrow ZnSO_4 + H_2 \end{array}$$ ← イオン反応式
← 両辺にたす

金属と酸を入れて水素を得る方法でよく使われるのはMg, Al, Zn, Fe, Ni, Snだとわかるね。この中で,鉛Pbは難溶性の塩である$PbCl_2$や$PbSO_4$がPbの表面を覆って反応が止まってしまうので,鉛に酸を加えて水素を発生させるときには酢酸CH_3COOHなどにするよ。

● 金属と酸による水素の製法
・金属と塩酸の反応

（イオン化傾向 ↑）

$Mg + 2HCl \longrightarrow MgCl_2 + H_2$
$2Al + 6HCl \longrightarrow 2AlCl_3 + 3H_2$
$Zn + 2HCl \longrightarrow ZnCl_2 + H_2$
$Fe + 2HCl \longrightarrow FeCl_2 + H_2$
$Ni + 2HCl \longrightarrow NiCl_2 + H_2$
$Sn + 2HCl \longrightarrow SnCl_2 + H_2$

第5章 水素

● 金属と硫酸の反応

イオン化傾向 ↑

Mg	+	H_2SO_4	→	$MgSO_4$	+ H_2
2Al	+	$3H_2SO_4$	→	$Al_2(SO_4)_3$	+ $3H_2$
Zn	+	H_2SO_4	→	$ZnSO_4$	+ H_2
Fe	+	H_2SO_4	→	$FeSO_4$	+ H_2
Ni	+	H_2SO_4	→	$NiSO_4$	+ H_2
Sn	+	H_2SO_4	→	$SnSO_4$	+ H_2

(3) 金属と水との反応

金属と水を反応させても，水素が発生するの？

そうなんだよ。水の中にもわずかに水素イオン H^+ が入っているから，水も非常に弱い酸化剤と考えることができるんだ。水が酸化剤として働いて電子を受け取る式を書いてみると，次のようになるんだ。

酸化剤　$2H^+ + 2e^- \longrightarrow H_2$
＋）　　　$2OH^-$　　　　　　　　　　$2OH^-$
―――――――――――――――――――――――
酸化剤　$2H_2O + 2e^- \longrightarrow H_2 + 2OH^-$ ← 水が酸化剤になるときの半反応式

アルカリ金属やアルカリ土類金属のようなイオン化傾向が大きい強い還元剤があると，水が酸化剤になるんだ。

ナトリウムを例に反応式をつくってみると，次の通りだ。

酸化剤　$2H_2O + 2e^- \longrightarrow H_2 + 2OH^-$
＋）還元剤　$2Na \longrightarrow 2Na^+ + 2e^-$
―――――――――――――――――――――――
　　　$2Na + 2H_2O \longrightarrow 2NaOH + H_2$

● アルカリ金属，アルカリ土類金属と水の反応

$$2Li + 2H_2O \longrightarrow 2LiOH + H_2$$
$$2K + 2H_2O \longrightarrow 2KOH + H_2$$
$$Ca + 2H_2O \longrightarrow Ca(OH)_2 + H_2$$
$$Ba + 2H_2O \longrightarrow Ba(OH)_2 + H_2$$

	1族	2族
第1周期	H	
第2周期	Li	Be
第3周期	Na	Mg
第4周期	K	Ca
第5周期	Rb	Sr
第6周期	Cs	Ba
第7周期	Fr	Ra

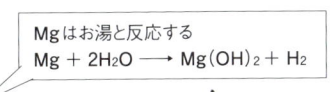

Mgはお湯と反応する
$Mg + 2H_2O \longrightarrow Mg(OH)_2 + H_2$

アルカリ金属とアルカリ土類金属は水をかけると溶けちゃうんだ！

(4) 両性元素と強塩基との反応

アルミニウムと水酸化ナトリウム水溶液でも水素が発生するって習ったんですけど，どんな反応なんですか？

それは両性元素と強塩基の反応だね。この反応も基本的には水と金属との反応なんだ。アルカリ金属やアルカリ土類金属が，水の中に存在する水素イオンに酸化されて反応する式は勉強したばかりだね。でも，水素よりイオン化傾向の大きい金属は，次のように水と反応するはずだけど，非常にゆっくりで，反応はほとんど進行しないんだ。

● 金属と水との反応

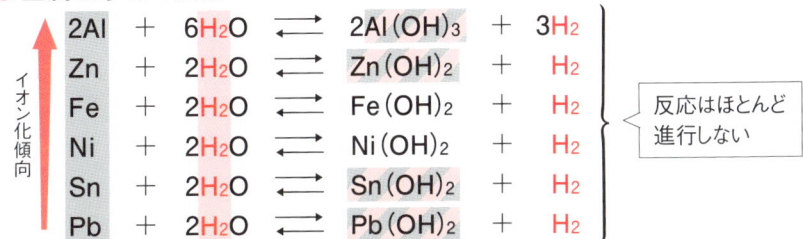

イオン化傾向 ↑

$$2Al + 6H_2O \rightleftarrows 2Al(OH)_3 + 3H_2$$
$$Zn + 2H_2O \rightleftarrows Zn(OH)_2 + H_2$$
$$Fe + 2H_2O \rightleftarrows Fe(OH)_2 + H_2$$
$$Ni + 2H_2O \rightleftarrows Ni(OH)_2 + H_2$$
$$Sn + 2H_2O \rightleftarrows Sn(OH)_2 + H_2$$
$$Pb + 2H_2O \rightleftarrows Pb(OH)_2 + H_2$$

反応はほとんど進行しない

：両性水酸化物

第5章 水素

ところが，**両性水酸化物**は強塩基と反応して**ヒドロキシド錯体**をつくり，水素を発生するんだ。

● アルミニウムと濃水酸化ナトリウム水溶液の反応

$$2Al + 6H_2O \rightleftharpoons 2Al(OH)_3 + 3H_2$$
$$+)\ 2Al(OH)_3 + 2NaOH \longrightarrow 2Na[Al(OH)_4]$$
$$\overline{2Al + 6H_2O + 2NaOH \longrightarrow 2Na[Al(OH)_4] + 3H_2}$$

還元剤　　酸化剤　　　　　　　　ヒドロキシド錯体

● 亜鉛と濃水酸化ナトリウム水溶液の反応

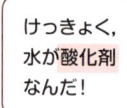

$$Zn + 2H_2O \rightleftharpoons Zn(OH)_2 + H_2$$
$$+)\ Zn(OH)_2 + 2NaOH \longrightarrow Na_2[Zn(OH)_4]$$
$$\overline{Zn + 2H_2O + 2NaOH \longrightarrow Na_2[Zn(OH)_4] + H_2}$$

還元剤　　酸化剤

> けっきょく，水が酸化剤なんだ！

> そうなんだよ，NaOHは錯体を形成するために入れているだけなんだ。

(5) 水素イオンと水素化物イオンの反応

> 水素化物イオンが反応して水素が発生することはないんですか？

もちろんあるよ。水素化物イオン H^- は非常に強い還元剤でいろいろなものを還元できるんだけど，水素イオン H^+ と反応すると水素 H_2 になるんだ。

酸化数　　−1　　　　+1　　　　　0
$$H^- + H^+ \longrightarrow H_2$$
　　　還元剤　　酸化剤

この反応式をもとに水素化ナトリウムと塩酸の反応を考えると，次のようになるよ。

$$
\begin{array}{r}
H^- + H^+ \longrightarrow H_2 \\
+)\ Na^+ \quad Cl^- \longrightarrow Na^+ \quad Cl^- \\
\hline
NaH + HCl \longrightarrow NaCl + H_2
\end{array}
$$

ただし，水素化物イオン H^- は非常に強い還元剤だから相手は強い酸でなくても水でも反応するんだ。

$$
\begin{array}{r}
H^- + H^+ \longrightarrow H_2 \\
+)\ Na^+ \quad OH^- \longrightarrow Na^+ \quad OH^- \\
\hline
NaH + H_2O \longrightarrow NaOH + H_2
\end{array}
$$

水素化ナトリウム NaH と水との反応は，水素化物イオン H^- の還元性が強すぎるから，実験室での水素の製法にはお勧めできないよ！

story 3　水素の反応

水素にはどんな性質があるの？

水素の反応で一番有名なのは，酸素と混合して点火すると爆発的に反応して水が生成するという反応式だね。この反応も酸化還元反応で，酸素は強い酸化剤だから水素が還元剤として反応するんだ。

$$
\begin{array}{r}
\text{酸化剤}\quad O_2 + 4e^- \longrightarrow 2O^{2-} \\
+)\ \text{還元剤}\quad 2H_2 \quad\ \longrightarrow 4H^+ + 4e^- \\
\hline
2H_2 + O_2 \longrightarrow 2H_2O
\end{array}
$$

第5章　水素

水素と酸素で構成される燃料電池はこの反応を利用して電池にしたものだね。まさに，この反応式は正極と負極の反応式になるね。ただし，水素イオンを電解液として使用した場合には，正極で水が生成する反応式になるから注意だね。

$$\begin{array}{rl} \text{正極} & O_2 + 4H^+ + 4e^- \longrightarrow 2H_2O \\ +)\ \text{負極} & 2H_2 \longrightarrow 4H^+ + 4e^- \\ \hline \text{全反応式} & 2H_2 + O_2 \longrightarrow 2H_2O \end{array}$$

　また，水素は高温で金属イオンと反応することができるんだ。酸化銅(Ⅱ)を水素で還元して金属銅を得る反応がその例だよ。

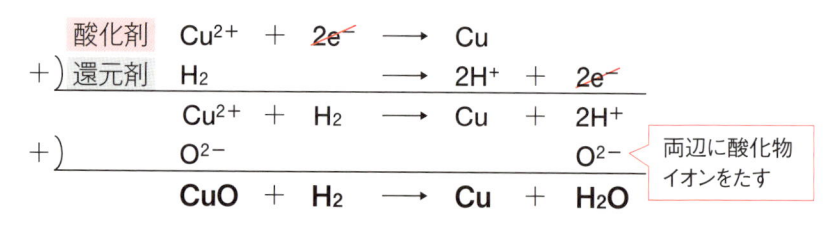

$$\begin{array}{rl} \text{酸化剤} & Cu^{2+} + 2e^- \longrightarrow Cu \\ +)\ \text{還元剤} & H_2 \longrightarrow 2H^+ + 2e^- \\ \hline & Cu^{2+} + H_2 \longrightarrow Cu + 2H^+ \\ +) & O^{2-} \qquad\qquad\qquad\qquad\quad O^{2-} \\ \hline & CuO + H_2 \longrightarrow Cu + H_2O \end{array}$$

両辺に酸化物イオンをたす

僕は燃料電池車だヨ！ H_2を入れてくれれば充電しないでも走る電気自動車なんだ！　排気ガスもなく，H_2Oを出すだけだよ！

確認問題

1 次の水素化合物の中から,水中で酸として働くものをすべて選べ。
① NH_3 ② PH_3 ③ CH_4 ④ HCl ⑤ HF

解答 ④⑤

2 次の金属の中から,塩酸と反応して水素を発生するものをすべて選べ。
① Zn ② Fe ③ Sn ④ Cu ⑤ Ag

①②③

3 次の金属の中から,希硫酸と反応して水素を発生するものをすべて選べ。
① Na ② Mg ③ Ni ④ Sn ⑤ Cu

①②③④

4 次の金属の中から,水と反応して水素を発生するものをすべて選べ。
① Li ② Cu ③ Na ④ Ca ⑤ Zn

①③④

5 次の金属の中から,水酸化ナトリウムの濃い溶液に溶解する金属をすべて選べ。
① Zn ② Fe ③ Co ④ Si ⑤ Al
⑥ Sn ⑦ Mn

①⑤⑥

6 NaH と水の化学変化を化学反応式で表せ。

$NaH + H_2O \longrightarrow NaOH + H_2$

7 Na と水の化学変化を化学反応式で表せ。

$2Na + 2H_2O \longrightarrow 2NaOH + H_2$

8 Al と水酸化ナトリウム水溶液が反応して水素が発生するときの化学変化を化学反応式で表せ。

$2Al + 6H_2O + 2NaOH \longrightarrow 2Na[Al(OH)_4] + 3H_2$

9 酸化銅(Ⅱ)を水素気流中で加熱したときの化学変化を化学反応式で表せ。

$CuO + H_2 \longrightarrow Cu + H_2O$

第5章 水素

第6章 希ガス

▶ アルゴンなどの希ガスは，ほとんどの物質と反応しない安定した元素である。

story 1 希ガスの所在

なぜ，希ガスってそんな不思議な名前なんですか？

希ガスは英語では rare gas で空気中にわずかに存在する，つまり希少なガスということで，希ガスといわれるんだ。空気の組成をみると，大まかには窒素80％，酸素20％だけど，詳しくは次のページの通りだ。二酸化炭素のほかに，18族の希ガス元素を含んでいるんだ。ヘリウム He，ネオン Ne，アルゴン Ar，クリプトン Kr，キセノン Xe などは空気中にわずかに存在しているから覚えておこう！　ただし，アルゴンは意外と多く含まれているから"わずか"ではないね。

「**空気中で3番目に多い気体は？**」　➡　「**アルゴン Ar**」

と答えられるようにしておこう！

① N₂ 78.084%
② O₂ 20.946%
③ Ar 0.9340%
④ CO₂ 0.04%

H₂ 0.000055%
N₂O 0.000032%
Xe 0.0000087%
Ne 0.001818%
He 0.000524%
CH₄ 0.0001745%
Kr 0.000114%

▲ 空気の組成と希ガス

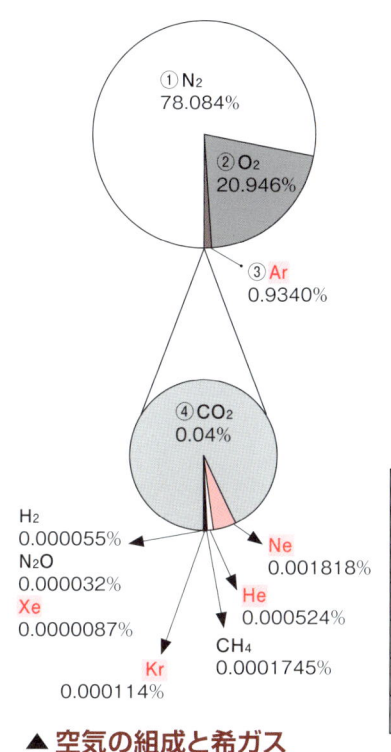

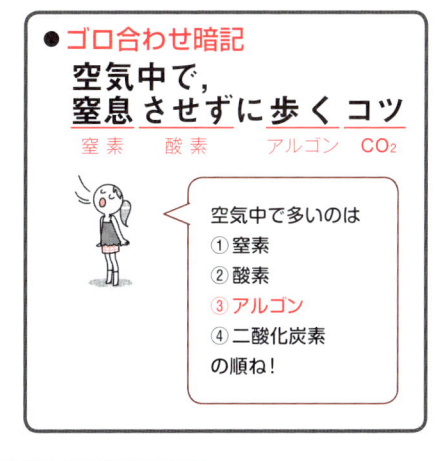

● ゴロ合わせ暗記

空気中で，
窒息させずに歩くコツ
窒素　酸素　　アルゴン　CO₂

空気中で多いのは
① 窒素
② 酸素
③ アルゴン
④ 二酸化炭素
の順ね！

	18族
第1周期	
第2周期	He
第3周期	Ne
第4周期	Ar
第5周期	Xe
第6周期	Rn
第7周期	

グラフを見ると18族元素の希ガスは3番目に多い。アルゴンAr以外は微量だけど，希ガスが空気中に存在していることがわかるね！

空気のことで覚えておくことって，他にありますか？

そうだね。空気の平均分子量を覚えておいてね。空気の組成は大ざっぱには，窒素と酸素だから，窒素と酸素の分子量を使えば簡単に算出できるんだ。計算は次の通りだよ。

第6章　希ガス

Point! 空気の組成と平均分子量

気体	分子量	存在率
N_2	28	0.80
O_2	32	0.20

空気の平均分子量
$= 28 \times 0.80 + 32 \times 0.20 = 28.8$
$≒ 29$

　上のように計算すると空気の平均分子量は**約29**になるね。同温，同圧では，気体の密度は分子量に比例するから，分子量が29より小さい気体は空気中で上に，分子量が29より大きい気体は空気中で下にたまりやすいんだ。

同温，同圧のときには（PとTが同じとき）密度dは分子量Mに比例するね。
$PM = dRT$

分子量が29より大きい気体が入った風船は浮かないんだ（泣）

空気中で浮く風船の気体は分子量が29より小さいんだね。

　そうだよ。分子量が29より小さな気体でないと，浮く風船にならないんだ。ただし，水素H_2は分子量が2でよく浮くんだけど，点火すると爆発するから，風船向きではないね。

　18族元素の希ガスは名前のとおり，すべて常温常圧で気体なんだが，原子量がHe (4)，Ne (20)，Ar (40)，Kr (84)，Xe (131)，Rn (222)で29より小さいのはHeとNeだけなんだよ。希ガス以外だ

と窒素 N_2（28）は空気とほぼ同じだし，酸素 O_2（32），CO_2（44）という具合だから，空気より分子量が小さくて，安全な気体は分子量4のヘリウム He なので，He は風船に入れるのに最適なんだ。おもしろいね。

> 浮く風船には希ガスのヘリウムが入っているんだ。

> ヘリウムは飛行船にも入っているんだよ。

story 2　希ガスの性質

(1) 閉殻構造と希ガスの性質

> 希ガスって，どんな化学反応するんですか？

18族元素の希ガスは化学変化をほとんどしないのが性質なんだ。その理由は電子配置なんだ。希ガスの電子配置を見てもらおう。

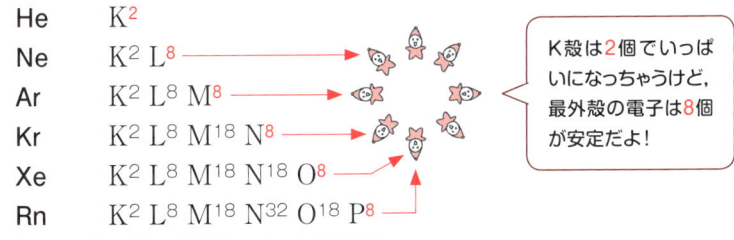

He	K^2
Ne	$K^2 L^8$
Ar	$K^2 L^8 M^8$
Kr	$K^2 L^8 M^{18} N^8$
Xe	$K^2 L^8 M^{18} N^{18} O^8$
Rn	$K^2 L^8 M^{18} N^{32} O^{18} P^8$

> K殻は2個でいっぱいになっちゃうけど，最外殻の電子は8個が安定だよ！

（K^2 は K 殻に2個の電子が入っていることを表す）

K 殻は2個以上の電子は入らないけど，He 以外の希ガスはすべて最外殻に8個の電子が入っているだろう。この**最外殻に8個の電子が入っている状態を閉殻構造**というんだ。閉殻構造をもつ18族の元素は化学的に安定なんだ。

第6章　希ガス

Point! 閉殻構造

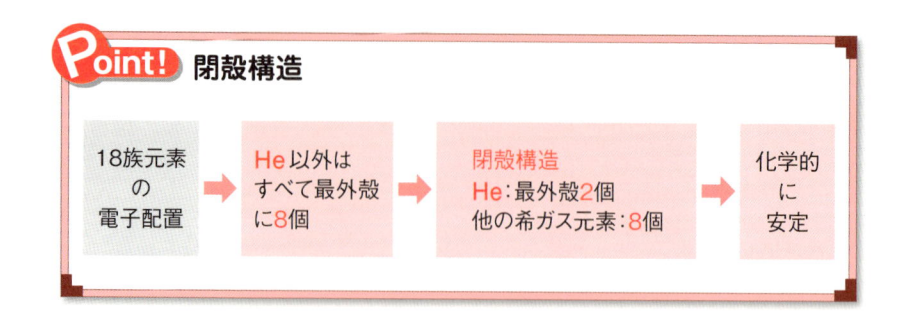

| 18族元素の電子配置 | → | He以外はすべて最外殻に8個 | → | 閉殻構造
He:最外殻2個
他の希ガス元素:8個 | → | 化学的に安定 |

> 家の照明の電球を取り替えたときに，クリプトンランプだったんですが，何でクリプトンを使っているんですか？

> フィラメントが発光する電球は，中に細いタングステンWのフィラメントを使っていて，発光するときにフィラメントは非常に高温（3000℃程度）になるんだよ。だから，もし，フィラメントを空気中に出したら，タングステンが空気中の酸素と反応してフィラメントがすぐに切れてしまうんだ。だから，電球はフィラメントを，ガラスで覆ってあるんだよ。だけど中を真空にすると，今度はタングステンの昇華によってフィラメントが切れてしまうから，反応性の低い希ガスが充塡してあるというわけなんだ。

> この部分はアルゴンArやクリプトンKrが使用されているんだ。

> フィラメントはタングステンWなんだ！

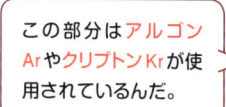

　アルゴンArは空気中に比較的多いから安価で，よく電球に使われているけど，クリプトンKrを使ったほうが長寿命だから，Krを入れた電球もあるよ。電球一つでも仕組みがわかるとおもしろいだろう。

(2) 単原子分子と原子半径

希ガスはすべて気体だから，He₂ みたいに原子2つで分子をつくっているの？

実は希ガスはほかの気体と異なり，原子の状態で飛んでいるんだよ。これを**単原子分子**とよんでいるんだ。

そのために，希ガスの原子半径は，他の同一周期の原子に比べて比較的大きくなるということが起こるんだ。例えば，他の非金属元素は共有結合をつくるから，その原子どうしの結合間距離の半分が原子の半径と考えられるね。

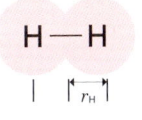

r_H：水素の共有結合半径

これを**共有結合半径**とよんでいるんだ。しかし，希ガスは共有結合をつくらないから，冷却して弱いファンデルワールス力で結合しているときの，原子間の距離の半分を**ファンデルワールス半径**としているんだ。

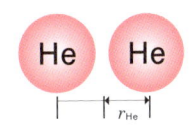

r_{He}：ヘリウムのファンデルワールス半径

みんながよく見る原子半径のグラフは，希ガス以外の元素は結合している原子間の距離の半分を原子半径にしているのだけど，**希ガスだけはファンデルワールス半径を原子半径ということにしている**から，同じ周期の中でもとりわけ大きくなっているんだよ。本来は同一周期の元素であれば，**原子番号が大きくなるにつれて，最外殻の電子を強く引きつけるから，原子半径が小さくなっていく**はずなんだ。例えば第2周期の元素は ₃Li，₄Be，₅B，₆C，₇N，₈O，₉F，₁₀Ne だけど，すべて最外殻の電子は L 殻に存在しているから，原子番号が大きい ₁₀Ne が原子半径が一番小さいはずなのに，Ne だけがファンデルワールス半径をとっているからやたらに大きくなってしまうんだ。これは原子半径のとり方によるマジックだから気をつけてグラフを見てね。

確かに第2周期ではネオンNeが，やたら大きくなっている！

非金属元素は共有結合半径，金属元素は金属結合半径，希ガスはファンデルワールス半径を原子半径としている。

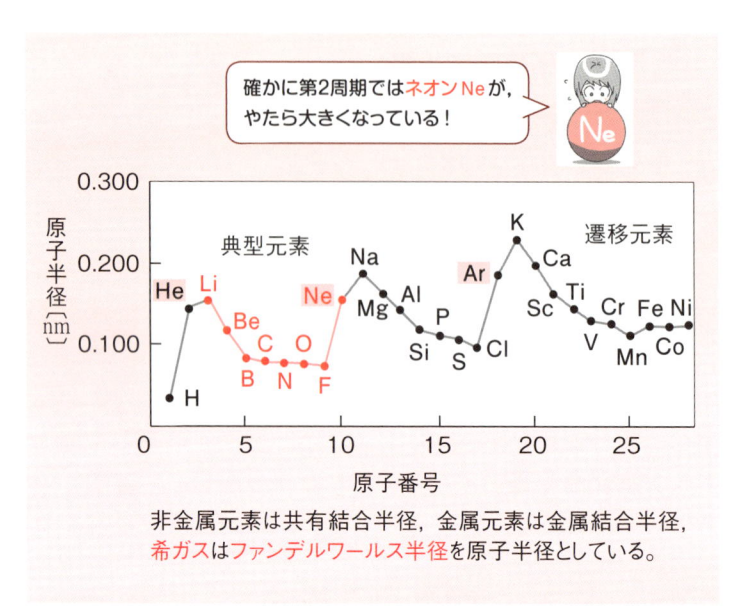

▲ 原子半径

story 3　ネオンサイン

父が乗っている車にキセノンランプが使われているんですが，それは白熱電球と同原理ですか？

18族元素の名前が気になりだしたのはいいことだね。車のヘッドライトに使っているキセノンランプは，白熱電球とは全く仕組みが違うんだよ。希ガスを封入したガラス管の両端に電圧をかけると発光するんだ。キセノン Xe の発光は紫っぽい色なんだけど，よく輝くから白っぽく見えて，車のヘッドライトやカメラのストロボなどに使われているんだよ。

同じ仕組みのランプはネオンサインとして有名だよ。**ネオン Ne を少量封入した低圧のガラス管の両端に電圧をかけて放電させると赤橙色の光を放つ**んだ。夜に光る看板などで見たことあるはずだよ。ネオ

ン Ne では赤橙色の光だけなので，他の希ガスなどを混ぜたり，蛍光物質を使ったりしてさまざまな色を出せるようにしているのが，実際に使われているネオンサインなんだ。また，希ガスが発光するときの色は次の通りだよ。

▼ 放電管の色

He	黄白色
Ne	赤橙色
Ar	青色
Kr	緑紫色
Xe	淡紫色

街でガラス管が発光しているような看板を見たら，ネオンサインかもしれないよ！

確認問題

1 次の気体の中から，空気中で3番目に多く含まれるものを選べ。
　①Ar　②Ne　③CO_2　④H_2　⑤O_2

解答
① ③

2 次の数値の中から，空気の平均分子量に一番近い数値を選べ。
　①25　②29　③32　④36　⑤44

②

3 次の気体の中から，空気より密度の小さいものをすべて選べ。
　①H_2　②He　③F_2　④Cl_2　⑤CO_2

① ②

4 飛行船に使われている希ガスは何か。

ヘリウム（He）

5 次の気体の中から，単原子分子で存在するものをすべて選べ。
　①水素　　②ヘリウム　　③窒素
　④メタン　⑤二酸化炭素　⑥ネオン
　⑦アルゴン　⑧キセノン

② ⑥ ⑦ ⑧

6 次の原子の中から，電子配置が閉殻構造であるものをすべて選べ。
　①H　②He　③Li　④C　⑤F
　⑥Ne

② ⑥

7 放電管に入れて発光させると赤橙色に光る希ガスの元素記号を書け。

Ne

8 カメラのストロボの発光に使われている希ガスの元素記号を書け。

Xe

9 原子半径が一番小さい希ガスの元素記号を書け。

He

90　非金属元素の単体と化合物(1)　—水素，希ガス，ハロゲン—

第7章 ハロゲン単体の性質

(吹き出し)
- ノドはヨウ素 I_2 で消毒
- 水道水は塩素 Cl_2 で殺菌
- 歯はフッ化物イオン F^- で強化

▶ ハロゲンは，日常のさまざまなところで使われている。

story 1 ハロゲン単体の状態

ハロゲンはどれが気体で，どれが液体ですか？

周期表の17族元素を**ハロゲン**とよぶんだが，ハロゲン単体は二原子分子で**無極性**なので，その分子の大きさによって分子間力が決定するよ。周期表は下にいくほど，原子半径が大きくなるので，ハロゲンの単体の**分子間力（ファンデルワールス力）**は下のほうが大きいんだ。よって，分子間力が大きいほど沸点，融点も大きくなるから，**常温常圧でフッ素と塩素は気体だけど，臭素は液体，ヨウ素は固体**だよ。

Point! ハロゲン単体の状態と色

17族の単体	分子の大きさ 分子間力 (ファンデルワールス力)	沸点・融点	常温常圧の状態	色
F_2 F−F	↓ 大	↓ 高い	気体	淡黄色
Cl_2 Cl−Cl				黄緑色
Br_2 Br−Br			液体	赤褐色
I_2 I−I			固体	黒紫色（暗紫色）

story 2　ハロゲン単体の酸化力

> ハロゲンの単体の酸化力の問題って，さっぱりわからないんですが，解くコツがありますか？

ハロゲンの酸化力の強さを問う問題は非常に多いね。もちろん，問題を解くためにはきちんと理解するのが一番早いよ。

ハロゲン単体の化学反応は**酸化還元反応**ばかりだから，酸化力の強さを理解すれば簡単に解けるんだよ。

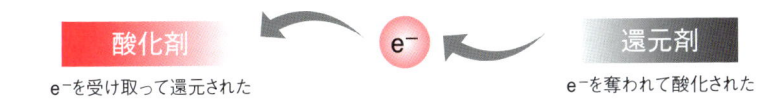

酸化剤 ← e⁻ ← 還元剤
e⁻を受け取って還元された　　　　　　e⁻を奪われて酸化された

そして，半反応式を書いてみると，次のようになるね。

酸化剤 ＋ e⁻ ⇌ 還元剤

実際に，2種類のハロゲン元素を X，Y で書いて，X_2，Y^- の反応式を考えてみよう。

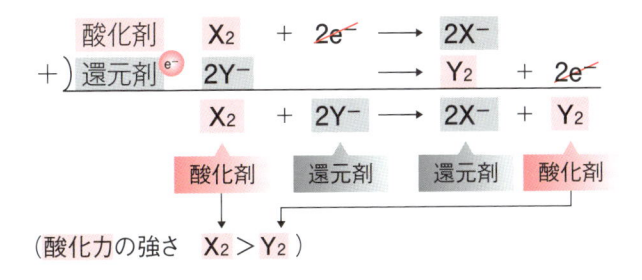

$$
\begin{array}{rl}
\text{酸化剤} & X_2 + 2e^- \longrightarrow 2X^- \\
+)\ \text{還元剤} & 2Y^- \longrightarrow Y_2 + 2e^- \\
\hline
& X_2 + 2Y^- \longrightarrow 2X^- + Y_2
\end{array}
$$

酸化剤　還元剤　還元剤　酸化剤

（酸化力の強さ　$X_2 > Y_2$）

反応が自然に起こるかどうかは酸化力の強さで決まってくるんだ。もし，この反応が自然に起こったなら，酸化力の強さは $X_2 > Y_2$ だ。

この反応を見ると，酸化剤であるX₂と反応しているのは還元剤であるY⁻だから，酸化力はX₂＞Y⁻と思う人がいるんだけどこれは間違いで，あくまで**酸化力を比較するときは酸化剤どうしを比較しなくてはならない**んだ。先ほどの反応式に電子の動きを入れてみるとわかるんだが，電子はX₂が奪っていて，生成したY₂より酸化力が強いから反応が進行しているんだ。

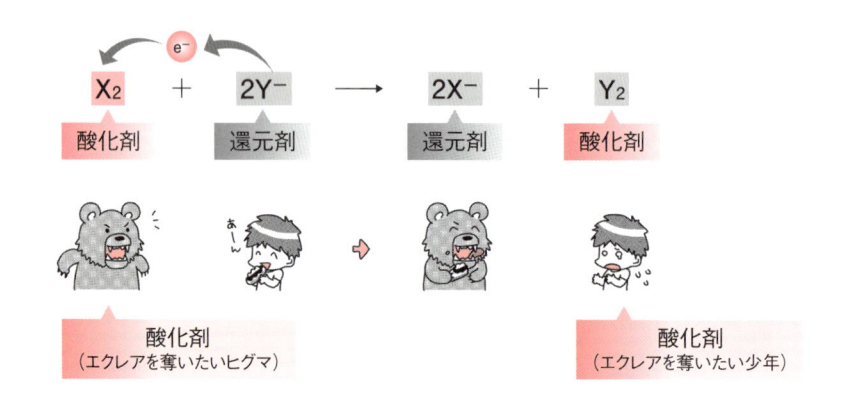

$$X_2 + 2Y^- \longrightarrow 2X^- + Y_2$$

酸化剤　還元剤　　　　還元剤　酸化剤

酸化剤
（エクレアを奪いたいヒグマ）　　　酸化剤
（エクレアを奪いたい少年）

　電子がエクレアで酸化剤X₂がヒグマ，酸化剤Y₂が少年だとしたら，右向きの反応は起こるけど，逆反応は起こらないことが一目瞭然だね。これは酸化剤の酸化力が　ヒグマ＞少年　という順だからだね。

酸化力の強さ　X₂　＞　Y₂

ヒグマ　　少年

　"酸化力の強さ"とは，いわば"エクレアを奪う力"みたいなものだからハロゲンの場合は，$F_2 > Cl_2 > Br_2 > I_2$ の順に，ヒグマ＞やくざ＞少年＞赤んぼう　の順になっているようなものなんだ。

ハロゲン単体の場合は**周期表の上にいくほど酸化力が強くなる**ので，しっかり覚えよう。

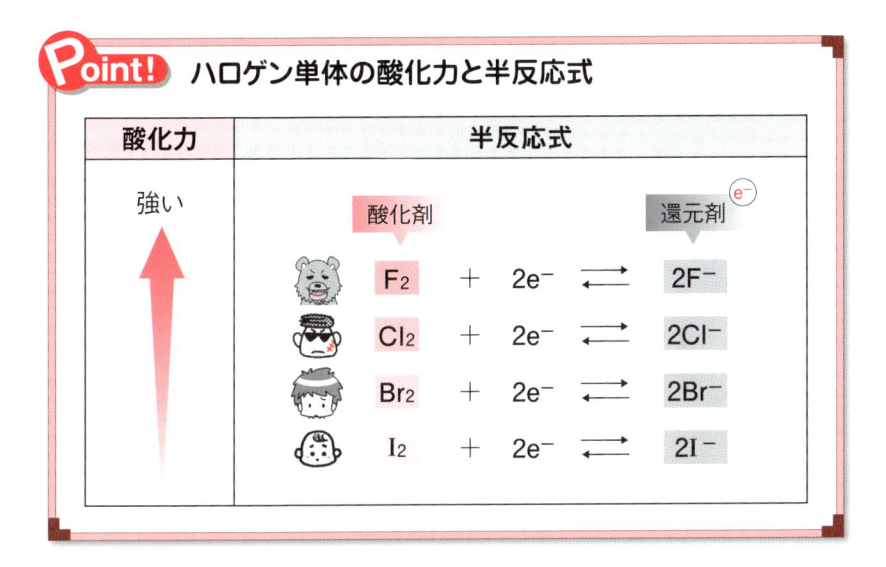

Point! ハロゲン単体の酸化力と半反応式

酸化力	半反応式
強い ↑	酸化剤　　　　　　　　　還元剤 e^-
	$F_2\ +\ 2e^-\ \rightleftarrows\ 2F^-$
	$Cl_2\ +\ 2e^-\ \rightleftarrows\ 2Cl^-$
	$Br_2\ +\ 2e^-\ \rightleftarrows\ 2Br^-$
	$I_2\ +\ 2e^-\ \rightleftarrows\ 2I^-$

どの組み合わせが反応するかが簡単にわかるよ。

例えば F_2（ヒグマ）という 酸化剤 と反応する 還元剤 は Cl^-，Br^-，I^- となるんだ。

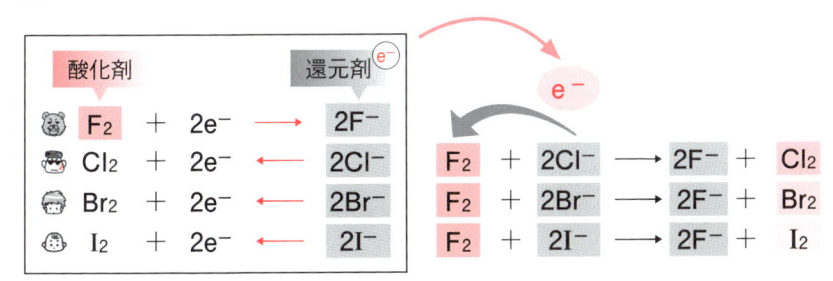

$$F_2\ +\ 2Cl^-\ \longrightarrow\ 2F^-\ +\ Cl_2$$
$$F_2\ +\ 2Br^-\ \longrightarrow\ 2F^-\ +\ Br_2$$
$$F_2\ +\ 2I^-\ \longrightarrow\ 2F^-\ +\ I_2$$

同様に，Cl_2（やくざ）という 酸化剤 と反応する 還元剤 は Br^-，I^- となるんだ。

第7章　ハロゲン単体の性質

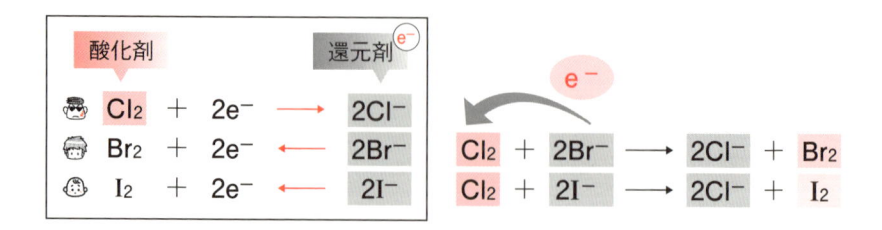

酸化剤			還元剤 e⁻
Cl$_2$	+ 2e⁻	→	2Cl⁻
Br$_2$	+ 2e⁻	←	2Br⁻
I$_2$	+ 2e⁻	←	2I⁻

$$Cl_2 + 2Br^- \longrightarrow 2Cl^- + Br_2$$
$$Cl_2 + 2I^- \longrightarrow 2Cl^- + I_2$$

同様に Br$_2$（少年）という酸化剤と反応する還元剤は I⁻ となるんだ。

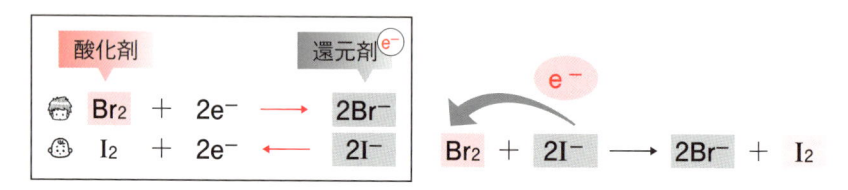

酸化剤			還元剤 e⁻
Br$_2$	+ 2e⁻	→	2Br⁻
I$_2$	+ 2e⁻	←	2I⁻

$$Br_2 + 2I^- \longrightarrow 2Br^- + I_2$$

これでハロゲン単体とハロゲン化物イオンの反応する組み合わせがわかったね。

story 3　ハロゲン単体の製法

(1) 塩素の工業的製法

塩素はどうやってつくるんですか？

塩素の製法は入試では特に重要だから覚えてね。工業的には**塩素は食塩水の電気分解でつくられている**んだ。食塩水を陽極に黒鉛，陰極に鉄を用いて電気分解すると，次のように反応するんだ。

陽極　　　　　2Cl⁻ ⟶ Cl$_2$ + 2e⁻
陰極　2H$_2$O + 2e⁻ ⟶ H$_2$ + 2OH⁻

陽極から生成する塩素ガスは工業界で広く使われているんだよ。

(2) 塩素の実験室的製法

　塩素を実験室でつくる装置は，装置の図として入試では一番といってよいくらい頻出なんだ。だから，しっかり詳細までマスターしてね。まずは仕組みからだけど，塩素を発生させるためには，塩素より強い酸化剤が必要なんだ。塩素は非常に強い酸化剤だから，塩素より強い酸化剤は多くないよ。実例をあげると，**過マンガン酸カリウム $KMnO_4$，二クロム酸カリウム $K_2Cr_2O_7$，酸性の酸化マンガン(Ⅳ) MnO_2，さらし粉 $CaCl(ClO) \cdot H_2O$** などが有名だね。よく使われるのは酸化マンガン(Ⅳ) MnO_2 とさらし粉 $CaCl(ClO) \cdot H_2O$ なんだ。まずは MnO_2 と濃塩酸の反応式をつくってみよう。

$$
\begin{array}{ll}
\text{酸化剤} & MnO_2 + 4H^+ + 2e^- \longrightarrow Mn^{2+} + 2H_2O \\
+)\text{ 還元剤} & 2Cl^- \longrightarrow Cl_2 + 2e^- \\
\hline
\text{イオン反応式} & MnO_2 + 4H^+ + 2Cl^- \longrightarrow Mn^{2+} + 2H_2O + Cl_2 \\
+) & \qquad\qquad\quad 2Cl^- \qquad 2Cl^- \quad \text{←両辺にたす} \\
\hline
\text{全反応式} & MnO_2 + 4HCl \xrightarrow{\triangle} MnCl_2 + 2H_2O + Cl_2 \\
& \text{酸化剤}\quad\text{還元剤}
\end{array}
$$

　次に，さらし粉 $CaCl(ClO) \cdot H_2O$ と塩酸の反応式をつくってみよう。さらし粉は，酸化剤である次亜塩素酸イオン ClO^- と還元剤である塩化物イオン Cl^- の両方をもっているので，酸性にして加熱するだけで塩素 Cl_2 が発生するよ。

$$
\begin{array}{ll}
\text{酸化剤} & ClO^- + 2H^+ + 2e^- \longrightarrow Cl^- + H_2O \\
+)\text{ 還元剤} & 2Cl^- \longrightarrow Cl_2 + 2e^- \\
\hline
\text{イオン反応式} & ClO^- + Cl^- + 2H^+ \longrightarrow H_2O + Cl_2 \\
+) & Ca^{2+}\ H_2O\ 2Cl^- \qquad Ca^{2+}\ H_2O\ 2Cl^- \ \text{←両辺にたす}\\
\hline
\text{全反応式} & CaCl(ClO) \cdot H_2O + 2HCl \xrightarrow{\triangle} CaCl_2 + 2H_2O + Cl_2 \\
& \text{還元剤}\quad\text{酸化剤}
\end{array}
$$

第7章　ハロゲン単体の性質

次に，塩素の発生装置を見てもらおう。この反応は加熱が必要なので，丸底フラスコに入れて加熱するんだ。また，発生した塩素から不純物を除くために水と濃硫酸を入れた洗気びんに通すんだ。

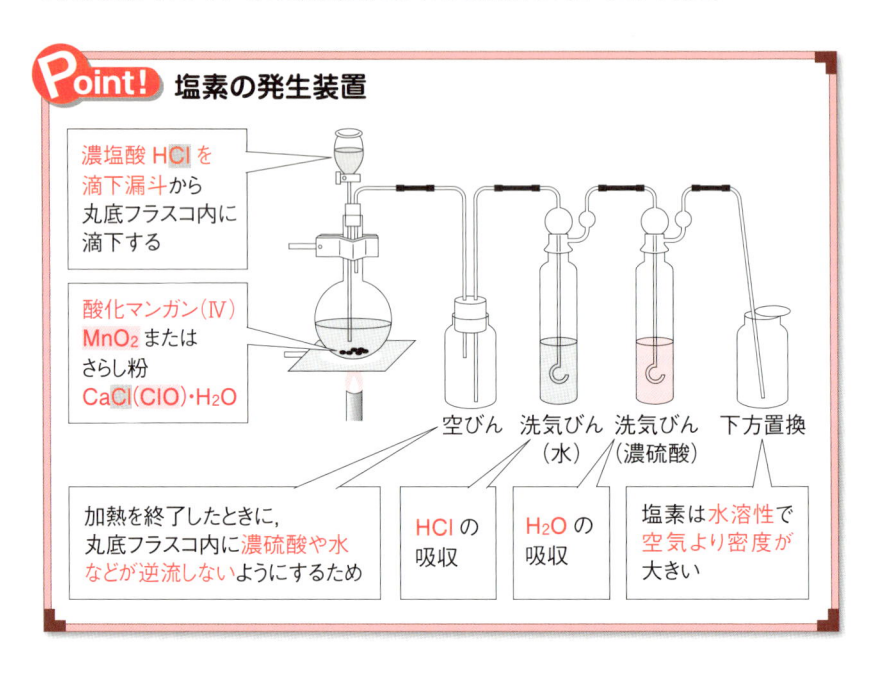

Point! 塩素の発生装置

- 濃塩酸 HCl を滴下漏斗から丸底フラスコ内に滴下する
- 酸化マンガン(Ⅳ) MnO_2 またはさらし粉 $CaCl(ClO)\cdot H_2O$
- 加熱を終了したときに，丸底フラスコ内に濃硫酸や水などが逆流しないようにするため
- 空びん
- 洗気びん（水）： HCl の吸収
- 洗気びん（濃硫酸）： H_2O の吸収
- 下方置換：塩素は水溶性で空気より密度が大きい

空びんは実験が終了して火を消したときに，洗気びんの中にある水や濃硫酸が丸底フラスコ内に逆流しないようにつけているんだよ。また，発生した塩素は水に少し溶け，空気より分子量が大きいよね（Cl_2 の分子量71に対して空気の平均分子量は29）。よって，空気より密度が大きく下のほうにたまるので**下方置換**にするんだ。

(3) 臭素の実験室的製法

臭素はどうやってつくるんですか？

臭素も塩素と同様に，臭化物イオンに対して酸性にした酸化マンガン(Ⅳ) MnO_2 などの強い酸化剤を使ってつくるんだ。
反応式のつくり方は塩素のときと同じで，酸性にするのに塩酸ではなく**硫酸**を使う点が違うだけだから，簡単なんだ。硫酸酸性の酸化マンガン(Ⅳ)と臭化カリウム KBr の反応式をつくってみるよ。

$$
\begin{array}{ll}
\text{酸化剤} & MnO_2 + 4H^+ + 2e^- \longrightarrow Mn^{2+} + 2H_2O \\
+)\ \text{還元剤} & 2Br^- \longrightarrow Br_2 + 2e^- \\
\hline
\text{イオン反応式} & MnO_2 + 4H^+ + 2Br^- \longrightarrow Mn^{2+} + 2H_2O + Br_2 \\
+)\ \text{両辺にたす} & 2SO_4^{2-}\ \ 2K^+ \hspace{3em} SO_4^{2-}\ \ SO_4^{2-}\ \ 2K^+ \\
\hline
\text{全反応式} & MnO_2 + 2H_2SO_4 + 2KBr \longrightarrow MnSO_4 + 2H_2O + Br_2 + K_2SO_4 \\
& \text{酸化剤} \hspace{4em} \text{還元剤}
\end{array}
$$

簡単に反応式ができたね。さらに詳しく説明すると，pH が 2 より小さい状況で反応させると，生成するのは K_2SO_4 でなく $KHSO_4$ になるんだ。これは，$-2 < pH < 2$ の水溶液中では，次の平衡反応で HSO_4^- が主な陰イオンになるからなんだ。

$$
\underset{pH < -2}{H_2SO_4} \rightleftarrows \underset{-2 < pH < 2}{H^+ + HSO_4^-} \rightleftarrows \underset{2 < pH}{2H^+ + SO_4^{2-}}
$$

よって，$K_2SO_4 + H_2SO_4 \longrightarrow 2KHSO_4$ の反応式を使って，さっきつくった式を書き換えてみると，次のようになるんだ。

$$MnO_2 + 2H_2SO_4 + 2KBr \longrightarrow MnSO_4 + 2H_2O + Br_2 + K_2SO_4$$
+) 両辺にたす H_2SO_4　　　　　　　　　　　　　　　　　H_2SO_4
$$MnO_2 + 3H_2SO_4 + 2KBr \longrightarrow MnSO_4 + 2H_2O + Br_2 + 2KHSO_4$$

酸化剤　　　　　　還元剤

反応式は注意してみると，いろいろな発見があるね。

(4) ヨウ素の実験室的製法

ヨウ素はどうやってつくるんですか？

ヨウ素も塩素と同様にヨウ化物イオンに対して酸性にした酸化マンガン(Ⅳ) MnO_2 などの強い酸化剤を使ってつくれるんだよ。臭素と同様に，反応式をつくると，次の通りなんだ。

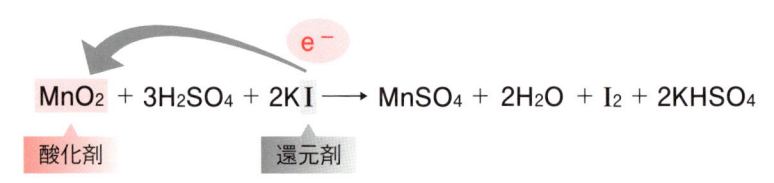

$$MnO_2 + 3H_2SO_4 + 2KI \longrightarrow MnSO_4 + 2H_2O + I_2 + 2KHSO_4$$

酸化剤　　　　　　還元剤

他に，ヨウ化物イオンをオゾン O_3 や塩素 Cl_2 で酸化する方法があるよ。

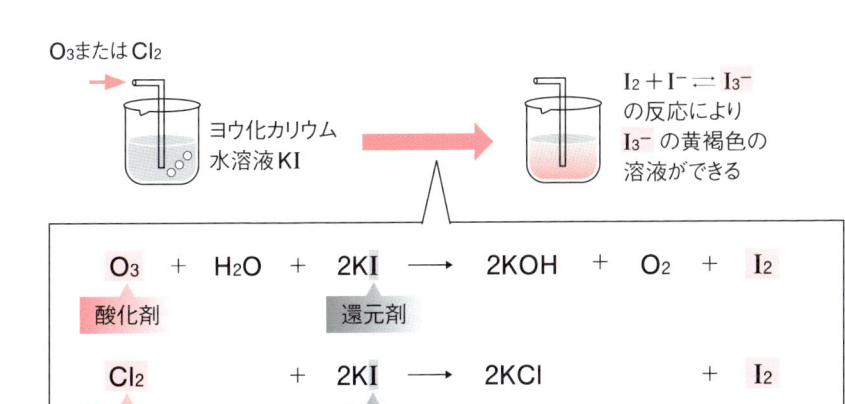

O₃ または Cl₂ → ヨウ化カリウム水溶液 KI → $I_2 + I^- \rightleftharpoons I_3^-$ の反応により I_3^- の黄褐色の溶液ができる

$$O_3 + H_2O + 2KI \longrightarrow 2KOH + O_2 + I_2$$
酸化剤　　　　　　還元剤

$$Cl_2 + 2KI \longrightarrow 2KCl + I_2$$
酸化剤　　　還元剤

▲ **ヨウ化カリウム KI と酸化剤の反応**

story 4　ハロゲン単体の性質

(1) 水素との反応

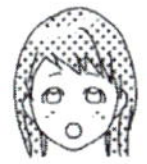

> 水素と塩素の混合気体に点火すると爆発するって聞いたんですけど，本当ですか？

そうなんだよ。水素と塩素を等モルずつ混合した気体に点火すると，すごい大きな音をたてて爆発するんだ。これはハロゲンの単体が酸化剤となる反応式だ。詳しく見てみよう。

酸化剤　$Cl_2 + 2e^- \longrightarrow 2Cl^-$
+)還元剤　$H_2 \longrightarrow 2H^+ + 2e^-$
　　　　　$Cl_2 + H_2 \longrightarrow 2HCl$
　　　　　酸化剤　還元剤

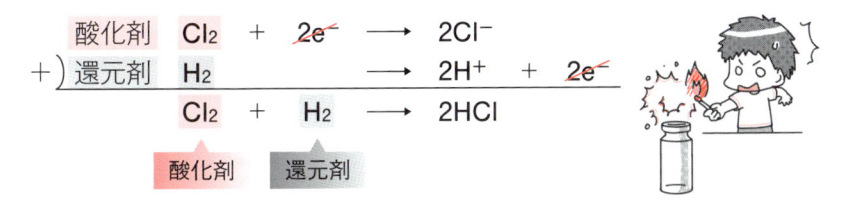

　ハロゲン単体の酸化力は周期表の上にいくほど強いから，水素との反応は上にいくほど爆発的になるんだ。

Point! ハロゲン単体と水素の反応

反応性	反応式				
激しい ↑ 穏やか	還元剤 H_2	+	酸化剤 F_2	→	2HF
	H_2	+	Cl_2	→	2HCl
	H_2	+	Br_2	⇌	2HBr
	H_2	+	I_2	⇌	2HI

(2) 水との反応

> フッ素は水によく溶けるって聞いたんですけど，本当ですか？

それは本当だね。フッ素 F_2 はハロゲン単体の中で，というよりすべての化合物の中でもトップクラスの強い酸化剤だから**水を酸化してしまう**んだ。水は安定だからさまざまな薬品を溶かすのに使用されるけど，フッ素はその安定な水分子 H_2O から電子を奪ってしまうんだ。つまり，水が還元剤として反応するんだね。

$$
\begin{array}{ll}
\text{酸化剤} & 2F_2 + 4e^- \longrightarrow 4F^- \\
+)\ \text{還元剤} & 2H_2O \longrightarrow O_2 + 4H^+ + 4e^- \\
\hline
 & 2F_2 + 2H_2O \underset{\times}{\rightleftarrows} O_2 + 4HF \\
 & \text{酸化剤}\quad\text{還元剤}
\end{array}
$$

酸化力は $F_2 > O_2$ なので，逆反応は起こらない！

水から酸素をたたき出すのは，フッ素のすごい酸化力がなせる技なんだ。水分子がなくなるまでフッ素は反応するから，フッ素は水に非常によく溶けるというわけだね。

> 塩素，臭素，ヨウ素は水とどんな反応をするんですか？

　ヨウ素は水にほとんど溶けないんだ。臭素は少しだけ溶けて，塩素はまあまあ溶けるという具合に，ハロゲンの単体は周期表の上にいくほど水に溶けやすいんだ。そして，水に溶けた単体の一部は**自己酸化還元反応を起こしてハロゲン化水素酸と次亜ハロゲン酸になる**んだよ。ハロゲン元素をXで書いたものと塩素の例を見てごらん。

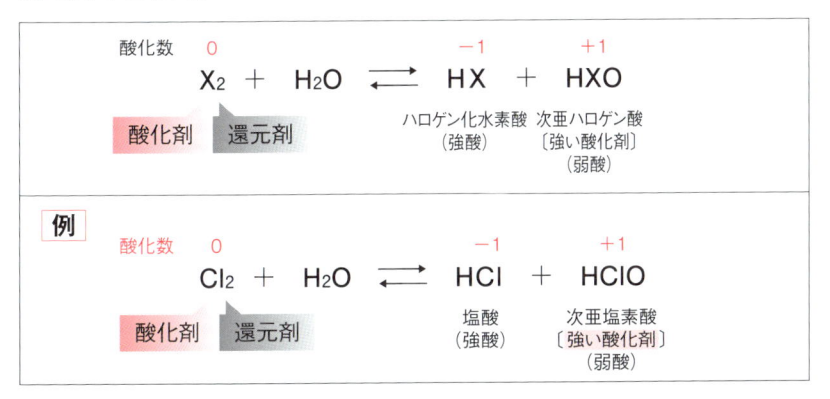

酸化数　　0　　　　　　　　　　　　－1　　　　＋1
$$X_2 + H_2O \rightleftarrows HX + HXO$$
　酸化剤　還元剤　　　　　　　ハロゲン化水素酸　次亜ハロゲン酸
　　　　　　　　　　　　　　　　　（強酸）　　　〔強い酸化剤〕
　　　　　　　　　　　　　　　　　　　　　　　　（弱酸）

例

酸化数　　0　　　　　　　　　　　　－1　　　　＋1
$$Cl_2 + H_2O \rightleftarrows HCl + HClO$$
　酸化剤　還元剤　　　　　　　　　塩酸　　　次亜塩素酸
　　　　　　　　　　　　　　　　（強酸）　〔強い酸化剤〕
　　　　　　　　　　　　　　　　　　　　　（弱酸）

　生成した**次亜塩素酸は弱酸だけど，非常に強い酸化剤**なんだ。実際には次亜塩素酸の中の次亜塩素酸イオン（ClO^-）が強い酸化剤となるんだ。

$$HClO \rightleftarrows H^+ + ClO^-$$
　　　　　　　　　　　　強い酸化剤

フッ素も含めて水との反応を全部まとめると、次の Point! のようになるよ。

Point! ハロゲン単体と水の反応

	水への溶解	水との反応式
F_2	非常によく溶ける（激しく反応）	$2F_2 + 2H_2O \longrightarrow 4HF + O_2$
Cl_2	一部溶ける ↑	$Cl_2 + H_2O \rightleftarrows HCl + HClO$
Br_2		$Br_2 + H_2O \rightleftarrows HBr + HBrO$
I_2	ほとんど溶けない	$I_2 + H_2O \rightleftarrows HI + HIO$

電離により生成する水素イオン H^+ も酸化剤だけど、次亜塩素酸イオンのほうが強い酸化剤だから、酸化還元反応するときには次亜塩素酸イオンのほうが優先して反応するんだよ。そして、この次亜塩素酸イオンの酸化力を使って多くの殺菌剤がつくられているんだ。

① さらし粉

殺菌剤として有名なものに、さらし粉 $CaCl(ClO) \cdot H_2O$ があるよ。さらし粉は電離により生じる次亜塩素酸イオンが強い酸化剤として作用するため、プールの消毒や酸化漂白剤として使われているんだ。

カルキはさらし粉のことだよ。

● さらし粉の電離

$CaCl(ClO) \rightleftarrows Ca^{2+} + Cl^- + ClO^-$

酸化剤　$ClO^- + 2H^+ + 2e^- \longrightarrow Cl^- + H_2O$

> プールの消毒は塩素そのものではだめなの？

もちろん，消毒は塩素 Cl_2 でもいいんだ。でも，塩素は気体だからボンベから気体としてプールに供給しなければならないよね。それと比べてさらし粉なら固形物を数個プールに溶かせばいいから安全かつ簡単なんだよ。

② さらし粉の製法

さらし粉の実験室でのつくり方を見てみると，さらにおもしろいことがわかるよ。**塩素ガスを石灰水に溶かす**だけなんだ。**気体の塩素は水にはあまり溶けないから，石灰水に溶かしたものがさらし粉**なんだ。何で石灰水なら溶けるかというと，塩素の一部が水と反応して生成する塩酸 HCl と次亜塩素酸 $HClO$ は両方とも酸だから，塩基である水酸化カルシウム $Ca(OH)_2$，つまり石灰水と**中和**するというわけなんだ。

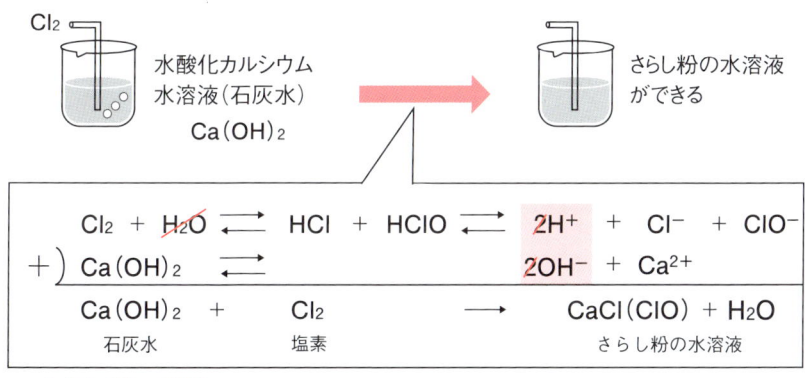

$$Cl_2 + H_2O \rightleftarrows HCl + HClO \rightleftarrows 2H^+ + Cl^- + ClO^-$$
$$+) Ca(OH)_2 \rightleftarrows 2OH^- + Ca^{2+}$$
$$\overline{Ca(OH)_2 + Cl_2 \longrightarrow CaCl(ClO) + H_2O}$$
石灰水　　　塩素　　　　　　さらし粉の水溶液

▲ さらし粉の製法

固体の**さらし粉 $CaCl(ClO)\cdot H_2O$** には，さらに酸化剤の次亜塩素酸イオン濃度を高めた**高度さらし粉 $Ca(ClO)_2$** もあるから覚えておいてね。

第7章　ハロゲン単体の性質

(3) ヨウ素の溶解

> ヨウ素は水に溶けないのに，ヨウ素溶液というのを中学校で使った覚えがあるんですけど。

いいことを思い出したね。それは緑色の葉が光合成により合成したデンプンを，ヨウ素デンプン反応で確認する実験だね。このときに使うヨウ素溶液は確かに水溶液なんだよ。順を追って話そうね。

ヨウ素 I_2 は無極性分子だから極性の小さい溶媒であるヘキサン C_6H_{14} や四塩化炭素 CCl_4，ベンゼン C_6H_6 などの有機溶媒に溶けるんだ。また，極性が中程度のエタノール C_2H_5OH のような有機溶媒にも溶けるんだが，**極性が非常に強い水には溶けない**んだ。**水はイオンなどの極性の強い物質はよく溶けるんだけど，無極性の物質はなかなか溶けない**からね。

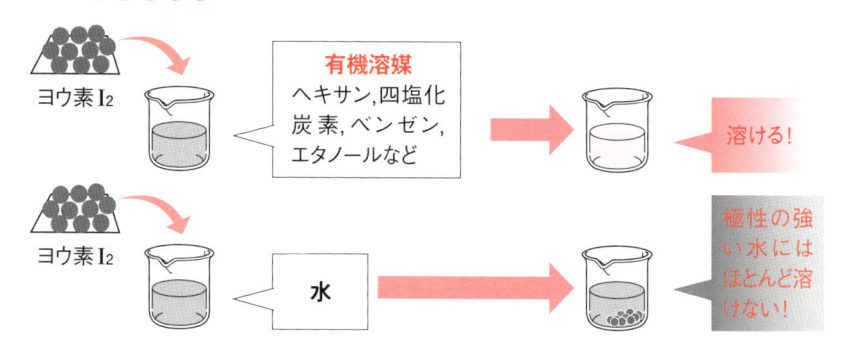

ヨウ素 I_2 → 有機溶媒（ヘキサン, 四塩化炭素, ベンゼン, エタノールなど） → 溶ける！

ヨウ素 I_2 → 水 → 極性の強い水にはほとんど溶けない！

ところが，ヨウ化カリウム KI を溶かした水の中では，次の反応により**三ヨウ化物イオン I_3^-** を生成して溶解するんだ。

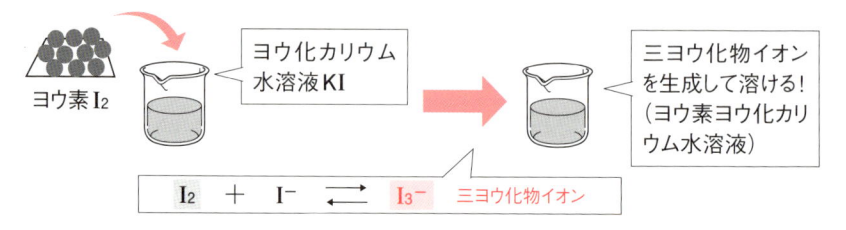

ヨウ素 I_2 → ヨウ化カリウム水溶液 KI → 三ヨウ化物イオンを生成して溶ける！（ヨウ素ヨウ化カリウム水溶液）

$$I_2 + I^- \rightleftarrows I_3^- \quad 三ヨウ化物イオン$$

この方法で生成したヨウ素ヨウ化カリウム水溶液とデンプンを反応させると，ヨウ素がデンプンを構成する分子であるアミロースやアミロペクチンなどのらせん構造の中に取り込まれるんだ。その際に，ヨウ素とデンプンの分子の間に弱い結合が生じて，その結合が赤色の光や黄色の光を吸収するために青紫色に見えるというのが，有名な**ヨウ素デンプン反応**なんだよ。

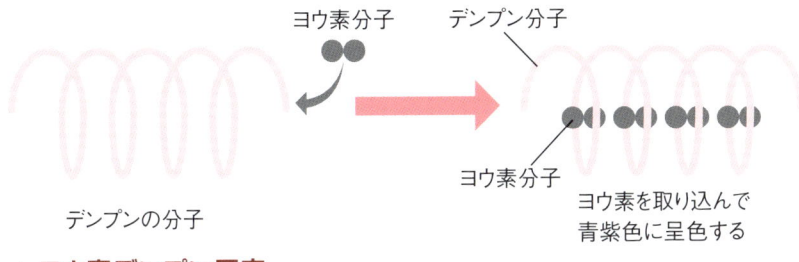

▲ **ヨウ素デンプン反応**

確認問題

1 ハロゲン単体のうち，常温常圧で気体のものをすべて分子式で書け。

解答 F_2, Cl_2

2 ハロゲン単体のうち，最も分子間力の小さいものを分子式で書け。

解答 F_2

3 次のハロゲン単体の色を答えよ。
(1) F_2 (2) Cl_2 (3) Br_2 (4) I_2

解答
(1) 淡黄色
(2) 黄緑色
(3) 赤褐色
(4) 黒紫色（暗紫色）

4 ハロゲン単体のうち，最も小さな分子を分子式で答えよ。

解答 F_2

5 次のハロゲン単体の中から，最も酸化力が弱いものを選べ。
① F_2 ② Cl_2 ③ Br_2 ④ I_2

解答 ④

6 次の反応式の中から，実際に反応が起こるものをすべて選べ。
① $Cl_2 + 2F^- \longrightarrow 2Cl^- + F_2$
② $Cl_2 + 2Br^- \longrightarrow 2Cl^- + Br_2$
③ $Br_2 + 2Cl^- \longrightarrow 2Br^- + Cl_2$
④ $I_2 + 2F^- \longrightarrow 2I^- + F_2$

解答 ②

7 次の物質の中から，濃塩酸と反応して塩素を発生するものをすべて選べ。
① $KMnO_4$ ② MnO_2 ③ $MnCl_2$
④ MnO ⑤ さらし粉 ⑥ 臭素
⑦ Cr_2O_3 ⑧ $NaCl$

解答 ①②⑤

8 濃塩酸を使って塩素を発生させる実験装置で，発生させた気体を次の洗気びんで洗浄する際，どの順序で通すか答えよ。
　①濃硫酸を入れた洗気びん
　②水を入れた洗気びん

解答
② ①

9 臭素の製法では臭化カリウムの他に酸化剤が必要であるが，次の物質の中から，酸化剤として使えるものをすべて選べ。
　① $KMnO_4$　② MnO_2　③ $MnCl_2$
　④ MnO　⑤ Cl_2　⑥ O_3

① ② ⑤ ⑥

10 次のハロゲン単体の中から，水素と最も激しく反応するものを選べ。
　①フッ素　②塩素　③臭素　④ヨウ素

①

11 フッ素と水の化学変化を化学反応式で表せ。

$2F_2 + 2H_2O \longrightarrow 4HF + O_2$

12 水に溶けた塩素の一部が水と反応する化学変化を化学反応式で表せ。

$Cl_2 + H_2O \rightleftarrows HCl + HClO$

13 塩素と石灰水の化学変化を化学反応式で表せ。

$Cl_2 + Ca(OH)_2 \rightleftarrows CaCl(ClO) \cdot H_2O$

14 次の中から，ヨウ素をよく溶かすことのできる溶媒をすべて選べ。
　①ヘキサン　②ベンゼン　③水
　④四塩化炭素　⑤ヨウ化カリウム水溶液

① ② ④ ⑤

第7章　ハロゲン単体の性質

第8章 ハロゲン化合物の性質

> せんせい、すっぱいものが上がってくる感じなんです

> それは塩酸ですね！

▶ 胃酸は塩酸が主成分である。

story 1　ハロゲン化水素

(1) ハロゲン化水素の水溶液

> 塩酸って液体なのに、塩化水素は気体なんですか？

その通りなんだよ。塩酸はよく耳にする酸だけど、胃の中にもある強酸で、**塩化水素**という気体を水に溶かしたものなんだ。

　ハロゲン化水素は、25℃、大気圧下ではすべてが気体で、すべてが水によく溶けるんだよ。水に溶かした水溶液は「**ハロゲン化水素酸**」とよばれているんだ。具体的にいえば、HFの水溶液を**フッ化水素酸**、HBrの水溶液を**臭化水素酸**、HIの水溶液を**ヨウ化水素酸**という具合だ。でもHFとHClの水溶液だけは**フッ酸**、**塩酸**とよぶから

注意だね。
また，フッ化水素酸以外は強酸で，その酸の強さの順を覚えよう。

$$HF \ll HCl < HBr < HI$$

Point! ハロゲン化水素と水溶液

HX	名称	水溶液	水溶液の名称	酸の強さ	
HF	フッ化水素	HFaq	フッ酸（フッ化水素酸）	弱酸	HF
HCl	塩化水素	HClaq	塩酸（塩化水素酸）	強酸	∧ HCl
HBr	臭化水素	HBraq	臭化水素酸		∧ HBr
HI	ヨウ化水素	HIaq	ヨウ化水素酸		∧ HI

　ハロゲン化水素は気体だから，市販の約37％（約12mol/L）の濃塩酸の試薬びんの栓を開けると，塩化水素の気体が出てくるから刺激臭がするんだ。そればかりでなく，濃塩酸の試薬びんから発生する塩化水素が空気中の水蒸気を集めて細かい塩酸の霧をつくって白煙が生じるんだ。この性質を**発煙性**というから覚えておこう。

濃塩酸は発煙性があるんだ。この煙は塩酸の霧なんだよ！

濃塩酸の試薬びん

第8章　ハロゲン化合物の性質　111

(2) ハロゲン化水素の沸点

> 試験に「ハロゲン化水素を沸点の高い順に並べろ」っていう問題が出たんですが，正解を教えてください。

なるほど，ハロゲン化水素を沸点の高い順に並べるのはなかなかいい問題だね。大きな分子ほど分子間力が大きいから，沸点はヨウ化水素 HI が一番高いと思うよね。ところが，意外にも沸点が一番高いのはフッ化水素 HF なのでビックリする人が多いんだ。分子のイメージモデルをグラフに入れて表すと，確かにおもしろい結果だね。

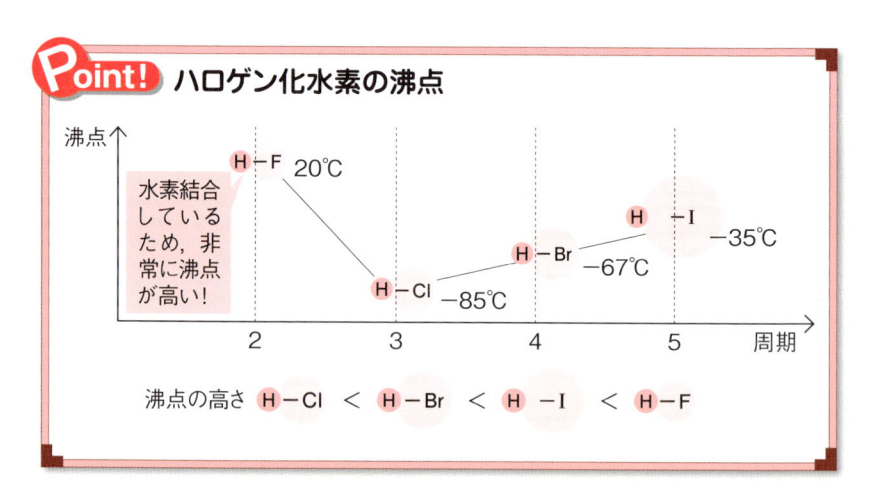

Point! ハロゲン化水素の沸点

沸点↑

H－F　20℃
水素結合しているため，非常に沸点が高い！

H－Cl　-85℃
H－Br　-67℃
H－I　-35℃

周期　2　3　4　5

沸点の高さ　H－Cl ＜ H－Br ＜ H－I ＜ H－F

HF は分子間で**水素結合を形成している**ため，非常に沸点が高いのが特徴だ。水溶液中でもこの水素結合が形成されているため，HF + H_2O ⇄ H_3O^+ + F^- の反応が起こりにくくなり，HF だけが弱酸となっているんだ。

> ボクたちHFは団結力が強いんだ！

> 他のハロゲン化水素と全然違うんだね！

(3) フッ化水素酸とガラスの反応

フッ化水素酸は弱酸なのに，こわい酸なんですか？

めちゃくちゃ危険だよ。HF は酸としては弱いけど，小さな分子で**多くの元素と反応する**んだ。HF を扱うことは少ないと思うけど，もし扱うときには，換気のよい場所で必ずゴム手袋をはめて，保護眼鏡をして扱ってもらいたいね。もし，高濃度のフッ化水素酸が皮膚についたら，激痛とともに組織がやられてしまうからね。この恐ろしいフッ化水素酸の反応として有名なのは反応性の低い**ガラスとの反応**なんだ。ガラスの主成分である二酸化ケイ素 SiO_2 と次のように反応するんだ。

$$SiO_2 + 6HF \longrightarrow \underset{\substack{\text{ヘキサフルオリドケイ酸}\\(\text{ヘキサフルオロケイ酸})}}{H_2SiF_6} + 2H_2O$$

生成したヘキサフルオリドケイ酸（ヘキサフルオロケイ酸）H_2SiF_6 は強酸で，実際には溶液中で次式のように完全に電離するよ。

$$H_2SiF_6 + 2H_2O \longrightarrow \underset{\substack{\text{ヘキサフルオリドケイ酸イオン}\\(\text{ヘキサフルオロケイ酸イオン})}}{SiF_6{}^{2-}} + 2H_3O^+$$

このように生成したヘキサフルオリドケイ酸イオン $SiF_6{}^{2-}$ はフッ化水素酸中に溶けていくので，どんどんガラスの溶解が進行するんだ。

フッ化水素酸はガラスを溶かしてしまうので，多くの化学実験で使うガラスの試験管やガラスの容器が使えないんだ。よって，**フッ化水素酸の保存にはポリエチレンの容器を使う**んだ。

フッ化水素酸をガラスのビーカーに入れたら，ガラスが溶けて曇りガラスになっちゃった！

フッ化水素酸はガラスを溶かしてしまうから**ポリエチレンの容器に保存**するんだよ！

第8章　ハロゲン化合物の性質

(4) 塩化水素の製法

塩化水素を得るには，どうしたらいいのですか？

一番有名なものは食塩に濃硫酸を加えて加熱する方法だよ。反応を説明すると，市販の濃硫酸は95％以上が硫酸 H_2SO_4 で水をほとんど含んでいないため，あまり電離していないんだ。そこにイオン結晶である食塩を入れて加熱すると，気体の塩化水素 HCl が発生するんだ。

$$
\begin{array}{rcl}
NaCl & \longrightarrow & Na^+ + Cl^- \\
+)\ H_2SO_4 & \longrightarrow & HSO_4^- + H^+ \\
\hline
NaCl + H_2SO_4 & \xrightarrow{\triangle} & NaHSO_4 + HCl \uparrow
\end{array}
$$

（HClは揮発性）

100％の H_2SO_4 は液体で沸点は300℃以上なので，加熱してもほとんど蒸発しない不揮発性であるのに対して，HCl は気体だから加熱するとすぐに気体になってしまうというわけなんだ。加熱するために，発生装置は次のようになるよ。

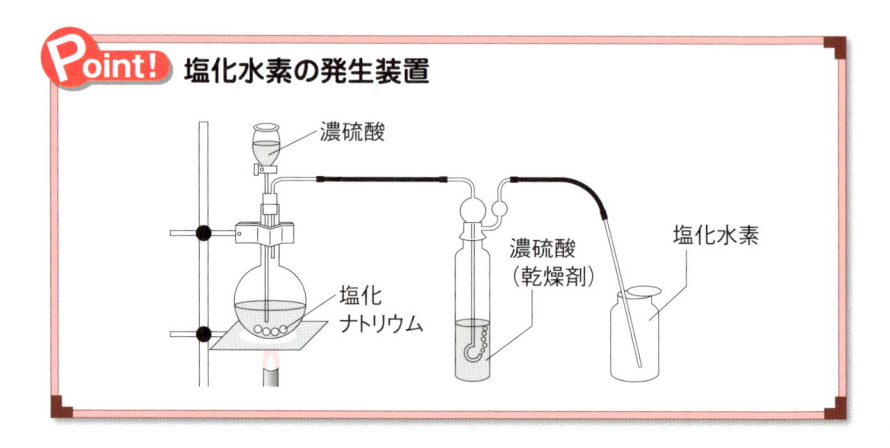

Point! 塩化水素の発生装置

（濃硫酸／塩化ナトリウム／濃硫酸（乾燥剤）／塩化水素）

story 2　塩素のオキソ酸

塩素のオキソ酸の名称

～塩素酸っていう名前の酸がいっぱいあって覚えられないんですが，何かコツがありますか？

塩素のオキソ酸の名前は簡単だよ。酸素の入った酸をオキソ酸というのだけど，塩素のオキソ酸は4種類があるんだ。一番重要なのは，ズバリ"**塩素酸 $HClO_3$**"の化学式を覚えることだよ。オキソ酸の名称はルールも教えよう。

| 次亜～酸 HXO_{n-2} | 亜～酸 HXO_{n-1} | ～酸 HXO_n | 過～酸 HXO_{n+1} |

実際に塩素酸の仲間で命名してみると，次の通りだよ。

| 次亜塩素酸 $HClO$ | 亜塩素酸 $HClO_2$ | 塩素酸 $HClO_3$ | 過塩素酸 $HClO_4$ |

（X：ハロゲン元素）

Point!　塩素のオキソ酸

	次亜塩素酸	亜塩素酸	塩素酸	過塩素酸
化学式	$HClO$	$HClO_2$	$HClO_3$	$HClO_4$
構造	H-O-Cl	H-O-Cl=O	H-O-Cl(=O)=O	H-O-Cl(=O)(=O)=O
Clの酸化数	+1	+3	+5	+7
酸の強さ	→強い　$HClO$ < $HClO_2$ < $HClO_3$ < $HClO_4$			
酸化剤としての反応速度（常温）	←速い　$HClO$ > $HClO_2$ > $HClO_3$ > $HClO_4$			

第8章　ハロゲン化合物の性質

story 3 ハロゲン化銀

> 塩化銀は沈殿するって習いましたが、フッ化銀も臭化銀もヨウ化銀も沈殿しますか？

そうだね、ハロゲン化銀(Ⅰ)の中でも唯一フッ化銀(Ⅰ)は水に溶解するんだよ。他は塩化銀(Ⅰ)と同様に沈殿しやすいんだ。この"沈殿のしやすさ"を示す指標は**溶解度積 K_{sp}** とよばれるもので、次のように考えるよ。沈殿があるハロゲン化銀の水溶液は溶解平衡に達していて、この飽和溶液中の **Ag^+ と X^- のイオン濃度の積が溶解度積**というわけだ。

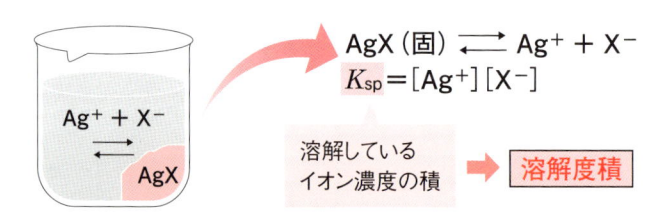

$$AgX(固) \rightleftarrows Ag^+ + X^-$$
$$K_{sp} = [Ag^+][X^-]$$

溶解しているイオン濃度の積 → 溶解度積

よって、溶解度積が大きいということはよく溶けるということで、溶解度積が小さいということはあまり溶けない、つまり沈殿しやすいということになるんだよ。ハロゲン化銀の水溶液だと周期表の下にある元素のハロゲン化銀ほど溶解度積が小さく、沈殿しやすいんだ。

Point! ハロゲン化銀の色と水への溶解

化学式	名称	結晶の色	溶解度積	水への溶解
AgF	フッ化銀(Ⅰ)	黄色	大 ↑	水に可溶
AgCl	塩化銀(Ⅰ)	白色		沈殿する
AgBr	臭化銀(Ⅰ)	淡黄色		
AgI	ヨウ化銀(Ⅰ)	黄色		

ハロゲン化銀(I)にアンモニア NH_3 水を加えると錯イオンをつくって溶ける傾向があるけど，一番沈殿しやすい**ヨウ化銀(I)AgI は溶けない**から注意だよ。ところが，チオ硫酸ナトリウム $Na_2S_2O_3$ は錯イオンをつくる力がアンモニア NH_3 より強いため，すべてのハロゲン化銀(I)を溶かすことができるんだ。

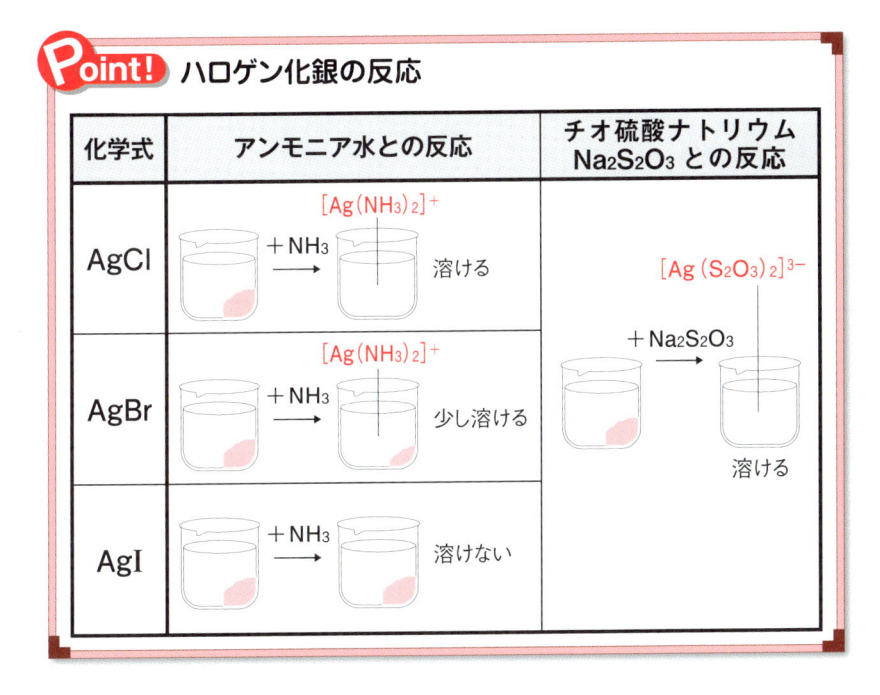

Point! ハロゲン化銀の反応

化学式	アンモニア水との反応	チオ硫酸ナトリウム $Na_2S_2O_3$ との反応
$AgCl$	$+NH_3 \rightarrow$ [$Ag(NH_3)_2$]$^+$ 溶ける	$+Na_2S_2O_3 \rightarrow$ [$Ag(S_2O_3)_2$]$^{3-}$ 溶ける
$AgBr$	$+NH_3 \rightarrow$ [$Ag(NH_3)_2$]$^+$ 少し溶ける	
AgI	$+NH_3 \rightarrow$ 溶けない	

　塩化銀(I)を例に，沈殿が溶解する反応式を書くと，次の通りだよ。

$$AgCl + 2NH_3 \longrightarrow [Ag(NH_3)_2]Cl$$

実際にはジアンミン銀(I)イオン[$Ag(NH_3)_2$]$^+$とCl^-になっている

$$AgCl + 2Na_2S_2O_3 \longrightarrow Na_3[Ag(S_2O_3)_2] + NaCl$$

実際には$3Na^+$と[$Ag(S_2O_3)_2$]$^{3-}$になっている

第8章　ハロゲン化合物の性質

確認問題

1 次のハロゲン化水素の水溶液の中から，弱酸であるものをすべて選べ。
① HF　② HCl　③ HBr　④ HI

解答：①

2 次のハロゲン化水素の水溶液の中で，最も強い酸を選べ。
① HF　② HCl　③ HBr　④ HI

解答：④

3 次のハロゲン化水素を沸点の高いほうから順に並べよ。
① HF　② HCl　③ HBr　④ HI

解答：① ④ ③ ②

4 ガラスの主成分である二酸化ケイ素とフッ化水素酸の反応を化学反応式で表せ。

解答：$SiO_2 + 6HF \longrightarrow H_2SiF_6 + 2H_2O$

5 H_2SiF_6 の名称を答えよ。

解答：ヘキサフルオロケイ酸（ヘキサフルオリドケイ酸）

6 次の塩素のオキソ酸の中で，最も強い酸を選べ。
① HClO　　② HClO₂
③ HClO₃　　④ HClO₄

解答：④

7 次の塩素のオキソ酸が常温で酸化剤として作用するとき，最も反応速度の速いものを選べ。
① HClO　　② HClO₂
③ HClO₃　　④ HClO₄

解答：①

8 塩素のオキソ酸の中から，塩素の酸化数が最も高いものを選び，化学式で書け。

解答
$HClO_4$

9 次のハロゲン化銀(Ⅰ)の中から，水に可溶なものをすべて選べ。
　①AgF　②$AgCl$　③$AgBr$　④AgI

①

10 次のハロゲン化銀(Ⅰ)の中から，アンモニア水にほとんど溶けないものを選べ。
　①AgF　②$AgCl$　③$AgBr$　④AgI

④

11 臭化銀(Ⅰ)$AgBr$の色を答えよ。

淡黄色

12 塩化銀(Ⅰ)$AgCl$がアンモニア水に溶解するときの化学変化を化学反応式で表せ。

$AgCl + 2NH_3$
$\longrightarrow [Ag(NH_3)_2]Cl$

13 塩化銀(Ⅰ)がチオ硫酸ナトリウムに溶解するときの化学変化を化学反応式で表せ。

$AgCl + 2Na_2S_2O_3$
$\longrightarrow Na_3[Ag(S_2O_3)_2]$
$+ NaCl$

III

非金属元素の単体と化合物(2)
― 14, 15, 16族元素 ―

第9章 酸素とその化合物

> 過酸化水素でカラーリングお願いします！

> まずは過酸化水素で脱色しましょうね！

> 過酸化水素で消毒しなくちゃ

> はさみで切ったから

▶ 過酸化水素は強い酸化剤で，髪のメラニン色素を脱色するだけでなく，染色液を酸化して発色するのにも使われる。

story 1 オゾン

> オゾンって体によさそうだから，たくさん吸ったほうがいいですか？

何をアホなことをいっているの。オゾン O_3 は**非常に強い酸化剤で有毒な物質**だから吸ったらダメだよ！　だいたい，大気中のオゾン濃度が増加すると**光化学スモッグ**になるといわれているんだよ。酸化剤としての半反応式を確認してね。

酸化剤　$O_3 + H_2O + 2e^- \longrightarrow 2OH^- + O_2$　（中性〜塩基性溶液中）
酸化剤　$O_3 + 2H^+ + 2e^- \longrightarrow H_2O + O_2$　（酸性溶液中）

オゾン O_3 はこの**強い酸化力**のため，さまざまなものを**酸化殺菌**するのに利用されているんだ。水道水の殺菌には，通常塩素を使ってい

非金属元素の単体と化合物（2）　—14, 15, 16族元素—

るけど，最近では O_3 を使っている浄水場もあるんだ。また，O_3 は臭いのもとになる物質も簡単に酸化してしまうので，**脱臭剤**としても広く利用されているんだ。また，酸化力はヨウ素よりも強いから，O_3 をヨウ化カリウム水溶液に通すと，**ヨウ化カリウム中のヨウ化物イオンを酸化して，ヨウ素が遊離する**よ。

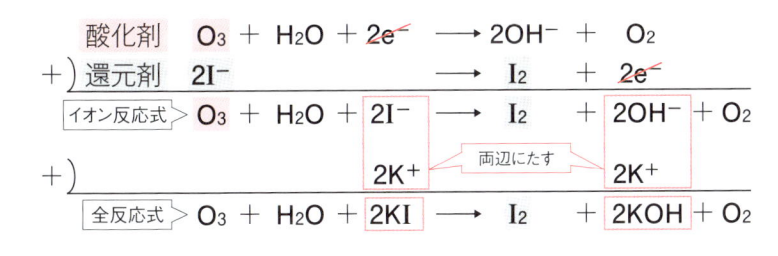

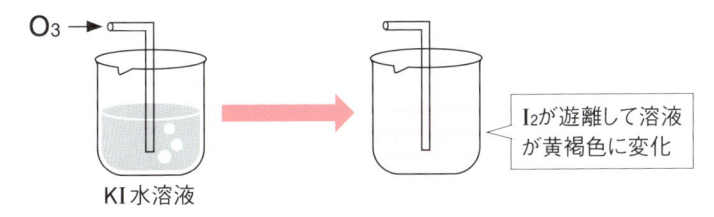

酸化剤　$O_3 + H_2O + 2e^- \longrightarrow 2OH^- + O_2$
+)還元剤　$2I^- \longrightarrow I_2 + 2e^-$
イオン反応式　$O_3 + H_2O + 2I^- \longrightarrow I_2 + 2OH^- + O_2$
+)　　　　　　　　　　　$2K^+$　両辺にたす　$2K^+$
全反応式　$O_3 + H_2O + 2KI \longrightarrow I_2 + 2KOH + O_2$

▲ ヨウ化カリウム水溶液とオゾンの反応

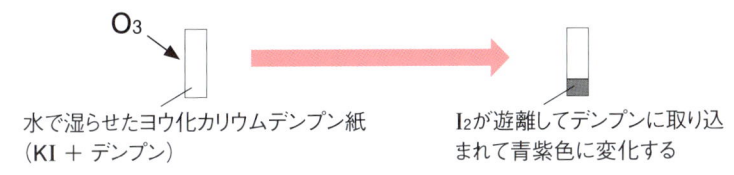

I_2 が遊離して溶液が黄褐色に変化

水で湿らせたヨウ化カリウムデンプン紙（KI＋デンプン）　→　I_2 が遊離してデンプンに取り込まれて青紫色に変化する

▲ ヨウ化カリウムデンプン紙とオゾンの反応

> オゾンは気体だから，殺菌剤や脱臭剤として使うときには，ボンベが普通ですか？

それが違うんだ。O_3 の便利なところはボンベがいらないことなんだよ。電気さえあればその場でつくれるんだ。空気中の酸素に対して空気中で放電するだけで発生させられるんだ。

第9章　酸素とその化合物　123

$$3O_2 \xrightarrow{\text{空気中で放電}} 2O_3$$

　実際に O_3 を発生させるときは，あまり電流が流れず，音がしないように高電圧をかけて放電させるんだ。これを**無声放電**というよ。コンセントのある場所ならどこでも簡単に O_3 を発生させられるんだ。業務用から家庭で使用できるものまで，いろいろなオゾン脱臭装置が販売されているけれど，どれもボンベは必要ないんだよ。

> お姉ちゃんが靴の脱臭装置をもっていた！　確か**オゾン脱臭**って，言ってた！

　酸素から O_3 を発生させる方法は他にもあって，**酸素に紫外線**を浴びせてもいいんだ。大気の上空は紫外線が強いから，地上より多く酸素から O_3 が生成されているんだ。地上から30km程度の上空には比較的 O_3 濃度が高い**オゾン層**があり，太陽からの有害な紫外線を吸収しているのは知っている人も多いよね。
　あと，O_3 は**淡青色**の気体で，少量であっても生臭い**特異臭**がするんだ。分子は二等辺三角形（**折れ線形**）をしているよ。基本的なことは覚えておいてね。

> オゾンはブーメラン形の分子で，特異臭がする淡青色の気体だよ！

story 2 過酸化水素

消毒薬のオキシドールって，何でできているんですか？

オキシドールは過酸化水素の水溶液のことなんだ。市販のものは3％程度の濃度なんだよ。過酸化水素 H_2O_2 も非常に強い酸化剤で，3％の濃度でも十分，殺菌が可能なくらい強力なんだ。酸化剤としての半反応式は次の通りだよ。

酸化剤　$H_2O_2 + 2H^+ + 2e^- \longrightarrow 2H_2O$　（酸性）
酸化剤　$H_2O_2 + 2e^- \longrightarrow 2OH^-$　（中性〜塩基性）

過酸化水素水も，O_3 と同様にヨウ化カリウムデンプン紙と反応するんだ。反応式をつくると，次の通りだよ。

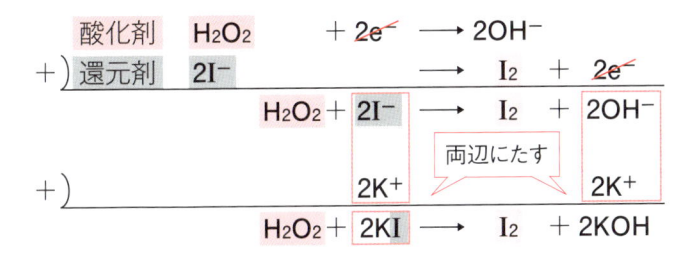

$$
\begin{array}{r}
\text{酸化剤}\quad H_2O_2 + 2e^- \longrightarrow 2OH^- \\
+\ )\ \text{還元剤}\quad 2I^- \longrightarrow I_2 + 2e^- \\
\hline
H_2O_2 + 2I^- \longrightarrow I_2 + 2OH^- \\
+\ )\ 2K^+ 2K^+ \\
\hline
H_2O_2 + 2KI \longrightarrow I_2 + 2KOH
\end{array}
$$

（両辺にたす）

オキシドールにヨウ化カリウムデンプン紙を入れると，この反応が起きてヨウ素が遊離し，ヨウ素デンプン反応によって青紫色に変化するんだ。

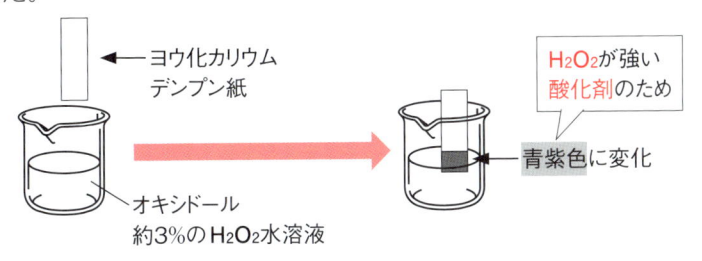

→ ヨウ化カリウムデンプン紙
オキシドール　約3％の H_2O_2 水溶液
H_2O_2 が強い酸化剤のため
青紫色に変化

第9章　酸素とその化合物

ヨウ化カリウムデンプン紙は相手が気体でも液体でも，酸化剤をチェックできることがよくわかったでしょう。

> 100%の過酸化水素は，売ってないんですか？

過酸化水素は非常に強い酸化剤なだけでなく，**自己酸化還元反応**を起こすんだ。反応式は次の通りだよ。

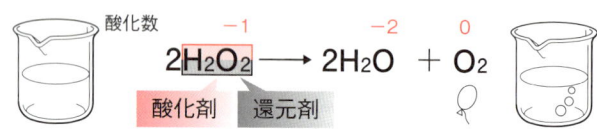

酸化数　　　−1　　　　　−2　　0
$$2\underline{H_2O_2} \longrightarrow 2H_2O + O_2$$
　　　　酸化剤　還元剤

この反応の**触媒**は**酸化マンガン（Ⅳ）MnO_2，鉄（Ⅲ）イオン Fe^{3+}，カタラーゼ（酵素）**が有名だけど，もし，過酸化水素に触媒が少量でも混入したら，この反応により酸素が大量に発生して容器が爆発する危険があるんだ。

6％を超える過酸化水素水は劇物に指定されているくらいで，高濃度試薬でも約30％程度のものなんだ。いかに，危険な試薬なのかというのがわかるね。

> 傷口の消毒にオキシドールを使ったら，泡が出てきた！

> それは血中にある**カタラーゼ**という酵素が，過酸化水素の自己酸化還元反応を促進させたためだよ。泡の正体は酸素だね！

story 3 酸素の製法

> 実験室で酸素を得る方法って，過酸化水素の自己酸化還元反応以外にありますか？

そうだね，過酸化水素の自己酸化還元反応が一般的なんだけど，他にも塩素酸カリウム $KClO_3$ の自己分解も有名なんだ。どちらの反応も**酸化マンガン(Ⅳ) MnO_2 が触媒**になるから，よく覚えておいてね。塩素酸カリウムの自己分解の場合は，固体の塩素酸カリウムと固体の酸化マンガン(Ⅳ)を混ぜて加熱するよ。

Point! 酸素の実験室的製法

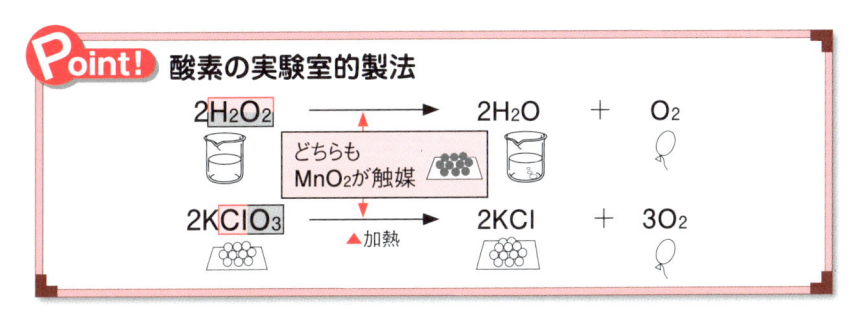

$$2H_2O_2 \longrightarrow 2H_2O + O_2$$

どちらも MnO_2 が触媒

$$2KClO_3 \xrightarrow{加熱} 2KCl + 3O_2$$

酸素は水に溶けないから，水上置換で集めるよ。過酸化水素水と酸化マンガン(Ⅳ) MnO_2 を使った簡単な実験装置は次の通りだよ。

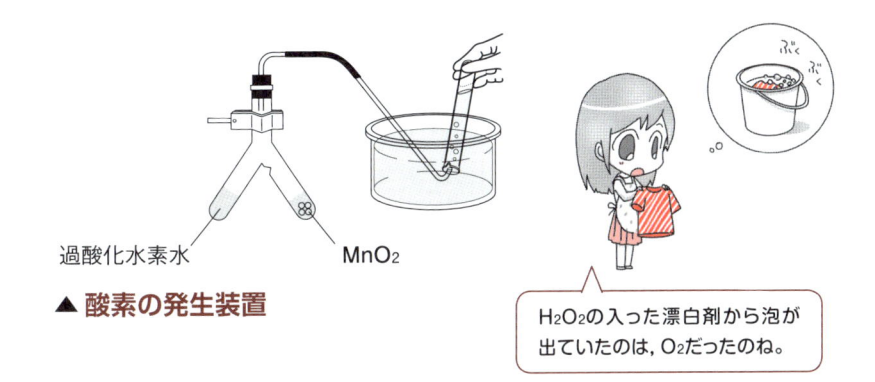

過酸化水素水　　　MnO_2

▲ 酸素の発生装置

> H_2O_2 の入った漂白剤から泡が出ていたのは，O_2 だったのね。

第9章　酸素とその化合物

確認問題

1 酸素からオゾンをつくるための方法として正しいものをすべて選べ。
① 空気中で無声放電を行う。
② 紫外線を当てる。
③ 赤外線を当てる。
④ 加熱した酸化マンガン(Ⅳ)と反応させる。

解答 ① ②

2 オゾンの気体の色とオゾンの分子の形を答えよ。

淡青色, 二等辺三角形(折れ線形)

3 オゾンとヨウ化カリウムの反応では, オゾンは酸化剤, 還元剤のどちらとして働くか。

酸化剤

4 オゾンは何に利用されているか。次の中からあてはまるものをすべて選べ。
① 殺菌剤　② 消炎剤　③ 芳香剤
④ 脱臭剤　⑤ 消化剤

① ④

5 オゾンはどのような臭いがするか答えよ。

特異臭

6 過酸化水素が自己分解するときの化学変化を化学反応式で表せ。

$2H_2O_2 \longrightarrow 2H_2O + O_2$

7 過酸化水素が自己分解するときに使える触媒を次の中からすべて選べ。
① Fe^{2+}　② Fe^{3+}　③ MnO_2　④ アミラーゼ
⑤ カタラーゼ　⑥ インベルターゼ

② ③ ⑤

8 塩素酸カリウムと酸化マンガン(Ⅳ)の混合物を加熱したときの化学反応式を示せ。

$2KClO_3 \longrightarrow 2KCl + 3O_2$

第10章 硫黄とその化合物

今日の天気予報　金星　LIVE
今日の金星は雨でしょう
☀ 0%
☁ 10%
☂ 90%

濃硫酸の雨が降り注ぐ！

▶ 金星には濃硫酸の雲が浮いていますが，実際には地上に雨は降りません。

story 1　硫黄の単体

温泉でみられる黄色い硫黄って，いろいろある同素体のうちのどれですか？

　確かに単体の硫黄は温泉などで普通に見られるね。温泉地などでよく見られる，常温で一番安定な硫黄は**斜方硫黄**だ。
　斜方硫黄をゆっくり加熱して，すべて溶けたところでろ紙上で結晶化させると針状結晶の単斜硫黄ができるよ。一般に，95℃以上では**単斜硫黄**のほうが安定なんだ。温泉地でも高温で硫黄がふき出しているような場所では単斜硫黄があるよ。
　また，250℃まで加熱して冷たい水の中に入れて急冷すると**ゴム状硫黄**ができるよ。

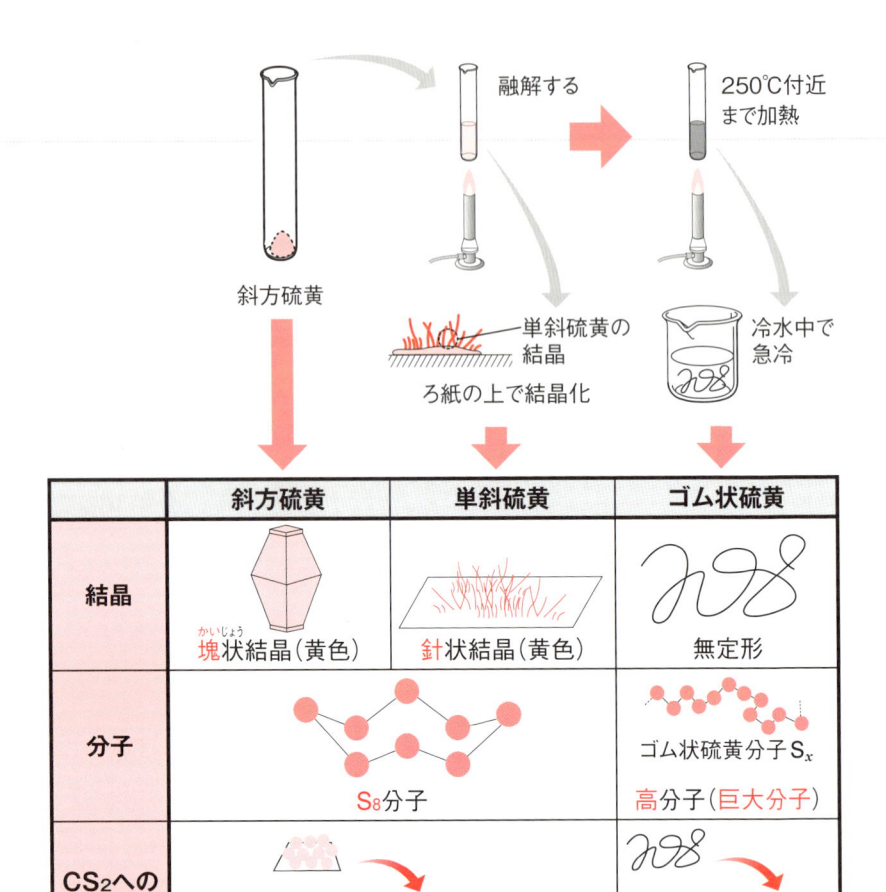

	斜方硫黄	単斜硫黄	ゴム状硫黄
結晶	塊状結晶（黄色）	針状結晶（黄色）	無定形
分子	S_8分子		ゴム状硫黄分子 S_x 高分子（巨大分子）
CS_2への溶解	溶ける		溶けない

　斜方硫黄と単斜硫黄を構成する分子はどちらも S_8 という小さな分子だけど，ゴム状硫黄を構成する分子は非常に長くつながった高分子なんだ。だから，**斜方硫黄，単斜硫黄は二硫化炭素 CS_2 という無極性の液体溶媒に溶けるけど，ゴム状硫黄は高分子（巨大分子）だから溶けない**という性質の違いが出てくるよ。

story 2 硫化水素

(1) 硫化水素の製法

> 温泉に行くと，卵の腐ったような臭いがするけど，これって何ですか？

それは硫化水素 H_2S だよ。一般に酸性の気体は水に溶けると酸っぱい味の水素イオン H^+ が生成するから，臭いは刺激臭と表現されることが多いんだけど，H_2S の場合，酸性度が非常に弱いため刺激臭ではなく**腐卵臭**という特有の臭いが強調されているんだ。硫黄は酸素と同じ16族の元素なので**水の分子 H_2O と H_2S 水素の分子は同じ折れ線形の構造をしている**よ。

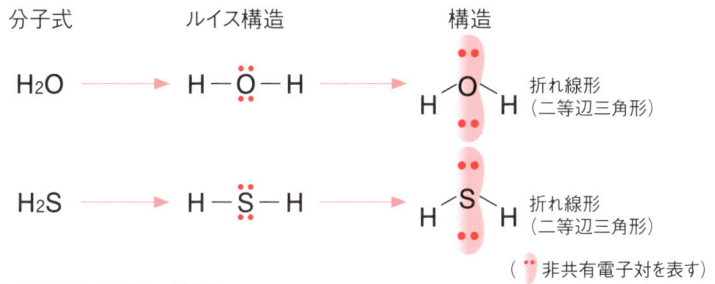

分子式	ルイス構造	構造	
H_2O	H–Ö–H	H–O–H	折れ線形（二等辺三角形）
H_2S	H–S̈–H	H–S–H	折れ線形（二等辺三角形）

（ •• 非共有電子対を表す）

▲ 水と硫化水素の構造

> H_2O も折れ線形分子だけど，H_2S も折れ線形なのね！

> 酸素も硫黄も16族元素だ。元素は周期表の縦に並んだものどうしが似ているんだよ！

水が弱い酸として H^+ を出すように，H_2S も弱い酸になるんだ。**酸素を含まない酸の場合は，一般的に水素と結合している原子が大きいほど強い酸になる**んだ。周期表の下にいくほど大きい元素になるの

第10章　硫黄とその化合物

で，大きさは酸素＜硫黄の順になるよね。よって，酸の強さも H_2O ＜ H_2S の順になるんだよ。水中での電離式は次の通りだ。

$$H_2O \rightleftarrows H^+ + OH^-$$

$$H_2S \rightleftarrows H^+ + HS^- \rightleftarrows 2H^+ + S^{2-}$$

酸の強さ ↓ 強い

H_2S は，水より強い酸とはいえ，酢酸よりもはるかに弱い弱酸だ。非常に弱い酸だから

$$\boxed{H_2S} \rightleftarrows H^+ + \boxed{HS^-} \xleftarrow{} 2H^+ + \boxed{S^{2-}}$$

の平衡は右に進行しにくく，左に進行しやすいから，硫化物イオン S^{2-} を含む物質を酸性にすると H_2S が発生するんだよ。イオン反応式で書けば次の通りだよ。

● **硫化水素発生のイオン反応式**

$$\boxed{S^{2-}} + 2H^+ \longrightarrow \boxed{H_2S}$$

さらに，わかりやすく図にすると，次のようになるんだ。

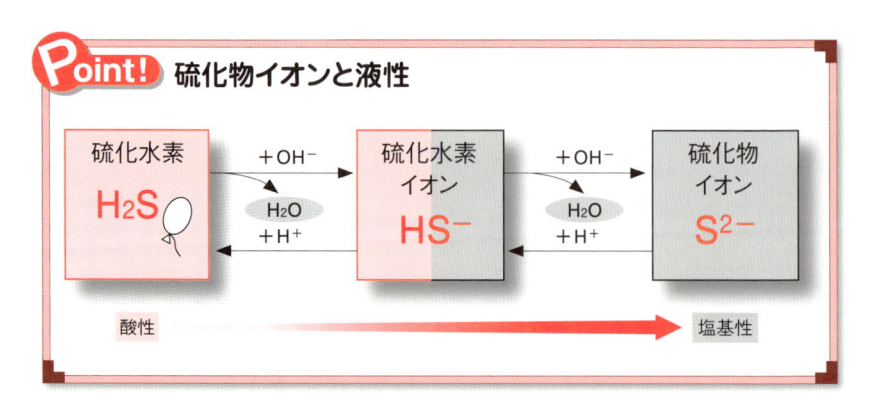

Point! 硫化物イオンと液性

| 硫化水素 H_2S | →(+OH⁻, H_2O)← (+H⁺) | 硫化水素イオン HS^- | →(+OH⁻, H_2O)← (+H⁺) | 硫化物イオン S^{2-} |

酸性 ──────────────→ 塩基性

$\boxed{S^{2-}}$ を硫化鉄 $Fe\boxed{S}$ から，H^+ を塩酸 HCl から供給すると，次のような反応式になるよ。

● 硫化鉄(Ⅱ)と塩酸の反応式

$$\begin{array}{r} S^{2-} + 2H^+ \longrightarrow H_2S \\ +)\ Fe^{2+}\ \ 2Cl^-\ \ \ \ \ \ \ \ Fe^{2+}\ \ 2Cl^- \\ \hline FeS + 2HCl \longrightarrow FeCl_2 + H_2S \end{array}$$

両辺にFe^{2+}と$2Cl^-$を追加

　酸性にするのに硫酸を使ってもいいよ。さらに鉄以外の他の金属の硫化物も同様に反応するんだ。硫化亜鉛（Ⅱ）ZnS や硫化ナトリウム Na_2S を使えば同様の反応が起こるよ。反応式は暗記でなくて仕組みを覚えれば，簡単だということを実感できるはずだよ。

$$\begin{cases} ZnS + 2HCl \longrightarrow ZnCl_2 + H_2S \\ ZnS + H_2SO_4 \longrightarrow ZnSO_4 + H_2S \end{cases}$$

$$\begin{cases} Na_2S + 2HCl \longrightarrow 2NaCl + H_2S \\ Na_2S + H_2SO_4 \longrightarrow Na_2SO_4 + H_2S \end{cases}$$

すご～い！反応式がどんどん書ける！

　ただし，Pb，Hg，Cd，Sn，Cu，Ag などの電気陰性度の大きい金属の硫化物（PbS，HgS，CdS，SnS，CuS，Ag_2S）は酸性でも硫化物イオン S^{2-} を放出しないため，H_2S は発生しないから注意だよ。これらの金属硫化物は非常に沈殿しやすいから，金属イオンが存在する溶液に硫化水素を吹き込むと，金属硫化物の沈殿が生成するよ。

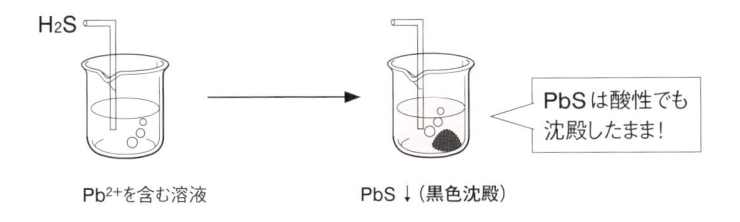

H_2S

Pb^{2+}を含む溶液　　　　$PbS↓$（黒色沈殿）

PbSは酸性でも沈殿したまま！

▲ 硫化水素による金属硫化物の沈殿の生成

第10章　硫黄とその化合物

(2) 硫化水素の性質

> 白濁した温泉があるけど，あれは硫黄なんですか？

多くの場合，白濁した温泉の白い物質は**硫黄のコロイド粒子**だよ。**硫黄のS_8分子がいくつか集まった状態ではその塊は小さくて軽いので，沈殿せずに水中に浮いたままのコロイド粒子になる**んだ。この硫黄のコロイド粒子が，白濁した温泉の正体だよ。ただ，このコロイド粒子がぶつかって大きくなると沈殿して，硫黄本来の黄色になってくるんだよ。ところで，白濁した温泉では硫化水素の腐卵臭がすることが多くないかい？

> そういえば，白濁した温泉では腐卵臭がした。

そうなんだよ。実は白色の硫黄のコロイドは，腐卵臭のする硫化水素 H_2S が原因の場合が多いんだ。H_2S は火山性のガスで，温泉にはよく溶け込んでいることが多いんだ。この **H_2S は強い還元剤**で，半反応式を書くと次の通りなんだ。

還元剤 $H_2S \longrightarrow S + 2H^+ + 2e^-$

強い還元剤だから多くの酸化剤と反応するよ。例えば，空気中の酸素 O_2 も酸化剤だから，H_2S と次のように反応するんだ。

● 硫化水素と酸素の反応

$$\begin{array}{rl}
\text{還元剤} & 2H_2S \longrightarrow 2S + 4H^+ + \cancel{4e^-} \\
+)\ \text{酸化剤} & O_2 + 2H_2O + 4e^- \longrightarrow 4OH^- \\
\hline
& O_2 + \cancel{2H_2O} + 2H_2S \longrightarrow 2S + \overset{2}{\cancel{4}}H_2O \\
& O_2 + 2H_2S \longrightarrow 2S + 2H_2O
\end{array}$$

このように温泉に溶け込んだ H_2S は，地上に出てくると空気中の酸素によって酸化され，硫黄のコロイドを生成して白濁するんだ。もともと H_2S が溶け込んでいる温泉だから H_2S 特有の腐卵臭がするのは当たり前なんだ。

　H_2S を知るとおもしろいでしょう。実験室でも白色の硫黄のコロイドを生成することができるよ。H_2S は強い還元剤だから，酸化剤であるヨウ素ヨウ化カリウム水溶液や酸化力が非常に弱い二酸化硫黄 SO_2 のようなものでも硫黄の単体が生じて，S で白濁した溶液がつくれるんだ。ちなみに H_2S を吹き込み続けて大量の硫黄を生成すると，硫黄のコロイドどうしがぶつかって黄白色の沈殿が生成するよ。

先生，箱根の白濁した温泉でゆで卵をつくると，黒くなるのはなぜなの？

それは，Fe^{2+} が多い温泉だと，H_2S と Fe^{2+} が次のような反応を起こして，生成した黒色の FeS が多孔質の卵殻に吸着されたと考えられているんだ。
$Fe^{2+} + H_2S \longrightarrow FeS + 2H^+$
（ちなみに説明のために女湯の近くにいるだけです。）

僕たち S_8 はコロイドで泳いでいるときは白色なんだ。

第10章　硫黄とその化合物

硫黄の酸化数

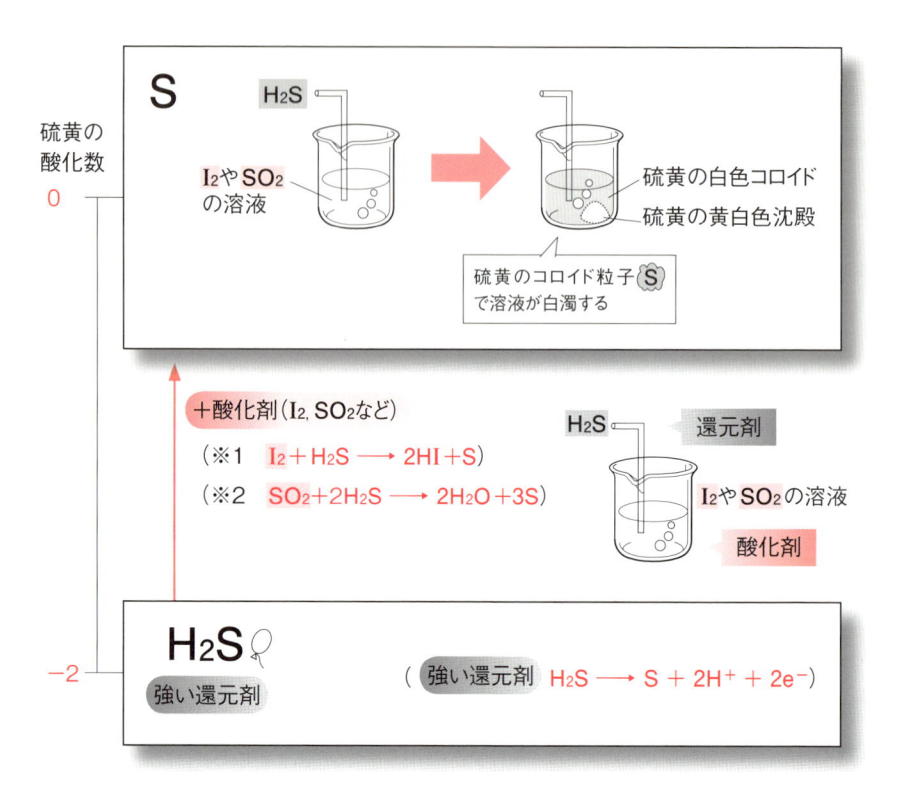

S　0

I₂やSO₂の溶液　H₂S
→　硫黄の白色コロイド
硫黄の黄白色沈殿
硫黄のコロイド粒子 S で溶液が白濁する

＋酸化剤（I₂, SO₂など）
（※1　$I_2 + H_2S \longrightarrow 2HI + S$）
（※2　$SO_2 + 2H_2S \longrightarrow 2H_2O + 3S$）

H₂S　還元剤
I₂やSO₂の溶液
酸化剤

H₂S　−2
強い還元剤

（強い還元剤　$H_2S \longrightarrow S + 2H^+ + 2e^-$）

※1　H₂SとI₂の反応

$$\begin{array}{r}\text{還元剤}\ \ H_2S \longrightarrow S + 2H^+ + 2e^- \\ +\underline{)\ \text{酸化剤}\ \ I_2 + 2e^- \longrightarrow 2I^-\ \ \ \ \ \ \ \ \ \ \ }\\ H_2S + I_2 \longrightarrow S + 2HI\end{array}$$

※2　H₂SとSO₂の反応

$$\begin{array}{r}\text{還元剤}\ \ 2H_2S \longrightarrow 2S + 4H^+ + 4e^- \\ +\underline{)\ \text{酸化剤}\ \ SO_2 + 4H^+ + 4e^- \longrightarrow S + 2H_2O}\\ 2H_2S + SO_2 \longrightarrow 3S + 2H_2O\end{array}$$

非金属元素の単体と化合物 (2)　−14, 15, 16族元素−

story 3 　二酸化硫黄

(1) 二酸化硫黄の製法

亜硫酸ガスって何ですか？

二酸化硫黄 SO_2 は水に溶けると亜硫酸 H_2SO_3 になるんだ。だから，SO_2 は亜硫酸ガスともよばれているんだよ。**塩基性の水溶液に溶けると亜硫酸イオン SO_3^{2-} になる**んだ。この関係を図示すると，次のようになるよ。

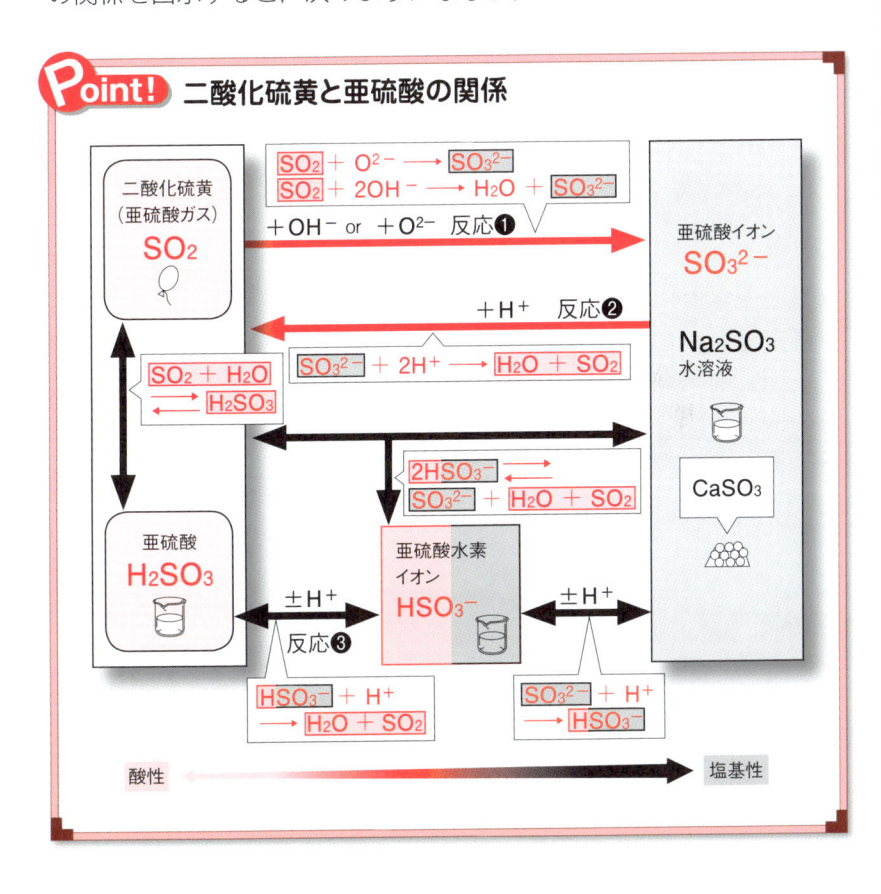

Point!　二酸化硫黄と亜硫酸の関係

二酸化硫黄（亜硫酸ガス） SO_2

$SO_2 + O^{2-} \longrightarrow SO_3^{2-}$
$SO_2 + 2OH^- \longrightarrow H_2O + SO_3^{2-}$

$+OH^-$ or $+O^{2-}$　反応❶ →

亜硫酸イオン SO_3^{2-}

← $+H^+$　反応❷

$SO_3^{2-} + 2H^+ \longrightarrow H_2O + SO_2$

Na_2SO_3 水溶液

$SO_2 + H_2O \rightleftarrows H_2SO_3$

$2HSO_3^- \rightleftarrows SO_3^{2-} + H_2O + SO_2$

$CaSO_3$

亜硫酸 H_2SO_3

亜硫酸水素イオン HSO_3^-

$\pm H^+$　反応❸　　$\pm H^+$

$HSO_3^- + H^+ \longrightarrow H_2O + SO_2$

$SO_3^{2-} + H^+ \longrightarrow HSO_3^-$

酸性 ←――――――――――→ 塩基性

第10章　硫黄とその化合物

SO_2 を発生させるには，SO_3^{2-} や亜硫酸水素イオン HSO_3^- を酸性にすればいいんだ。イオン反応式は次の通りだよ。

二酸化硫黄発生のイオン反応式

反応❷　SO_3^{2-} ＋ $2H^+$ ⟶ (H_2SO_3 ⟶) $H_2O + SO_2$

反応❸　HSO_3^- ＋ H^+ ⟶ (H_2SO_3 ⟶) $H_2O + SO_2$

例として硫酸ナトリウム Na_2SO_3 や亜硫酸水素ナトリウム $NaHSO_4$ に硫酸を加えて酸性にする反応式を書いてみると次の通りなんだ。

● **亜硫酸ナトリウムと硫酸の反応**

$$SO_3^{2-} + 2H^+ \longrightarrow H_2O + SO_2$$
$$+)\ 2Na^+ \quad 2HSO_4^- \quad \text{〈両辺にたす〉} \quad 2Na^+ \quad 2HSO_4^-$$
$$\overline{Na_2SO_3 + 2H_2SO_4 \longrightarrow 2NaHSO_4 + H_2O + SO_2}$$

● **亜硫酸水素ナトリウムと硫酸の反応**

$$HSO_3^- + H^+ \longrightarrow H_2O + SO_2$$
$$+)\ Na^+ \quad HSO_4^- \quad \text{〈両辺にたす〉} \quad Na^+ \quad HSO_4^-$$
$$\overline{NaHSO_3 + H_2SO_4 \longrightarrow NaHSO_4 + H_2O + SO_2}$$

とにかく，
　亜硫酸塩＋強酸
　亜硫酸水素塩＋強酸
で SO_2 が発生するのね！

SO_2 は有毒だから吸わないように気をつけるんだよ！

逆に，酸性酸化物である SO_2（亜硫酸ガス）は塩基である OH^- や O^{2-} と反応して，亜硫酸イオン SO_3^{2-} が生成するんだ。まず，非常に強い塩基である O^{2-} との反応を考えてみるね。

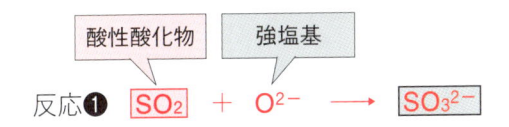

反応❶ [酸性酸化物] SO_2 + [強塩基] O^{2-} ⟶ SO_3^{2-}

この両辺に H_2O をたして反応式をつくり直してみると，$O^{2-} + H_2O \longrightarrow 2OH^-$ の関係より，SO_2 と OH^- の反応式が完成するよ。

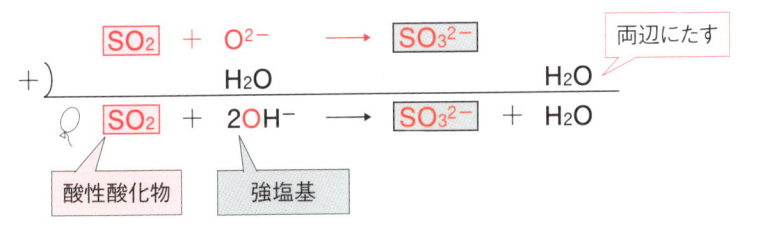

$$SO_2 + O^{2-} \longrightarrow SO_3^{2-}$$
$$+) \quad\quad H_2O \quad\quad\quad\quad H_2O \quad\text{（両辺にたす）}$$
$$\overline{SO_2 + 2OH^- \longrightarrow SO_3^{2-} + H_2O}$$

[酸性酸化物] [強塩基]

酸性酸化物の SO_2 を塩基性にしたときのイオン反応式をまとめると，次の通りなんだ。

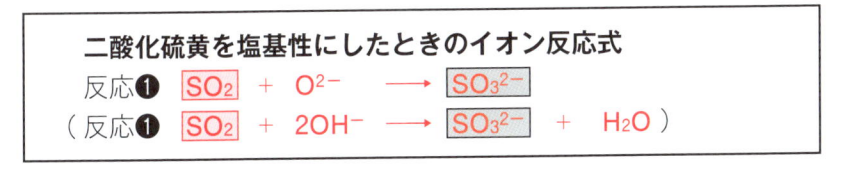

二酸化硫黄を塩基性にしたときのイオン反応式
反応❶ $SO_2 + O^{2-} \longrightarrow SO_3^{2-}$
（反応❶ $SO_2 + 2OH^- \longrightarrow SO_3^{2-} + H_2O$）

二酸化硫黄は生石灰（酸化カルシウム CaO）に吸収されて亜硫酸カルシウム $CaSO_3$ が生成するよ。

● **二酸化硫黄と生石灰（CaO）の反応**

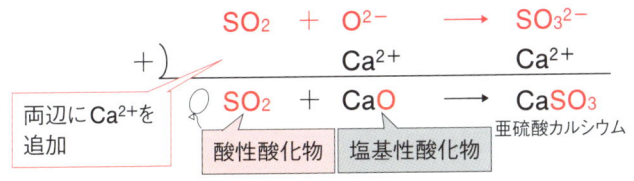

$$SO_2 + O^{2-} \longrightarrow SO_3^{2-}$$
$$+) \quad\quad Ca^{2+} \quad\quad Ca^{2+} \quad\text{（両辺に }Ca^{2+}\text{を追加）}$$
$$\overline{SO_2 + CaO \longrightarrow CaSO_3}$$

[酸性酸化物] [塩基性酸化物] 亜硫酸カルシウム

第10章 硫黄とその化合物

また，二酸化硫黄は石灰水（水酸化カルシウム水溶液）に吸収されて亜硫酸カルシウムの沈殿を生じるよ。

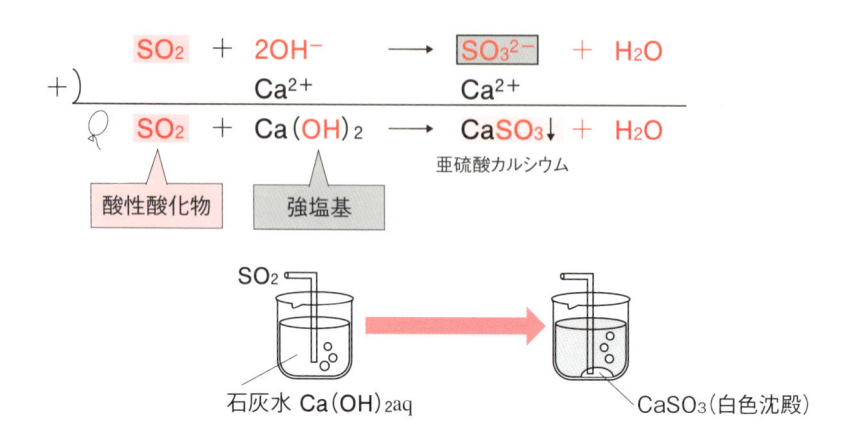

$$SO_2 + 2OH^- \longrightarrow SO_3^{2-} + H_2O$$
$$+)\quad Ca^{2+} \qquad\qquad Ca^{2+}$$
$$\overline{SO_2 + Ca(OH)_2 \longrightarrow CaSO_3\downarrow + H_2O}$$

亜硫酸カルシウム

SO_2：酸性酸化物
$Ca(OH)_2$：強塩基

石灰水 $Ca(OH)_2$aq → $CaSO_3$（白色沈殿）

二酸化硫黄は濃硫酸からつくられるって習ったんですが，どんな反応なんですか？

確かに二酸化硫黄 SO_2 が発生するんだが，少しだけ注意が必要だよ。それは硫酸は常温では比較的安定で酸化剤にも還元剤にもならないということなんだ。でも，**熱濃硫酸になると非常に強い酸化力を発揮する**んだよ。実質は硫酸イオン SO_4^{2-} が反応しているから半反応式は次の通りだけど，H_2SO_4 から書くこともあるからどちらでも書けるようにね。

● **熱濃硫酸の半反応式**

硫黄の酸化数　　+6　　　　　　　　　　　　　+4
酸化剤　　$SO_4^{2-} + 4H^+ + 2e^- \longrightarrow SO_2 + 2H_2O$
（酸化剤　　$H_2SO_4 + 2H^+ + 2e^- \longrightarrow SO_2 + 2H_2O$）

酸化剤である熱濃硫酸は銅や銀などの還元剤と反応して，二酸化硫黄を発生するよ。

● **銅と熱濃硫酸の反応式**（SO_2の発生）

$$\begin{array}{ll}
\text{酸化剤} & H_2SO_4 + 2H^+ + \cancel{2e^-} \longrightarrow SO_2 + 2H_2O \\
+) \text{ 還元剤} & Cu \longrightarrow Cu^{2+} + \cancel{2e^-} \\
\hline
& Cu + H_2SO_4 + \boxed{2H^+} \longrightarrow \boxed{Cu^{2+}} + 2H_2O + SO_2 \\
& \boxed{SO_4^{2-}} \boxed{SO_4^{2-}} \\
\hline
& Cu + 2H_2SO_4 \longrightarrow CuSO_4 + 2H_2O + SO_2
\end{array}$$

両辺に足りないイオンをたす

● **銀と熱濃硫酸の反応式**（SO_2の発生）

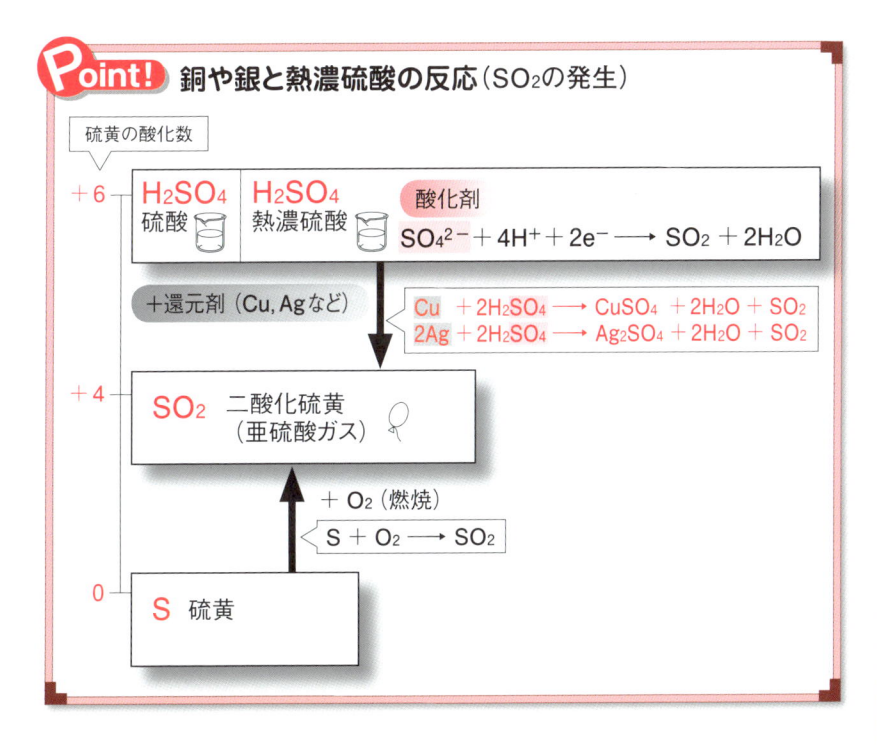

$$\begin{array}{ll}
\text{酸化剤} & H_2SO_4 + 2H^+ + \cancel{2e^-} \longrightarrow SO_2 + 2H_2O \\
+) \text{ 還元剤} & 2Ag \longrightarrow 2Ag^+ + \cancel{2e^-} \\
\hline
& 2Ag + H_2SO_4 + \boxed{2H^+} \longrightarrow \boxed{2Ag^+} + 2H_2O + SO_2 \\
& \boxed{SO_4^{2-}} \boxed{SO_4^{2-}} \\
\hline
& 2Ag + 2H_2SO_4 \longrightarrow Ag_2SO_4 + 2H_2O + SO_2
\end{array}$$

両辺に足りないイオンをたす

Point! 銅や銀と熱濃硫酸の反応（SO_2の発生）

硫黄の酸化数

+6： H_2SO_4 硫酸 ／ H_2SO_4 熱濃硫酸
酸化剤： $SO_4^{2-} + 4H^+ + 2e^- \longrightarrow SO_2 + 2H_2O$

＋還元剤（Cu, Ag など）
$Cu + 2H_2SO_4 \longrightarrow CuSO_4 + 2H_2O + SO_2$
$2Ag + 2H_2SO_4 \longrightarrow Ag_2SO_4 + 2H_2O + SO_2$

+4： SO_2 二酸化硫黄（亜硫酸ガス）

＋O_2（燃焼）
$S + O_2 \longrightarrow SO_2$

0： S 硫黄

第10章 硫黄とその化合物

あと，SO_2 の一番簡単な発生方法として硫黄を燃焼するという方法があるからフローの中に入れておいたよ。

(2) 二酸化硫黄の性質

二酸化硫黄は酸性酸化物だということ以外に，重要な性質は，ありますか？

もちろん，二酸化硫黄 SO_2 は水に溶けると亜硫酸 H_2SO_3 になって水素イオンを放出するのは重要な性質だね。

$$H_2O + SO_2 \rightleftarrows \underset{亜硫酸}{H_2SO_3} \rightleftarrows \underset{亜硫酸水素イオン}{HSO_3^- + H^+} \rightleftarrows \underset{亜硫酸イオン}{SO_3^{2-} + 2H^+}$$

他にも重要な性質があって，SO_2 は代表的な還元剤で，反応すると硫酸イオンを生成するんだ。

硫黄の酸化数　+4　　　　　　　　+6
還元剤　SO_2 + $2H_2O$ ⟶ SO_4^{2-} + $4H^+$ + $2e^-$
　　　　　　　　　　　　　　比較的安定

よく，二酸化硫黄 SO_2 は酸化剤にも還元剤にもなるといわれているけど，酸化剤として働くのは非常に稀で，非常に強い還元剤である硫化水素 H_2S と反応するときくらいなんだ。

> じゃあ、二酸化硫黄は漂白剤っていわれているけど、それは還元剤として働くんですか？

その通りなんだ。まさに還元性漂白剤で、色素などを還元することで漂白するんだ。絹や羊毛などの動物性繊維はタンパク質なので、酸化性漂白剤では繊維が傷んでしまうんだ。肉を焼くと焦げるのはタンパク質が空気中の酸化剤である酸素によって酸化されるからで、それと**同じように、タンパク質繊維の絹や羊毛を酸化すると傷んでしまう**んだ。だから、絹や羊毛に使えるのは還元性漂白剤の二酸化硫黄や亜硫酸イオンなんだよ。どちらも酸化数＋4だから同じように反応するよ。

還元剤の二酸化硫黄 SO_2 が酸化剤のヨウ素と反応して硫酸イオンになる反応を含めて、二酸化硫黄の反応全体を見てもらおう。

亜硫酸イオンの入った水溶液はSO_2と同様に還元性漂白剤になるんだ！

きれいになった！

（生きている羊ちゃんにはかけたりしません）

第10章 硫黄とその化合物

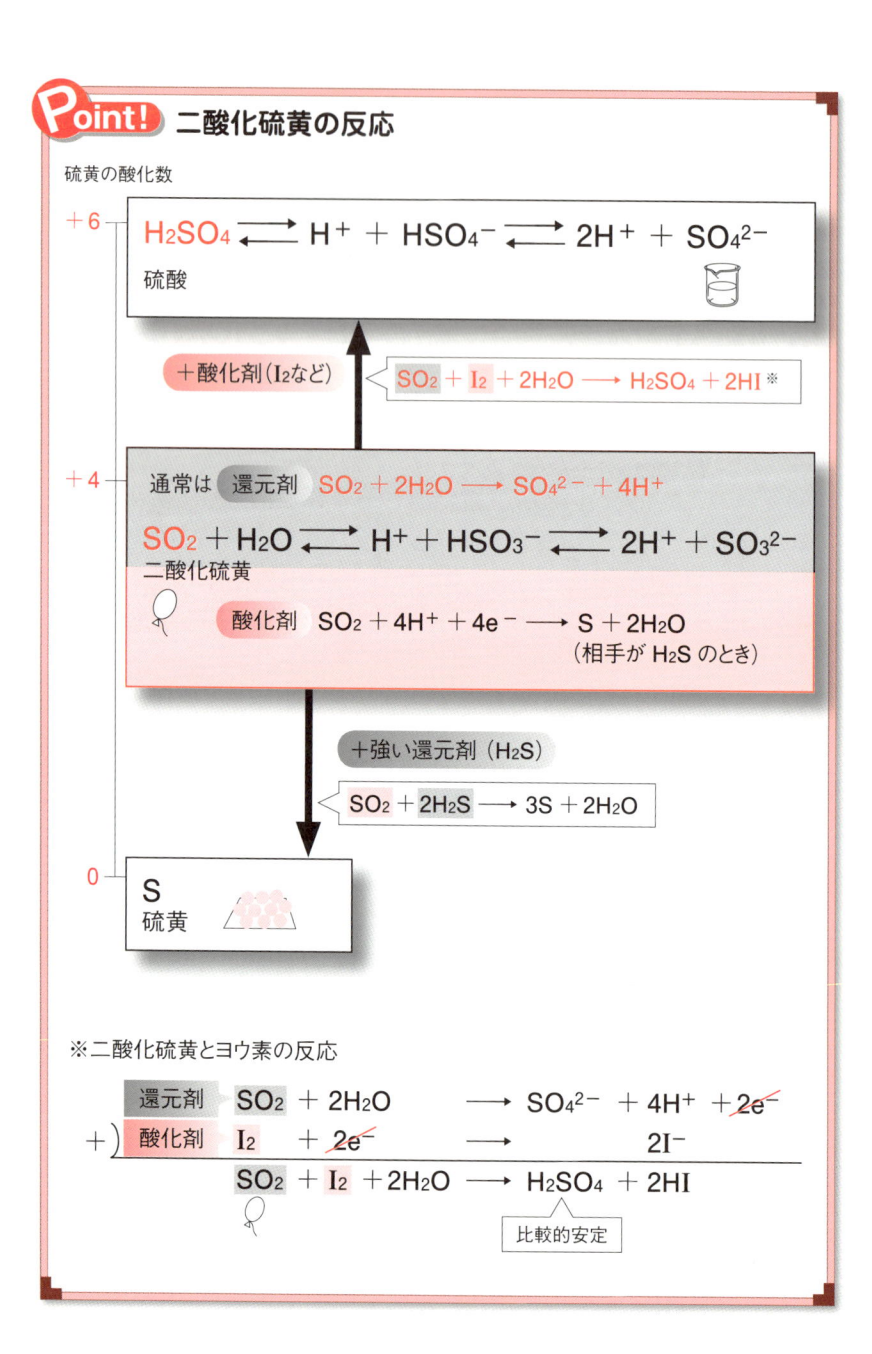

Point! 二酸化硫黄の反応

硫黄の酸化数

$+6$: $H_2SO_4 \rightleftarrows H^+ + HSO_4^- \rightleftarrows 2H^+ + SO_4^{2-}$
硫酸

＋酸化剤（I_2 など）
$SO_2 + I_2 + 2H_2O \longrightarrow H_2SO_4 + 2HI$ ※

$+4$: 通常は 還元剤 $SO_2 + 2H_2O \longrightarrow SO_4^{2-} + 4H^+$

$SO_2 + H_2O \rightleftarrows H^+ + HSO_3^- \rightleftarrows 2H^+ + SO_3^{2-}$
二酸化硫黄

酸化剤 $SO_2 + 4H^+ + 4e^- \longrightarrow S + 2H_2O$
（相手が H_2S のとき）

＋強い還元剤（H_2S）
$SO_2 + 2H_2S \longrightarrow 3S + 2H_2O$

0 : S
硫黄

※二酸化硫黄とヨウ素の反応

　　還元剤 $SO_2 + 2H_2O \longrightarrow SO_4^{2-} + 4H^+ + 2e^-$ ~~2e~~
＋）酸化剤 $I_2 + 2e^- \longrightarrow 2I^-$
　　　　　　$SO_2 + I_2 + 2H_2O \longrightarrow H_2SO_4 + 2HI$

比較的安定

144　非金属元素の単体と化合物(2)　−14, 15, 16族元素−

story 4 硫　酸

(1) 硫酸の製法

> 硫酸の**接触法**って何が接触してるんですか？

確かに暗記だけしていたら訳がわからないね。**接触法**は硫酸の製法の略称で正式には**接触式硫酸製造法**というよ。石油中や黄鉄鉱（主成分 FeS_2）には硫黄が含まれていて，燃焼させると二酸化硫黄 SO_2 が生成するんだ。この二酸化硫黄は空気中ではゆっくり酸化されて三酸化硫黄 SO_3 になるんだ。

硫黄の酸化数

$$2SO_2 + O_2 \longrightarrow 2SO_3 \quad (+6)$$

還元剤　酸化剤

$+2H_2O \downarrow \qquad\qquad +H_2O \downarrow$

$2H_2SO_3 \qquad\qquad H_2SO_4$
亜硫酸　　　　　　　硫酸

SO_2 も SO_3 も酸性酸化物で水と反応して亜硫酸と硫酸を生成するよ。だから，SO_2 を確実に酸化して SO_3 にする必要があるんだよ。空気中ではこの反応はゆっくりだから，**触媒**である酸化バナジウム（V）V_2O_5 を使うんだ。この**触媒を加熱させておいて，そこに SO_2 と O_2 の気体を接触させて反応させるから"接触法"とよばれる**んだ。

硫黄の酸化数　+4　　　　　　　　　+6

$$2SO_2 + O_2 \xrightarrow{\triangle} 2SO_3$$

還元剤　酸化剤　　触媒 V_2O_5 酸化バナジウム（V）

全体を見ると次のようになるよ。

硫黄の酸化数

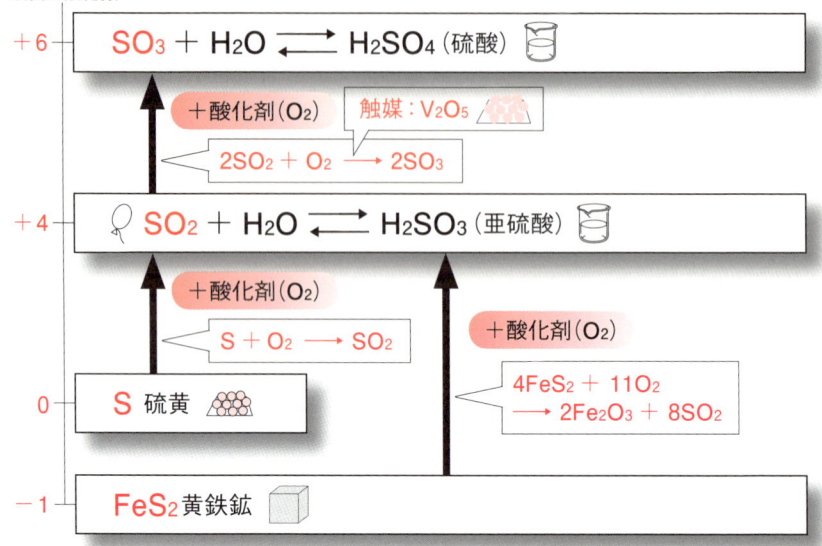

+6 　SO₃ + H₂O ⇌ H₂SO₄（硫酸）

　　　＋酸化剤（O₂）　　触媒：V₂O₅
　　　2SO₂ + O₂ ⟶ 2SO₃

+4 　SO₂ + H₂O ⇌ H₂SO₃（亜硫酸）

　　＋酸化剤（O₂）　　　　＋酸化剤（O₂）
　　S + O₂ ⟶ SO₂
　　　　　　　　　　　4FeS₂ + 11O₂
　　　　　　　　　　　⟶ 2Fe₂O₃ + 8SO₂

0 　S 硫黄

−1 　FeS₂ 黄鉄鉱

▲接触法の全体の反応

やった！ これで硫酸の製法は完璧だ〜！

いやいや，実はもう1つ重要なポイントがあるから聞いてね。実は三酸化硫黄を水に吸収させる反応で非常に多量の熱が発生するんだ。理想は水に SO₃ が粛々と吸収されることなんだけど，発生する熱のせいで次式の平衡は左に移動してしまい，けっきょく吸収速度が遅くなってしまうんだ。

　　SO₃（気体）+ H₂O（液体）= H₂SO₄（液体）+ 132kJ

そこで，**硫酸製造工場では SO₃ を水ではなく濃硫酸に吸収させて，発熱量を抑え，SO₃ の吸収スピードをあげている**んだ。そのときの主な反応は次のようなものだよ。

$$SO_3 + H_2SO_4 \rightleftarrows H_2S_2O_7$$

三酸化硫黄　　濃硫酸　　　　二硫酸

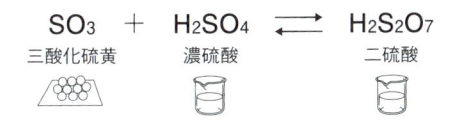

　生成した二硫酸は逆反応も起こっているので、三酸化硫黄の白煙を生じるんだ。つまり、**硫酸製造工場では SO_3 を濃硫酸に吸収させて二硫酸と濃硫酸の混合物である発煙硫酸をつくっている**んだ。発煙硫酸は二硫酸を含むから SO_3 の白煙を生じるのがわかったね。

　この発煙硫酸に希硫酸を加えて二硫酸の成分を硫酸にすることで濃硫酸をつくっているんだ（第4章「硫酸の性質」story 3 (3)硫酸の縮合で構造を解説してるよ。▶ p.67）。

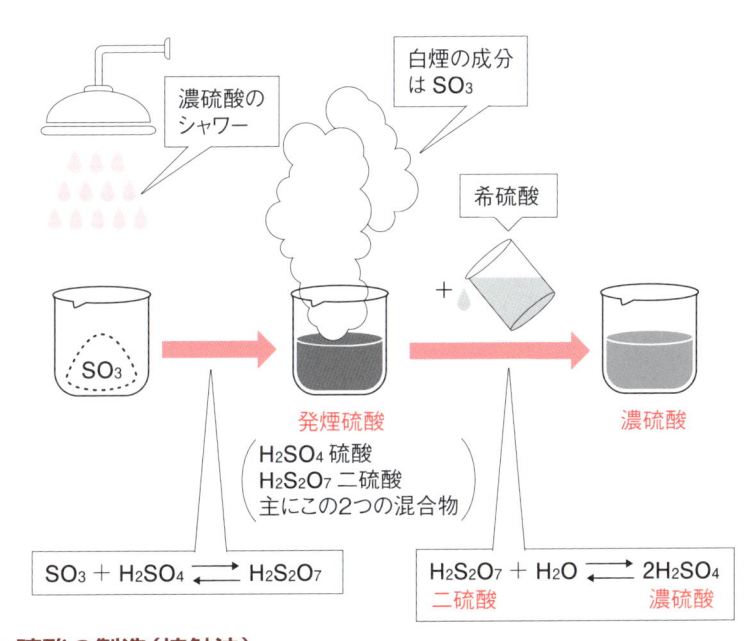

濃硫酸のシャワー

白煙の成分は SO_3

希硫酸

SO_3

発煙硫酸
H_2SO_4 硫酸
$H_2S_2O_7$ 二硫酸
主にこの2つの混合物

濃硫酸

$SO_3 + H_2SO_4 \rightleftarrows H_2S_2O_7$

$H_2S_2O_7 + H_2O \rightleftarrows 2H_2SO_4$
　　二硫酸　　　　　　　濃硫酸

▲**硫酸の製造（接触法）**

第10章　硫黄とその化合物

工業的にはさまざまな工夫をして濃硫酸を製造しているのがわかるね。本当のことがわかるのはおもしろいでしょう！

じゃあ，SO_3を水に溶かして濃硫酸をつくっているというのはウソなの？
$SO_3 + H_2O \longrightarrow H_2SO_4$

いやいや，あながちウソとはいえないんだ。2つの反応式をたすと確かにSO_3を水に溶かして硫酸が生成しているという式ができるんだよ！

$SO_3 + H_2SO_4 \rightleftarrows H_2S_2O_7$
$+\underline{)H_2S_2O_7 + H_2O \rightleftarrows 2H_2SO_4}$
$SO_3 + H_2O \rightleftarrows H_2SO_4$

(2) 濃硫酸の性質

濃硫酸は重いって聞いたんですが，本当ですか？

本当なんだ。我々は液体を見て手にもったときに感覚的に水だと思うんだ。水の密度はだいたい1.0 g/cm³ だけど98％の濃硫酸の密度は **1.8 g/cm³** なんだ。同じ体積なら水の1.8倍ぐらい重いというわけだよ。およそ濃度90％以上の硫酸水溶液を濃硫酸というから，濃硫酸は全般的に密度が高いんだ。それに**粘性が大きい**。水飴ほどではないけど，サラダ油よりはドロッとした感じだよ。

水の1.8倍の密度だから，濃硫酸は重く感じるんだ！扱いには注意だよ！

濃硫酸って，ドロッとしてる〜！

> 実験で砂糖に濃硫酸をかけたら黒くなったんですが，どういうことですか？

それは砂糖の分子から水が脱水されたんだよ。濃硫酸の**脱水作用は非常に強く**て分子から水をもぎ取ってしまうんだ。砂糖のような物質は炭水化物とよばれていて，化学式で見ると炭素 C と水 H_2O からできているんだ。だから炭水化物は n と m を整数とすると $C_n(H_2O)_m$ の形で書けるんだ。ちなみに，砂糖の主成分はショ糖（スクロース）で $C_{12}(H_2O)_{11}$ と書けるんだ。この砂糖に濃硫酸を少量たらすと，濃硫酸がショ糖の分子から水 H_2O をもぎ取って炭素 C が残るんだ。

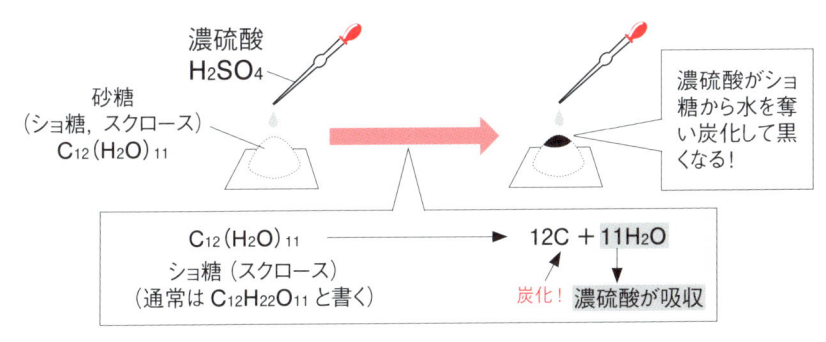

$$C_{12}(H_2O)_{11} \longrightarrow 12C + 11H_2O$$
ショ糖（スクロース）
（通常は $C_{12}H_{22}O_{11}$ と書く）
炭化！ 濃硫酸が吸収

▲砂糖と濃硫酸の反応

濃硫酸は分子から水を奪うくらい脱水作用が強いから，水蒸気 H_2O を吸収する能力である**吸湿性**にも優れているんだ。だから，化学の実験では**乾燥剤**として利用されることが多いよ。例えば，塩化水素 HCl と水蒸気 H_2O の混合ガスから水蒸気を取り除くために洗気びんに乾燥剤として濃硫酸を入れたりするんだよ。

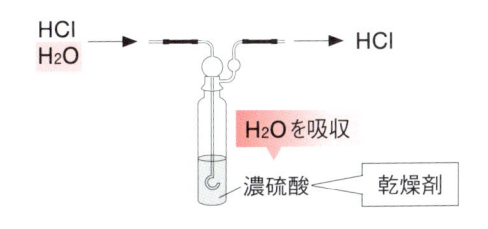

第10章 硫黄とその化合物

> 濃硫酸は不揮発性と習ったんですが，不揮発性って，どんな意味ですか？

不揮発性というのは"**非常に蒸発しにくい**"という意味なんだ。反対語に揮発性という言葉があるけど，これは"蒸発しやすい"という意味だよ。化学的にいえば，揮発性のものは蒸気圧が大きく，沸点が低い。逆に不揮発性のものは蒸気圧が小さく，沸点が高いんだ。

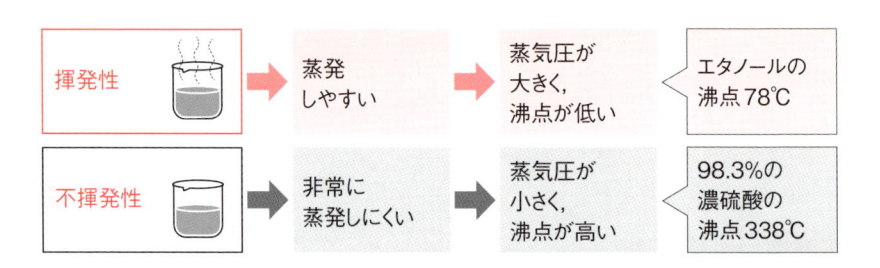

| 揮発性 | → | 蒸発しやすい | → | 蒸気圧が大きく，沸点が低い | エタノールの沸点78℃ |
| 不揮発性 | → | 非常に蒸発しにくい | → | 蒸気圧が小さく，沸点が高い | 98.3%の濃硫酸の沸点338℃ |

濃硫酸の不揮発性，つまり気体になりにくい性質を利用した有名な実験があるよ。それは濃硫酸と NaCl を混ぜて加熱すると，塩化水素 HCl が発生するというものなんだ。この反応を次の三段階で説明するよ。

① **希硫酸中の電離**

硫酸 H_2SO_4 は誰もが知っている強酸だから，希硫酸中では次のように電離しているんだ。

$$H_2SO_4 + 2H_2O \longrightarrow 2H_3O^+ + SO_4^{2-}$$

この反応を簡単に表したものが次の電離式だね。

$$H_2SO_4 \longrightarrow 2H^+ + SO_4^{2-}$$

② **濃硫酸の電離**

ところが，濃硫酸というのは一般に90％以上の水溶液だから，水は10％以下しか入っていないんだ。反応式を見ればわかるように，電離するためには水が必要なので，濃硫酸の中での電離式は次の通り

非金属元素の単体と化合物(2) —14, 15, 16族元素—

なんだ。

$$H_2SO_4 + H_2O \rightleftarrows H_3O^+ + HSO_4^-$$

この反応式を簡単に表したものが次の反応式だね。

$$H_2SO_4 \rightleftarrows H^+ + HSO_4^-$$

③ 食塩を加えて加熱したときの反応

食塩はイオン結晶なので，次のように電離する。

$$NaCl \longrightarrow Na^+ + Cl^-$$

この食塩と濃硫酸を混ぜると，塩化水素 HCl の組み合わせができることに気づくはずだよ。塩化水素 HCl は沸点が－85℃で常温では気体なんだ。塩化水素 HCl は水によく溶けるけど，溶解度を超えると塩化水素 HCl の気体が発生するんだ。

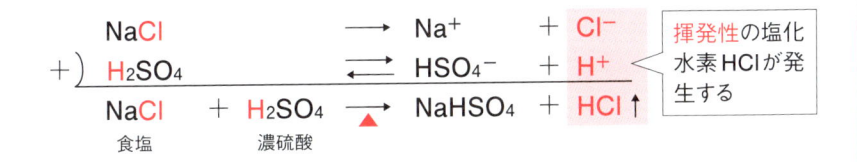

$$\begin{array}{r} NaCl \longrightarrow Na^+ + Cl^- \\ +)\ H_2SO_4 \rightleftarrows HSO_4^- + H^+ \\ \hline NaCl + H_2SO_4 \xrightarrow{\triangle} NaHSO_4 + HCl\uparrow \end{array}$$

（食塩）　（濃硫酸）

揮発性の塩化水素 HCl が発生する

常温でも塩化水素 HCl が発生するけど，加熱すると水に対する塩化水素 HCl の溶解度が小さくなって，より多くの気体が発生するんだ。この反応は濃硫酸の不揮発性の性質を利用した例として重要だよ。

また濃硫酸の性質として，他にも**熱濃硫酸**には強い**酸化作用**があることを二酸化硫黄の製法で説明したのを思い出してね。

> 濃硫酸を薄めるときに，濃硫酸に水を入れるのか，水に濃硫酸を入れるのかいつも迷ってしまいます。

そうだね。そういう人が多いんだ。やはり，ここでも丸暗記ではなくて理屈で覚えれば簡単なんだよ。重要なのは**密度と溶解熱**なんだ。濃硫酸の密度が大きいことはさっき話したから，今度は溶解熱の話をしよう。

例えば，100％の酢酸も硫酸も常温常圧では液体なんだけど，これらを多量の水に溶かしたときに発生する熱量は全く異なるんだ。酢酸の溶解熱が1.7kJ/molなのに対して，硫酸は95kJ/molなんだ。この熱量はすごい数値で，濃硫酸を2倍，3倍に薄めるときに，容器に触ったら火傷をしてしまうくらいなんだ。だから，水で冷やしながら，硫酸と水を混合するんだ。ところが，硫酸に少しずつ水を入れると，水のほうが密度が小さいから上層が水になって，その際に発生する溶解熱で水が突沸する危険があるんだ。

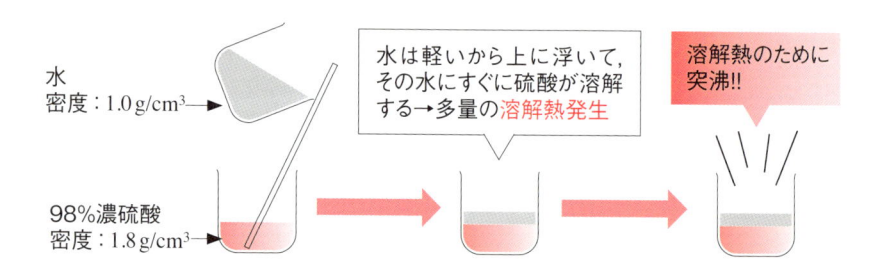

水
密度：1.0 g/cm³

98％濃硫酸
密度：1.8 g/cm³

水は軽いから上に浮いて，その水にすぐに硫酸が溶解する→多量の溶解熱発生

溶解熱のために突沸！！

　だから，濃硫酸を薄めるときは，必ず<u>水の中に少しずつ濃硫酸を入れる</u>んだ。

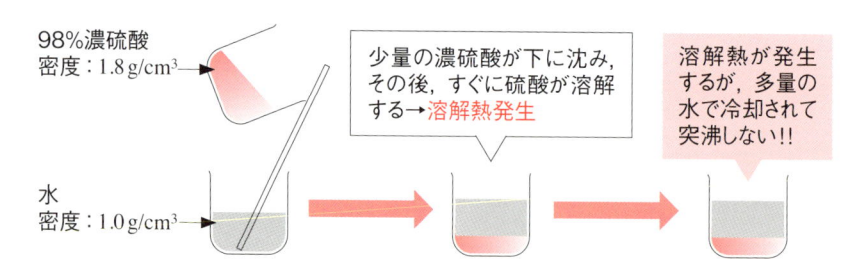

98％濃硫酸
密度：1.8 g/cm³

水
密度：1.0 g/cm³

少量の濃硫酸が下に沈み，その後，すぐに硫酸が溶解する→溶解熱発生

溶解熱が発生するが，多量の水で冷却されて突沸しない！！

　多量の水の中に濃硫酸を少しずつ入れていれば突沸は防げるんだけど，溶解熱が発生するから，冷やしながらゆっくり薄めるのがコツなんだ。濃硫酸を2倍，3倍に薄めるようなときには，発生する熱量が大きくなるから，普通，ビーカーより大きな容器に冷却用の水を入れて冷やしながらやるんだよ。

98%濃硫酸
密度：1.8 g/cm³

水
密度：1.0 g/cm³

冷却用の水

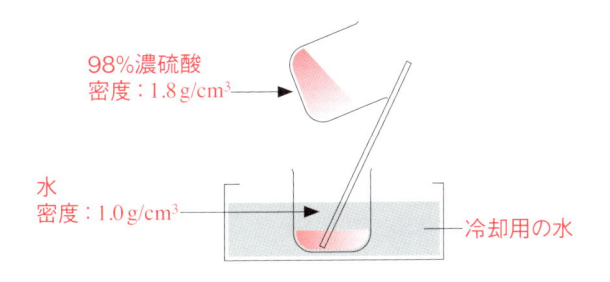

(3) 希硫酸の性質

希硫酸の重要な性質は何ですか？

そうだね，希硫酸中には水が多量にあるから電離によってできた水素イオンが溶液中にたくさんあるのが特徴だね。水素イオンは酸化剤だから，酸化力があるんだ。

酸化剤　$2H^+ + 2e^- \longrightarrow H_2$

イオン化傾向の比較的大きい Al，Zn，Fe などは希硫酸によって酸化されてしまうよ。

$$2Al + 3H_2SO_4 \rightleftarrows Al_2(SO_4)_3 + 3H_2$$
$$Zn + H_2SO_4 \rightleftarrows ZnSO_4 + H_2$$
$$Fe + H_2SO_4 \rightleftarrows FeSO_4 + H_2$$

還元剤　　酸化剤

でも，水素イオン H^+ の酸化力は濃硫酸よりも弱いから，イオン化傾向が比較的小さい銅 Cu や銀 Ag を溶かすことはできないんだ。

第10章　硫黄とその化合物

確認問題

1 単斜硫黄の分子式を次の中から1つ選べ。
① S_2 ② S_4 ③ S_6 ④ S_8 ⑤ SO_2

解答: ④

2 斜方硫黄の分子式を次の中から1つ選べ。
① S_2 ② S_4 ③ S_6 ④ S_8 ⑤ SO_2

解答: ④

3 硫黄が燃焼するときの化学変化を化学反応式で表せ。

$S + O_2 \longrightarrow SO_2$

4 次の硫黄の同素体のうち，CS_2 に溶けないものをすべて選べ。
① 斜方硫黄 ② 単斜硫黄 ③ ゴム状硫黄

解答: ③

5 腐卵臭のする気体の化学式を書け。

H_2S

6 硫化水素とヨウ素ヨウ化カリウム水溶液の反応では硫化水素は酸化剤か，還元剤か。また，そのときの硫化水素の半反応式を書け。

還元剤
$H_2S \longrightarrow S + 2H^+ + 2e^-$

7 硫化水素と二酸化硫黄の反応では，どちらが還元剤として作用するか。

硫化水素

8 二酸化硫黄とヨウ素ヨウ化カリウム水溶液の反応では，どちらが還元剤として作用するか。また，そのときの二酸化硫黄の半反応式を書け。

二酸化硫黄
$SO_2 + 2H_2O \longrightarrow SO_4^{2-} + 4H^+ + 2e^-$

9 濃硫酸の工業的製法を何というか。

接触法
（接触式硫酸製造法）

10　濃硫酸の工業的製法で二酸化硫黄を酸化するときに使用される触媒を化学式で表せ。

解答　V_2O_5

11　濃硫酸の工業的製法で三酸化硫黄を濃硫酸に吸収させてできる混合物の名称を答えよ。

発煙硫酸

12　ショ糖に濃硫酸を加えて黒変するときの化学変化を化学反応式で表せ。

$C_{12}H_{22}O_{11} \longrightarrow 12C + 11H_2O$

13　食塩に濃硫酸を加えて加熱すると塩化水素が発生する。この反応は濃硫酸のどんな性質によるものか，次の中から1つ選べ。
　① 酸化性　② 不揮発性　③ 揮発性
　④ 吸湿性　⑤ 脱水性

②

14　濃硫酸を同じ体積の水で薄めたい，このときの操作として正しいものを，次の中から1つ選べ。
　① 水の中に少しずつ濃硫酸を入れる。その際，水を入れている容器を冷却する。
　② 水の中に少しずつ濃硫酸を入れる。その際，水を入れている容器を加熱する。
　③ 濃硫酸の中に少しずつ水を入れる。その際，濃硫酸を入れている容器を冷却する。
　④ 濃硫酸の中に少しずつ水を入れる。その際，濃硫酸を入れている容器を加熱する。

①

15　希硫酸に亜鉛を加えたら水素が発生した。この反応は希硫酸のどのような性質によるものか，次の中から選べ。
　① 吸湿性　② 脱水性　③ 揮発性　④ 酸化性

④

第11章 窒素とその化合物

▶硝酸は爆弾や肥料の原料である。

story 1 窒素と窒素酸化物

(1) 窒素の製法

窒素って，どうやってつくるんですか？

君も不思議なことを言うね。空気中の約80%が窒素だから何も特別なことをする必要はなく，**空気を冷却して液化したあと，分留すると窒素が得られる**んだよ。

ただ，実験室的製法には**亜硝酸アンモニウム NH_4NO_2 の加熱分解**があるよ。この反応は**酸化還元反応**で，酸化数が**−3**と**+3**の窒素原子をもつ化合物である亜硝酸アンモニウム NH_4NO_2 から，酸化数が**0** の N_2 が生成されるんだ。実験は，固体の NH_4NO_2 の加熱は爆発の危険性があるから，通常は水溶液を加熱して行うんだ。

Nの酸化数　−3　+3　　　　　　　　　　　　0

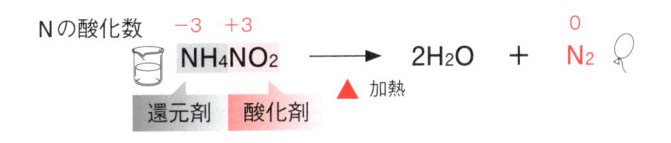

$$NH_4NO_2 \longrightarrow 2H_2O + N_2$$

還元剤　酸化剤　▲加熱

(2) 一酸化二窒素の製法

笑気ガスって，何ですか？

笑気ガスは全身麻酔用の気体で，**一酸化二窒素 N_2O** のことだよ。このガスを吸うと筋肉がゆるんで笑ったように見えるから笑気ガスとよばれるんだ。「**笑気ガス**」の他に「**亜酸化窒素**」というよび方もあるから覚えておいてね。

実験室的な製法は硝酸アンモニウム NH_4NO_3 の加熱分解で，窒素の製法とそっくりなんだ。でも，この反応も爆発する危険があるから，実験は薦めないけどね。

Nの酸化数　−3　+5　　　　　　　　　　　+1

$$NH_4NO_3 \longrightarrow 2H_2O + N_2O$$

還元剤　酸化剤　▲加熱

あんなに手術をいやがっていたのに楽しそうに笑っているわ！

(3) 一酸化窒素の製法

一酸化窒素は，毒なんですか？

一酸化窒素 NO は有毒なだけでなく**酸性雨の原因**となるんだ。ガソリンを燃焼させる自動車では，エンジン内で次の反応が起こるよ。

酸化数　　0　　0　　　　　+2 −2
　　　　$N_2 + O_2 \longrightarrow 2NO$
　　　　　還元剤　酸化剤

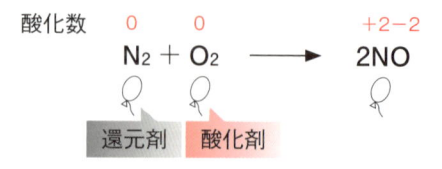

実験室では希硝酸 HNO_3 に銅 Cu を入れて NO を生成するよ。

Nの酸化数　+5　　　　　　　　　　　+2
酸化剤　$NO_3^- + 4H^+ + 3e^- \longrightarrow NO + 2H_2O$
還元剤　$Cu \longrightarrow Cu^{2+} + 2e^-$

赤い丸で囲んだ**電子の数を合わせるために**，酸化剤の式を2倍，還元剤の式を3倍して2つの式をたしたあと，足りないイオンを追加すれば全反応式の完成だよ。

酸化剤　$2NO_3^- + 8H^+ + 6e^- \longrightarrow 2NO + 4H_2O$
＋）還元剤　$3Cu \longrightarrow 3Cu^{2+} + 6e^-$
───────────────────────────────
イオン反応式　$3Cu + 8H^+ + 2NO_3^- \longrightarrow 3Cu^{2+} + 4H_2O + 2NO$
＋）　　　両辺にたす　$6NO_3^-$　　　$6NO_3^-$
───────────────────────────────
全反応式　$3Cu + 8HNO_3 \longrightarrow 3Cu(NO_3)_2 + 4H_2O + 2NO$
　　　　還元剤　酸化剤
　　　　　　　（希硝酸）

発生した一酸化窒素は水に溶けないから，水上置換で集めれば，ほぼ純粋な気体が捕集できるよ。発生装置は下図の通りだ。

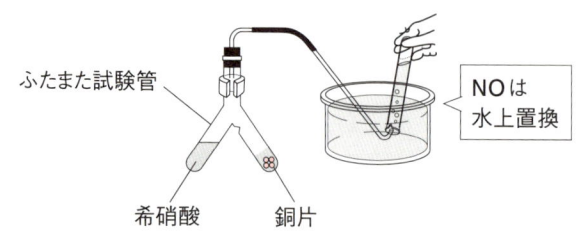

ふたまた試験管
希硝酸　　銅片
NOは水上置換

▲ 一酸化窒素の発生装置

158　非金属元素の単体と化合物(2)　−14, 15, 16族元素−

(4) 二酸化窒素の製法と性質

> 一酸化窒素は，すぐに二酸化窒素になるって聞いたんですけど？

その通りだよ。触媒もなしに空気中ですぐに酸化されて二酸化窒素 NO_2 になるんだ。**一酸化窒素 NO は無色だけれど，NO_2 は赤褐色**だから，色が変化する反応として試験によく出題されているんだ。

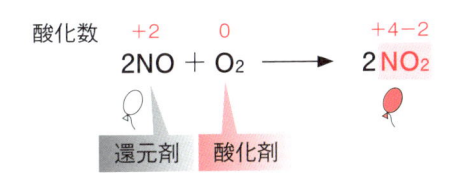

$$\text{酸化数} \quad +2 \quad\ \ 0 \qquad\qquad +4-2$$
$$2NO + O_2 \longrightarrow 2NO_2$$

還元剤　酸化剤

実験室的な製法では銅に濃硝酸 HNO_3 を入れて反応させるんだ。

酸化数　+5　　　　　　　　　　　+4
酸化剤　$NO_3^- + 2H^+ + e^- \longrightarrow NO_2 + H_2O$
還元剤　$Cu \longrightarrow Cu^{2+} + 2e^-$

電子の数を合わせるために酸化剤の式を2倍にしてたしたあと，足りないイオンを追加すれば全反応式の完成だよ。

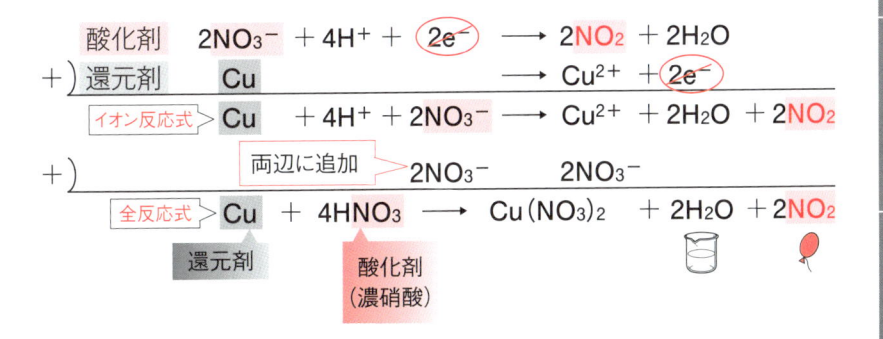

酸化剤　$2NO_3^- + 4H^+ + 2e^- \longrightarrow 2NO_2 + 2H_2O$
+) 還元剤　$Cu \longrightarrow Cu^{2+} + 2e^-$
イオン反応式　$Cu + 4H^+ + 2NO_3^- \longrightarrow Cu^{2+} + 2H_2O + 2NO_2$
+) 両辺に追加　$2NO_3^- \qquad\qquad 2NO_3^-$
全反応式　$Cu + 4HNO_3 \longrightarrow Cu(NO_3)_2 + 2H_2O + 2NO_2$

還元剤　　酸化剤（濃硝酸）

第11章　窒素とその化合物

発生装置は次の通りだ。

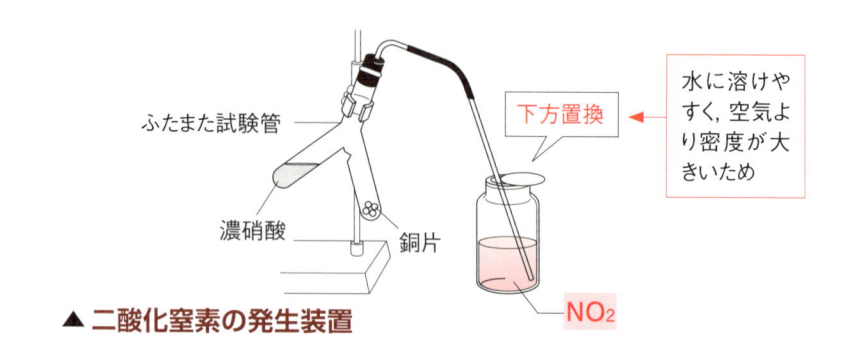

ふたまた試験管
濃硝酸
銅片
下方置換
水に溶けやすく、空気より密度が大きいため
NO_2

▲ 二酸化窒素の発生装置

二酸化窒素は合体する気体だって友達がいっていたけど、本当ですか？

なかなか君はよい友達をもっているね。二酸化窒素はまさに合体する気体なんだ。**ルイス構造**（**電子式**）を書いてみるとよくわかるよ。

酸素に不対電子をもつ右図のような書き方もあるけど、左の構造のほうが合体をよく説明できるんだ。窒素Nにある不対電子がポイントだよ。

NO_2 は不対電子をもち、不安定だから合体して、不対電子のない N_2O_4 になって安定化するんだ。

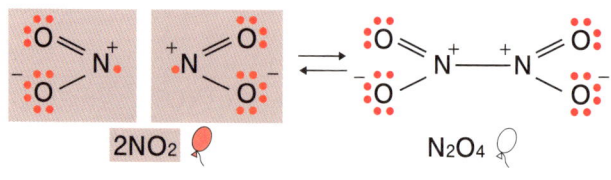

$2NO_2$　⇄　N_2O_4

▲ NO_2 と N_2O_4 の平衡

NO_2 は不安定だから温水と反応すると，自己酸化還元反応を起こして硝酸 HNO_3 と一酸化窒素 NO を生成するよ！

Nの酸化数　+4　　　　　　　　　　+5　　　+2
$$3NO_2 + H_2O \longrightarrow 2HNO_3 + NO$$
　　　　　　温水

還元剤　酸化剤

ここで，主な窒素酸化物を酸化数でまとめてみるよ。

Point! 窒素酸化物の酸化数

酸化数	窒素酸化物	製法と主な反応
+5	N_2O_5	$N_2O_5 + H_2O \rightleftarrows 2HNO_3$
+4	NO_2 赤褐色 N_2O_4	製法　$Cu + 4HNO_3 \longrightarrow Cu(NO_3)_2 + 2H_2O + 2NO_2$ $3NO_2 + H_2O(温水) \longrightarrow 2HNO_3 + NO$ $2NO_2 \rightleftarrows N_2O_4$
+3	N_2O_3 低温でのみ濃青色の液体で存在	$N_2O_3 + H_2O \rightleftarrows 2HNO_2$ $N_2O_3 \longrightarrow NO + NO_2$（3.5℃で分解）
+2	NO	製法　$3Cu + 8HNO_3 \longrightarrow 3Cu(NO_3)_2 + 4H_2O + 2NO$ $2NO + O_2 \longrightarrow 2NO_2$
+1	N_2O	製法　$NH_4NO_3 \longrightarrow 2H_2O + N_2O$

分子内の窒素の平均酸化数

第11章　窒素とその化合物

story 2　硝　酸

(1) 硝酸の昔の製法

> 100%の硝酸って，気体なんですか？

硝酸 HNO_3 の沸点は83℃だから，常温常圧では液体だよ。ただ，蒸気圧が大きい，つまり蒸発しやすいから60～70％の水溶液が濃硝酸の試薬となっているんだ。だから，濃硝酸の試薬びんの蓋を開けると硝酸 HNO_3 の気体が発生して，さらに HNO_3 が周りの水蒸気を集めて硝酸水溶液の霧をつくるので白い煙が出てくるんだ。濃塩酸と同様に，濃硝酸にも**発煙性**があるから覚えておいてね。

ところで，硝酸は沸点が水より低く気体になりやすいから，硝酸イオン NO_3^- を含む物質に不揮発性の酸である硫酸などを入れて加熱すると，硝酸 HNO_3 の気体が発生するよ。天然に存在する硝石（主成分：硝酸カリウム KNO_3）を例に反応機構を説明すると，次の通りだよ。

$$KNO_3 \longrightarrow K^+ + NO_3^- \quad \leftarrow 硝石の電離$$
$$+)\ H_2SO_4 \rightleftarrows HSO_4^- + H^+ \quad \leftarrow 濃硫酸の電離$$
$$\overline{KNO_3 + H_2SO_4 \xrightarrow{加熱} KHSO_4 + HNO_3 \uparrow} \quad \leftarrow 硝酸の気体が発生$$

硝石　　濃硫酸

昔はこの方法で硝酸を製造していたんだ。つまり，硝酸をつくるためには硝石などの硝酸イオンを含む鉱石が必要だったんだね。

> こんな石が**硝酸の原料**だったのね！

(2) 硝酸の工業的製法

> 現在では,どうやって硝酸を製造しているんですか?

現在では**アンモニアを酸化**して硝酸を製造しているんだよ。硝酸には窒素 N が含まれているけど,空気中の窒素 N_2 は安定で反応しにくいから,アンモニア NH_3 を原料にして硝酸 HNO_3 を合成しているんだ。窒素 N_2 と異なり,アンモニア NH_3 は空気中で燃焼するからそれを利用したんだ。

ただ,ここで1つ大問題があって,アンモニアが空気中で燃焼すると窒素が生成してしまうんだ。

酸化数 −3　　　0　　　　0　　−2
還元剤 $4NH_3$ + $3O_2$ ⟶ $2N_2$ + $6H_2O$
　　　　　　　酸化剤

化学的に安定な窒素 N_2 が生成したあとで硝酸にするのは困難だよね。そこで,1900年代の前半にドイツの化学者フリードリヒ・ヴィルヘルム・オストヴァルト(Friedrich Wilhelm Ostwald)が白金触媒を使い,アンモニアを燃焼させて一酸化窒素 NO にする方法を思いついたんだ。反応式は次の通りだよ。

酸化数 −3　　　0　　　　　　+2　　−2
還元剤 $4NH_3$ + $5O_2$ $\xrightarrow{Pt(触媒)}$ $4NO$ + $6H_2O$ ……❶
　　　　　　　酸化剤

ここで生成した一酸化窒素 NO は反応性に富み,空気中に放置するだけでも酸化されて二酸化窒素 NO_2 になるんだ。

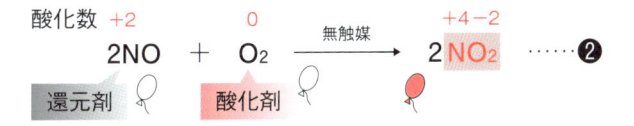

酸化数 +2　　　0　　　　　+4 −2
　　　$2NO$ + O_2 $\xrightarrow{無触媒}$ $2NO_2$ ……❷
　　還元剤　　酸化剤

第11章 窒素とその化合物

生成したこの赤褐色の気体である二酸化窒素 NO_2 を温水と反応させると次のように自己酸化還元反応を起こして硝酸を生成するんだ。

酸化数　+4　　　　　　　　　　+5　　　+2
　　　3NO_2 ＋ H_2O ─→ 2HNO_3 ＋ NO ……❸
　　　　　　　　(温水)

還元剤　酸化剤

ここで生成した NO は再び❷の反応をさせて，すべての窒素成分を硝酸にしていくんだ。こうやって，硝酸を合成する工業的製法を**オストワルト法**または**アンモニア酸化法**というから覚えておこう！　全体のフローは次の通りだよ。

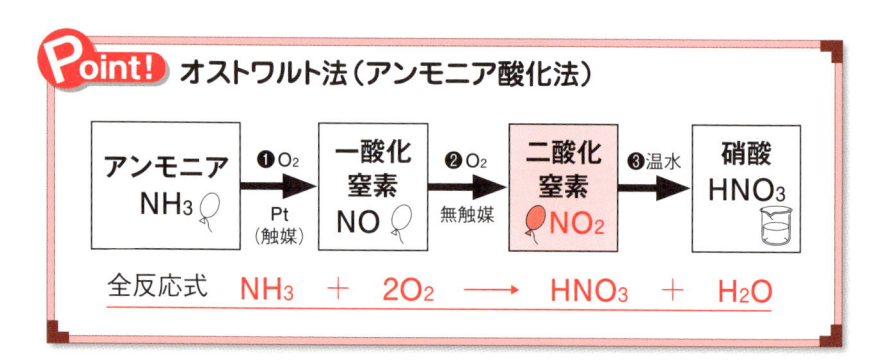

Point! オストワルト法（アンモニア酸化法）

アンモニア NH_3 ─❶O_2／Pt(触媒)→ 一酸化窒素 NO ─❷O_2／無触媒→ 二酸化窒素 NO_2 ─❸温水→ 硝酸 HNO_3

全反応式　NH_3 ＋ 2O_2 ─→ HNO_3 ＋ H_2O

> オストワルト法の全反応を1つの反応式で表せという問題が出たんですけど……

それはよく出題される問題だよ。オストワルト法はアンモニアを酸化して硝酸をつくる方法だから，途中で生成する NO_2 と NO を消去すれば反応式は完成するんだ。まずは❷と❸の反応から NO_2 を消去するよ。

　　　　　6NO ＋ 3O_2 ─→ 6NO_2　　　　　……❷×3
　　＋）6NO_2 ＋ 2H_2O ─→ 4HNO_3 ＋ 2NO　……❸×2
　　　　4NO ＋ 3O_2 ＋ 2H_2O ─→ 4HNO_3　　　……❹

ここでつくった反応式❹に❶の式をたして NO を消去すれば，全体の反応式が完成するよ。

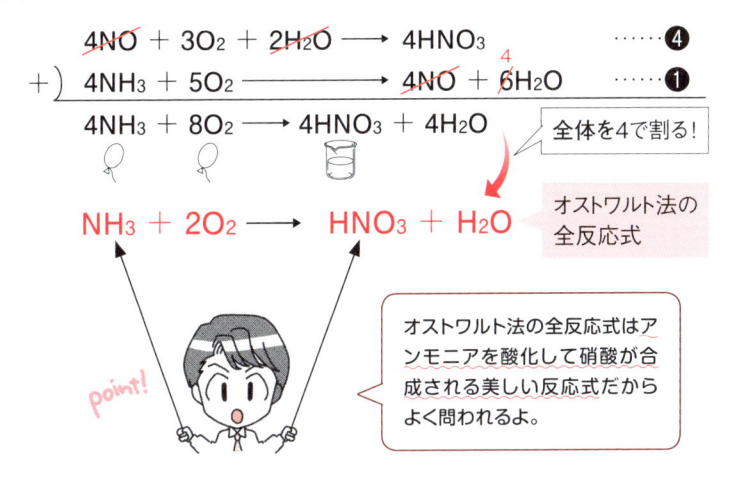

$$4NO + 3O_2 + 2H_2O \longrightarrow 4HNO_3 \quad \cdots\cdots ❹$$
$$+)\ 4NH_3 + 5O_2 \longrightarrow 4NO + 6H_2O \quad \cdots\cdots ❶$$
$$4NH_3 + 8O_2 \longrightarrow 4HNO_3 + 4H_2O$$

全体を4で割る！

$$NH_3 + 2O_2 \longrightarrow HNO_3 + H_2O$$

オストワルト法の全反応式

point!

オストワルト法の全反応式はアンモニアを酸化して硝酸が合成される美しい反応式だからよく問われるよ。

硝酸の性質では，何が重要ですか？

硝酸の性質で一番重要なのは，何といっても強い 酸化剤 であるということなんだ。酸化剤か還元剤かを考えるときは，電離したイオンを考えるのが一般的なんだ。硝酸の場合は，次のように電離して，生成したイオンは両方とも酸化剤なんだ。

$$HNO_3 \longrightarrow H^+ + NO_3^-$$

酸化剤　酸化剤

この2つの酸化剤としての半反応式は次の通りだよ。

酸化剤	$2H^+ + 2e^- \longrightarrow H_2$
酸化剤	$NO_3^- + 2H^+ + e^- \longrightarrow NO_2 + H_2O$ （濃硝酸）
酸化剤	$NO_3^- + 4H^+ + 3e^- \longrightarrow NO + 2H_2O$ （希硝酸）

硝酸は，このように水素イオンと硝酸イオンのダブル酸化剤なんだけど，酸化力は硝酸イオンのほうが強いから，硝酸イオンが優先して

第11章　窒素とその化合物

反応することが多いよ。一般に，イオン化傾向が水素より大きい金属は水素イオンと反応してしまうけど，水素より小さい金属である銀や銅は安定だよね。でも，**硝酸イオンの酸化力は水素イオンより強いから，銀や銅も硝酸と反応して溶解してしまう**んだ。

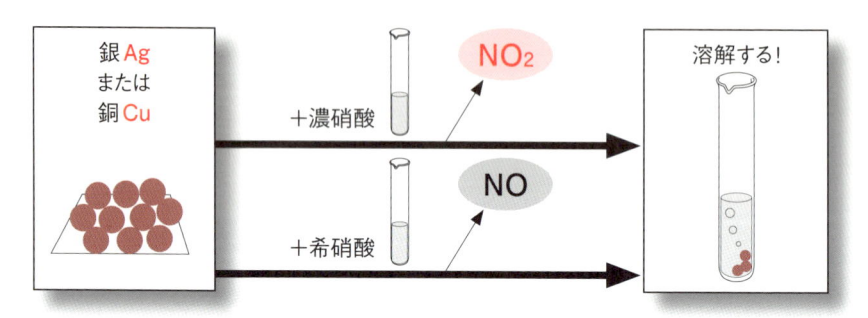

▲ 銀Ag，銅Cuと硝酸の反応

このように，濃硝酸は非常に**強い酸化剤**だから，金や白金以外の金属は溶かせると思ってしまうけど1つ注意があるんだ。それは**Fe，Co，Ni，Al，Crは濃硝酸に対して不動態**を形成して溶けないんだ。よく出る問題だから覚えておいてね。

また，濃硝酸は光や熱によって分子内で**自己酸化還元反応**してしまうのも有名だよ。

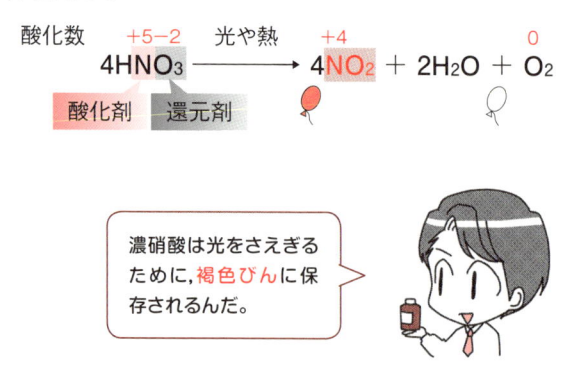

酸化数　+5 −2　　光や熱　　+4　　　　　0
$$4HNO_3 \longrightarrow 4NO_2 + 2H_2O + O_2$$
酸化剤　還元剤

濃硝酸は光をさえぎるために，**褐色びん**に保存されるんだ。

story 3 アンモニア

(1) アンモニアの実験室的製法

アンモニアの製法を覚えるコツはありますか？

アンモニアの製法も"仕組み"を覚えれば簡単に反応式がつくれるようになるよ。まず，アンモニウムイオンについて考えてみよう。ブレンステッドの定義ではアンモニウムイオン NH_4^+ は酸（**ブレンステッド酸**）だよね。

$$NH_4^+ \text{（ブレンステッド酸）} \rightleftarrows NH_3 \text{（ブレンステッド塩基）} + H^+$$

だから，この平衡反応を右に進行させてアンモニア NH_3 を生成するためには，非常に強い塩基である水酸化物イオン OH^- を入れればいいんだ。反応式をつくってみると，次の通りだよ。

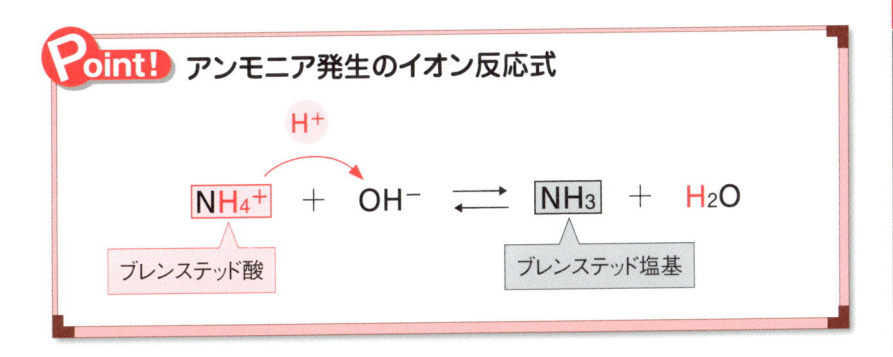

Point! アンモニア発生のイオン反応式

$$\underset{\text{ブレンステッド酸}}{NH_4^+} + OH^- \rightleftarrows \underset{\text{ブレンステッド塩基}}{NH_3} + H_2O$$

この反応は，H^+ をやりとりしているから酸・塩基反応で，ブレンステッドの定義による**中和**だということがわかるね。この反応を利用して，あとはイオンをたせばいいんだ。例えば，塩化物イオン Cl^- とナトリウムイオン Na^+ を両辺にたせば，アンモニアの製法の反応式が完成だ。

第11章　窒素とその化合物

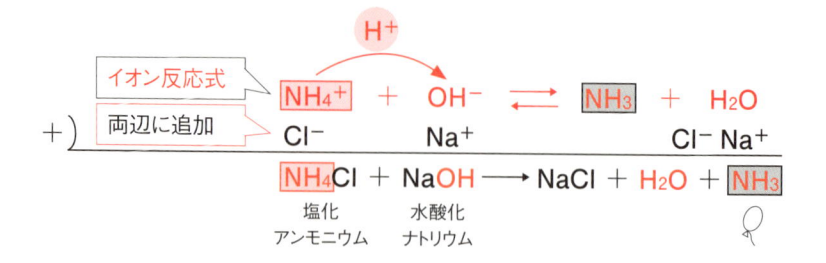

$$\begin{array}{c}
\text{イオン反応式} \quad \boxed{NH_4^+} + OH^- \rightleftarrows \boxed{NH_3} + H_2O \\
\text{両辺に追加} \quad Cl^- \qquad Na^+ \qquad\qquad Cl^-\ Na^+ \\
\hline
\boxed{NH_4}Cl + NaOH \longrightarrow NaCl + H_2O + \boxed{NH_3}
\end{array}$$

（塩化アンモニウム）（水酸化ナトリウム）

　ただ，アンモニアは水に非常によく溶けるから，効率よく捕集するには水のない環境で発生させるのがベストだね。だから，2つの試薬をすべて固体のまま加熱して反応させるほうがいいんだよ。固体だけの反応の場合，反応速度を上げる目的で加熱するから，その点も注意だね。

$$\boxed{NH_4}Cl + NaOH \xrightarrow{\text{加熱}} NaCl + H_2O + \boxed{NH_3}\uparrow$$

　実験室に水酸化ナトリウムがなければ，他の強塩基でもいいよ。水酸化カリウム **KOH** や水酸化カルシウム **Ca(OH)₂** の固体（消石灰という）だと，反応式は次のようになる。

$$\boxed{NH_4}Cl + KOH \xrightarrow{\text{加熱}} KCl + H_2O + \boxed{NH_3}\uparrow$$

$$2\boxed{NH_4}Cl + Ca(OH)_2 \xrightarrow{\text{加熱}} CaCl_2 + 2H_2O + 2\boxed{NH_3}\uparrow$$

（消石灰）

また、塩化アンモニウム NH_4Cl が実験室になくても硫酸アンモニウム $(NH_4)_2SO_4$ があるなら、それでも生成できるよ。

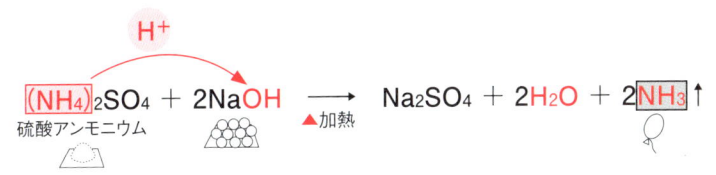

$$(NH_4)_2SO_4 + 2NaOH \xrightarrow{\text{加熱}} Na_2SO_4 + 2H_2O + 2NH_3\uparrow$$

硫酸アンモニウム

> すごーい！ 反応式がどんどん書ける！

そうなんだよ。だから、反応式の丸暗記はやめたほうがいいんだ。覚えられないばかりか、全く応用がきかなくなるんだ。反応機構を理解し、本質的な式さえ押さえておけば、あとは簡単にいろいろな反応式を書くことができるんだよ。がんばってね！

実験室的なアンモニアの発生装置は次のようなものなんだ。どの反応でも H_2O が生成しているよね。この生成したばかりの H_2O は比較的温度が低いから、試験管の加熱部が急冷されないように、試験管の口を下に少し下げて、H_2O のたまり場をつくるのがポイントだよ。

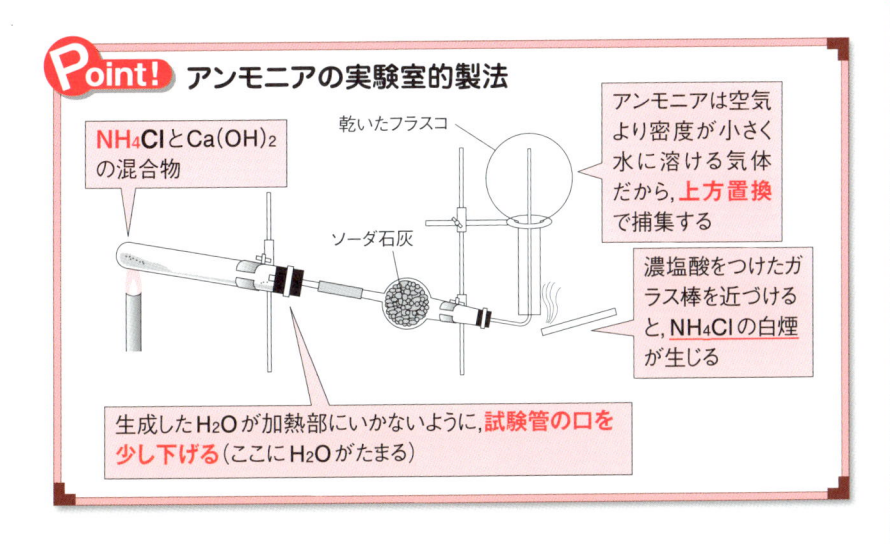

Point! アンモニアの実験室的製法

- NH_4Cl と $Ca(OH)_2$ の混合物
- 乾いたフラスコ
- ソーダ石灰
- アンモニアは空気より密度が小さく水に溶ける気体だから、**上方置換**で捕集する
- 濃塩酸をつけたガラス棒を近づけると、NH_4Cl の白煙が生じる
- 生成した H_2O が加熱部にいかないように、**試験管の口を少し下げる**（ここに H_2O がたまる）

第11章　窒素とその化合物

(2) アンモニアの工業的製法

ハーバー・ボッシュ法って何がすごいんですか？

ハーバー・ボッシュ法はアンモニアの製法に革命をもたらしたすばらしい方法なんだよ。アンモニアは，肥料や火薬の原料として重要だけど，当時は空気中の窒素 N_2 からアンモニア NH_3 を合成できなかったんだ。なぜなら，窒素の N≡N の三重結合は非常に安定で，この結合を切って化学変化を起こすことは非常に難しかったんだ。

ところが，ドイツの化学者 Fritz Haber（フリッツ・ハーバー）は高温高圧下で触媒を使って，この安定な窒素と水素からのアンモニア合成に成功したんだ。そして，実際に工場での合成プロセスを考案した人が Carl Bosch（カール・ボッシュ）なので，この方法を**ハーバー・ボッシュ法**というんだよ。

N≡N
結合エネルギーが非常に大きく化学的に安定で切れにくい

切れない!!
結合エネルギーが大きすぎる～！

Point! ハーバー・ボッシュ法

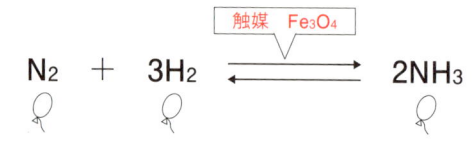

触媒 Fe_3O_4

$$N_2 + 3H_2 \rightleftarrows 2NH_3$$

（実際に触媒として作用するのは Fe_3O_4 が H_2 に還元されて生成した Fe である）

確認問題

1 亜硝酸アンモニウムを加熱分解して窒素を生成する化学変化を化学反応式で表せ。

解答
$NH_4NO_2 \longrightarrow N_2 + 2H_2O$

2 硝酸アンモニウムを加熱分解して亜酸化二窒素を生成する化学変化を化学反応式で表せ。

$NH_4NO_3 \longrightarrow N_2O + 2H_2O$

3 銅と希硝酸を反応させると発生する気体を次の中から1つ選べ。
① N_2O ② NO ③ NO_2
④ N_2O_5

②

4 銅と濃硝酸を反応させると発生する気体を次の中から1つ選べ。
① N_2O ② NO ③ NO_2
④ N_2O_3 ⑤ N_2O_5

③

5 笑気ガスとよばれる麻酔性のある気体を次の中から1つ選べ。
① N_2O ② NO ③ NO_2
④ N_2O_5

①

6 赤褐色の気体を次の中から1つ選べ。
① N_2O ② NO ③ NO_2
④ N_2O_3 ⑤ N_2O_5

③

7 酸素と混合すると徐々に赤褐色に変化する窒素酸化物 A がある。A と酸素の化学変化を化学反応式で表せ。

$2NO + O_2 \longrightarrow 2NO_2$

第11章 窒素とその化合物

8 硝石に濃硫酸を入れて加熱すると硝酸の気体が発生する。このときの化学変化を化学反応式で表せ。

9 オストワルト法の全反応式を書け。

10 アンモニアを酸素で酸化して一酸化窒素を生成するために必要な触媒を次の中から1つ選べ。
① Na　② Fe_3O_4　③ Pt
④ V_2O_5　⑤ $CaCl_2$

11 硫酸アンモニウムと反応してアンモニアが発生する試薬を次の中からすべて選べ。
① NaOH　② KOH　③ HCl
④ 濃硫酸　⑤ NaCl

12 塩化アンモニウムと水酸化カルシウムの固体を加熱したときの化学変化を化学反応式で表せ。

13 ハーバー・ボッシュ法の触媒を次の中から1つ選べ。
① Ca 化合物　② Fe 化合物
③ N 化合物　④ P 化合物
⑤ Li 化合物

解答
$KNO_3 + H_2SO_4$ $\longrightarrow KHSO_4 + HNO_3$
$NH_3 + 2O_2$ $\longrightarrow HNO_3 + H_2O$
③
① ②
$2NH_4Cl + Ca(OH)_2$ $\longrightarrow CaCl_2 + 2H_2O + 2NH_3$
②

第12章 リンとその化合物

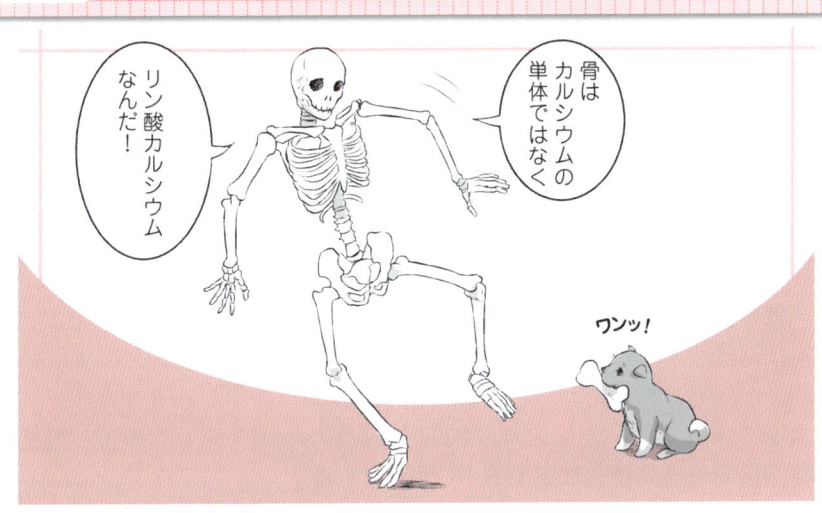

▶ 骨や歯の主成分はリン酸カルシウムカルシウム $Ca_3(PO_4)_2$ である。

story 1 リンの単体

映画で白リン弾っていうのが出てきたんですけど，何ですか？

白リンとは，**黄リン**のことだよ。空気中で純粋な白リンが徐々に黄色に変色していくので，日本では黄リンとよばれていることが多いんだ。**黄リン（白リン）P_4 は自然発火しやすい**ため，空気中で燃焼して十酸化四リン P_4O_{10} の白煙が発生するんだ。

反応式は次の通りだよ。

第12章 リンとその化合物

●黄リンの燃焼

$$P_4 + 5O_2 \longrightarrow P_4O_{10}$$

黄リン（白リン）は空気中で燃えやすいのね！

　黄リン P_4 は正四面体の分子で，有毒なので扱いには十分気をつけなければならないよ。皮膚に触れると火傷をするので，白リン弾というのが出てきたんだね。水には溶けないから，空気を遮断するために**水中で保存**するんだ。また，P_4 は無極性の小さな分子なので，**無極性溶媒である二硫化炭素 CS_2 には溶解する**よ。

空気中では自然発火するから水中で保存すれば安全ね。

黄リンは P_4 という小さな無極性分子だから無極性溶媒の CS_2 に溶けるんだよ。

> 赤リンは，自然発火しないんですか？

赤リン P は黄リン P_4 と異なり巨大分子で，黄リンよりはるかに燃えにくいんだ。マッチのやすりの部分の暗赤色の物質が赤リンなんだけど，自然発火することはないよね。マッチの頭の部分にある酸化剤（塩素酸カリウム $KClO_3$）と接触させ，かつ摩擦して高温にしないと発火しないというぐらい赤リンは安定なんだ。

> この赤っぽいのが赤リンね！

> これで，ようやく燃え始める！

ただ，赤リンも燃えにくいだけで，燃え始めたら空気中の酸素と反応して黄リンと同様に十酸化四リン P_4O_{10} を生成するんだよ。

$$4P + 5O_2 \longrightarrow P_4O_{10}$$

> 赤リンは巨大分子なので組成式で表す。

> 燃え始めたら全部燃えてしまうよ！

リンの同素体の赤リンと黄リンはどちらも燃焼すると，十酸化四リン P_4O_{10} になるんだけど，黄リンが非常に燃えやすいのに対して，赤リンはかなり安定なことがわかるね。

また，マッチのやすりに使われるくらいだから，赤リンは無毒だ。また，赤リンは黄リンを空気を遮断した状態で約250℃に加熱するとできるよ。

第12章　リンとその化合物

Point! リンの同素体

	黄リン（白リン）	赤リン
色	淡黄色 ・ろう状固体 ・**自然発火**するので**水中に**保存する	暗赤色 （粉末）
分子の構造	P_4 分子 （正四面体形）	P_∞ （組成式 P） 巨大分子（高分子）
毒性	有毒	無毒
CS_2 への溶解	溶ける	溶けない
燃焼	自然発火する $P_4 + 5O_2 \longrightarrow P_4O_{10}$	自然発火はしないが，点火すると燃焼する $4P + 5O_2 \longrightarrow P_4O_{10}$

story 2 十酸化四リン

十酸化四リンって，乾燥剤なんですか？

十酸化四リン P_4O_{10} は吸湿性が強い白い粉末で，乾燥剤や脱水剤に使われているんだよ。

空気中の水蒸気を吸収するだけでなく，分子からも**水を脱水する力**をもっているんだ。酢酸に P_4O_{10} を入れて加熱すると，脱水されて無水酢酸が生成するよ。また，硝酸に P_4O_{10} を入れて加熱すると，五酸化二窒素（無水硝酸）を生成するんだ。十酸化四リンは，非常に強力な**脱水剤**なんだよ。

● P_4O_{10} による脱水反応

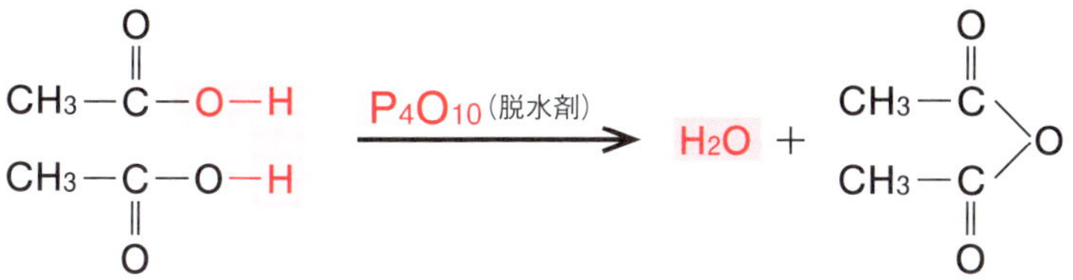

酢酸 CH_3COOH → 無水酢酸 $(CH_3CO)_2O$

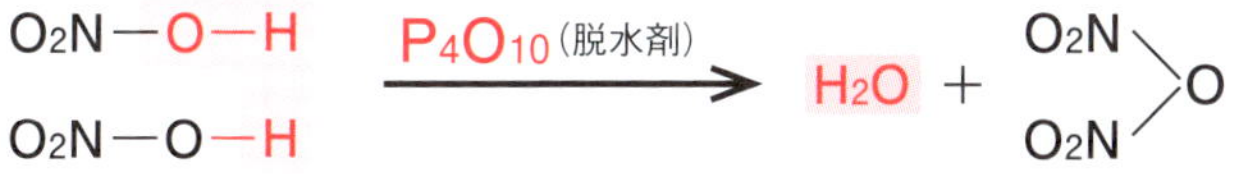

硝酸 HNO_3 → 五酸化二窒素 N_2O_5（無水硝酸）

リン酸の生成

十酸化四リン P_4O_{10} に水を加えて加熱すると，次のような反応が起きて，リン酸が生成するんだ。第3章「酸化物の分類」（▶ p.54）で学習したけど，もう一度重要な反応式だから復習してみよう。

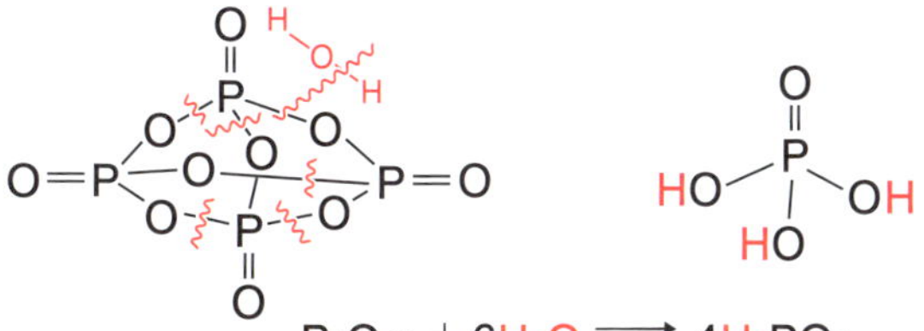

$$P_4O_{10} + 6H_2O \rightleftarrows 4H_3PO_4$$

リン酸

第12章 リンとその化合物

story 3　リン酸塩

> リン酸が骨に入っているって本当ですか？

骨や歯を構成している物質は**ヒドロキシアパタイト (hydroxyapatite)** とよばれる塩基性塩で $Ca_{10}(PO_4)_6(OH)_2$ と書かれるものなんだ。この**ヒドロキシアパタイト**をもう少し解析すると，次のようになるよ。

$$Ca_{10}(PO_4)_6(OH)_2 \longrightarrow 3Ca_3(PO_4)_2 + Ca(OH)_2$$
　　ヒドロキシアパタイト　　　　　　　リン酸カルシウム　　水酸化カルシウム

つまり，リン酸カルシウム：水酸化カルシウム＝３：１の組成をもった塩基性塩というわけなんだ。だから，シンプルにいうと，骨や歯を構成する成分の中で，一番多いのはリン酸カルシウム $Ca_3(PO_4)_2$ ということになるんだ。また，リン酸カルシウムは**リン鉱石**や**リン灰石**の主成分でもあるんだ。

> リン鉱石は何に使われるんですか？

リン肥料の原料になるんだ。リン鉱石の主成分であるリン酸カルシウムは水に溶けないから，植物の根からは吸収されない。だから，リン鉱石中に存在するリン酸イオン PO_4^{3-} を酸性にして，次の反応を起こすんだ。

$$\boxed{PO_4^{3-}} + 2H^+ \longrightarrow \boxed{H_2PO_4^-}$$

生成したリン酸二水素イオン $H_2PO_4^-$ とカルシウムイオン Ca^{2+} との塩である**リン酸二水素カルシウム $Ca(H_2PO_4)_2$ は水に溶けるため**，すばらしい**化学肥料**になるんだ。具体的には，リン鉱石にリン酸を加えて加熱する方法があるよ。この方法でつくった**リン肥料**を**重過リン酸石灰**というんだ。

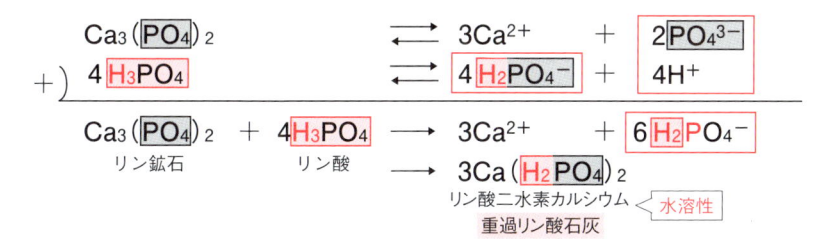

$$Ca_3(PO_4)_2 \rightleftarrows 3Ca^{2+} + 2PO_4^{3-}$$
$$+)\ 4H_3PO_4 \rightleftarrows 4H_2PO_4^- + 4H^+$$
$$\overline{Ca_3(PO_4)_2 + 4H_3PO_4 \longrightarrow 3Ca^{2+} + 6H_2PO_4^-}$$
$$\underset{リン鉱石}{} \underset{リン酸}{} \longrightarrow \underset{\underset{重過リン酸石灰}{リン酸二水素カルシウム}}{3Ca(H_2PO_4)_2} \triangleleft 水溶性$$

　また，硫酸を作用させて生成するリン酸二水素カルシウムと硫酸カルシウムの混合物を**過リン酸石灰**とよぶんだ。

$$Ca_3(PO_4)_2 \rightleftarrows 3Ca^{2+} + 2PO_4^{3-}$$
$$+)\ 2H_2SO_4 \rightleftarrows 2SO_4^{2-} + 4H^+$$
$$\overline{\underset{リン鉱石}{Ca_3(PO_4)_2} + \underset{硫酸}{2H_2SO_4} \longrightarrow 2CaSO_4 + \underset{過リン酸石灰}{Ca(H_2PO_4)_2}}$$

　過リン酸石灰は水に不要な硫酸カルシウム $CaSO_4$ を含むから，根から吸収されるリン酸二水素イオン $H_2PO_4^-$ が重過リン酸石灰より少ないけど，肥料としては非常によく使われているんだよ。

第12章　リンとその化合物

確認問題

1 黄リン分子の分子式を次の中から1つ選べ。
① P_2　② P_4　③ P_6　④ P_8　⑤ P_4O_{10}

解答 ②

2 黄リンが燃焼するときの化学反応式を書け。

$P_4 + 5O_2 \longrightarrow P_4O_{10}$

3 黄リンと赤リンで，二硫化炭素の溶液に溶けるのはどちらか。

黄リン

4 黄リンと赤リンで，水中に保存するのはどちらか。

黄リン

5 酢酸に十酸化四リンを加えて加熱したときの化学変化を化学反応式で表せ。

$2CH_3COOH \longrightarrow H_2O + (CH_3CO)_2O$
（P_4O_{10} は脱水剤）

6 十酸化四リンの性質として適当なものをすべて選べ。
① 吸湿性がある。　② 脱水性がある。
③ 発煙性がある。　④ 自然発火する。
⑤ 乾燥剤になる。　⑥ 風解性がある。

① ② ⑤

7 リン鉱石に硫酸を入れて加熱し，過リン酸石灰を生成するときの化学変化を化学反応式で表せ。

$Ca_3(PO_4)_2 + 2H_2SO_4 \longrightarrow 2CaSO_4 + Ca(H_2PO_4)_2$

8 リン鉱石にリン酸を入れて加熱し，重過リン酸石灰を生成するときの化学変化を化学反応式で表せ。

$Ca_3(PO_4)_2 + 4H_3PO_4 \longrightarrow 3Ca(H_2PO_4)_2$

第13章 炭素とその化合物

▶炭を高圧にすると同素体であるダイヤモンドができるが，焼き鳥屋では困難である。

story 1 炭素の単体

　ダイヤモンドって黒鉛の仲間なんですか？

　そうなんだよ。元素記号で書けば黒鉛もダイヤモンドも"C"だから，仲間というか同じ元素からできていて，構造だけが異なるいわゆる**同素体**ってやつなんだ。炭素の同素体には，他にもフラーレンやカーボンナノチューブといったものがあるんだよ。
　順に1つずつ説明するね。まず，ダイヤモンドだけど，炭素は14族だから4つの価電子が存在するよね。その4つがすべて**共有結合**しているのがダイヤモンドなんだ。

第13章　炭素とその化合物　181

ダイヤモンド
（巨大分子）

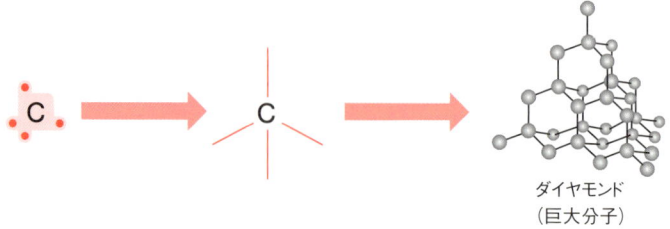

　非金属元素は共有結合によって小さな分子をつくることが多いんだけど，ダイヤモンドは非常にたくさんの炭素原子が共有結合して，巨大分子をつくることで知られているんだ。この巨大分子が1つの結晶となっているので，**共有結合の結晶**（**共有結晶**）に分類されているんだ。化学結合の中でも共有結合は最大級に強い結合なので，**共有結合のみで構成されているダイヤモンドは非常に結合力が強く，硬い物質として知られている**ね。
　指輪などの宝石としても有名だけど，工業界では合成されたダイヤモンドが，カッターや研磨剤として大活躍なんだよ。

> 黒鉛も巨大分子なのに，硬くないのはなぜなんですか？

　それはよい質問だね。黒鉛は炭素の4つの価電子のうち**3つが共有結合した構造**をしているんだ。**炭素から出ている共有結合は3本で1つの価電子が余った状態**になっているんだ。

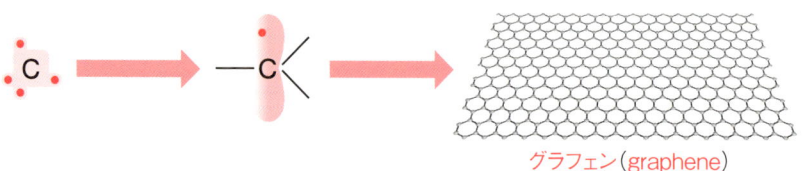

グラフェン（graphene）

　炭素から結合が3本出ていると平面構造になり，ちょうどベンゼンのように六角形に炭素が結合して，平面シート状の巨大分子の**グラ**

フェン（graphene）ができるんだ。各炭素に1個ずつ余っている電子はシートの上下に存在しているイメージだね。このシート状の巨大分子が層状に重なっているものが**黒鉛**（graphite）なんだ。

だから，黒鉛はグラフェンシートの上下に存在する余った電子が自由に動いて自由電子として働き，電気を導くと考えられているんだよ。

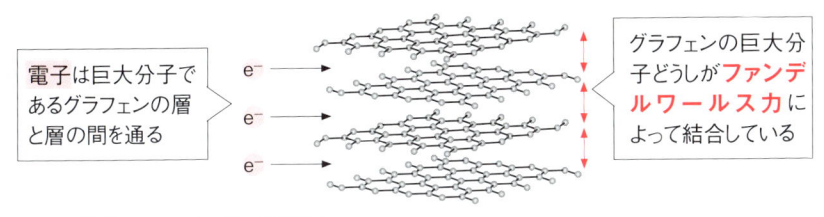

電子は巨大分子であるグラフェンの層と層の間を通る

グラフェンの巨大分子どうしが**ファンデルワールス力**によって結合している

▲ **黒鉛（graphite）の構造**

黒鉛はグラフェン分子が**ファンデルワールス力**によって結晶化しているので，層と層の間は比較的動きやすいといえるね。だから，ダイヤモンドほどの硬さはないんだ。

わぁ，おもしろい！　他にもグラフェンの仲間はいないの？

日本人の飯島澄男博士が発見した**カーボンナノチューブ**はおもしろいよ。グラフェンシートを筒状にしたものなんだ。丸める方向や直径によってさまざまな種類のものが知られているんだ。チューブ状のグラフェンみたいなものだから，グラフェン同様に，導電性があるカーボンナノチューブもあるよ。

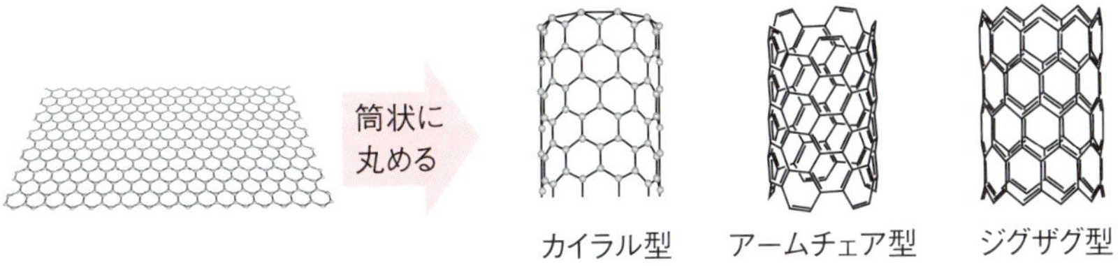

筒状に丸める

カイラル型　　アームチェア型　　ジグザグ型

カーボンナノチューブ

第13章　炭素とその化合物

導電性の**カーボンナノチューブは**，**いわば細い導線**だから，電気製品が小型化している現在では，それだけでも価値があることがわかるね。種類によって，導電体，半導体，絶縁体になるんだ。あと，身近に利用されているものだと，携帯電話などのバッテリーに使われているリチウムイオン電池で，リチウムイオン Li^+ をしまう負極材料として利用されているすごい材料なんだよ！

> フラーレンって，ダイヤモンドや黒鉛とは全く違う構造なんですか？

　いやいや，**フラーレン**はグラフェンのシート状の分子を球状に丸めた構造をしているんだ。フラーレンは黒鉛を球状にしたものと思えばいいよ。何個の炭素原子で球にするかで，C_{60}，C_{70}，C_{84} などさまざまな大きさのものが知られているよ。

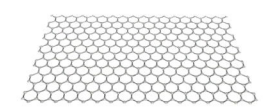

球状に丸める

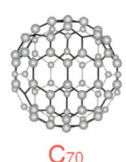

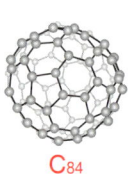

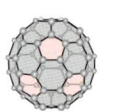

C_{60}　C_{70}　C_{84}

　それと，フラーレンは球状にするために，**五角形の構造がある**のも構造上の特徴なんだよ。サッカーボールの模様を見てみるとわかるね。あれは C_{60} の分子式のフラーレンと同じ形なんだ。ところで，グラフェンシートの上下には余った価電子が存在するけど，フラーレンの表面と内部にも余った価電子が存在しているんだ。

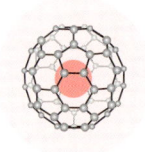

> フラーレン分子の表面と内部には炭素の余った価電子が存在している。だから，2つのフラーレンを近づけたら少しだけ電子を流しそうでしょ。

フラーレンどうしがファンデルワールス力で近づいて結晶をつくると、少し電子を通すんだ。よって、**フラーレンの結晶は半導体と考えられる**んだ。結晶格子の図を見てみると、電子のいる場所（電子雲という）がかなり近いから、半導体になりそうだよね。

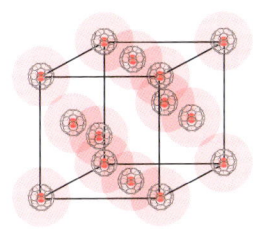

▲ フラーレンの結晶（面心立方格子）

　フラーレンは**炭素の同素体の中で一番小さい分子だから**、**有機溶媒に溶ける**ことも覚えておいてね。

story 2　炭素の酸化物

(1) 一酸化炭素

> 炭素の化合物って安全なものばかりですか？

いやいや、有毒なものもあるから、身近な例をあげよう。炭を燃焼させると、完全燃焼すれば二酸化炭素 CO_2 が発生するけど、普通に燃やせば必ず不完全燃焼を起こして一酸化炭素 CO も生成するんだ。**一酸化炭素 CO は赤血球中の酸素を運ぶヘモグロビンと強く結合する**ため、体中に酸素を運べなくなり、酸欠で死んでしまうこともあるんだ。だから、炭に限らず、炭素化合物を燃やすときには必ず換気する必要があるんだよ。湯沸かし器などが屋外に設置されているのも、一酸化炭素中毒を防ぐためなんだよ。

完全燃焼　　$C + O_2 \longrightarrow CO_2$
不完全燃焼　$2C + O_2 \longrightarrow 2CO$（有毒）

第13章　炭素とその化合物

一酸化炭素を高圧下で塩基性の水溶液に溶解すると，ギ酸 HCOOH が生じるけど，逆にギ酸に濃硫酸を入れて加熱脱水すると，一酸化炭素が生じるんだよ。

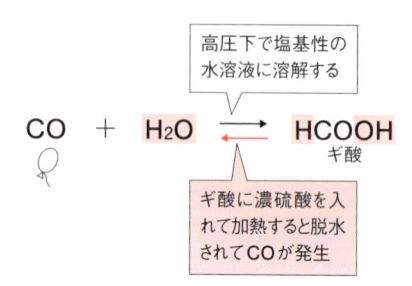

$$CO + H_2O \rightleftarrows HCOOH\text{(ギ酸)}$$

- 高圧下で塩基性の水溶液に溶解する
- ギ酸に濃硫酸を入れて加熱すると脱水されてCOが発生

　工業的製法では，コークスや天然ガスに高温で水蒸気を作用して得られるよ。得られた一酸化炭素はメタノールの合成に使われたりするんだ。

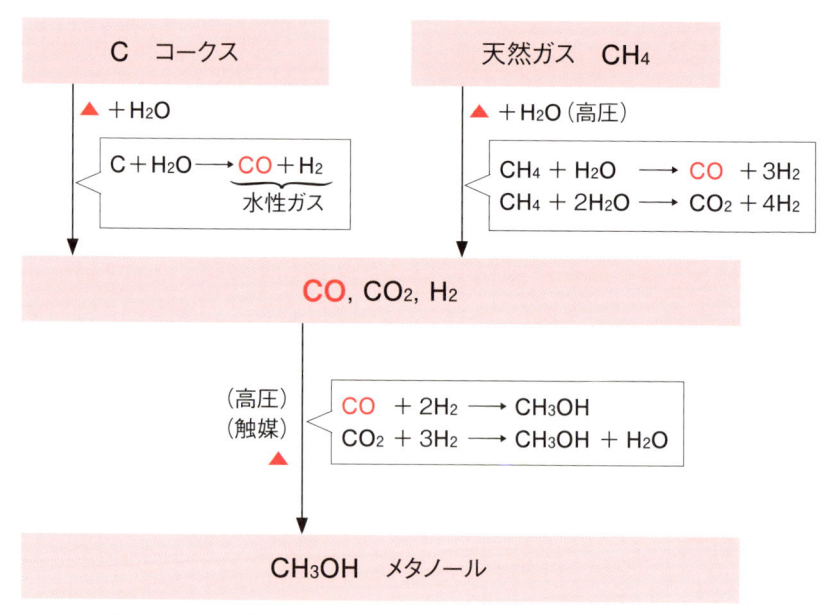

C　コークス

▲ +H₂O

$C + H_2O \longrightarrow CO + H_2$ （水性ガス）

天然ガス　CH₄

▲ +H₂O（高圧）

$CH_4 + H_2O \longrightarrow CO + 3H_2$
$CH_4 + 2H_2O \longrightarrow CO_2 + 4H_2$

CO, CO₂, H₂

（高圧）
（触媒）
▲

$CO + 2H_2 \longrightarrow CH_3OH$
$CO_2 + 3H_2 \longrightarrow CH_3OH + H_2O$

CH₃OH　メタノール

▲ 一酸化炭素の合成と応用

(2) 二酸化炭素

二酸化炭素は呼吸以外にどんなときに発生するんですか？

二酸化炭素 CO_2 は有機物を燃焼させると発生するから，ゴミ焼却場からも発生するし，バクテリアの酸素呼吸でも発生するので，土壌や海洋だけでなく下水処理場でも発生するよ。また，溶鉱炉やセメント工場でも発生するんだ。

溶鉱炉	Fe_2O_3 + 3CO $\xrightarrow{\text{加熱}}$ 2Fe + $3CO_2$ 鉄鉱石（赤鉄鉱）
セメント工場	$CaCO_3$ $\xrightarrow{\text{加熱}}$ CaO + CO_2 石灰石　　　　　生石灰

story 3　二酸化炭素の性質と製法

炭酸ガスって二酸化炭素のことですか？

そうなんだよ。非金属の酸化物は酸性酸化物が多いんだけど，**二酸化炭素は代表的な酸性酸化物で，水中で炭酸を生成するから炭酸ガスとよばれる**んだ。次式の通り，二酸化硫黄 SO_2 から亜硫酸 H_2SO_3 ができるときの反応と全く同じなんだよ。

$$\boxed{CO_2} + H_2O \rightleftarrows \boxed{H_2CO_3} \rightleftarrows H^+ + \boxed{HCO_3^-} \rightleftarrows 2H^+ + \boxed{CO_3^{2-}}$$
二酸化炭素　　　　　炭酸

$$\boxed{SO_2} + H_2O \rightleftarrows \boxed{H_2SO_3} \rightleftarrows H^+ + \boxed{HSO_3^-} \rightleftarrows 2H^+ + \boxed{SO_3^{2-}}$$
二酸化硫黄　　　　　亜硫酸

それでは，CO_2 の反応の全体を見てもらおう。

第13章　炭素とその化合物

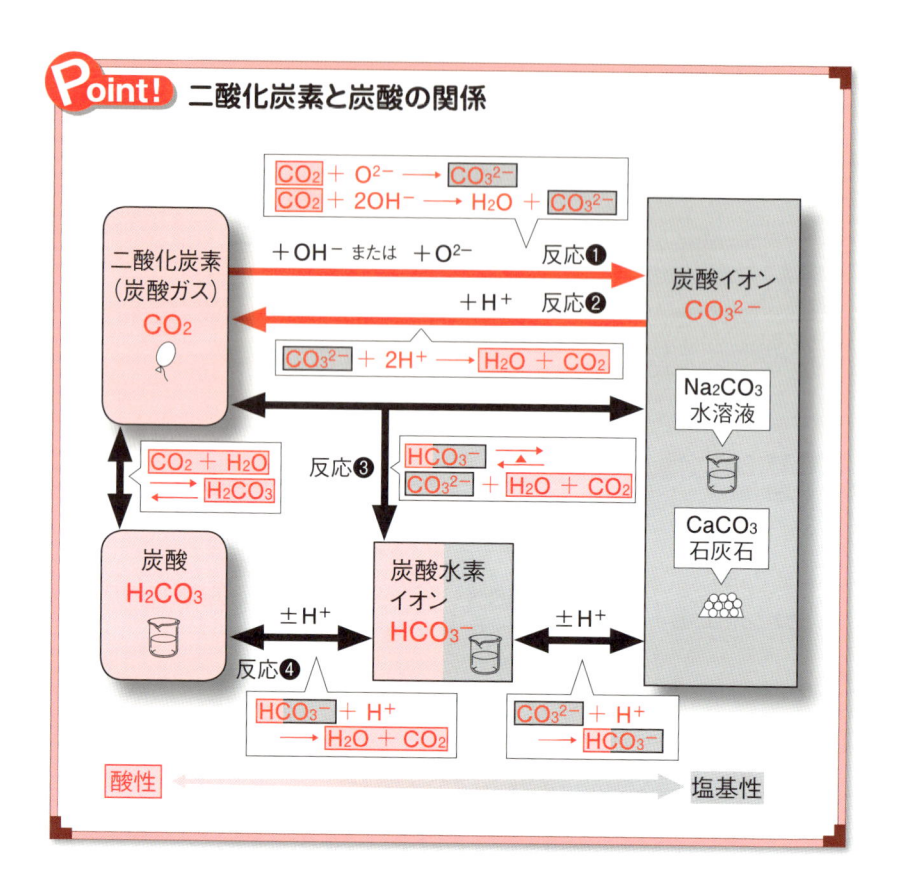

Point! 二酸化炭素と炭酸の関係

$CO_2 + O^{2-} \longrightarrow CO_3^{2-}$
$CO_2 + 2OH^- \longrightarrow H_2O + CO_3^{2-}$

二酸化炭素（炭酸ガス）CO_2 ―$+OH^-$ または $+O^{2-}$ 反応❶→ 炭酸イオン CO_3^{2-}

←$+H^+$ 反応❷

$CO_3^{2-} + 2H^+ \longrightarrow H_2O + CO_2$

Na_2CO_3 水溶液

$CaCO_3$ 石灰石

$CO_2 + H_2O \rightleftarrows H_2CO_3$

反応❸ $HCO_3^- \rightleftarrows CO_3^{2-} + H_2O + CO_2$

炭酸 H_2CO_3 ―$\pm H^+$― 炭酸水素イオン HCO_3^- ―$\pm H^+$―

反応❹

$HCO_3^- + H^+ \longrightarrow H_2O + CO_2$

$CO_3^{2-} + H^+ \longrightarrow HCO_3^-$

酸性 ←―――→ 塩基性

　この図から CO_2 を発生させたければ，CO_3^{2-} や HCO_3^- を酸性にすればよいことがわかるね（反応❷と反応❹）

二酸化炭素発生のイオン反応式
反応❷　$CO_3^{2-} + 2H^+ \longrightarrow (H_2CO_3 \longrightarrow) H_2O + CO_2$
反応❹　$HCO_3^- + H^+ \longrightarrow (H_2CO_3 \longrightarrow) H_2O + CO_2$

　例として，炭酸カルシウム $CaCO_3$ や炭酸水素ナトリウム $NaHCO_3$（重曹）に塩酸を加えて酸性にする反応式を書いてみよう。

● 炭酸カルシウムと塩酸の反応

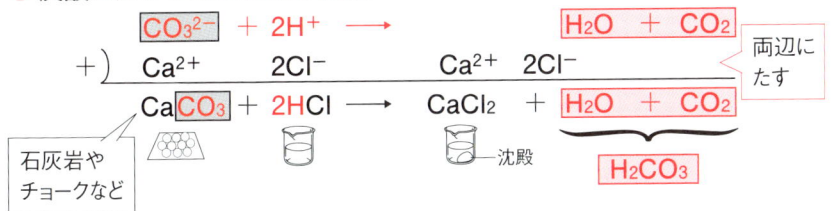

$$CO_3^{2-} + 2H^+ \longrightarrow H_2O + CO_2$$
$$+)\ \ Ca^{2+}\ \ \ \ 2Cl^- \ \ \ \ \ \ \ \ \ \ \ Ca^{2+}\ \ 2Cl^-$$
$$\overline{CaCO_3 + 2HCl \longrightarrow CaCl_2\ \ +\ \ H_2O + CO_2}$$

両辺にたす

石灰岩やチョークなど　　　　　　　　沈殿　　　　H_2CO_3

● 炭酸水素ナトリウムと塩酸の反応

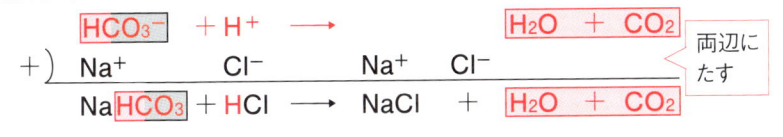

$$HCO_3^- + H^+ \longrightarrow H_2O + CO_2$$
$$+)\ \ Na^+\ \ \ \ \ Cl^- \ \ \ \ \ \ \ \ \ \ \ Na^+\ \ \ Cl^-$$
$$\overline{NaHCO_3 + HCl \longrightarrow NaCl\ \ +\ \ H_2O + CO_2}$$

両辺にたす

亜硫酸のときと同じで，
炭酸塩＋強酸
炭酸水素塩＋強酸
でCO_2が発生するのね！

CO_2は炭酸〜に酸を入れたら発生するから，CO_2の製法はたくさんあるよ！

　もう1つ重要なCO_2の製法は，炭酸水素イオンHCO_3^-の加熱（反応❸）なんだ。HCO_3^-はブレンステッドの定義で酸にも塩基にもなる両性物質だから，HCO_3^-どうしで反応するんだよ。

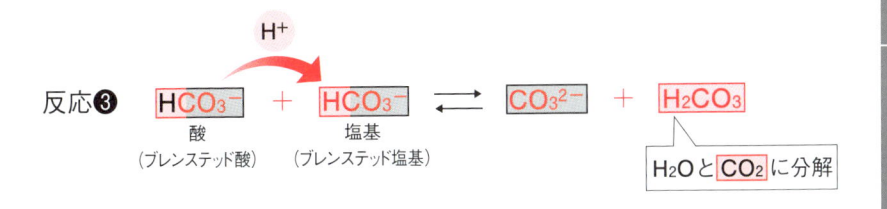

反応❸　HCO_3^-　＋　HCO_3^-　⇌　CO_3^{2-}　＋　H_2CO_3
　　　　　酸　　　　　　塩基
　　（ブレンステッド酸）（ブレンステッド塩基）

H_2OとCO_2に分解

　この反応式の両辺にナトリウムイオンをたせば，炭酸水素ナトリウムを加熱したときの反応式になるよ。

第13章　炭素とその化合物

$$2\text{HCO}_3^- \rightleftarrows \text{CO}_3^{2-} + \text{H}_2\text{O} + \text{CO}_2$$
$$+)\quad 2\text{Na}^+ \qquad\qquad 2\text{Na}^+ \qquad\qquad\qquad\qquad \text{両辺に追加}$$
$$\overline{2\text{NaHCO}_3 \rightleftarrows \text{Na}_2\text{CO}_3 + \text{H}_2\text{O} + \text{CO}_2}$$
炭酸水素ナトリウム

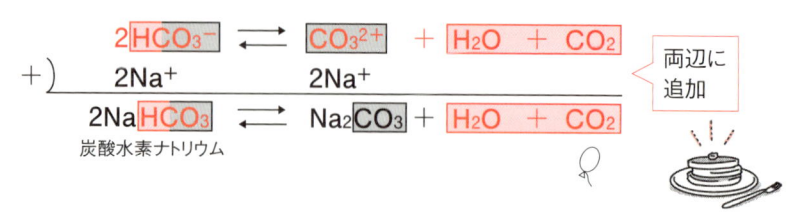

　$NaHCO_3$ を加熱したときに発生する CO_2 でホットケーキがふくれるんだね。さらに，同じ反応式の両辺にカルシウムイオン Ca^{2+} をたせば，炭酸カルシウム $CaCO_3$ に CO_2 を吹き込んだときの反応式と，炭酸水素カルシウム $Ca(HCO_3)_2$ を加熱したときの反応式が同時にわかるよ。

$$2\text{HCO}_3^- \rightleftarrows \text{CO}_3^{2-} + \text{H}_2\text{O} + \text{CO}_2$$
$$+)\quad \text{Ca}^{2+} \qquad\qquad \text{Ca}^{2+} \qquad\qquad\qquad\qquad \text{両辺に追加}$$
$$\overline{\text{Ca}(\text{HCO}_3)_2 \rightleftarrows \text{CaCO}_3\downarrow + \text{H}_2\text{O} + \text{CO}_2}$$

加熱すると沈殿が生成する

CO_2 を吹き込むと沈殿が溶解する

$Ca(HCO_3)_2$ aq　　　　　　　$CaCO_3\downarrow$（白色沈殿）

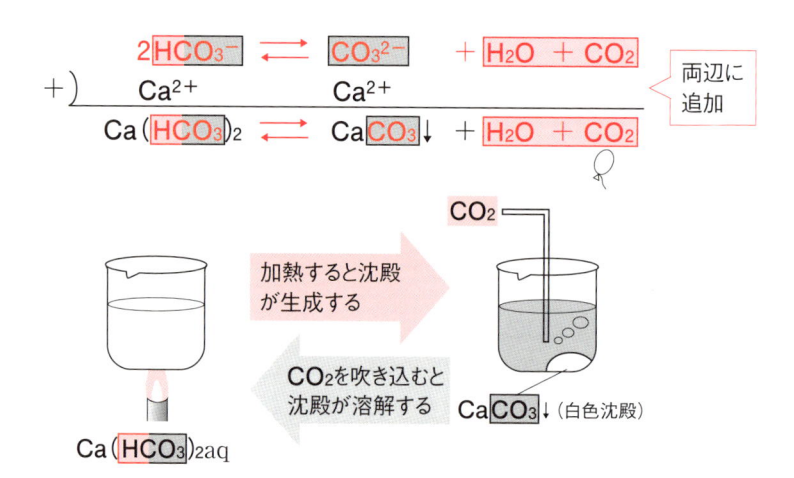

　こんなふうに反応の仕組みがわかれば，よく出題される化学反応式を丸暗記する必要はないんだよ。
　さて，次に CO_2 を塩基性にして CO_3^{2-} が生成する反応❶を教えるよ。酸性酸化物である CO_2（炭酸ガス）は非常に強い塩基である O^{2-} と反応して CO_3^{2-} を生じるんだ。その両辺に H_2O をたせば OH^- との反応式も完成だ。

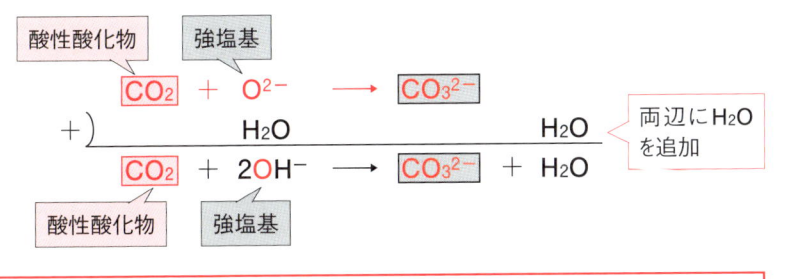

酸性酸化物　強塩基
$$CO_2 + O^{2-} \longrightarrow CO_3^{2-}$$
$$+)\quad H_2O \qquad\qquad\qquad H_2O$$
（両辺にH₂Oを追加）
$$CO_2 + 2OH^- \longrightarrow CO_3^{2-} + H_2O$$
酸性酸化物　強塩基

二酸化炭素を塩基性にしたときのイオン反応式

反応❶ $\begin{cases} CO_2 + O^{2-} \longrightarrow CO_3^{2-} \\ CO_2 + 2OH^- \longrightarrow CO_3^{2-} + H_2O \end{cases}$

具体的に CO_2 が生石灰（CaO）や石灰水に吸収される反応式をつくってみよう。

● **二酸化炭素と生石灰（CaO）の反応**

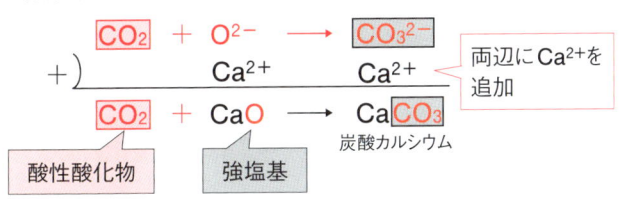

$$CO_2 + O^{2-} \longrightarrow CO_3^{2-}$$
$$+)\qquad Ca^{2+} \qquad\qquad Ca^{2+}$$
（両辺にCa²⁺を追加）
$$CO_2 + CaO \longrightarrow CaCO_3$$
炭酸カルシウム
酸性酸化物　強塩基

● **二酸化炭素と石灰水の反応**

$$CO_2 + 2OH^- \longrightarrow CO_3^{2-} + H_2O$$
$$+)\qquad Ca^{2+} \qquad\qquad Ca^{2+}$$
（両辺にCa²⁺を追加）
$$CO_2 + Ca(OH)_2 \longrightarrow CaCO_3\downarrow + H_2O$$
炭酸カルシウム
酸性酸化物　強塩基

CO_2　　　石灰水にCO_2を吹き込む　　　CO_2

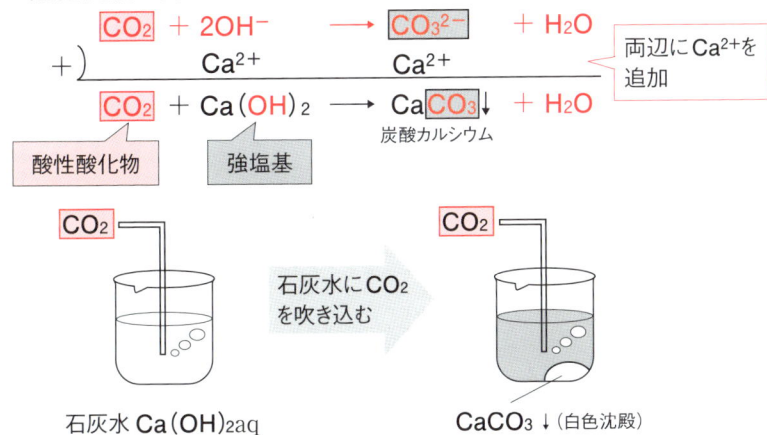

石灰水 Ca(OH)₂aq　　　CaCO₃↓（白色沈殿）

第13章　炭素とその化合物

では，試験に頻出の石灰水に二酸化炭素を加え続けたときの反応式をまとめてみよう。

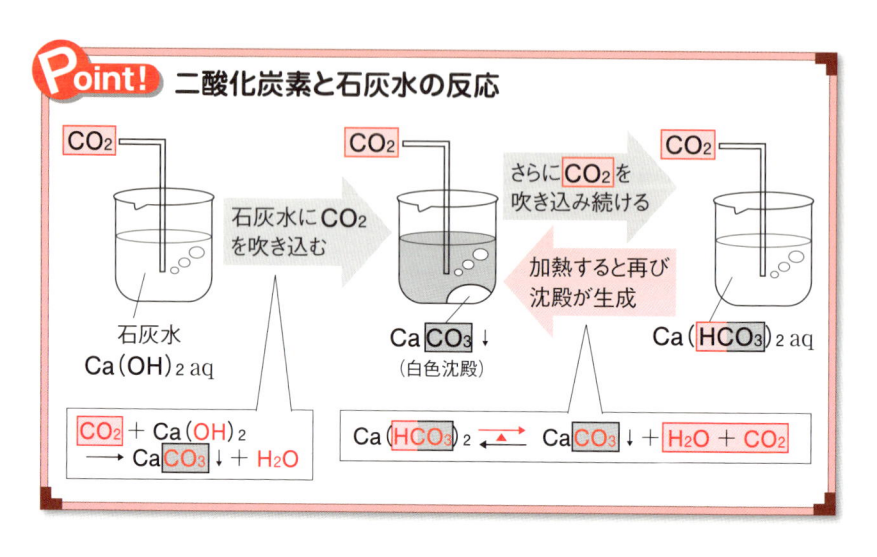

Point! 二酸化炭素と石灰水の反応

石灰水にCO_2を吹き込む → さらにCO_2を吹き込み続ける

石灰水 $Ca(OH)_2$ aq → $CaCO_3↓$（白色沈殿） → $Ca(HCO_3)_2$ aq

加熱すると再び沈殿が生成

$CO_2 + Ca(OH)_2 \longrightarrow CaCO_3↓ + H_2O$

$Ca(HCO_3)_2 \rightleftarrows CaCO_3↓ + H_2O + CO_2$

私の息では石灰水が白濁しないよ～！

呼気中の二酸化炭素濃度では難しいな！炭酸水を入れないと白濁しないよ！

非金属元素の単体と化合物(2) －14, 15, 16族元素－

確認問題

1 炭素の同素体を次の中からすべて選べ。
① グラファイト ② 石炭 ③ 石油
④ ダイヤモンド ⑤ フラーレン

解答：① ④ ⑤

2 黒鉛を構成するシート状のグラフェン分子を結びつけている力は何か。

ファンデルワールス力（分子間力）

3 有機溶媒に可溶な物質を次の中から選べ。
① 黒鉛 ② フラーレン ③ ダイヤモンド

②

4 ギ酸に濃硫酸を加えて加熱したときの化学変化を化学反応式で表せ。

$HCOOH \longrightarrow CO + H_2O$

5 コークスに加熱水蒸気を作用させて水性ガス（$H_2 + CO$）が発生する化学変化を化学反応式で表せ。

$C + H_2O \longrightarrow H_2 + CO$

6 石灰石に塩酸を加えたときの化学変化を化学反応式で表せ。

$CaCO_3 + 2HCl \longrightarrow CaCl_2 + H_2O + CO_2$

7 炭酸水素ナトリウムに塩酸を加えたときの化学変化を化学反応式で表せ。

$NaHCO_3 + HCl \longrightarrow NaCl + H_2O + CO_2$

8 炭酸水素ナトリウムを加熱して二酸化炭素が発生する化学変化を化学反応式で表せ。

$2NaHCO_3 \longrightarrow Na_2CO_3 + H_2O + CO_2$

第14章 ケイ素とその化合物

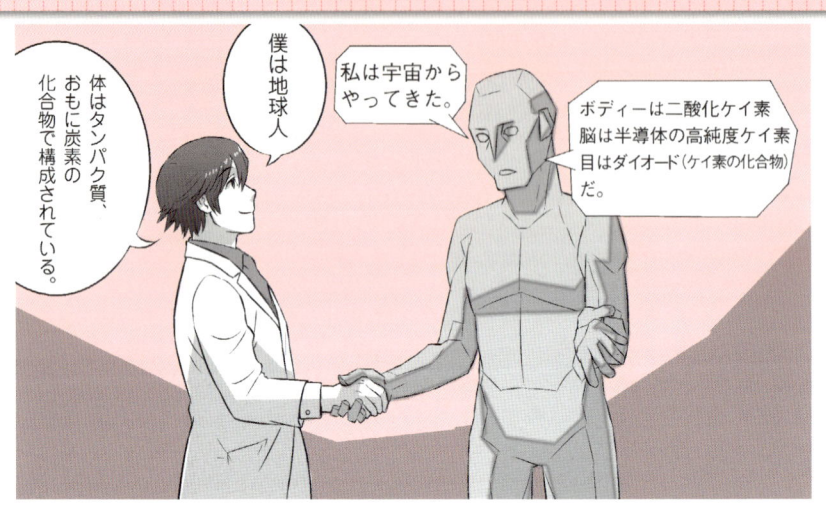

> ボディーは二酸化ケイ素
> 脳は半導体の高純度ケイ素
> 目はダイオード（ケイ素の化合物）
> だ。

> 私は宇宙からやってきた。

> 僕は地球人

> 体はタンパク質、おもに炭素の化合物で構成されている。

▶半導体材料からガラスまで，ケイ素の単体や化合物はさまざまなところに使われている。

story 1　ケイ素の単体

ケイ素って，どこにあるんですか？

ズバリ地球の表層の厚さ6km～40kmの部分にたくさんあるよ。この表層部分を**地殻**といって，大ざっぱにいえばこの部分は**二酸化ケイ素 SiO_2** を主体とした化合物なんだ。地殻を構成する元素は，多い順に酸素 O，ケイ素 Si，アルミニウム Al，鉄 Fe となっているんだよ。だから，ケイ素資源は地球上に非常にたくさんある。ケイ素を単体にするにはケイ砂やケイ石（主成分 SiO_2）をコークスで還元するんだよ。反応式は次の通りだ。

$$SiO_2 + 2C \longrightarrow Si + 2CO$$
$$SiO_2 + C \longrightarrow Si + CO_2$$

非金属元素の単体と化合物(2)　－14, 15, 16族元素－

このようにして得られたケイ素を別の方法で高純度にしたものが**半導体の材料**として使われているんだ。また，コークスを多量に入れて反応させると**炭化ケイ素**ができることも，ついでに覚えておいてね。

$$SiO_2 + 3C \xrightarrow{\triangle} SiC + 2CO$$
炭化ケイ素
（カーボランダムの商品名で知られる）

炭化ケイ素は非常に硬く高融点なため，砥石や研磨材，耐火材料などに使われているよ！

ケイ素の単体は炭素と同じ14族元素なので，常温常圧ではダイヤモンド型の構造が安定なんだ。

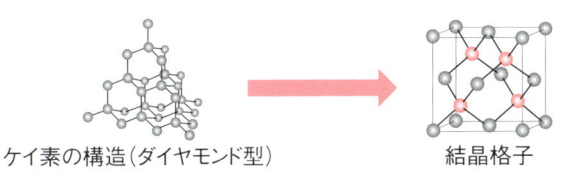

ケイ素の構造（ダイヤモンド型）　　結晶格子

> ケイ素と炭素は同じ14族元素だから，似ていますか？

それはとてもいい質問だね。確かに似ている性質が多いよ。炭素の単体であるダイヤモンドの構造とケイ素の構造は全く同じだし，CH_4 と SiH_4 は同じ正四面体構造だ。CO_2 と SiO_2 は，次のように反応してオキソ酸である炭酸 H_2CO_3 とケイ酸 H_2SiO_3 をつくるから酸性酸化物だね。

酸性酸化物　　　　オキソ酸

$$CO_2 + H_2O \rightleftharpoons H_2CO_3$$
炭酸

$$SiO_2 + H_2O \rightleftharpoons H_2SiO_3$$
ケイ酸

第14章　ケイ素とその化合物

化学式を書くうえでは非常に似ているところが多いんだけど，構造には大きな違いがあるんだ。酸化物，オキソ酸，オキソ酸の塩の順に説明すると，次のようになるんだ。

① 酸化物

二酸化炭素は小さな分子だけど，二酸化ケイ素は石英などの巨大分子だから，SiO_2 は Si：O＝1：2 を表す組成式になるよ。

CO_2（分子式）
小さな分子
O＝C＝O

⇔

SiO_2（組成式）
巨大分子

② オキソ酸

炭素のオキソ酸である炭酸は小さな分子だけど，ケイ酸はゲル状（ゼリー状）の巨大分子なんだ。だから，H_2SiO_3 は組成式だよ。構造の違いは，次の通りだよ。

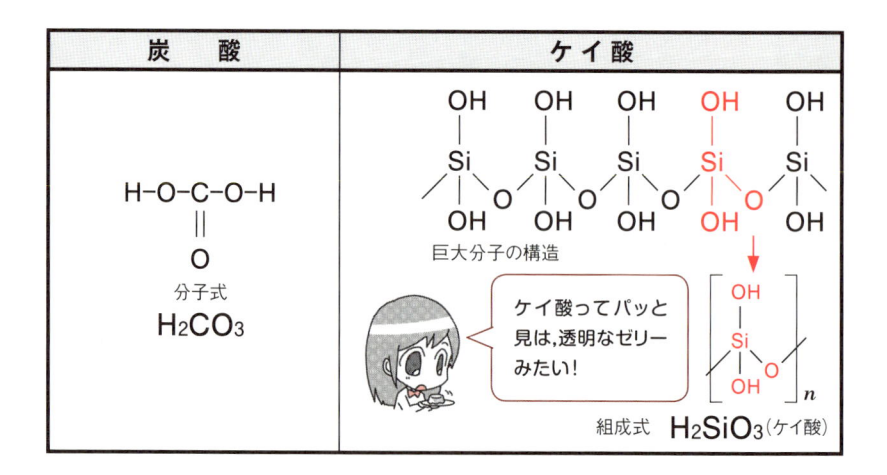

炭　　酸	ケイ酸
H-O-C-O-H ∥ O 分子式 H_2CO_3	巨大分子の構造 ケイ酸ってパッと見は，透明なゼリーみたい！ 組成式 H_2SiO_3（ケイ酸）

③ オキソ酸の塩

- **炭酸ナトリウム** Na_2CO_3 　Na_2CO_3は水溶性
- **ケイ酸ナトリウム** Na_2SiO_3 　水溶液は水あめ状のどろどろした液体で水ガラスとよばれるよ！
- **炭酸カルシウム** $CaCO_3$ 　$CaCO_3\downarrow$は水に不溶
- **ケイ酸カルシウム** $CaSiO_3$ 　$CaSiO_3\downarrow$は水に不溶

炭酸ナトリウムもケイ酸ナトリウムも水溶性という点では同じなんだ。でも，ケイ酸ナトリウム Na_2SiO_3 は高分子化合物なので，水溶液はドロッとした粘性のある溶液で**水ガラス**とよばれるよ。構造は次の通りだ。

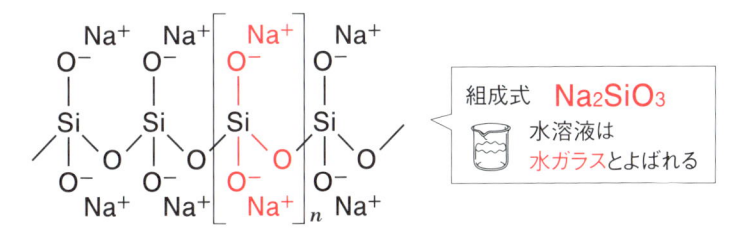

組成式 Na_2SiO_3
水溶液は水ガラスとよばれる

▲**ケイ酸ナトリウムの構造**

Na_2SiO_3と書くけど，高分子なんだ。

炭素とケイ素の単体と化合物の比較をまとめると次のようになるよ。

第14章　ケイ素とその化合物

Point! 炭素とケイ素の比較

	炭素の単体と化合物	ケイ素の単体と化合物
単体の構造	ダイヤモンド C	ケイ素 Si
水素化物の構造	CH_4（メタン）	SiH_4（シラン）
酸化物	CO_2（二酸化炭素） 分子式 $O=C=O$ 直線型	SiO_2（二酸化ケイ素） 組成式 巨大分子
オキソ酸の生成	$CO_2 + H_2O \rightleftarrows H_2CO_3$	$SiO_2 + H_2O \rightleftarrows H_2SiO_3$
オキソ酸の構造	H_2CO_3（炭酸）	H_2SiO_3（ケイ酸）巨大分子
オキソ酸のナトリウム塩	Na_2CO_3（炭酸ナトリウム）	Na_2SiO_3（ケイ酸ナトリウム）巨大分子 水溶液は水ガラスとよばれる

story 2 二酸化ケイ素とガラス

> ケイ素の化合物は，何を覚えればよいですか？

ケイ素を含む化合物はたくさんあるけど，やはり一番重要なのは**二酸化ケイ素 SiO_2** だね。**SiO_2 は Si 原子から四面体方向に出ている4本の手に酸素原子が結合した構造**をしているんだ。この基本構造をもつ結晶がいくつか存在しているんだけど，常温常圧で安定な結晶は**石英**（quartz）で，**透明な石英を特に水晶**とよぶよ。

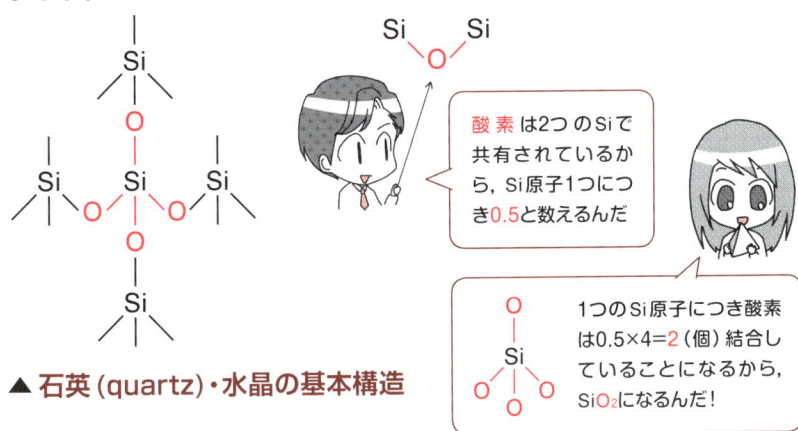

> 酸素は2つのSiで共有されているから，Si原子1つにつき0.5と数えるんだ

> 1つのSi原子につき酸素は0.5×4＝2（個）結合していることになるから，SiO_2になるんだ！

▲ 石英（quartz）・水晶の基本構造

石英を高温にすると，**クリストバライト**（cristobalite），**トリジマイト**（tridymite）とよばれる他の結晶（多形）に変化するけど，**ケイ素から出る四面体の頂点に酸素が結合した基本構造は変わらない**から，しっかり覚えておこう。石英もクリストバライトもトリジマイトもすべてケイ素原子を四面体の真ん中において，4つの頂点に酸素原子がある基本構造をしているんだ。上の図でわかる通り，O は2つの Si に共有されているため，1つの Si に対して O は**0.5×4＝2**（個）結合していることになるよね。だから，組成式が SiO_2 になるんだよ。

同じ組成をもつ化合物で，構造の異なるものを**多形**とよんでいる。石英もクリストバライトもトリジマイトもSiO_2の多形というわけだ。

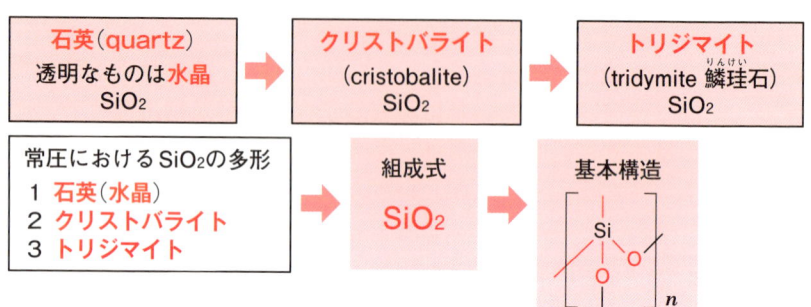

▲ 二酸化ケイ素の多形

ガラスと水晶は何が違うんですか？

ガラスも水晶も主成分は二酸化ケイ素SiO_2という点は同じなんだが，決定的に違うのは**水晶は規則的なくり返し構造をもつ結晶であるのに対して，ガラスは規則的なくり返し構造をもっていない**んだ。だから，ガラスは固体といっても結晶ではなく**非晶質**とか**アモルファス（amorphous）**とよばれるよ。

固体の分類を図にすると，次のようになるよ。

▲ 結晶と非晶質の分類

水晶もクリストバライトもトリジマイトも石英ガラスもすべて化学式はSiO₂だったのね！

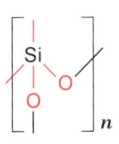

$$\left[\begin{array}{c} | \\ Si \\ | \\ O \end{array} - O - \right]_n$$

ガラスのつくり方を教えて！

石英 SiO₂ からできている砂はケイ砂, 石はケイ石とよばれているよ。**ケイ砂は主にガラスの原料, ケイ石はセメントやコンクリートの原料**などになっているんだ。

SiO₂ だけでつくられているガラスは**石英ガラス**といって, 耐熱性, 耐薬品性, 透明性に優れているけど, 理化学用の実験器具や光ファイバーなどの特殊な用途でしか使われないんだ。水晶をただ溶かすだけで約1700℃の高熱が必要で, 溶けてもかなり粘性が高いから, 普通は1900℃くらいにして加工しているんだよ。もちろん, 窓ガラスに使われる**ソーダガラス**よりはるかに高価だよ。

私はお金持ちだから窓ガラスもコップも全部,石英ガラスの特注品なんだよ。はっはっは！

この人,窓ガラスに硫酸かけたり,コップを1000℃に加熱したりするのかしら！完全にオーバースペックだわ！

身の周りの窓ガラスなどには高い耐熱性や耐薬品性はいらないから, **ソーダガラス (ソーダライムガラス, ソーダ石灰ガラス)** がよく使われているんだ。ソーダガラスは, 原料に炭酸ナトリウム Na₂CO₃ と炭酸カルシウム CaCO₃ を加えると, 1000℃以下で十分加工できるようになり, 安価なので広く普及しているんだ。ソーダガラスの原

料ケイ砂に加える炭酸ナトリウムは，工業界では，**ソーダ灰**(soda ash)とよばれ（単に**ソーダ**ともよばれることもある），炭酸カルシウムは**石灰石**(lime stone)の主成分であることからソーダ石灰ガラス，ソーダライムガラス (soda-lime glass) とよばれるんだよ。

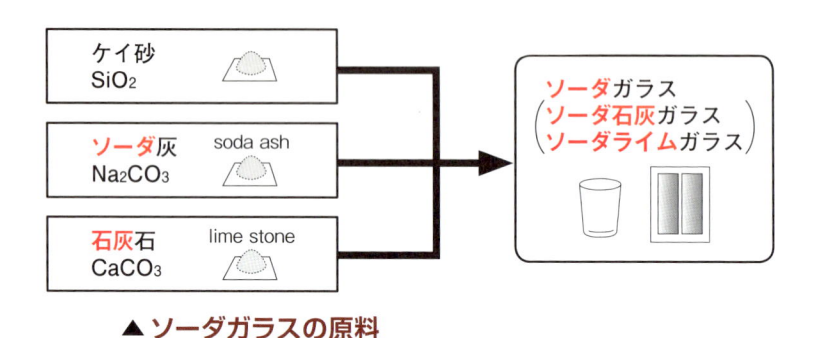

```
ケイ砂 SiO₂
ソーダ灰 Na₂CO₃   soda ash
石灰石 CaCO₃     lime stone
       → ソーダガラス（ソーダ石灰ガラス／ソーダライムガラス）
```

▲ ソーダガラスの原料

ソーダガラス以外のガラスも教えてください！

もちろん，我々の身の周りにあるガラスがすべてソーダガラスではないんだ。化学の実験で使うメスシリンダーやビーカーは，ソーダガラスの原料であるソーダ灰のかわりに炭酸カリウムを加えてつくる**カリガラス**だし，シャンデリアや高級グラスなどに使われている**鉛ガラス**は酸化鉛(Ⅱ)を含んでいるんだ。**鉛ガラス**は屈折率が高くて，キラキラ光るから**クリスタルガラス**(crystal glass)とよばれることもあるよ。

また，加熱可能な鍋やポットなどは**ホウケイ酸ガラス**がよく使われていて，これは石灰石のかわりにホウ砂を使っているんだ。このようにケイ砂を原料にしてさまざまなガラスがつくられているんだ。

地殻に多く存在しているケイ素は半導体だけでなく，ガラスとして大量に使われているんだよ。化学を知ると，物に対する知識が深まって，感動し，新しい発見があるから楽しいんだよ。

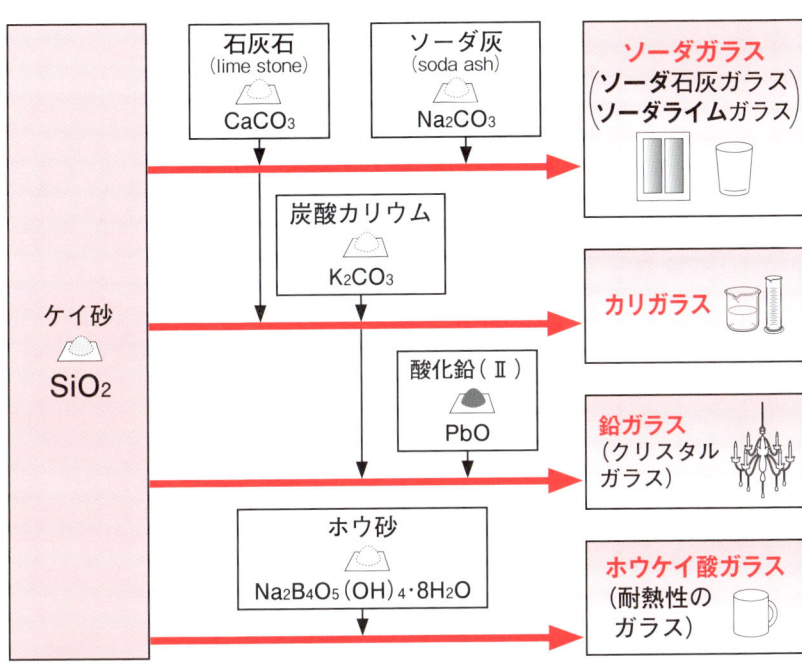

「コップにもいろいろなガラスがあるのね。おもしろい！」

さまざまなガラスとその原料

- ケイ砂 SiO_2
- 石灰石（lime stone）$CaCO_3$
- ソーダ灰（soda ash）Na_2CO_3
- 炭酸カリウム K_2CO_3
- 酸化鉛（Ⅱ）PbO
- ホウ砂 $Na_2B_4O_5(OH)_4・8H_2O$

→ ソーダガラス（ソーダ石灰ガラス、ソーダライムガラス）
→ カリガラス
→ 鉛ガラス（クリスタルガラス）
→ ホウケイ酸ガラス（耐熱性のガラス）

story 3　二酸化ケイ素の反応

「二酸化ケイ素の反応は，二酸化炭素の反応と似ていますか？」

二酸化炭素も二酸化ケイ素も酸性酸化物で，化学変化を考える上では非常に似ているんだ。二酸化炭素の反応と比べながら，次のまとめを見てみよう。

第14章　ケイ素とその化合物　203

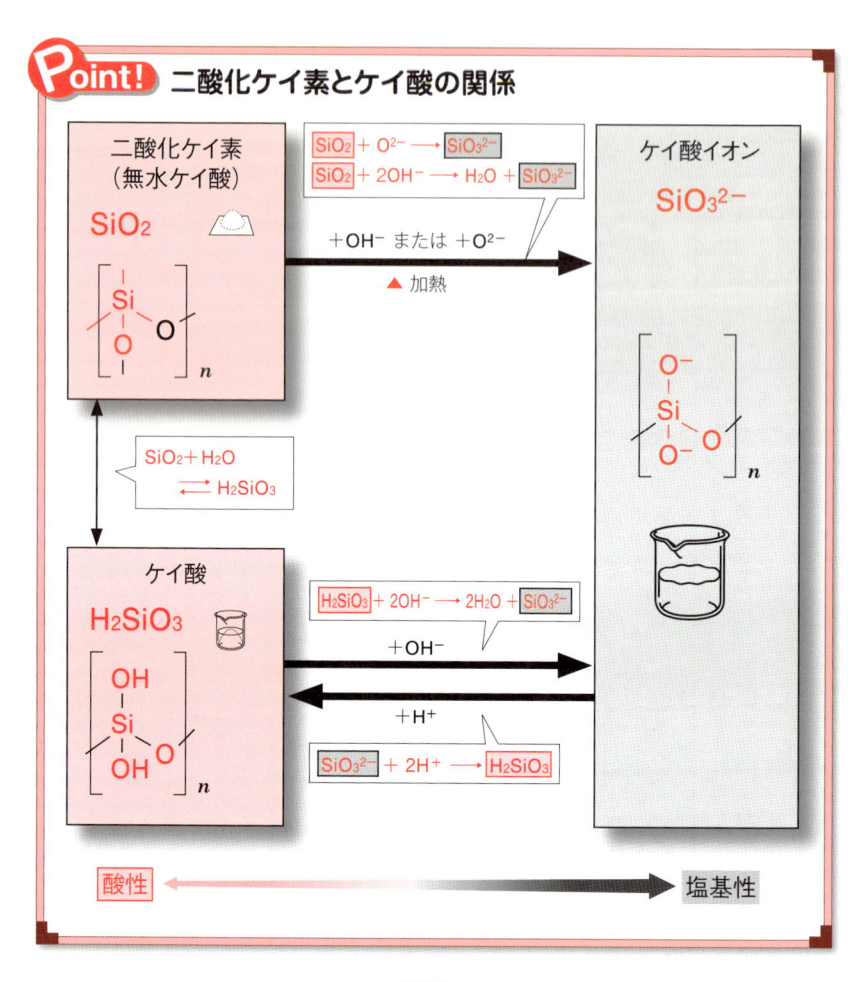

Point! 二酸化ケイ素とケイ酸の関係

二酸化ケイ素（無水ケイ酸） SiO_2

$SiO_2 + O^{2-} \longrightarrow SiO_3^{2-}$
$SiO_2 + 2OH^- \longrightarrow H_2O + SiO_3^{2-}$

$+OH^-$ または $+O^{2-}$ ▲加熱 → **ケイ酸イオン** SiO_3^{2-}

$SiO_2 + H_2O \rightleftarrows H_2SiO_3$

ケイ酸 H_2SiO_3

$H_2SiO_3 + 2OH^- \longrightarrow 2H_2O + SiO_3^{2-}$

$+OH^-$ →
← $+H^+$

$SiO_3^{2-} + 2H^+ \longrightarrow H_2SiO_3$

酸性 ←――――――→ 塩基性

　ケイ酸を生成させたければ，SiO_3^{2-} を酸性にすればいいんだ。イオン反応式は次の通りだよ。

$$SiO_3^{2-} + 2H^+ \longrightarrow H_2SiO_3$$

　ケイ酸ナトリウム Na_2SiO_3 に硫酸を加えて酸性にする反応式を例として書いてみると，次の通りなんだ。

● ケイ酸ナトリウムと硫酸の反応

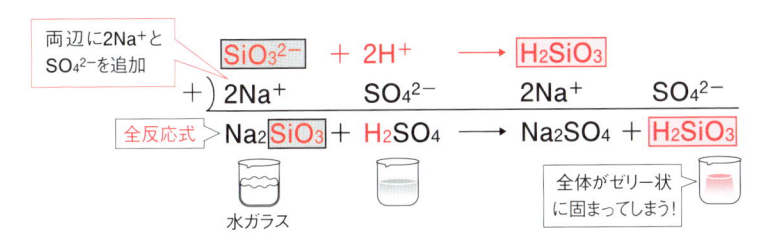

両辺に$2Na^+$とSO_4^{2-}を追加

$$SiO_3^{2-} + 2H^+ \longrightarrow H_2SiO_3$$
$$+)\quad 2Na^+ \quad\quad SO_4^{2-} \quad\quad 2Na^+ \quad SO_4^{2-}$$

全反応式： $Na_2SiO_3 + H_2SO_4 \longrightarrow Na_2SO_4 + H_2SiO_3$

水ガラス　　　　　　　　　　　全体がゼリー状に固まってしまう！

> この反応を応用した例は，何かないですか？

そうだね。この反応を利用して，天然のケイ砂からシリカゲルをつくっているよ。天然のケイ砂は主成分が二酸化ケイ素 SiO_2，つまり酸性酸化物だから，強塩基である水酸化ナトリウムと反応する。反応式は次の通りだよ。

● ケイ砂と水酸化ナトリウムの反応

$$SiO_2 + 2OH^- \longrightarrow H_2O + SiO_3^{2-}$$
$$+)\quad\quad 2Na^+ \quad\quad\quad\quad 2Na^+ \quad\text{←両辺にたす}$$

全反応式： $SiO_2 + 2NaOH \longrightarrow H_2O + Na_2SiO_3$

水酸化ナトリウムのかわりに炭酸ナトリウムを使用してもケイ酸ナトリウムが生成するよ。

● ケイ砂と炭酸ナトリウムの反応

$$SiO_2 + Na_2CO_3 \xrightarrow{\triangle} Na_2SiO_3 + CO_2\uparrow$$

⬢ シリカゲルの製法と性質

この反応で生成したケイ酸ナトリウムを湯に溶かして**水ガラス**にしたあと，多量の硫酸溶液中に入れると，**ケイ酸 H_2SiO_3** が沈殿するんだ。

第14章　ケイ素とその化合物

```
ケイ砂      NaOHまたは    加熱    ケイ酸ナトリウム   湯に溶かす    水ガラス
SiO₂        Na₂CO₃                Na₂SiO₃
```

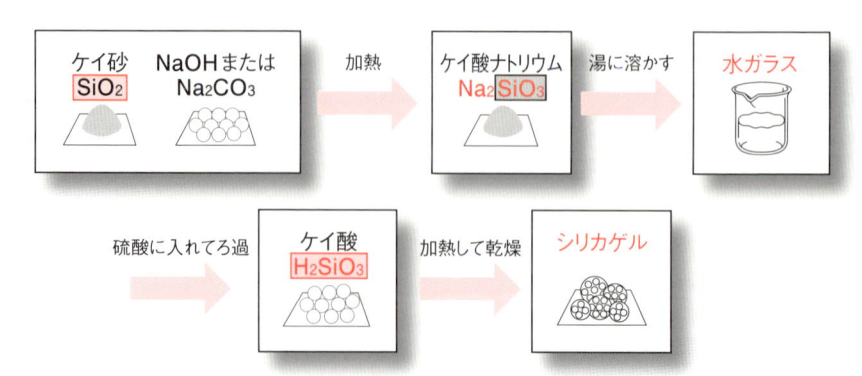

```
硫酸に入れてろ過   ケイ酸         加熱して乾燥    シリカゲル
                   H₂SiO₃
```

▲ シリカゲルの製法

　　ケイ酸はゲル状（ゼリー状）の固体で，水をたくさん含んでいるんだ。球状のつぶつぶゼリーのようなケイ酸を乾燥させると，中の水分が気体になって抜けていくから**多孔質**（穴だらけ）の固体（**キセロゲル**）ができるんだ。これが**シリカゲル**とよばれる吸着剤なんだ。

　多孔質の物質は表面積が非常に大きいため，いろいろな分子を吸着するんだ。同じように水をたくさん含んだゲルから水を蒸発させてできた固体（キセロゲル）に棒寒天があるよ。

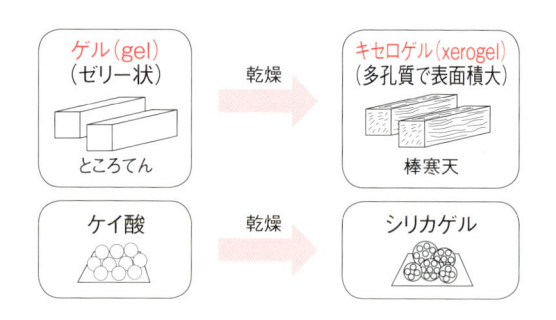

```
ゲル(gel)          乾燥    キセロゲル(xerogel)
(ゼリー状)                  (多孔質で表面積大)
  ところてん                    棒寒天

ケイ酸             乾燥    シリカゲル
```

　棒寒天は吸着剤には使われないけど，多孔質で表面積の大きい吸着剤としては，**活性炭**や**活性アルミナ**，**ゼオライト**などがある。
　吸着剤は身近な利用法では冷蔵庫の脱臭剤などに使われているよ。

👧 シリカゲルは学校では乾燥剤って教わったんですが。

👨 もちろん，乾燥剤にもなるんだよ。さまざまな分子を吸着するということは水分子も吸着するからね。でも，実は**シリカゲルは表面積が大きいという以外にも，極性の強い分子を特に吸着しやすいという特性がある**んだ。その理由はシリカゲルの分子構造にあるんだよ。ケイ酸は高分子化合物で H_2SiO_3 が組成式であることは説明したけど，構造を見ると多くの**ヒドロキシ基－OH**をもっているよね。ヒドロキシ基は水分子と水素結合を形成するから水分子を非常に取り込みやすく，水分子を取り込んでゲル状（ゼリー状）の固体になるんだ。

ケイ酸は水を多く含んだゲル状の固体になっている。

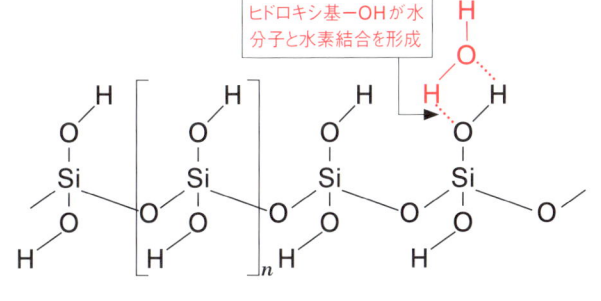

ヒドロキシ基－OHが水分子と水素結合を形成

ケイ酸　H_2SiO_3

▲ **ケイ酸と水分子の水素結合**

　水分子を多く含んだゲル状のケイ酸を加熱して乾燥させると，水が水蒸気となって抜けていく過程で穴だらけになって，多孔質のキセロゲルであるシリカゲルができるんだ。その際，ヒドロキシ基に水素結合している水分子が抜けていくだけでなく，ケイ素に結合しているヒドロキシ基どうしが脱水されるんだ。次の図を見ればわかるよ。

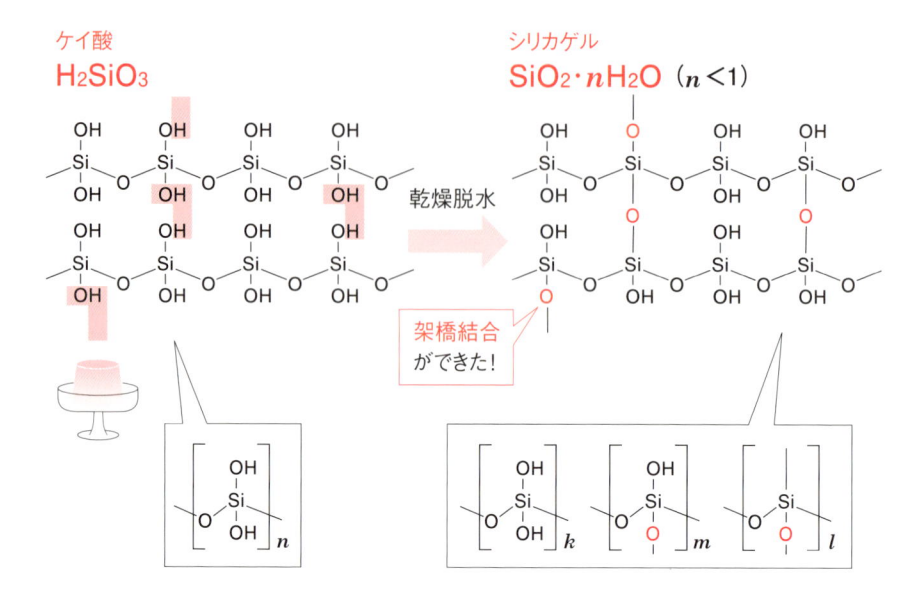

ケイ酸 H₂SiO₃ → 乾燥脱水 → シリカゲル SiO₂·nH₂O (n<1) 架橋結合ができた！

▲ケイ酸が脱水されてシリカゲルが生成される

　シリカゲルは一部にヒドロキシ基を残した状態なので，きれいなくり返し単位にならないんだ。だから $SiO_2 \cdot nH_2O$ （$n<1$）の化学式で表現されることが多いよ。シリカゲルはこの残ったヒドロキシ基のおかげで，水などの**極性の強い分子をよく吸着する**という特徴をもつんだ。だから，多孔質で表面積が広いだけの活性炭などとは異なる特殊な吸着剤であることがわかるね。

　お菓子の乾燥剤に使われるシリカゲルに色のついた粒があるのは，水を吸収したことを確かめるためなんだ。シリカゲルに少しだけ塩化コバルト（Ⅱ）$CoCl_2$ を入れておくと，水を吸収する前は青色で，水を吸収したら赤色になるんだ。コバルト（Ⅱ）イオンが水を含むと**ヘキサアクアコバルト（Ⅱ）イオン**$[Co(H_2O)_6]^{2+}$ を生成して赤く変化するためなんだ。

確認問題

1 ケイ砂とコークスを加熱してケイ素と一酸化炭素を生成するときの化学変化を化学反応式で表せ。

解答
$SiO_2 + 2C \longrightarrow Si + 2CO$

2 ケイ砂とコークスを加熱して炭化ケイ素と一酸化炭素と生成するときの化学変化を化学反応式で表せ。

$SiO_2 + 3C \longrightarrow SiC + 2CO$

3 透明な石英は何とよばれるか。

水晶

4 石英の化学式を答えよ。

SiO_2

5 石英中のケイ素が酸素原子と結合している立体構造を示せ。

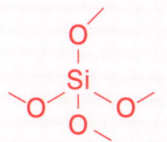

(正四面体構造の図: 中心Siに4つのO)

6 次の中から分子式でなく組成式で表記されているものをすべて選べ。
① CO_2　② SiO_2　③ H_2CO_3
④ H_2SiO_3　⑤ Na_2CO_3　⑥ Na_2SiO_3
⑦ CH_4　⑧ SiH_4

② ④ ⑥

7 次の中からソーダ石灰ガラスの原料をすべて選べ。
① $CaCO_3$　② $CaCl_2$　③ CaF_2
④ $CaSO_4$　⑤ Na_2CO_3　⑥ $NaCl$
⑦ NaF　⑧ Na_2SO_4　⑨ SiO_2

① ⑤ ⑨

8 次のガラスの中から最も耐熱性に優れているガラスを選べ。
① ソーダ石灰ガラス　② カリガラス
③ 鉛ガラス　　　　　④ ホウケイ酸ガラス

解答 ④

9 ケイ砂と水酸化ナトリウムの固体を強熱したときの化学変化を化学反応式で表せ。

$SiO_2 + 2NaOH \longrightarrow H_2O + Na_2SiO_3$

10 ケイ酸ナトリウムの水溶液は何とよばれるか答えよ。

水ガラス

11 ケイ砂と炭酸ナトリウムの固体を加熱したときの化学変化を化学反応式で表せ。

$SiO_2 + Na_2CO_3 \longrightarrow Na_2SiO_3 + CO_2$

12 ケイ酸ナトリウムの水溶液に硫酸を加えたときの化学変化を化学反応式で表せ。

$Na_2SiO_3 + H_2SO_4 \longrightarrow Na_2SO_4 + H_2SiO_3$

13 ケイ酸ゲルを乾燥してできる吸着剤は何か。

シリカゲル

14 シリカゲルは分子を吸着する高い能力を有している。その性質はシリカゲルのどのような特徴から由来するものか。次の中から1つ選べ。
① 多孔質である。
② 分子量が大きい。
③ ケイ素原子の反応性が大きい。
④ 酸素原子の反応性が大きい。

①

15 シリカゲルは極性の強い分子を吸着する能力に特に優れている。その性質はシリカゲルがもつ次のどの官能基に由来するか。
① エーテル結合　② アルデヒド基
③ エステル結合　④ ヒドロキシ基

④

IV

気体の製法と性質

第15章 気体の製法と性質

▶ NO_2は水溶性気体だがNOは水に不溶である。

story 1 気体の製法

> 気体の製法ってたくさんあって覚えにくい！

気体の製法は確かにたくさんあるんだけど、**酸・塩基反応で生成する気体**と**酸化還元反応で生成する気体**に大きく2つに分けてみるとわかりやすいよ。

(1) 酸・塩基反応によって生成する気体

　酸・塩基反応によって発生する気体は基本的にブレンステッドの酸と塩基の反応で発生するんだ。その中で強い酸を入れて発生するものと、強い塩基を入れて発生する気体があるんだ。

　これらの気体の中で、特に水に溶けやすいのが HF、HCl、NH_3 なんだ。わずかな水に対しても溶けてしまうから、HF、HCl の発生には水をほとんど含まない濃硫酸が使われ、NH_3 は水を含まない固体

のみで発生させるんだ。

▼酸・塩基反応で発生する気体

水への溶解度		加熱	酸性で発生	塩基性で発生	
水への溶解度	非常に大きい	○	HF, HCl（濃硫酸を使用）	NH$_3$（固体のみで反応）	水をほぼ含まない反応物を使用
	普通	×	H$_2$S, SO$_2$, CO$_2$		

① 水に溶けやすい気体の発生

❶ 塩化水素 HCl

まずは塩化ナトリウムと濃硫酸を加熱して塩化水素 HCl を得る方法を見てみよう。水素イオンを与えている濃硫酸がブレンステッドの定義の酸、Cl$^-$がブレンステッドの定義の塩基として作用している反応だとわかるね。

● 食塩と濃硫酸の反応

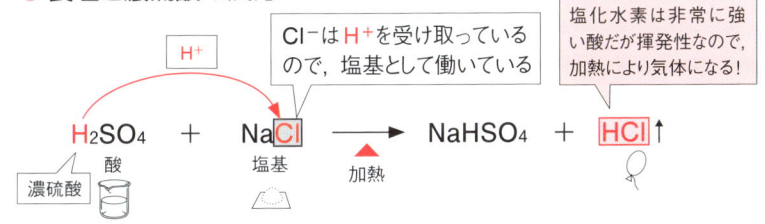

$$H_2SO_4 + NaCl \longrightarrow NaHSO_4 + HCl\uparrow$$

濃硫酸（酸）　塩基　加熱

- H$^+$
- Cl$^-$はH$^+$を受け取っているので、塩基として働いている
- 塩化水素は非常に強い酸だが揮発性なので、加熱により気体になる!

❷ フッ化水素 HF

次に蛍石と濃硫酸を加熱してフッ化水素 HF を得る方法を考えてみよう。この反応では硫酸イオン SO$_4^{2-}$とカルシウムイオン Ca^{2+}が CaSO$_4$ となって沈殿する反応も同時に起こるから注意だよ。

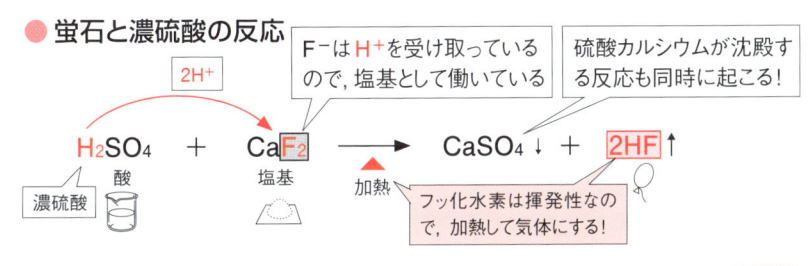

● 蛍石と濃硫酸の反応

$$H_2SO_4 + CaF_2 \longrightarrow CaSO_4\downarrow + 2HF\uparrow$$

濃硫酸（酸）　塩基　加熱

- 2H$^+$
- F$^-$はH$^+$を受け取っているので、塩基として働いている
- 硫酸カルシウムが沈殿する反応も同時に起こる!
- フッ化水素は揮発性なので、加熱して気体にする。

第15章　気体の製法と性質

❸ アンモニア NH_3

アンモニア NH_3 はアンモニウムイオン NH_4^+ を含む化合物を塩基性にすれば発生するよ（第11章「窒素とその化合物」の story3 「(1)アンモニアの実験室的製法」(▶ p.167) で解説したよ）。

● 塩化アンモニウムと水酸化カルシウム（消石灰）の反応

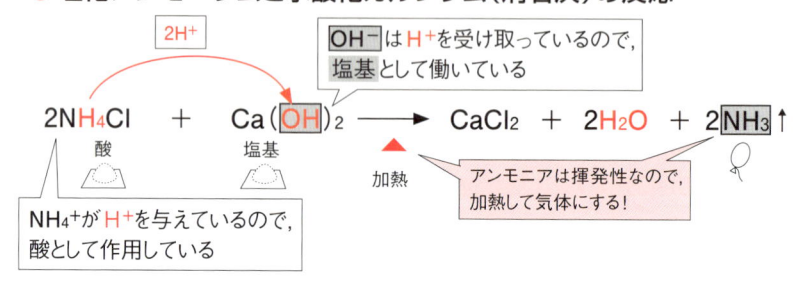

OH^- は H^+ を受け取っているので、塩基として働いている

$$2NH_4Cl + Ca(OH)_2 \longrightarrow CaCl_2 + 2H_2O + 2NH_3 \uparrow$$

酸　　　　塩基　　　　加熱

NH_4^+ が H^+ を与えているので、酸として作用している

アンモニアは揮発性なので、加熱して気体にする！

② 水に少し溶ける気体の発生

水への溶解度が HF, HCl, NH_3 ほど高くない H_2S, SO_2, CO_2 は、S^{2-} や SO_3^{2-}, HCO_3^-, CO_3^{2-}, HSO_3^- などを酸性にすることで発生するよ。酸性にするときの酸は塩酸や硫酸などが用いられるんだ。

❶ 硫化水素 H_2S

次に硫化水素 H_2S の製法を見てみよう。硫化鉄(Ⅱ)などの硫化物を酸性にすると得られるんだ。

● 硫化鉄(Ⅱ)と塩酸の反応

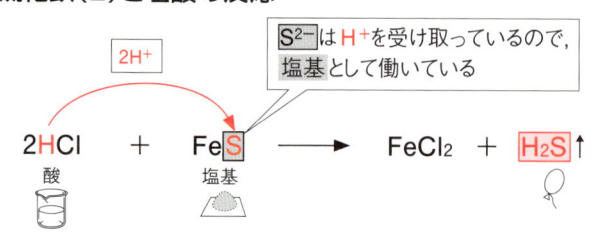

S^{2-} は H^+ を受け取っているので、塩基として働いている

$$2HCl + FeS \longrightarrow FeCl_2 + H_2S \uparrow$$

酸　　　　塩基

❷ 二酸化硫黄 SO_2

二酸化硫黄 SO_2 の製法は，まず亜硫酸 H_2SO_3 を遊離させると，$H_2SO_3 \rightleftarrows H_2O + SO_2$ という分解反応が起こって SO_2 が生成するんだ。だから，亜硫酸イオン SO_3^{2-} か亜硫酸水素イオン HSO_3^- を酸性にすると得られるよ。

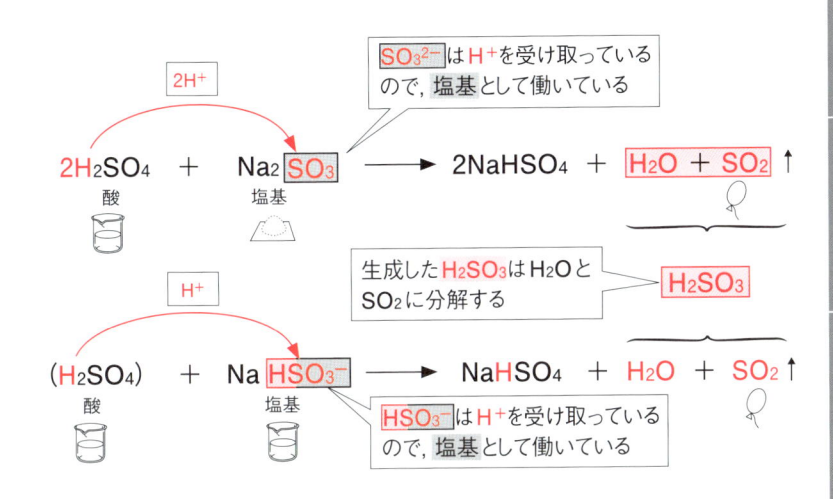

$$2H_2SO_4 + Na_2SO_3 \longrightarrow 2NaHSO_4 + H_2O + SO_2 \uparrow$$
酸　　　　　塩基

SO_3^{2-} は H^+ を受け取っているので，塩基として働いている

生成した H_2SO_3 は H_2O と SO_2 に分解する

$$(H_2SO_4) + NaHSO_3 \longrightarrow NaHSO_4 + H_2O + SO_2 \uparrow$$
酸　　　　　塩基

HSO_3^- は H^+ を受け取っているので，塩基として働いている

❸ 二酸化炭素 CO_2

SO_2 の製法がわかれば，二酸化炭素 CO_2 の製法は全く同じだよ（第13章「炭素とその化合物」story 3 の Point!「二酸化炭素と炭酸の関係」(▶ p.188)で解説した）。炭酸イオン CO_3^{2-} か炭酸水素イオン HSO_3^- を酸性にすると得られるんだ。

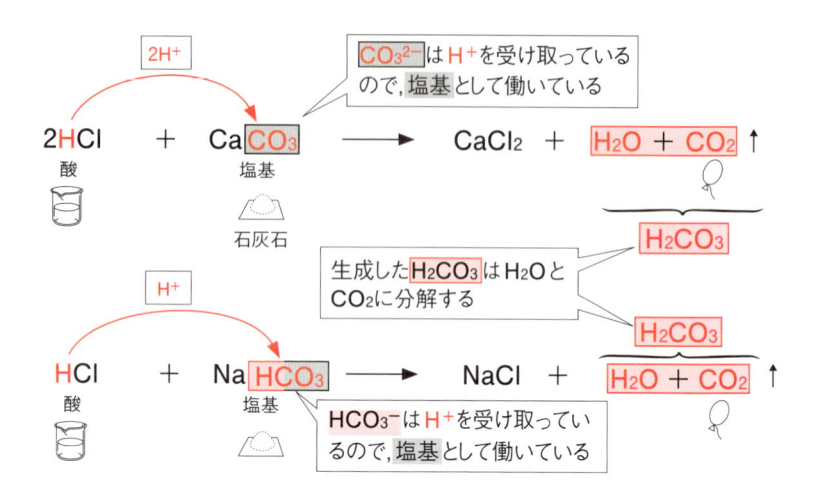

$$2HCl + CaCO_3 \longrightarrow CaCl_2 + H_2O + CO_2 \uparrow$$
酸　　　塩基　　　　　　　　　　　　　　　　
　　　　石灰石

CO_3^{2-} は H^+ を受け取っているので，塩基として働いている

生成した H_2CO_3 は H_2O と CO_2 に分解する

$$HCl + NaHCO_3 \longrightarrow NaCl + H_2O + CO_2 \uparrow$$
酸　　　塩基

HCO_3^- は H^+ を受け取っているので，塩基として働いている

　あと，両性物質の炭酸水素ナトリウムを加熱分解しても CO_2 が得られるね。

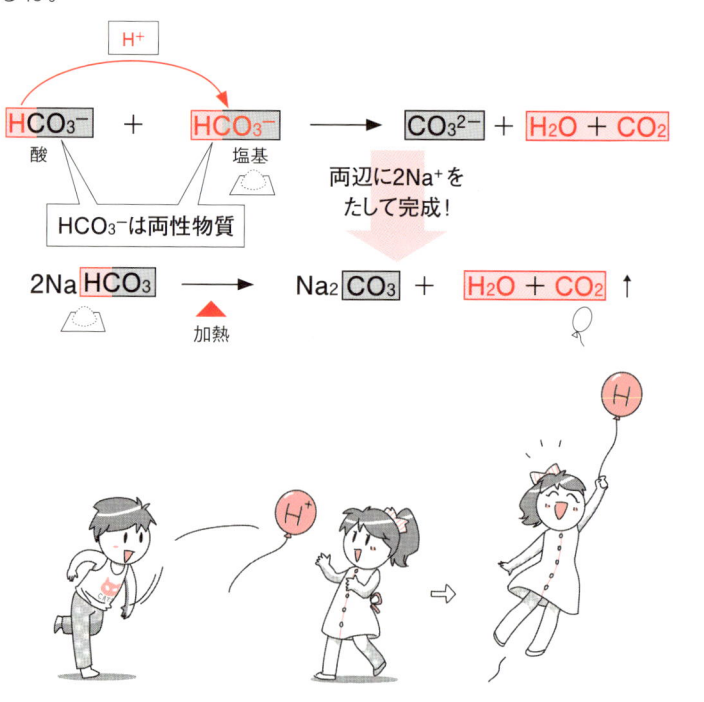

$$HCO_3^- + HCO_3^- \longrightarrow CO_3^{2-} + H_2O + CO_2$$
酸　　　　　塩基

HCO_3^- は両性物質

両辺に $2Na^+$ をたして完成！

$$2NaHCO_3 \xrightarrow{加熱} Na_2CO_3 + H_2O + CO_2 \uparrow$$

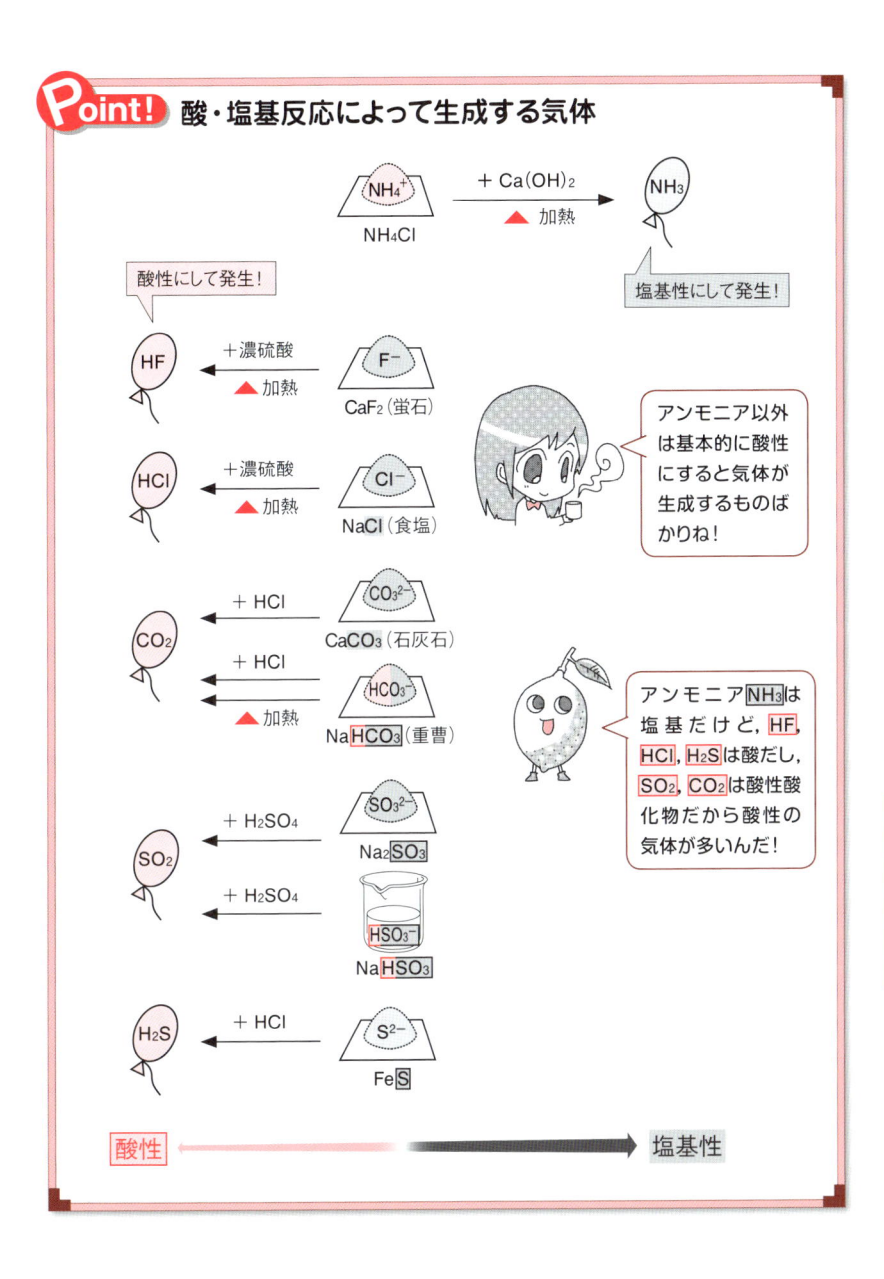

Point! 酸・塩基反応によって生成する気体

NH_4Cl (NH_4^+) + $Ca(OH)_2$ ▲加熱 → NH_3
塩基性にして発生!

酸性にして発生!

CaF_2(蛍石) (F^-) +濃硫酸 ▲加熱 → HF

NaCl(食塩) (Cl^-) +濃硫酸 ▲加熱 → HCl

$CaCO_3$(石灰石) (CO_3^{2-}) +HCl → CO_2

$NaHCO_3$(重曹) (HCO_3^-) +HCl / ▲加熱 → CO_2

Na_2SO_3 (SO_3^{2-}) +H_2SO_4 → SO_2

$NaHSO_3$ (HSO_3^-) +H_2SO_4 → SO_2

FeS (S^{2-}) +HCl → H_2S

アンモニア以外は基本的に酸性にすると気体が生成するものばかりね!

アンモニア NH_3 は塩基だけど,HF,HCl,H_2S は酸だし,SO_2,CO_2 は酸性酸化物だから酸性の気体が多いんだ!

酸性 ← → 塩基性

第15章 気体の製法と性質

(2) 脱水反応によって生成する気体

一酸化炭素 CO

　一酸化炭素は実験室ではどうやってつくるんですか？

　一酸化炭素はギ酸に濃硫酸を入れて加熱すると得られるんだ。ギ酸の炭素原子の酸化数は＋2で，一酸化炭素の炭素原子の酸化数も＋2だから，これは酸化還元反応ではないことに注意しよう。単なる濃硫酸による脱水反応だね。

酸化数 +2
$$HCOOH \xrightarrow[\text{加熱}]{\text{濃硫酸}} H_2O + \overset{+2}{CO}$$

(3) 酸化還元反応によって生成する気体

　酸化還元反応で生成する気体も教えてください！

　酸化還元反応で生成する気体もたくさんあるんだ。まずは単体である窒素 N_2，酸素 O_2，塩素 Cl_2，水素 H_2 の製法からみてみよう。

① 窒　　素 N_2

　窒素 N_2 は亜硝酸アンモニウム NH_4NO_2 の加熱分解で生成するよ。固体では爆発的に反応するから，通常，水溶液を加熱して行うよ。

● 亜硝酸アンモニウムの加熱分解

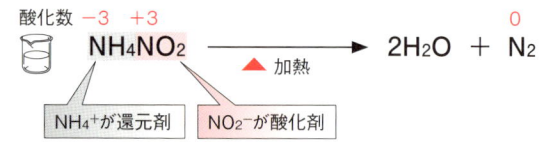

酸化数 −3 +3　　　　　　　　　　　　　0
$$NH_4NO_2 \xrightarrow{\text{加熱}} 2H_2O + N_2$$

NH_4^+ が還元剤　　NO_2^- が酸化剤

② 酸　素 O_2

次に，酸素 O_2 だけど，通常，過酸化水素 H_2O_2 か塩素酸カリウム $KClO_3$ の自己酸化還元反応を利用するんだ。この際，**酸化マンガン(Ⅳ) MnO_2 は酸化剤としてでなく触媒**として作用するから注意だよ。

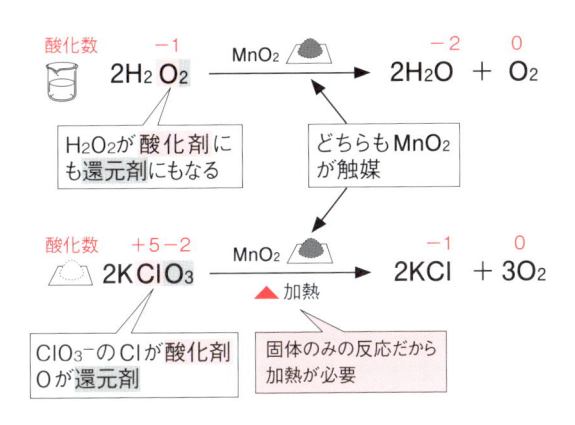

酸化数　−1　　　　　　　　　　　　−2　　0
$$2H_2O_2 \xrightarrow{MnO_2} 2H_2O + O_2$$

- H_2O_2 が酸化剤にも還元剤にもなる
- どちらも MnO_2 が触媒

酸化数　+5 −2　　　　　　　　　　　−1　　0
$$2KClO_3 \xrightarrow[\blacktriangle 加熱]{MnO_2} 2KCl + 3O_2$$

- ClO_3^- の Cl が酸化剤　O が還元剤
- 固体のみの反応だから加熱が必要

③ 塩　素 Cl_2

次の塩素 Cl_2 の製法は，第7章「ハロゲン単体の性質」**story3**「(2) 塩素の実験室的製法」の中（▶ p.97）で詳しく述べたよ。特に発生装置は重要だからよく復習しておこう。代表的な発生方法は次の2つだよ。

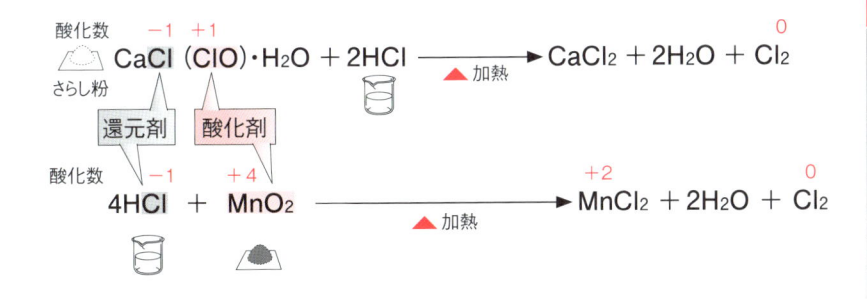

酸化数　 −1　+1　　　　　　　　　　　　　　　　　0
$$CaCl(ClO)\cdot H_2O + 2HCl \xrightarrow{\blacktriangle 加熱} CaCl_2 + 2H_2O + Cl_2$$
さらし粉
- 還元剤　酸化剤

酸化数　−1　　+4　　　　　　　　　　+2　　　　　0
$$4HCl + MnO_2 \xrightarrow{\blacktriangle 加熱} MnCl_2 + 2H_2O + Cl_2$$

第15章　気体の製法と性質

④ 水　素 H_2

　水素 H_2 の製法は，イオン化傾向が水素より大きな金属に塩酸や希硫酸などの強酸を加える方法と，両性元素に強酸基を加える方法が重要だよ。

● 金属に酸を加える方法

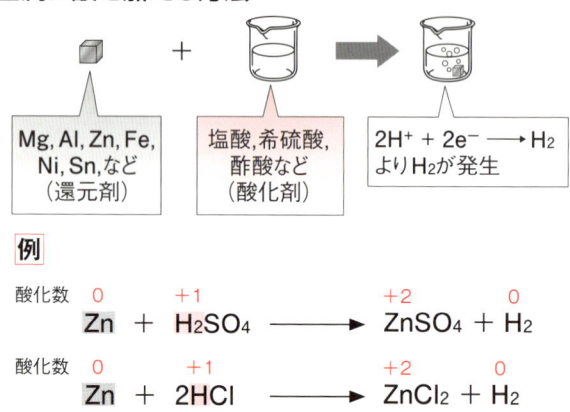

Mg, Al, Zn, Fe, Ni, Sn など（還元剤） ＋ 塩酸, 希硫酸, 酢酸など（酸化剤） → $2H^+ + 2e^- \longrightarrow H_2$ より H_2 が発生

例

酸化数　　0　　　　+1　　　　　　+2　　　0
　　　　$Zn + H_2SO_4 \longrightarrow ZnSO_4 + H_2$

酸化数　　0　　　　+1　　　　　　+2　　　0
　　　　$Zn + 2HCl \longrightarrow ZnCl_2 + H_2$

● 両性元素に塩基を加える方法

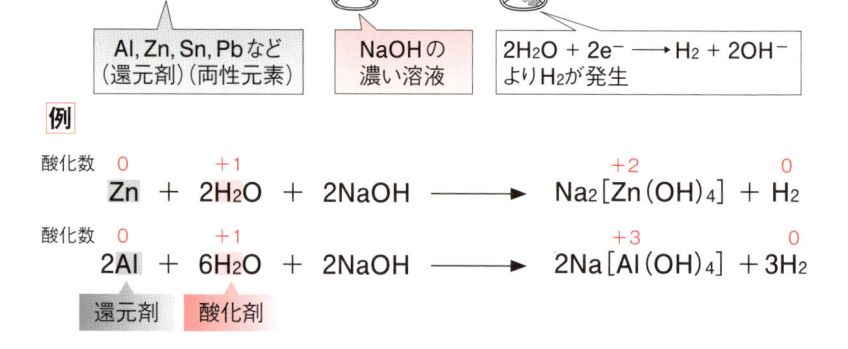

Al, Zn, Sn, Pb など（還元剤）（両性元素） ＋ NaOH の濃い溶液 → $2H_2O + 2e^- \longrightarrow H_2 + 2OH^-$ より H_2 が発生

例

酸化数　　0　　　　+1　　　　　　　　　+2　　　　　0
　　　　$Zn + 2H_2O + 2NaOH \longrightarrow Na_2[Zn(OH)_4] + H_2$

酸化数　　0　　　　+1　　　　　　　　　+3　　　　　0
　　　　$2Al + 6H_2O + 2NaOH \longrightarrow 2Na[Al(OH)_4] + 3H_2$

還元剤　　酸化剤

⑤ 銅や銀の酸化で発生する気体

> 銅と反応して気体が発生する方法がいくつかあるので，混乱してます！

イオン化傾向が水素より小さい銅や銀などの金属は酸化されにくいから，塩酸などに含まれる H^+ と反応しないんだ。だから，銅や銀を溶かすには，硝酸や熱濃硫酸のように強い酸化剤が必要なんだ。銅や銀との反応はまとめると意外と単純だよ。

● 銅や銀を溶解させるときに生成する気体

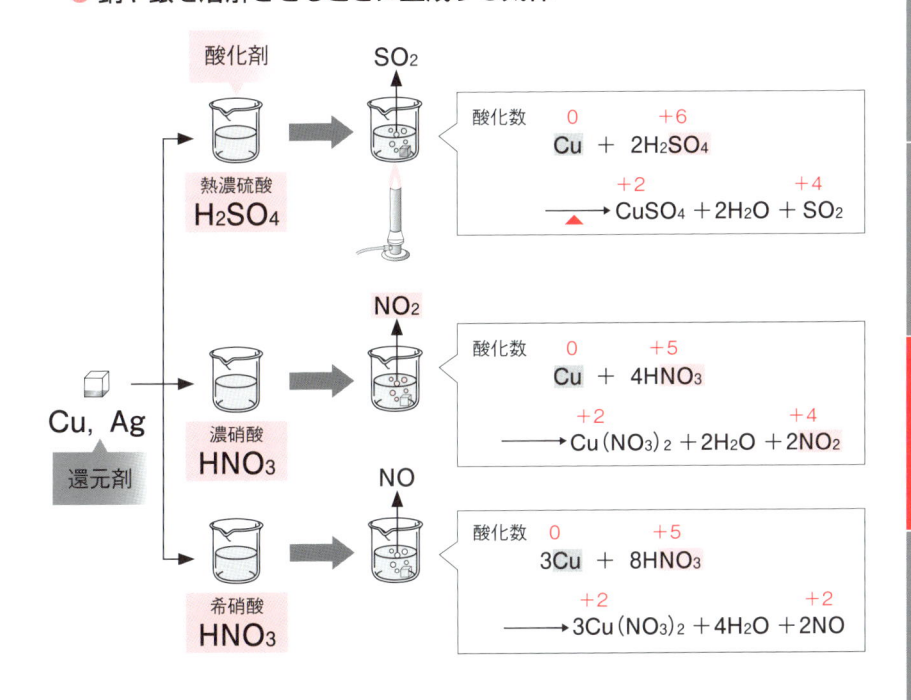

酸化剤：熱濃硫酸 H_2SO_4 → SO_2

酸化数 　0　　　+6
$$Cu + 2H_2SO_4$$
　　　　　　+2　　　　　+4
$$\longrightarrow CuSO_4 + 2H_2O + SO_2$$

Cu, Ag（還元剤）

酸化剤：濃硝酸 HNO_3 → NO_2

酸化数　0　　　+5
$$Cu + 4HNO_3$$
　　　　　+2　　　　　　　+4
$$\longrightarrow Cu(NO_3)_2 + 2H_2O + 2NO_2$$

酸化剤：希硝酸 HNO_3 → NO

酸化数　0　　　　+5
$$3Cu + 8HNO_3$$
　　　　　+2　　　　　　　+2
$$\longrightarrow 3Cu(NO_3)_2 + 4H_2O + 2NO$$

第15章　気体の製法と性質

story 2 気体の発生装置と乾燥剤・捕集法

(1) 発生装置

気体の発生装置にはどんなものがあるの。

気体の発生の多くは液体と固体を混ぜるから，**ふたまた試験管**や**キップの装置**を使うんだ。この2つは**途中で反応を停止させることができる**から大変便利だよ。ボンベのかわりに使う感覚だね。

もし，途中で反応停止にしたり再開したりする必要がないなら，三角フラスコに滴下漏斗をつけたものを使ったりするんだ。加熱する場合は三角フラスコでは割れる危険があるから，**丸底フラスコ**を使うのが一般的だよ。

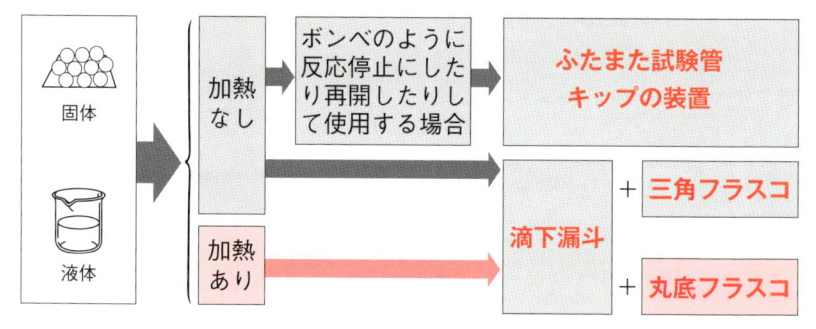

▲ 固体と液体の気体発生装置

固体のみの反応の場合は，反応速度が遅いから加熱が必要なんだ。試験管を使った簡単な装置で発生させる場合は，加熱部に水が流れると試験管が割れる可能性があるため，**加熱部を少し上げて実験をする**んだよ。水が発生しない反応でも固体が水を含んでいる場合もあるから，念のために加熱部を上げるのが一般的だから覚えておこう。

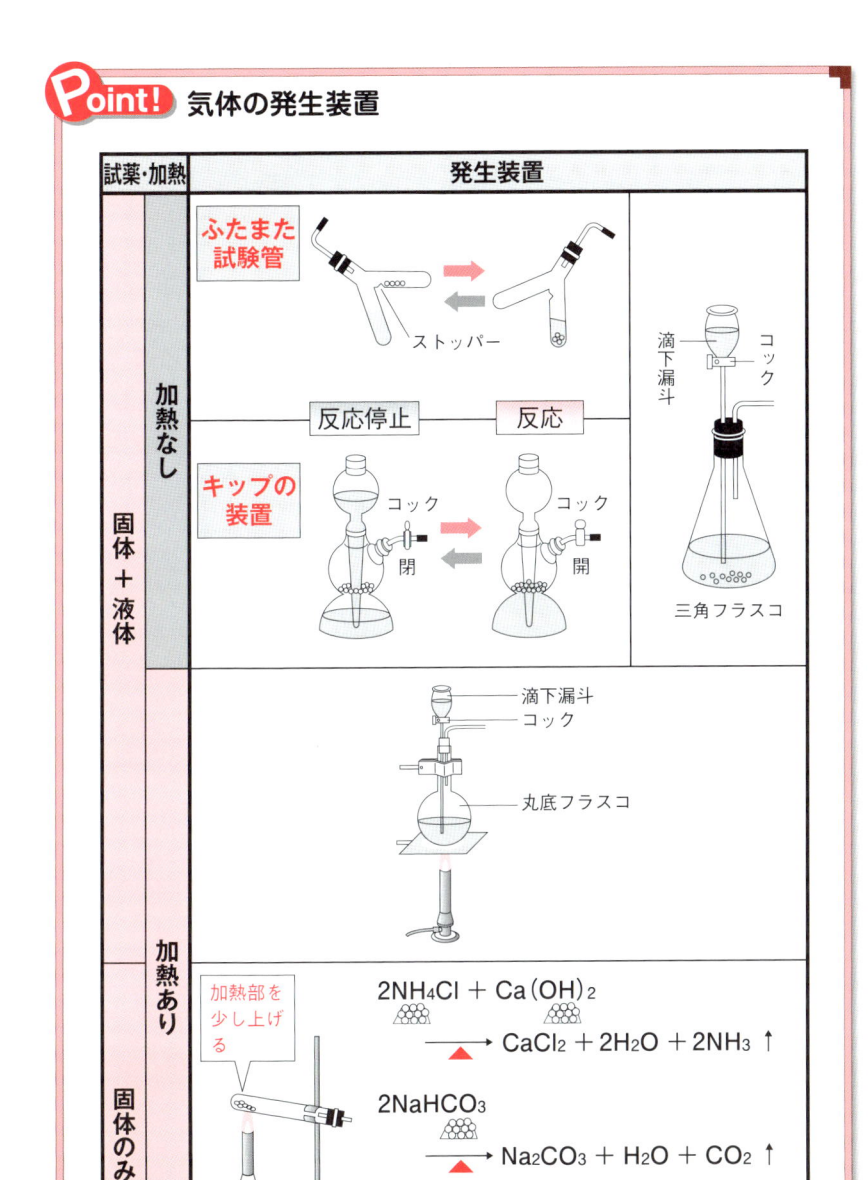

Point! 気体の発生装置

試薬・加熱	発生装置		
固体＋液体 / 加熱なし	**ふたまた試験管** （ストッパー／反応停止／反応） **キップの装置** （コック閉／コック開）	滴下漏斗／コック／三角フラスコ	

固体＋液体 / 加熱あり：滴下漏斗／コック／丸底フラスコ

固体のみ / 加熱あり（加熱部を少し上げる）：

$2NH_4Cl + Ca(OH)_2 \longrightarrow CaCl_2 + 2H_2O + 2NH_3 \uparrow$

$2NaHCO_3 \longrightarrow Na_2CO_3 + H_2O + CO_2 \uparrow$

$CH_3COONa + NaOH \longrightarrow Na_2CO_3 + CH_4 \uparrow$

第15章　気体の製法と性質

(2) 乾燥剤

> 気体の乾燥剤と補集法が難しくて困っています。

乾燥剤から整理してみよう。1つのコツとしては気体と乾燥剤を酸性, 塩基性, 中性に注目して分類してみるとわかりやすいんだ。

気体の乾燥では, 混合気体から水蒸気のみを除きたいだろう。だから, 酸性の気体を塩基性の乾燥剤に通したり, 塩基性の気体を酸性の乾燥剤に通すと, 中和が起こって気体そのものが吸収されてしまうからダメなんだ。その意味では中性の気体はどの乾燥剤でもオッケーだ。

この法則に従わない組み合わせが2つあるよ。まず, 塩基性の気体の**アンモニアと中性乾燥剤の塩化カルシウム**だ。アンモニアが塩化カルシウムに吸着されてしまい, $CaCl_2 \cdot 8NH_3$ になるので使えないんだ。

また, **酸性気体の硫化水素 H_2S と濃硫酸**は, 硫化水素が濃硫酸で酸化されてしまうので使えないんだ。この2つの組み合わせはできないから注意しよう。

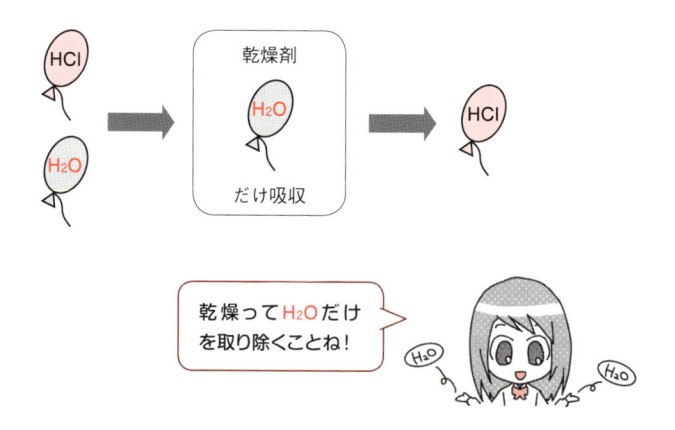

> 乾燥って H_2O だけを取り除くことね！

Point! 気体の乾燥剤

気体		乾燥剤		
分類	例	塩基性	中性	酸性
塩基性気体 (アンモニア)	NH_3	生石灰 (CaO) または ソーダ石灰 (CaO+NaOH) (U字管)	❌ 塩化カルシウムは (吸着されるため)	❌ (中和されるため)
中性気体	H_2, N_2, O_2, CO, NO C_nH_m (炭化水素)		塩化カルシウム ($CaCl_2$) (U字管)	濃硫酸 (H_2SO_4) (洗気びん) / 十酸化四リン (P_4O_{10}) (U字管)
酸性気体	Cl_2, HCl, SO_2, NO_2, CO_2 ------- H_2S	❌ (中和されるため)	塩化カルシウム ($CaCl_2$)	濃硫酸 (H_2SO_4) / 濃硫酸は ❌ (H_2S が酸化されるため) / 十酸化四リン (P_4O_{10})

(3) 捕集法

次に気体の捕集法だけど，水に溶けない中性気体は**水上置換**にするんだ。また，塩基性気体や酸性気体で空気より密度の小さな気体は**上方置換**，空気より密度が大きければ**下方置換**にするんだ。でも，上方置換にするのは分子量が17のアンモニア NH_3 だけなので，実は簡単にまとめることができるよ。

Point! 気体の捕集法

気体 分類	気体 例	水溶性	密度	捕集法
塩基性気体	NH_3	水に溶ける	空気より小さい	上方置換
中性気体	H_2, N_2, O_2, CO, NO C_nH_m (炭化水素)	水に溶けない		水上置換
酸性気体	Cl_2, HCl, SO_2, NO_2, CO_2, H_2S	水に溶ける	空気より大きい	下方置換

塩基性の気体はアンモニアだけなんだ！

そうだよ！ だから、湿った赤色リトマス紙に気体を吹きつけて青くなったらアンモニアだよ！

226　気体の製法と性質

story 3 気体の性質と試験紙の反応

(1) ヨウ化カリウムデンプン紙の変化

> ヨウ化カリウムデンプン紙と反応する気体を教えてください!

まず，その前にヨウ化カリウムデンプン紙が何を検出する試験紙かを知る必要があるね。この試験紙は**ヨウ素より強い酸化剤を検出する試験紙**なんだ。試験紙自体はヨウ化カリウム KI とデンプンをしみこませたろ紙で単純なものだよ。強い酸化剤に対してヨウ化物イオンが還元剤になり，$2I^- \longrightarrow I_2 + 2e^-$ の反応により生成する**ヨウ素 I_2** がデンプンと反応して**ヨウ素デンプン反応**で青紫色になるんだ。通常，試験紙は液体につけて使うけど，試験紙を水で湿らせれば，酸化力の強いフッ素 F_2，塩素 Cl_2，オゾン O_3，二酸化窒素 NO_2 などの気体のチェックができるよ。

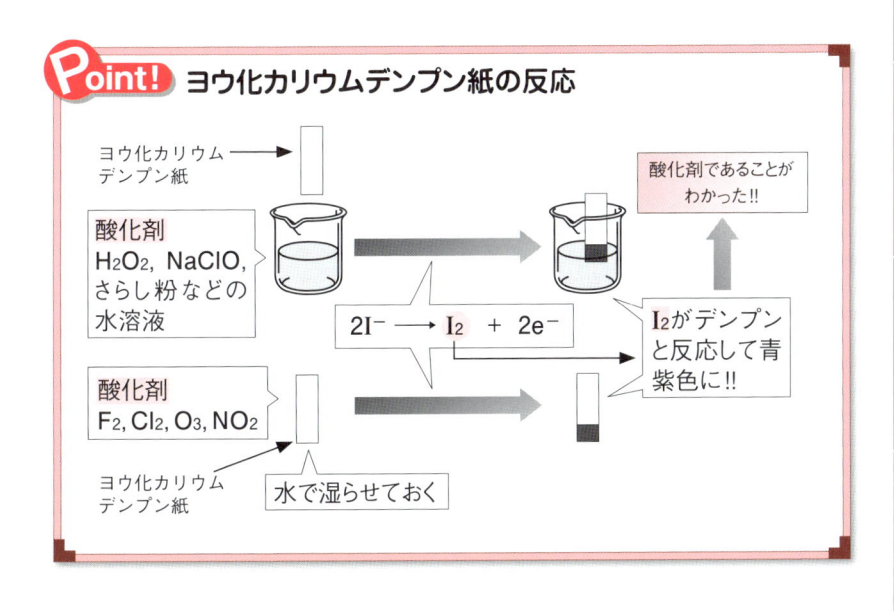

Point! ヨウ化カリウムデンプン紙の反応

- ヨウ化カリウムデンプン紙
- 酸化剤 H_2O_2, $NaClO$, さらし粉などの水溶液
- 酸化剤 F_2, Cl_2, O_3, NO_2
- ヨウ化カリウムデンプン紙
- 水で湿らせておく
- $2I^- \longrightarrow I_2 + 2e^-$
- I_2がデンプンと反応して青紫色に!!
- 酸化剤であることがわかった!!

> ヨウ化カリウムデンプン紙を変化させる気体と漂白剤とは関係がありますか？

鋭い質問だね。**強い酸化剤は漂白剤や殺菌剤になる**んだ。比較的に簡単につくれてよく使われる漂白剤・殺菌剤が**塩素** Cl_2 と**オゾン** O_3 だよ。例えば，水道水の殺菌には塩素 Cl_2 が主流だけど，一部の浄水場ではオゾン O_3 を使っているところもあるんだよ。ところが，漂白剤には二酸化硫黄 SO_2 のような**還元性の漂白剤**もあるので，漂白したい対象によって使い分けるんだ。

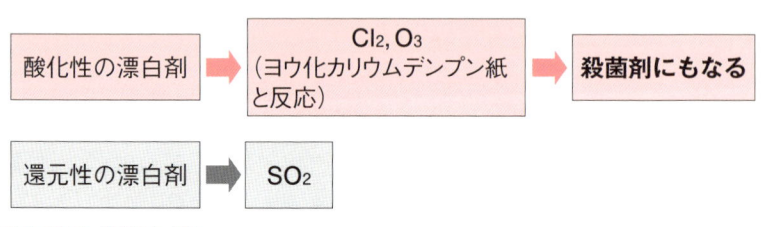

酸化性の漂白剤	→	Cl_2, O_3（ヨウ化カリウムデンプン紙と反応）	→	殺菌剤にもなる
還元性の漂白剤	→	SO_2		

▲ **漂白剤の分類と例**

(2) リトマス紙の変化

> 他にも気体と反応する試験紙があったら教えてください！

気体の酸性，塩基性を調べるなら**リトマス紙**が有名だね。酸性の気体は水でぬらしたリトマス紙を赤色に，塩基性の気体であるアンモニアは青色にするんだ。ただし，酸性の気体でも漂白作用の強い Cl_2 などはリトマス紙の赤い色素をゆっくり酸化漂白するから覚えておくといいよ。

また，二酸化炭素は水への溶解度が小さいため，リトマス紙は赤色に変化しにくいから確認するのは難しいよ。

それから酸性と塩基性は臭いにも大きく関連しているんだ。酸性の気体も塩基性の気体も吸ったら鼻の中で H^+ や OH^- が生成するよね。なめたら H^+ は酸っぱく，OH^- は苦いから，臭いのほうも基本的にどちらも刺激臭になるんだ。ただし，二酸化炭素 CO_2 だけは水にあま

り溶けないから臭いはしないけどね。あと硫化水素は温泉地の臭いでおなじみの腐卵臭だ。

確かに酸はなめても酸っぱいから,鼻の中に酸が入ったら刺激的なはずね！

塩基もなめたら苦いから,塩基性の気体も刺激臭だよ！

1つひとつ別々に暗記しないで,酸性気体,塩基性気体,中性気体に分ければ性質もかなりわかりやすいね。

Point! 気体と試験紙の反応

分類	気体 例		リトマス紙	臭い	ヨウ化カリウムデンプン紙
塩基性気体	NH_3		青色に変化	刺激臭	
中性気体	H_2, N_2, C_nH_m CO, NO		変化しない	なし	変化しない
	酸化性気体	O_3		特異臭	青紫色に変化する
		Cl_2, NO_2	赤色に変化する	刺激臭（H_2Sは腐卵臭）	
酸性気体		HCl, SO_2, H_2S			変化しない
		CO_2	変化しにくい	なし	

第15章 気体の製法と性質

(3) 酢酸鉛紙の変化

あと，**酢酸鉛紙**という試験紙があるからこれも覚えておくといいよ。この試験紙は酢酸鉛(Ⅱ)$(CH_3COO)_2Pb$ を染み込ませたろ紙で，**硫化物イオン S^{2-} や硫化水素 H_2S の存在確認に使用する**んだ。

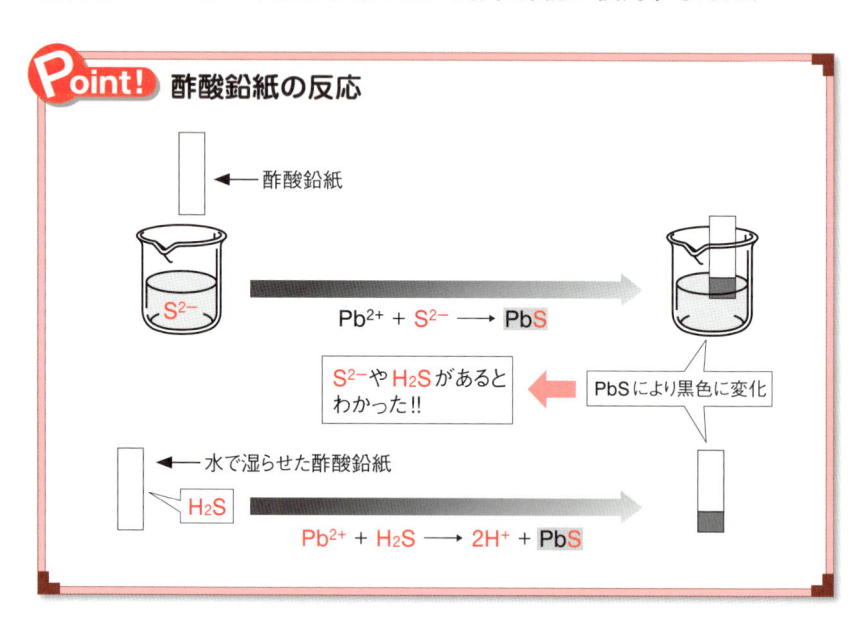

> **Point!** 酢酸鉛紙の反応
>
> ← 酢酸鉛紙
>
> S^{2-}
>
> $Pb^{2+} + S^{2-} \longrightarrow PbS$
>
> S^{2-} や H_2S があるとわかった!!
>
> PbS により黒色に変化
>
> ← 水で湿らせた酢酸鉛紙
>
> H_2S
>
> $Pb^{2+} + H_2S \longrightarrow 2H^+ + PbS$

(4) 気体の色の変化

気体を混合して白煙が生じるのは，どんな反応ですか？

白煙が生じる反応で有名な組み合わせは2つあるんだ。まず，
1. **アンモニア NH_3 と塩化水素 HCl**
2. **硫化水素 H_2S と二酸化硫黄 SO_2**

どちらも白色のコロイドが生成して白煙が発生するよ。

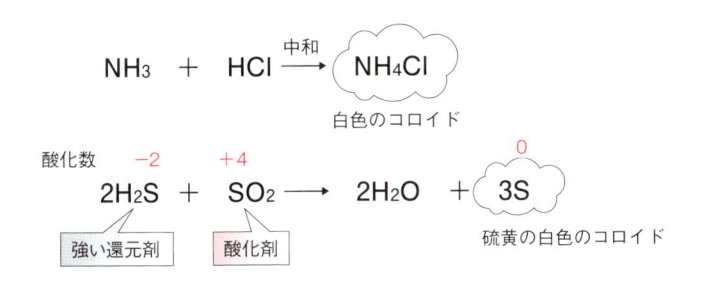

$$NH_3 + HCl \xrightarrow{\text{中和}} NH_4Cl$$

白色のコロイド

酸化数　　−2　　　+4　　　　　　　　　　　0

$$2H_2S + SO_2 \longrightarrow 2H_2O + 3S$$

強い還元剤　　酸化剤　　　　　　　　硫黄の白色のコロイド

　また H_2S と SO_2 の反応は，水中でも全く同じ反応によって乳白色の溶液が生成するんだ。硫黄の濃度が濃くなってくると，白色のコロイドどうしが衝突して黄白色に変化するから注意だよ。

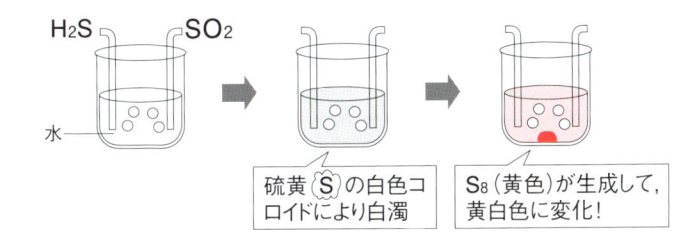

硫黄 Ⓢ の白色コロイドにより白濁

S_8（黄色）が生成して，黄白色に変化！

▲ H_2S と SO_2 の反応

空気中で褐色に変化するのは何という気体ですか？

　それは一酸化窒素 NO のことだよ。NO は空気中で酸素と反応して赤褐色の二酸化窒素 NO_2 に変化するから，そういわれるんだ。

$$2NO + O_2 \longrightarrow 2NO_2$$

二酸化窒素は水と反応すると硝酸に変化するから，それも忘れないでね！

第15章　気体の製法と性質

確認問題

1 次の方法で発生する気体を化学式で答えよ。
(1) 食塩に濃硫酸を加えて加熱する。
(2) 塩化アンモニウムに水酸化カルシウムを加えて加熱する。
(3) 亜硫酸水素ナトリウムに硫酸を加える。
(4) 硫化鉄(Ⅱ)に硫酸を加える。
(5) ギ酸に熱濃硫酸を加える。

解答
(1) HCl
(2) NH_3
(3) SO_2
(4) H_2S
(5) CO

2 次の気体の発生方法のうち，加熱が必要なものをすべて選べ。
① 銅と濃硝酸で NO_2 を発生させる。
② 銅と希硝酸で NO を発生させる。
③ 銅と濃硫酸で SO_2 を発生させる。
④ 亜鉛と希硫酸で H_2 を発生させる。

③

3 次の中からアンモニアと硫化水素の乾燥剤として使用できるものをそれぞれ選べ。
① ソーダ石灰 ② 生石灰 ③ 濃硫酸
④ 十酸化四リン ⑤ 塩化カルシウム

アンモニア ①②
硫化水素 ④⑤

4 次の中から下方置換で捕集する気体をすべて選べ。
① N_2 ② NO ③ NO_2 ④ SO_2
⑤ H_2S ⑥ NH_3 ⑦ HCl ⑧ Cl_2

③④⑤⑦⑧

5 次の中から水上置換で捕集する気体をすべて選べ。
① CO ② NO ③ NO_2 ④ N_2
⑤ O_2 ⑥ HCl ⑦ NH_3

①②④⑤

| 解答 |

6 上方置換で捕集する気体の化学式を書け。

NH₃

7 次の中から水で湿らせたヨウ化カリウムデンプン紙を青紫色に変色させる気体をすべて選べ。
① NO ② NO₂ ③ SO₂ ④ H₂S
⑤ O₂ ⑥ O₃ ⑦ Cl₂ ⑧ F₂

②⑥⑦⑧

8 水で湿らせた赤色リトマス紙を青色に変化させる気体は何か。その化学式を示せ。

NH₃

9 次の中から水で湿らせた青色リトマス紙を赤色に変化させる気体をすべて選べ。
① NH₃ ② NO₂ ③ HCl ④ H₂S

②③④

10 次の中から刺激臭のある気体をすべて選べ。
① NH₃ ② NO₂ ③ HCl ④ H₂S
⑤ O₃

①②③

11 水で湿らせた酢酸鉛紙を黒色に変化させる気体を1つ化学式で示せ。また、その黒色の物質の組成式を示せ。

気体 H₂S
黒色の物質 PbS

12 次の中から白煙を生じる気体の組み合わせを2つ選べ。また、白煙を構成する物質の化学式を書け。
① NH₃ ② CO₂ ③ NO ④ SO₂
⑤ N₂ ⑥ O₂ ⑦ H₂S ⑧ HCl
⑨ H₂ ⑩ CH₄

①と⑧
物質 NH₄Cl

④と⑦
物質 S

V

金属一般の性質

第16章 イオン化傾向と金属の性質

▶ 熱濃硫酸や濃硝酸にも溶けないプラチナ製スーツも，王水には溶解する。

story 1 イオン化傾向

— イオン化傾向が大きい金属って，どんな性質があるんですか？

— 一番わかりやすいのは，イオン化傾向が大きい金属ほどさびやすいということだね。金属が空気中の酸素などと反応してイオンになることがさびるということだからね。

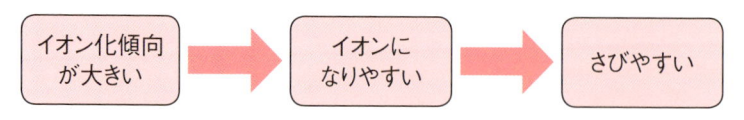

イオン化傾向が大きい → イオンになりやすい → さびやすい

　化学的には「金属がイオン化する」ということは「金属が電子を出してイオンになる」ということなので，「金属が還元剤として働く」ということになるんだ。これを半反応式で表すと，次の表の通りだよ。

金属一般の性質

Point! 金属のイオン化傾向と性質

還元力	イオン化傾向	さびやすさ	分類	金属(水素)	半反応式	安定性
大	大	大	卑金属	Li	$Li \rightleftarrows Li^+ + e^-$	イオンが安定
↑	↑	↑	↑	K	$K \rightleftarrows K^+ + e^-$	↑
				Ca	$Ca \rightleftarrows Ca^{2+} + 2e^-$	
				Na	$Na \rightleftarrows Na^+ + e^-$	
				Mg	$Mg \rightleftarrows Mg^{2+} + 2e^-$	
				Al	$Al \rightleftarrows Al^{3+} + 3e^-$	
				Zn	$Zn \rightleftarrows Zn^{2+} + 2e^-$	
				Fe	$Fe \rightleftarrows Fe^{2+} + 2e^-$	
				Ni	$Ni \rightleftarrows Ni^{2+} + 2e^-$	
				Sn	$Sn \rightleftarrows Sn^{2+} + 2e^-$	
				Pb	$Pb \rightleftarrows Pb^{2+} + 2e^-$	
				(H₂)	$H_2 \rightleftarrows 2H^+ + 2e^-$	
			貴金属	Cu	$Cu \rightleftarrows Cu^{2+} + 2e^-$	↓
				Hg	$Hg \rightleftarrows Hg^{2+} + 2e^-$	
				Ag	$Ag \rightleftarrows Ag^+ + e^-$	
↓	↓	↓		Pt	$Pt \rightleftarrows Pt^{4+} + 4e^-$	単体が安定
小	小	小		Au	$Au \rightleftarrows Au^{3+} + 3e^-$	

還元剤 　　　酸化剤

※ Alは表面に酸化被膜ができるためにさびにくい。

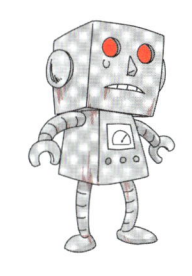

●イオン化傾向はゴロ合せで覚えよう！
力んで借りるな，間がある当てにすな
Li K Ca　Na　Mg　Al Zn Fe Ni Sn Pb
ひどすぎ る借金
H₂ Cu Hg Ag　Pt Au

(1) 貴金属と卑金属とイオン化傾向

　空気中で安定でさびない金属を**貴金属**，空気中でさびる金属を**卑金属**といって分類することもあるから覚えておいてね。明確にどこから貴金属と定義されているわけではないけど，明らかに**貴金属とよばれるものは，イオン化傾向の非常に小さい金，銀と白金族の金属**なんだ。イオン化傾向が銀 Ag の次に小さい水銀 Hg も貴金属として分類されることもあるよ。

　周期表で見ると，貴金属類は中央の下のほうに集まっている。特に，ルテニウム Ru，オスミウム Os，ロジウム Rh，イリジウム Ir，パラジウム Pd，白金 Pt は**白金族**といって性質が似ていることで有名だよ。

▼ 周期表での貴金属の位置

族\周期	1	2	3	4	5	6	7	8	9	10	11	12	13	14
1	H													
2	Li	Be											B	C
3	Na	Mg											Al	Si
4	K	Ca	Sc	Ti	V	Cr	Mn	Fe	Co	Ni	Cu	Zn	Ga	Ge
5	Rb	Sr	Y	Zr	Nb	Mo	Tc	Ru	Rh	Pd	Ag	Cd	In	Sn
6	Cs	Ba	ランタノイド	Hf	Ta	W	Re	Os	Ir	Pt	Au	Hg	Ti	Pb

白金族
（白金と性質が似ている金属）

貴金属
イオン化傾向が小さい → 空気中で安定でほとんどさびない

> 鉄の指輪をあげるよ！

> 鉄はイオン化傾向が大きいからさびるじゃない！

> プラチナの指輪をあげるよ！イオン化傾向が小さくってさびないんだ。

> プラチナ（白金）は還元力が小さく，単体が安定なのね！愛も永遠に安定ってことね！

(2) 金属樹とイオン化傾向

> 金属樹って何ですか？

それは**金属と金属イオンの反応**でできるんだ。どんな組み合わせでもできるのではなくて，イオン化傾向が非常に重要になってくるんだ。例えば，硫酸銅（Ⅱ）の水溶液に亜鉛を入れると，イオン化傾向が Zn > Cu だから，亜鉛がイオン化して，銅（Ⅱ）イオン Cu^{2+} が還元されて Cu になる反応が起こるんだ。

亜鉛表面に銅が樹枝状に成長するので**銅樹**とよばれるんだ。このように金属が樹枝状に成長したものを一般に，金属樹とよんでいるよ。

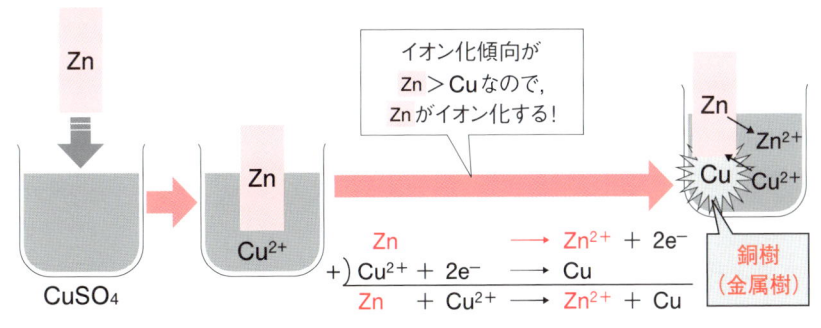

イオン化傾向が Zn > Cu なので，Zn がイオン化する！

$$Zn \longrightarrow Zn^{2+} + 2e^-$$
$$+\underline{)\ Cu^{2+} + 2e^- \longrightarrow Cu\phantom{^{2+}}}$$
$$Zn + Cu^{2+} \longrightarrow Zn^{2+} + Cu$$

銅樹（金属樹）

▲ $CuSO_4$ 水溶液と Zn の反応

第16章　イオン化傾向と金属の性質

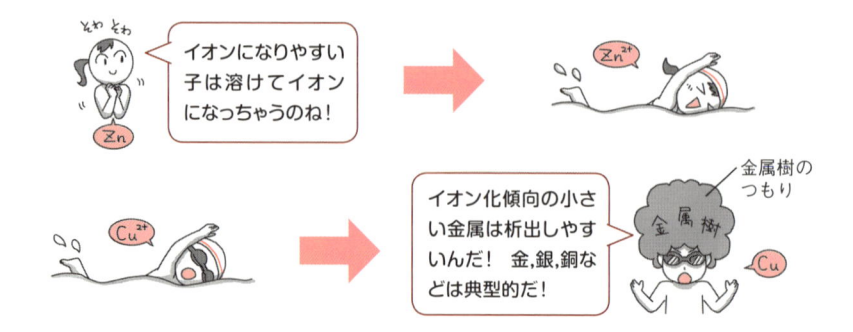

イオンになりやすい子は溶けてイオンになっちゃうのね！

イオン化傾向の小さい金属は析出しやすいんだ！ 金, 銀, 銅などは典型的だ！

硫酸亜鉛 $ZnSO_4$ の水溶液に銅 Cu を入れても何も反応しないんだ。

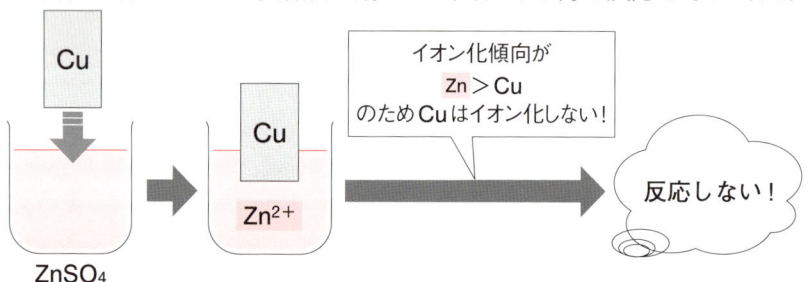

イオン化傾向が
Zn＞Cu
のため Cu はイオン化しない！

反応しない！

▲ $ZnSO_4$ 水溶液に Cu を入れた場合

story 2　金属と酸の反応

金属が溶けて水素が出る反応ってたくさんあって大変です。

大丈夫，原理がわかれば簡単だから。第 5 章 「水素」 story 2 「⑵ 金属と酸の反応」（▶ p.74）でも詳しく説明したけど，大きく分けると，3 パターンあるんだ。すべてイオン化傾向で考えるんだよ。

① イオン化傾向 Li 〜 Mg の金属

常温の水と反応するのは Li 〜 Na で，湯と反応するのは Li 〜 Mg だ。酸化剤はどれも水 H_2O で，半反応式は次の通りだよ。

　　酸化剤　$2H_2O + 2e^- \longrightarrow H_2 + 2OH^-$

② イオン化傾向 Al～Pb の金属

薄い酸と反応するのは Al，Zn，Fe，Ni，Sn，Pb だよ。酸化剤はどれも水素イオン H^+ だよ。

　　酸化剤　$2H^+ + 2e^- \longrightarrow H_2$

ただし，鉛は塩酸や希硫酸と反応すると，表面に難溶性の $PbCl_2$ や $PbSO_4$ の緻密な被膜ができて内部が保護されてしまうために溶けないんだ。でも，鉛は酸素の存在下なら酢酸に溶解するよ。

③ 両性元素の金属

Al，Zn，Sn，Pb などの両性元素の金属は強塩基である水酸化ナトリウム NaOH などの濃い水溶液に溶けて，水素を発生するよ。このときの実質の酸化剤は，水 H_2O だから注意だね。

　　酸化剤　$2H_2O + 2e^- \longrightarrow H_2 + 2OH^-$

以上の反応をまとめると，次のようになるよ。

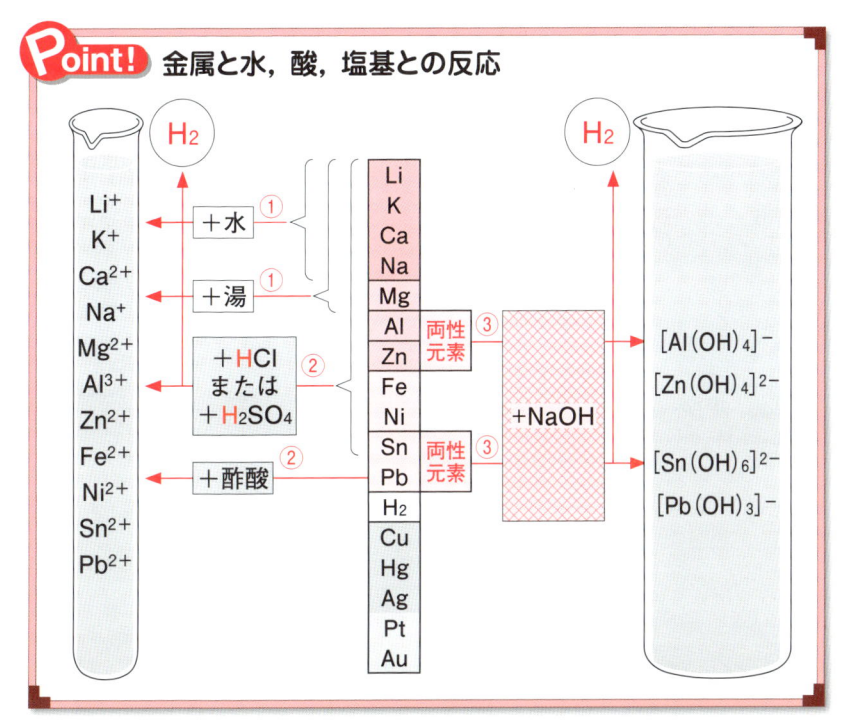

Point! 金属と水，酸，塩基との反応

左の試験管（H_2 発生）：Li^+，K^+，Ca^{2+}，Na^+，Mg^{2+}，Al^{3+}，Zn^{2+}，Fe^{2+}，Ni^{2+}，Sn^{2+}，Pb^{2+}

- ＋水 ① → Li, K, Ca, Na
- ＋湯 ① → Mg
- ＋HCl または H_2SO_4 ② → Al, Zn, Fe, Ni, Sn, Pb
- ＋酢酸 ② → Pb

両性元素：Al, Zn（③）／Sn, Pb（③）

＋NaOH → $[Al(OH)_4]^-$，$[Zn(OH)_4]^{2-}$，$[Sn(OH)_6]^{2-}$，$[Pb(OH)_3]^-$（H_2 発生）

金属列：Li, K, Ca, Na, Mg, Al, Zn, Fe, Ni, Sn, Pb, H_2, Cu, Hg, Ag, Pt, Au

第16章　イオン化傾向と金属の性質

水素 H_2 よりイオン化傾向が小さい金属は，塩酸や希硫酸などには溶けないんだ。しかし，もっと強い酸化剤には溶解するんだ。イオン化傾向 Cu 〜 Au のグループを 2 つに分けて考えてみるよ。

④ Cu, Hg, Ag

酸化力のある硝酸 HNO_3 や熱濃硫酸 H_2SO_4 には溶けてイオンに変化するんだ。発生する気体との組み合わせは次の通りだよ。

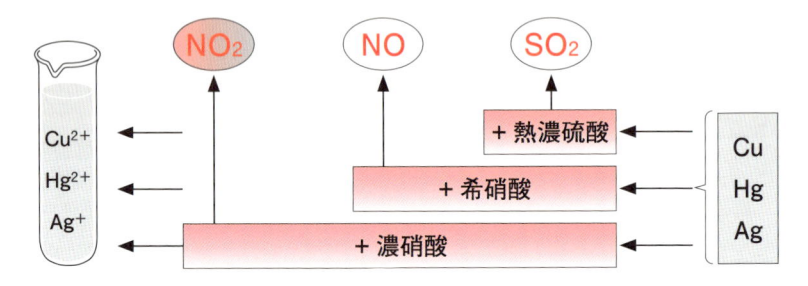

⑤ Pt, Au

白金 Pt と金 Au は硝酸や熱濃硫酸のような強い酸化剤でも溶解しない非常に安定な金属なんだ。さびない金属の代表で，貴金属界の王と女王といった感じだね。ところが，このような安定な金属でも溶かす溶液があるんだ。それが**濃硝酸と濃塩酸を体積比で 1：3 で混合した溶液**で，"**王水**"とよばれるんだ。

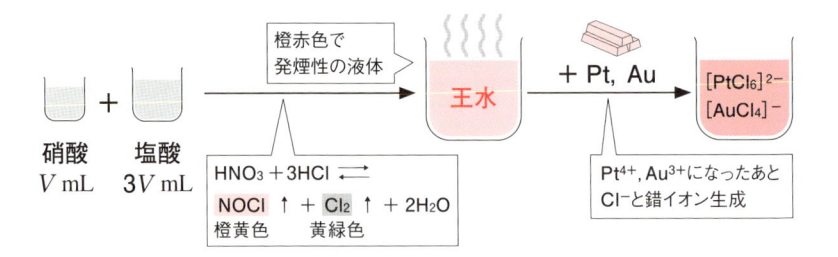

> 金と白金以外は濃硝酸に溶かせるってことですね!

そこが気をつけなければならないポイントで，実は金，白金以外にも濃硝酸で溶かせない金属があるんだよ。

⑥ Fe, Co, Ni, Al, Cr（濃硝酸で不動態をつくる金属）

金や白金よりイオン化傾向が大きいけど，濃硝酸と反応させると<u>表面に緻密な酸化被膜（不動態膜）を形成して内部を保護</u>してしまう金属があるんだ。この酸化被膜によって溶けなくなった状態を**不動態**とよんでいるんだ。まるで敵が現れたら硬い甲羅で身を守るアルマジロみたいな金属だよ。

硬い甲羅で身を守るぞ!
不動態アルマジロか〜（涙）!!

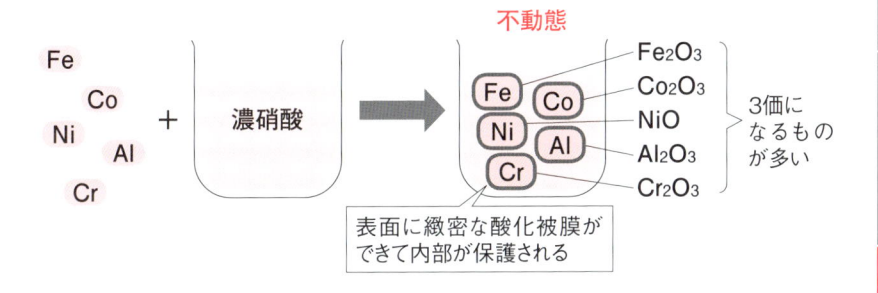

不動態

Fe, Co, Ni, Al, Cr ＋ 濃硝酸 → Fe, Co, Ni, Al, Cr → Fe_2O_3, Co_2O_3, NiO, Al_2O_3, Cr_2O_3

3価になるものが多い

表面に緻密な酸化被膜ができて内部が保護される

不動態を形成する金属は3価の陽イオンになるものが多いから，覚えやすいね。ゴロ合わせもつくっておいたよ。

● ゴロ合わせ暗記

鉄子に ある 苦労
Fe Co　Ni Al　Cr

不動の 参加 日
不動態　酸化　被膜

濃硝酸や熱濃硫酸との反応をイオン化傾向の図に入れてみると，よりわかりやすいよ（Cr, Co は入っていないけど覚えておいてね）。

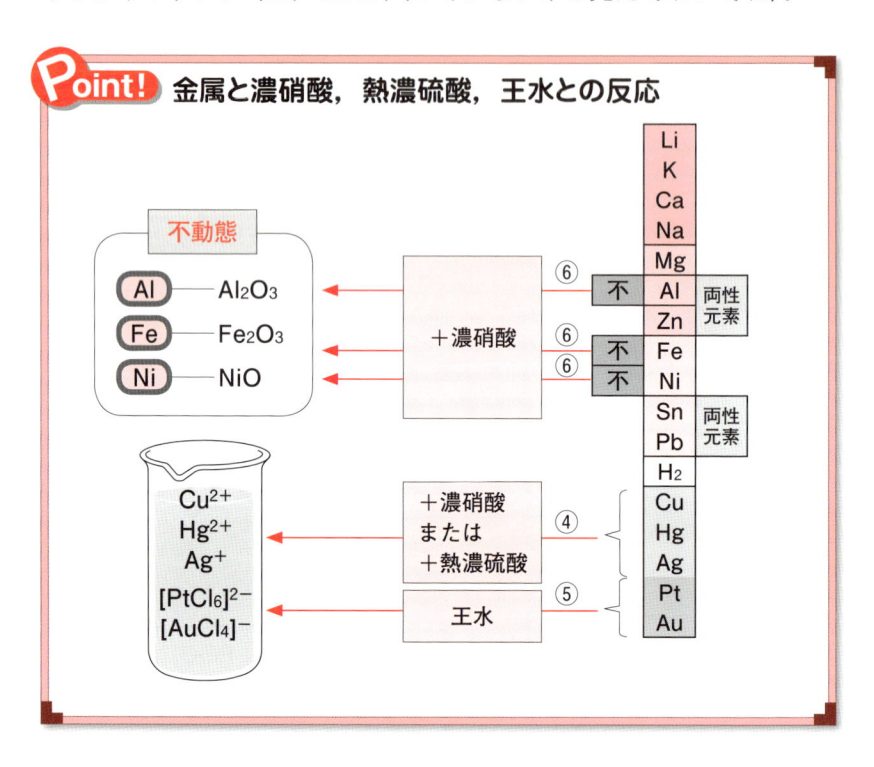

Point! 金属と濃硝酸，熱濃硫酸，王水との反応

不動態
- Al — Al_2O_3
- Fe — Fe_2O_3
- Ni — NiO

← ＋濃硝酸 ⑥ 不 Al（両性元素）／Zn（両性元素）
⑥ 不 Fe
⑥ 不 Ni

イオン化傾向：Li, K, Ca, Na, Mg, Al, Zn, Fe, Ni, Sn, Pb, H_2, Cu, Hg, Ag, Pt, Au

Sn, Pb：両性元素

ビーカー内：Cu^{2+}, Hg^{2+}, Ag^+, $[PtCl_6]^{2-}$, $[AuCl_4]^-$

← ＋濃硝酸 または ＋熱濃硫酸 ④ Cu, Hg, Ag
← 王水 ⑤ Pt, Au

story 3　金属の製錬

金属の製錬ってどんな意味ですか？

金属が入っている**鉱石から金属を取り出すこと**を**製錬**（せいれん）というよ。例えば，ボーキサイトを製錬してアルミニウムを得るとか，鉄鉱石を製錬して鉄を得るとか，黄銅鉱を製錬して銅を得るとかいう具合だよ。イオン化傾向との関連も重要だよ。

Point! 金属のイオン化傾向と製錬法

空気中での酸化のされやすさ	金属（水素）	主な産出状態	鉱物から金属を得る方法（製錬法）	
速やかに酸化される（さびる）	Li	イオン	イオンを含む鉱物を融解して電気分解 **融解塩電解**（溶融塩電解）	
速やかに酸化される（さびる）	K	イオン	イオンを含む鉱物を融解して電気分解 **融解塩電解**（溶融塩電解）	
速やかに酸化される（さびる）	Ca	イオン	イオンを含む鉱物を融解して電気分解 **融解塩電解**（溶融塩電解）	
速やかに酸化される（さびる）	Na	イオン	イオンを含む鉱物を融解して電気分解 **融解塩電解**（溶融塩電解）	
加熱により酸化される（さびる）	Mg	イオン	酸化物を C, CO, H_2 などの**還元剤**で還元	
加熱により酸化される（さびる）	Al	イオン	酸化物を C, CO, H_2 などの**還元剤**で還元	
加熱により酸化される（さびる）	Zn	イオン	酸化物を C, CO, H_2 などの**還元剤**で還元	
加熱により酸化される（さびる）	Fe	イオン	酸化物を C, CO, H_2 などの**還元剤**で還元	
加熱により酸化される（さびる）	Ni	イオン	酸化物を C, CO, H_2 などの**還元剤**で還元	
加熱により酸化される（さびる）	Sn	イオン	酸化物を C, CO, H_2 などの**還元剤**で還元	
加熱により酸化される（さびる）	Pb	イオン	酸化物を C, CO, H_2 などの**還元剤**で還元	
加熱により酸化される（さびる）	(H_2)	イオン		
加熱により酸化される（さびる）	Cu	イオン	硫化物, 酸化物の加熱	水溶液の電気分解により陰極に析出（**電解精錬**）
加熱により酸化される（さびる）	Hg	イオン	硫化物, 酸化物の加熱	水溶液の電気分解により陰極に析出（**電解精錬**）
非常にゆっくり酸化される	Ag	イオン	硫化物, 酸化物の加熱	水溶液の電気分解により陰極に析出（**電解精錬**）
酸化されない	Pt	単体	KCN や NaCN に溶解したあと, 回収する。（青化法※）	
酸化されない	Au	単体	KCN や NaCN に溶解したあと, 回収する。（青化法※）	

※シアン化カリウム KCN を青化カリ, シアン化ナトリウム NaCN を青化ソーダという。

> すべての金属の製錬法を学ばなければダメですか？

そんなことはないよ。重要なのは普段, 私たちの身の周りでよく使われている金属だよ。**生産量が世界一の材料といったら鉄 Fe** だよね。また, 鍋などの材料でおなじみのアルミニウム Al, 硬貨などでおなじみの銅 Cu の3つが特に重要だよ。

第16章 イオン化傾向と金属の性質　245

(1) アルミニウムの製錬

アルミニウム Al の原鉱石は主に**ボーキサイト**なんだけど，不純物を除去したあと，**酸化アルミニウム** Al_2O_3 を得てから，コークス C で還元しても反応しないし，イオンが安定なので水溶液を電気分解しても水溶液中の水 H_2O が電子を受け取ってしまうんだ。よって，水を1滴も加えないで**化合物を融解して電気分解する融解塩電解**を行う必要があるんだ。

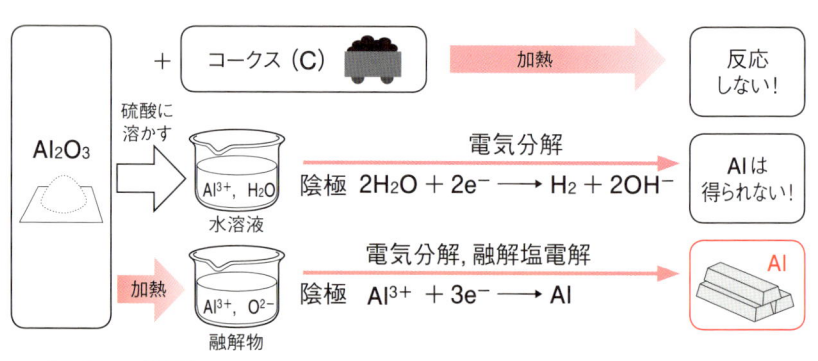

▲ Al_2O_3 の還元

(2) 鉄の製錬

鉄 Fe の製錬は鉄鉱石中の鉄イオンをコークス C で還元すればいいんだ。Al などのイオン化傾向が非常に大きい金属と異なって，一般的な還元剤であるコークス C が使えるんだ。ただし，コークス C で還元すると，炭素 C を約4％程度含んだ**銑鉄**とよばれる鉄ができる。だから，炭素抜きをするために**転炉**という炉に入れて空気を加えながら加熱して，炭素の少ない**鋼**をつくっているんだ。

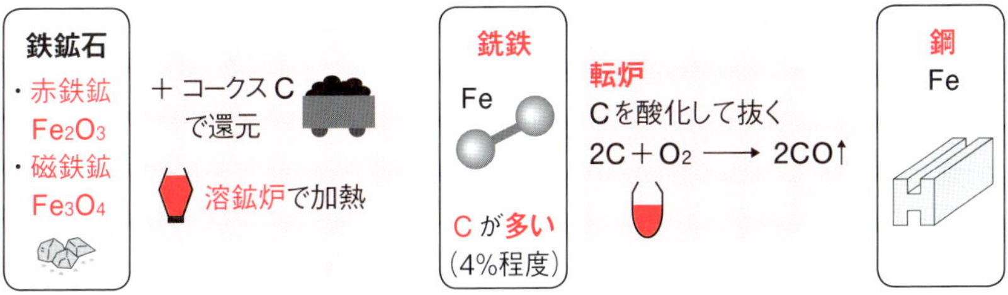

鉄鉱石
・赤鉄鉱 Fe_2O_3
・磁鉄鉱 Fe_3O_4
＋コークス C で還元
溶鉱炉で加熱

銑鉄 Fe
C が多い（4％程度）

転炉
C を酸化して抜く
$2C + O_2 \longrightarrow 2CO\uparrow$

鋼 Fe

(3) 銅の製錬

銅 Cu はイオン化傾向が小さいため，イオンである黄銅鉱（主成分 $CuFeS_2$）を還元するのに，還元剤を加える必要がないんだ。まず，黄銅鉱中の銅の酸化数は＋2 だから，次のように考えるとわかりやすいよ。

$$CuFeS_2 \rightleftarrows Cu^{2+} + Fe^{2+} + 2S^{2-}$$

酸化剤　　　　　　　還元剤

銅(Ⅱ)イオン Cu^{2+} が**酸化剤**で，S^{2-} が**還元剤**として働くんだ。だから，還元剤を加えなくても溶鉱炉と転炉の反応で基本的には銅 Cu が生成するんだ。こうして得られたものは**粗銅**といわれ，不純物を含んでいる。さらに純度を上げる目的で行われるのが**精錬**なんだ。一般に金属の純度を上げる過程を**精錬**というんだけど，粗銅から純銅を得る過程は電気分解をするから，**電解精錬**とよばれているよ。これは**粗銅を陽極に，純銅を陰極**にして硫酸銅(Ⅱ) $CuSO_4$ 水溶液で電気分解するというものなんだ。

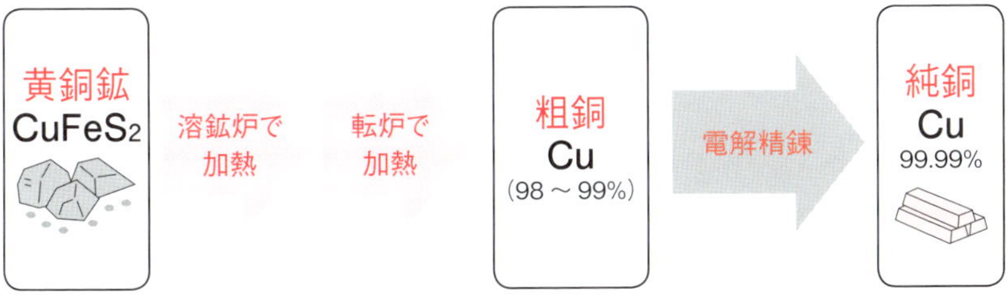

黄銅鉱 $CuFeS_2$ → 溶鉱炉で加熱 → 転炉で加熱 → 粗銅 Cu（98〜99％）→ 電解精錬 → 純銅 Cu 99.99％

第16章　イオン化傾向と金属の性質

特に重要な3つの金属の製錬をまとめると，次のようになるよ。

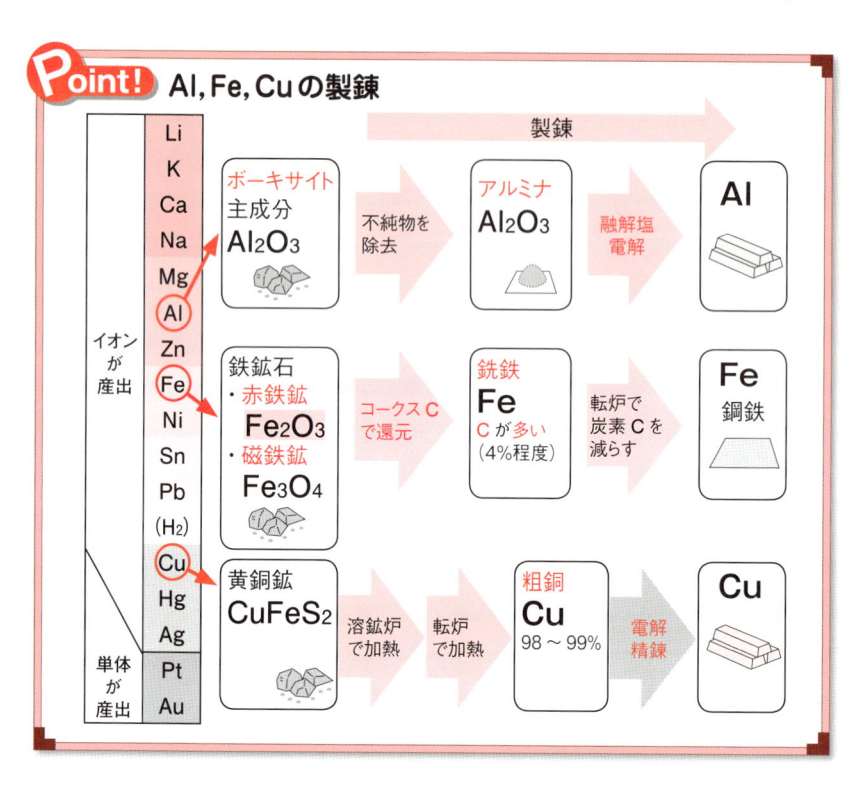

Point! Al, Fe, Cu の製錬

イオン列	鉱石	製錬	中間生成物	精錬	金属
Li, K, Ca, Na, Mg, **Al**, Zn, **Fe**, Ni, Sn, Pb, (H₂), **Cu**, Hg, Ag, Pt, Au	ボーキサイト 主成分 Al_2O_3	不純物を除去	アルミナ Al_2O_3	融解塩電解	Al
	鉄鉱石 ・赤鉄鉱 Fe_2O_3 ・磁鉄鉱 Fe_3O_4	コークスCで還元	銑鉄 Fe Cが多い（4%程度）	転炉で炭素Cを減らす	Fe 鋼鉄
	黄銅鉱 $CuFeS_2$	溶鉱炉で加熱	転炉で加熱 → 粗銅 Cu 98〜99%	電解精錬	Cu

（左側のイオン化列： Al, Fe, Cu は「イオンが産出」、Pt, Au は「単体が産出」）

> この純度を上げる操作は"精錬"という字を書くからね。電気分解によって純度を上げるので，"電解精錬"とよぶよ。

248　金属一般の性質

確認問題

1 イオン化傾向が最も大きい金属を選べ。
① Cu ② Pb ③ K ④ Mg ⑤ Hg

解答 ③

2 水に溶けて水素を発生する金属をすべて選べ。
① Li ② K ③ Ca ④ Al ⑤ Ni

①②③

3 湯に溶けて水素を発生する金属をすべて選べ。
① Na ② Mg ③ Al ④ Zn ⑤ Pb

①②

4 塩酸に溶けて水素を発生する金属をすべて選べ。
① Fe ② Mg ③ Al ④ Zn ⑤ Cu

①②③④

5 水酸化ナトリウムの濃い水溶液に溶けて水素を発生する金属をすべて選べ。
① Fe ② Co ③ Al ④ Zn ⑤ Au

③④

6 濃硝酸に溶解しない金属をすべて選べ。
① Cu ② Ag ③ Al ④ Fe ⑤ Ni

③④⑤

7 Crに濃硝酸を加えると表面に緻密な酸化被膜ができて溶解しなくなる。この状態を何というか。

不動態

8 金属を含む鉱石から金属を得る過程を何というか。次の中から1つ選べ
① 製錬 ② 精錬 ③ 昇華 ④ 電解 ⑤ 分留

①

第16章 イオン化傾向と金属の性質

第17章 金属の基本的性質と合金

▶ タングステンは融点が高く硬いのだが，密度が非常に大きい。

story 1 金属の密度と結晶

(1) 典型金属元素と遷移金属元素

金属の密度って重要ですか？

金属の密度の数値を覚える必要はないんだけど，大まかに知っておく必要があるね。一番重要なのは，**遷移元素と典型元素の金属の差**なんだ。一般に密度が4〜5 g/cm³ より大きい金属を**重金属**，小さいものを**軽金属**といっているんだ。

軽金属
密度4〜5 g/cm³より小さい

重金属
密度4〜5 g/cm³以上

第6周期までの主な金属と密度の関係を見ると，軽金属は1，2族とSc，Al，Tiくらいだとわかるね。また，遷移元素はそのほとんどが重金属で，周期表の下にいくほど，密度が大きいよ。

Point! 金属の密度

周期＼族	1	2	3	4	5	6	7	8	9	10	11	12	13	14
2	Li	Be												
3	Na	Mg											Al	
4	K	Ca	Sc	Ti	V	Cr	Mn	Fe	Co	Ni	Cu	Zn	Ga	Ge
5	Rb	Sr	Y	Zr	Nb	Mo	Tc	Ru	Rh	Pd	Ag	Cd	In	Sn
6	Cs	Ba	ランタノイド	Hf	Ta	W	Re	Os	Ir	Pt	Au	Hg	Tl	Pb

- 17 g/cm³以上
- 13〜17 g/cm³以上
- 9〜13 g/cm³以上
- 5〜9 g/cm³
- 5 g/cm³以下

> チタンは軽くて丈夫だから，航空機材料やメガネのフレーム，ゴルフ材料に使われているのね！

> 遷移元素は**重金属**ばかりで，特に下にいくほど重い金属ばかりだね。

　金属の密度を見ても遷移元素は横に似ていて，典型元素は縦に似ていることがわかるよね。一般的に典型元素と遷移元素の違いをまとめると，次のページの表のようになるんだ。

第17章　金属の基本的性質と合金

Point! 遷移元素と典型元素

	典型元素	遷移元素
性質	周期表の縦に似ている（同族元素が似ている）	周期表の横に似ている（同周期元素が似ている）
族	1族，2族と12族〜18族	3族〜11族
金属元素/非金属元素	非金属元素と金属元素がある	すべて金属元素（常温常圧で固体の金属）
密度	小さいものが多い	大きいものが多い(重金属)
融点	低いものが多い	高いものが多い
価電子	各族で同じ	2のものが多い
酸化数		複数の酸化数をとるものが多い
イオンや化合物の色	無色のものが多い	有色のものが多い
錯イオン触媒の原料	少ない	多い

(2) 金属の結晶格子

金属の結晶格子って覚える必要がありますか？

これも全部覚える必要はないよ。常温常圧の金属の結晶格子で重要と思われる例は次の通りだよ。

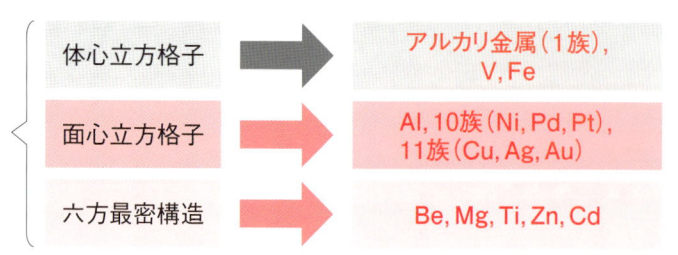

- 体心立方格子 → アルカリ金属(1族), V, Fe
- 面心立方格子 → Al, 10族(Ni, Pd, Pt), 11族(Cu, Ag, Au)
- 六方最密構造 → Be, Mg, Ti, Zn, Cd

周期表上に示すと次の通りだよ。鉄は常温では α 鉄といって体心立方格子だけど，911℃以上にすると面心立方格子の γ 鉄になるんだ。

α鉄もγ鉄も同一の元素からできている単体なので、**同素体**の関係にあるんだ。

▼ 金属の結晶格子

Be, Mgは**六方最密構造**

周期\族	1	2	3	4	5	6	7	8	9	10	11	12	13	14
2	Li	Be												
3	Na	Mg											Al	
4	K	Ca	Sc	Ti	V	Cr	Mn	Fe	Co	Ni	Cu	Zn	Ga	Ge
5	Rb	Sr	Y	Zr	Nb	Mo	Tc	Ru	Rh	Pd	Ag	Cd	In	Sn
6	Cs	Ba	ランタノイド	Hf	Ta	W	Re	Os	Ir	Pt	Au	Hg	Tl	Pb

アルカリ金属は**体心立方格子**

Cu, Ag, AuやAlは**面心立方格子**

□ 体心立方格子　□ 六方最密構造　□ 面心立方格子

story 2　金属の融点

― 硬い金属の代表は鉄ですか？

もちろん、鉄は硬いものの代表として一般的には知られているね。
でも、金属にはもっと硬いものもあるんだ。**硬い**金属は原子間の結合力が強いから、**一般的に融点が高い**んだ。

融点の高い金属　⇒　一般に硬い金属

だから、金属の融点を見ると、軟らかい金属と硬い金属の違いがわかるよ。金属の性質を個別に覚えるより全体を見るとよくわかるよ。

> 1族の金属はナイフで簡単に切れるくらい軟らかいんだよ。

> 軟らかくさびにくい銀Ag, 金Au, アルミニウムAlなどは延性, 展性に富むから銀箔, 金箔, アルミ箔などがつくられているね！

金属の融点

族\周期	1	2	3	4	5	6	7	8	9	10	11	12	13	14
2	Li 181	Be 1282												
3	Na 98	Mg 649											Al 660	
4	K 64	Ca 839	Sc 1541	Ti 1660	V 1887	Cr 1860	Mn 1244	Fe 1535	Co 1495	Ni 1453	Cu 1083	Zn 419	Ga 30	Ge 937
5	Rb 39	Sr 769	Y 1522	Zr 1852	Nb 2468	Mo 2622	Tc 2204	Ru 2310	Rh 1967	Pd 1555	Ag 961	Cd 321	In 157	Sn 232
6	Cs 28	Ba 729	La 918	Hf 2222	Ta 2996	W 3410	Re 3182	Os 3054	Ir 2410	Pt 1774	Au 1063	Hg -38.9	Tl 304	Pb 328

典型元素　　　　遷移元素　　　　典型元素

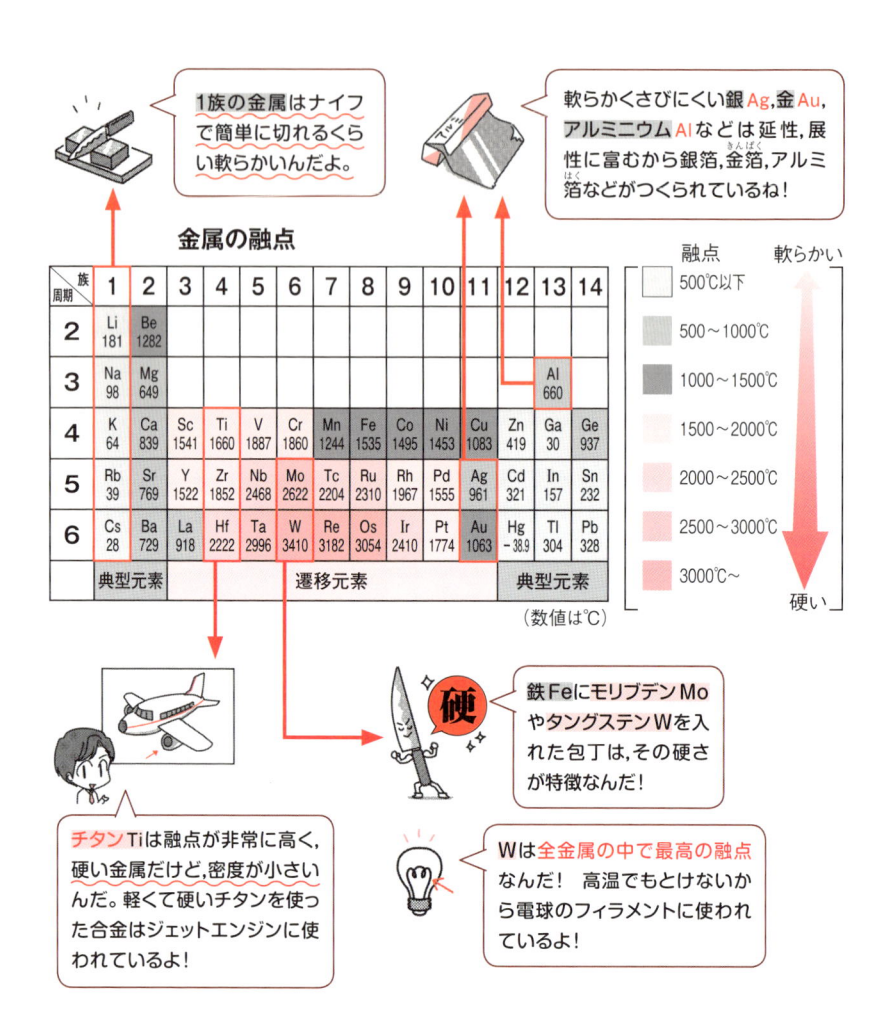

（数値は℃）

融点
- 500℃以下
- 500～1000℃
- 1000～1500℃
- 1500～2000℃
- 2000～2500℃
- 2500～3000℃
- 3000℃～

軟らかい ↓ 硬い

> チタンTiは融点が非常に高く, 硬い金属だけど, 密度が小さいんだ。軽くて硬いチタンを使った合金はジェットエンジンに使われているよ！

> 鉄Feにモリブデン MoやタングステンWを入れた包丁は, その硬さが特徴なんだ！

硬

> Wは全金属の中で最高の融点なんだ！ 高温でもとけないから電球のフィラメントに使われているよ！

▲ 金属元素の融点

story 3 　合金と表面処理材料

> 代表的な合金を教えてください！

> 合金も丸暗記ではなくて、融点やイオン化傾向の知識を使うと楽に理解できるんだよ。

(1) 融点と合金

　さびにくい金属で融点が低い金属といえばスズ Sn と鉛 Pb だね。この2つの金属を入れて合金にしたのが"**はんだ**"だ。はんだは低い温度でとけて常温で固まるから、金属の接合、つまり、"**はんだ付け**"に使われているんだ。最近は有毒な鉛 Pb を用いない**無鉛はんだ**が使われているんだけど、無鉛はんだの主成分は融点が232℃のスズ Sn なんだ。他の金属と比較すると、本当に融点が低いことがわかる。

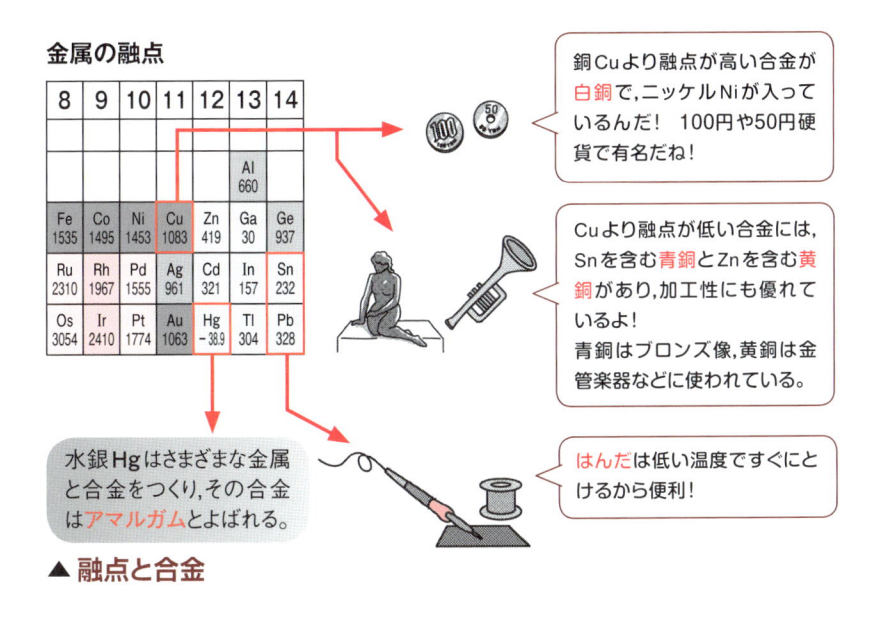

金属の融点

8	9	10	11	12	13	14
					Al 660	
Fe 1535	Co 1495	Ni 1453	Cu 1083	Zn 419	Ga 30	Ge 937
Ru 2310	Rh 1967	Pd 1555	Ag 961	Cd 321	In 157	Sn 232
Os 3054	Ir 2410	Pt 1774	Au 1063	Hg -38.9	Tl 304	Pb 328

- 銅 Cu より融点が高い合金が**白銅**で、ニッケル Ni が入っているんだ！ 100円や50円硬貨で有名だね！
- Cu より融点が低い合金には、Sn を含む**青銅**と Zn を含む**黄銅**があり、加工性にも優れているよ！ 青銅はブロンズ像、黄銅は金管楽器などに使われている。
- 水銀 Hg はさまざまな金属と合金をつくり、その合金は**アマルガム**とよばれる。
- **はんだ**は低い温度ですぐにとけるから便利！

▲ 融点と合金

第17章　金属の基本的性質と合金

スズより，もっと融点の低い水銀はさまざまな金属と**アマルガム**とよばれる合金をつくるんだ。

　それでは代表的な合金を見ていこう。

Point! 代表的な合金

合金	成分		特徴	用途
	主成分	その他		
ジュラルミン	Al	Cuなど	軽くて丈夫	航空機など
チタン合金	Ti	Alなど		航空機など
ステンレス鋼	Fe	Cr, (Ni)	さびにくい	流し台, 包丁
ニクロム	Ni	Cr	電気抵抗大	電熱線
はんだ	Sn	Pb	低融点	金属の接合
無鉛はんだ		Ag, Cuなど		
黄銅（真ちゅう）	Cu	Zn		金管楽器
青銅（ブロンズ）		Sn		銅像
白銅		Ni		100円, 50円硬貨
アマルガム	Hg	さまざまな金属	低融点	歯科用充填剤

(2) 密度と合金

　密度が低いさびない金属では，アルミニウム Al やチタン Ti が非常に重要なんだ。密度が低い，つまり，軽い金属の Al や Ti に少量の他の金属を混ぜたものが，**ジュラルミン**や**チタン合金**だ。

(3) イオン化傾向と合金

合金に使われる金属は基本的にさびにくいものばかりであることはいうまでもないね。イオン化傾向が小さくさびにくい銅 Cu の合金の代表的なものが**青銅**,**黄銅**,**白銅**だ。また,さびにくいスズ Sn と鉛 Pb の合金が**はんだ**というわけなんだ。

一方,イオン化傾向で考えたらアルミニウム Al やチタン Ti やクロム Cr はさびやすいんだけど,どれも空気中で緻密な酸化被膜(**不動態**)を形成するので,実際にはさびが進行しにくいんだ。

さびにくい Al の被膜を電気分解でさらに厚くつけたものが**アルマイト**,Al に Cu などを加えて強度を増した合金が**ジュラルミン**,Ti の強度を増したものが**チタン合金**,さびやすい鉄にクロム Cr を混ぜた結果,**表面に酸化クロム(Ⅲ)Cr_2O_3 の被膜ができてさびなくなったのがステンレス鋼**という具合なんだ。

また,合金ではなく,さびやすい**鉄 Fe の表面にさびにくいスズ Sn をめっきしたものがブリキ**,**亜鉛 Zn をめっきしたものがトタン**なんだ。ただし,ブリキはイオン化傾向が Fe > Sn なので,傷がついたら鉄がさびるけど,トタンは傷がついてもイオン化傾向が Zn > Fe なので,表面の亜鉛がさびるだけですむんだ。だから,傷がつきやすい建材にはトタンがよく使われるよ。

合金にしてもめっき材料にしても,共通していえるのはさびにくいものをつくっているということなのね!

そうなんだ。欲をいえば丈夫で軽くて加工しやすければ最高だ!

第17章 金属の基本的性質と合金

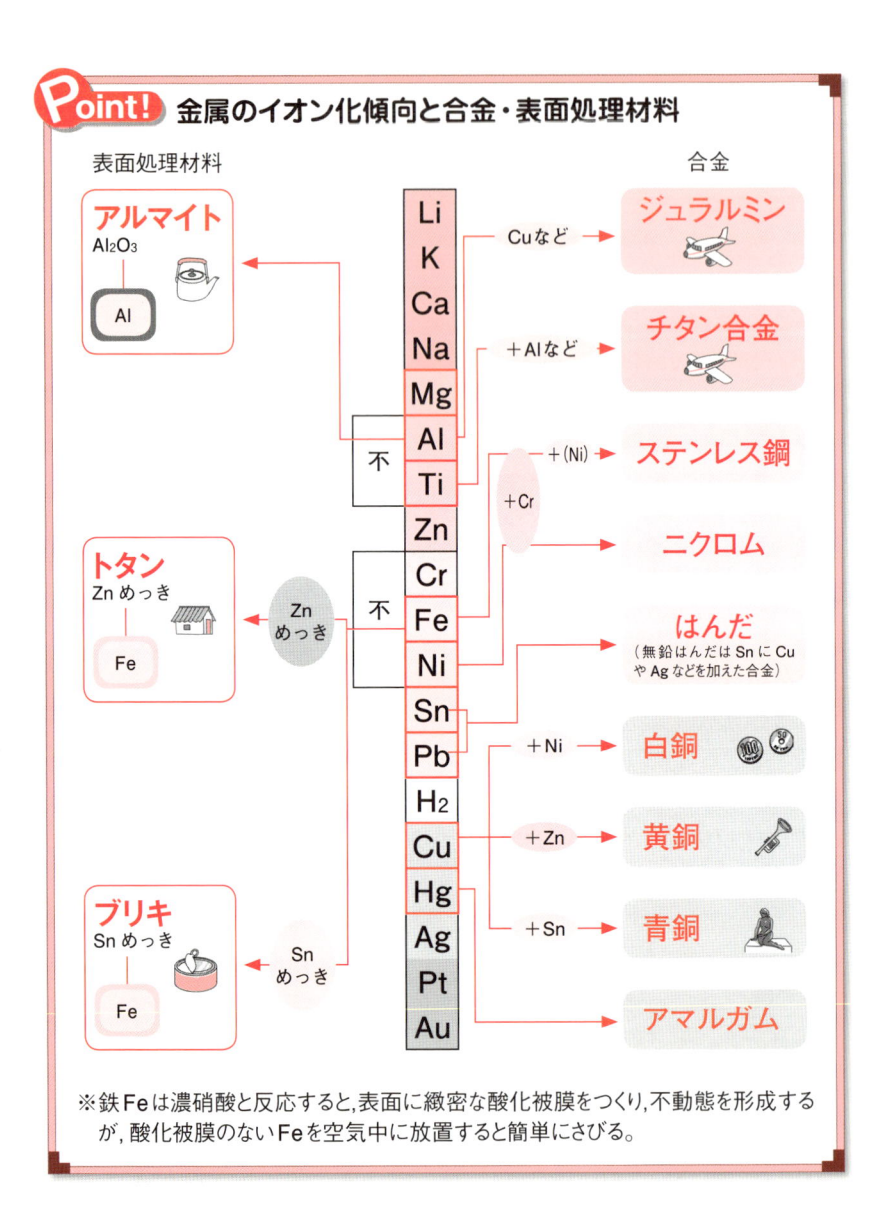

Point! 金属のイオン化傾向と合金・表面処理材料

表面処理材料

- アルマイト
  - Al_2O_3
  - Al

- トタン
  - Zn めっき
  - Fe

- ブリキ
  - Sn めっき
  - Fe

イオン化傾向

Li, K, Ca, Na, Mg, Al, Ti, Zn, Cr, Fe, Ni, Sn, Pb, H_2, Cu, Hg, Ag, Pt, Au

- Al, Ti: 不
- Fe, Ni: 不
- Zn めっき → Fe
- Sn めっき → Fe

合金

- Cuなど → ジュラルミン
- +Alなど → チタン合金
- +(Ni) → ステンレス鋼
- +Cr → ニクロム
- はんだ（無鉛はんだは Sn に Cu や Ag などを加えた合金）
- +Ni → 白銅
- +Zn → 黄銅
- +Sn → 青銅
- アマルガム

※鉄 Fe は濃硝酸と反応すると、表面に緻密な酸化被膜をつくり、不動態を形成するが、酸化被膜のない Fe を空気中に放置すると簡単にさびる。

確認問題

1 次の文章の中から遷移元素にあてはまるものをすべて選べ。
　① すべて金属元素である。
　② 密度の大きな重金属が多い。
　③ 常温常圧ですべて固体である。
　④ 結晶はすべて面心立方格子である。

|解 答|
① ② ③

2 密度が5g/cm³以下の軽い金属を次の中からすべて選べ。
　① Cu　② Ti　③ Na　④ Al　⑤ Ca

② ③ ④ ⑤

3 常温常圧で結晶が体心立方格子であるものを次の中からすべて選べ。
　① Na　② Ag　③ Cu　④ K　⑤ Fe

① ④ ⑤

4 常温常圧で結晶が面心立方格子であるものを次の中からすべて選べ。
　① Fe　② Li　③ Mg　④ Al　⑤ Cu

④ ⑤

5 常温常圧で結晶が六方最密構造であるものを次の中からすべて選べ。
　① Ag　② Au　③ Mg　④ Al　⑤ Be

③ ⑤

6 常圧で融点の最も高い金属を次の中から選べ。
　① Pt　② Fe　③ W　④ Hg　⑤ Sn

③

7 常圧で融点の最も低い金属を次の中から選べ。
　① Li　② Be　③ W　④ Hg　⑤ Sn

④

8 昔,使われていたはんだの成分を2つ,元素記号で答えよ。	**解 答** Sn, Pb
9 アルミニウム Al に銅 Cu などを加えてつくる航空機など使われる合金は何か。	ジュラルミン
10 Cu にスズ Sn を加えてつくる銅像に使われる合金は何か。	青銅(ブロンズ)
11 Cu に亜鉛 Zn を加えてつくる金管楽器などに使われる合金は何か。	黄銅(しんちゅう,ブラス)
12 ステンレス鋼は,鉄 Fe に金属Xとニッケル Ni を加えてつくる合金である。金属Xの元素記号を書け。	Cr
13 Fe に Zn をめっきした材料は屋根などに利用されている。この材料の名称を次の中から選べ。 　①洋銀　　②ブリキ　　③トタン 　④はんだ　⑤アルマイト	③
14 Fe にスズ Sn をめっきした材料は缶詰などに利用されている。この材料の名称を次の中から選べ。 　①洋銀　　②ブリキ　　③トタン 　④はんだ　⑤アルマイト	②

金属一般の性質

第18章 金属イオンの沈殿と錯イオン

▶ おみこしが軽やかに動くように，錯イオンも溶液中を軽やかに動く。

story 1 沈殿のペア

> 金属イオンと陰イオンで沈殿する物質が多くて覚えられません！ 助けてください！

そうだね。沈殿のペアが，なかなか覚えられないという人が多いんだ。ばらばらに覚えるとなかなか覚えられないから，次のようにまとめて覚えるといいよ。

＜沈殿の規則＞
1．基本的に沈殿を生成しない陰イオン

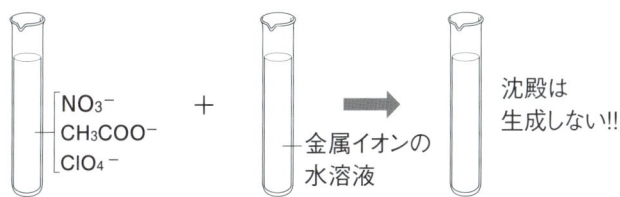

NO_3^-
CH_3COO^-
ClO_4^-

＋ 金属イオンの水溶液 → 沈殿は生成しない!!

2．ハロゲン化物沈殿

陰イオン	陽イオン
Cl^-, Br^-, I^-	$Ag^+, {}^{※}Hg_2^{2+}, Pb^{2+}$

※ Hg_2^{2+}はHg^+が$Hg^+ - Hg^+$のように共有結合したもの。

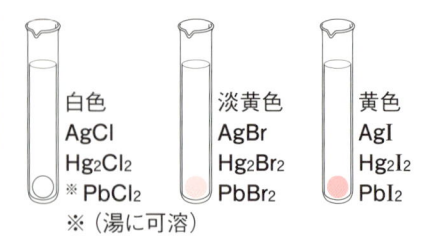

白色
$AgCl$
Hg_2Cl_2
※$PbCl_2$
※（湯に可溶）

淡黄色
$AgBr$
Hg_2Br_2
$PbBr_2$

黄色
AgI
Hg_2I_2
PbI_2

3．クロム酸沈殿

陰イオン	陽イオン
CrO_4^{2-}（黄色）	$Sr^{2+}, Ba^{2+}, Pb^{2+}, Ag^+$

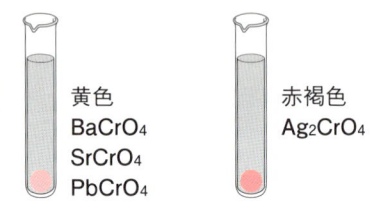

黄色
$BaCrO_4$
$SrCrO_4$
$PbCrO_4$

赤褐色
Ag_2CrO_4

4．硫酸沈殿

陰イオン	陽イオン
SO_4^{2-}	$Ca^{2+}, Sr^{2+}, Ba^{2+}, Ra^{2+}$（アルカリ土類金属）

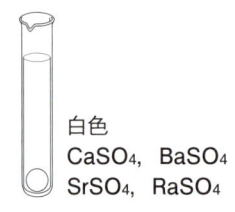

白色
$CaSO_4$, $BaSO_4$
$SrSO_4$, $RaSO_4$

5．その他の沈殿

陰イオン	陽イオン	例外
OH^-, O^{2-}, S^{2-}	アルカリ金属とアルカリ土類金属以外	$Ca(OH)_2$は沈殿する Al_2S_3は沈殿しない
CO_3^{2-}, PO_4^{3-}	アルカリ金属以外	$Al_2(CO_3)_3$は沈殿しない

※ Ag^+，Hg^{2+}などは水溶液中で塩基性にすると水酸化物が脱水され酸化物が沈殿する。
$2Ag^+ + 2OH^- \longrightarrow (2AgOH \longrightarrow) H_2O + Ag_2O \downarrow$（褐色）
$Hg^{2+} + 2OH^- \longrightarrow (Hg(OH)_2 \longrightarrow) H_2O + HgO \downarrow$（黄色）

※典型元素の金属イオンの沈殿は白色が多い。

硫化物沈殿だけは次の点に注意だよ。

1. 酸性でも塩基性でも沈殿するグループ

　　硫黄Sの電気陰性度は2.6で，電気陰性度の差が小さい1.9〜2.5付近の白金族（8〜10族の第5〜6周期の元素），11族，Cd，Hg，Sn，Pbなどの硫化物は共有結合性が高く非常に沈殿しやすいため，pHに関係なく酸性でも塩基性でも沈殿する。

2. 塩基性で沈殿するグループ

　　それ以外の金属硫化物は基本的に塩基性でのみ沈殿する。

Point! 硫化物の沈殿

	7族	8族	9族	10族	11族	12族	13族	14族
第1周期								
第2周期								
第3周期								
第4周期	Mn	Fe	Co	Ni	Cu	Zn	Ga	Ge
第5周期	Tc	Ru	Rh	Pd	Ag	Cd	In	Sn
第6周期	Re	Os	Ir	Pt	Au	Hg	Tl	Pb

塩基性でのみ沈殿するグループ　FeS, CoS, NiS（黒色），MnS（淡桃色），ZnS（白色）

非常に沈殿しやすいグループで，酸性でも塩基性でも沈殿する！

特に重要な沈殿　SnS（褐色），PbS, HgS, CuS, Ag_2S（黒色），CdS（黄色）

塩基性で沈殿する硫化物
　駅で　　待っても
（塩基性）（マンガン）
　鉄子に会えん
（鉄，コバルト，ニッケル，亜鉛）

酸性でも塩基性でも沈殿する硫化物
なまはげが稼働すんど〜ぎゃ〜
（鉛，Hg, Cd）（スズ，銅，銀）

story 2 錯イオン

(1) 錯イオンの名称

> 錯イオンの名前って呪文みたいで難しい！

そうだね。まず錯イオンのことから学ぼう。金属に配位子とよばれる原子，分子，イオンなどが配位結合して生成したイオンが錯イオンなんだ。錯イオンは[ ]をつけて表すことが多く，化学式で表すと次のようになるよ。

$$M^{n+} + xY^{m-} \rightleftarrows [MY_x]^{n-xm}$$

中心金属　配位子　　　錯イオン（錯体）

では，錯イオンの名称を3ステップでマスターしてしまおう！

STEP1　配位子の数（数を表す接頭語）

配位子の数は有機化合物の命名と同じ名称が使われるんだ。

▼ 配位子の数

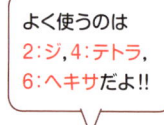

> よく使うのは
> 2：ジ，4：テトラ，
> 6：ヘキサだよ!!

	名称		複雑な配位子の場合（$S_2O_3^{2-}$ や置換基をもつ配位子の場合）	
1	mono	モノ		
2	di	ジ	bis	ビス
3	tri	トリ	tris	トリス
4	tetra	テトラ	tetrakis	テトラキス
5	penta	ペンタ	pentakis	ペンタキス
6	hexa	ヘキサ	hexakis	ヘキサキス

STEP2　配位子の名称

通常の化合物のときに使っている名称は，配位子になると異なることが多いから注意なんだ。例えば，CN^- は普通は "シアン化物イオ

ン"といっているけど，配位子として金属に配位結合したあとは"**シアニド**"という名称になるんだ。

$$Ag^+ + 2CN^- \rightleftarrows [N\equiv C-Ag-C\equiv N]^-$$

配位結合

中心金属
銀(I)イオン

配位子
通常の名称は
シアン化物イオン

錯イオン
ジシアニド銀(I)酸イオン

▼ 配位子の名称

配位子	通常の名称	配位子の名称	表記の順
CN^-	シアン化物イオン cyanide ion	シアニド（昔はシアノ） cyanide	優先 ↑ （アルファベット順）
Cl^-	塩化物イオン chloride ion	クロリド（昔はクロロ） chloride	
NH_3	アンモニア ammonia	アンミン ammine	
OH^-	水酸化物イオン hydroxide ion	ヒドロキシド（昔はヒドロキソ） hydroxide	
OH_2 (H_2O)	水 water	アクア　配位結合するのは酸素なので aqua　　OH_2と表記することが多い	

配位子が複数のときには，配位子の化学式をアルファベット順に並べて表記し，読むときは配位子の名称をアルファベット順に読むよ。

$$Cu^{2+} + 2NH_3 + 2H_2O \rightleftarrows [Cu(NH_3)_2(H_2O)_2]^{2+}$$

ジアンミンジアクア銅(II)イオン

また，アクア錯イオンはよく省略されるので注意だよ。例えば Al^{3+} は水溶液中では $[Al(H_2O)_6]^{3+}$ だけど，たいていは Al^{3+} と書くんだ。

$$Al^{3+} + 6H_2O \rightleftarrows [Al(H_2O)_6]^{3+}$$

ヘキサアクアアルミニウム(III)イオン

[Al(H₂O)₆]³⁺と書かずにAl³⁺と表記するんだよ！

Al³⁺は本当は水溶液中では $[Al(H_2O)_6]^{3+}$ の形なんだ。

STEP3　錯イオンの名称

錯イオンの名称は次の順番で読むんだ。ただし，錯イオン全体が陰イオンなら「～酸イオン」という名称にするんだよ。

配位子の数　→　配位子　→　中心金属（酸化数をつける）　→　全体が陰イオンになったら「～酸イオン」とする

アルミニウムやホウ素が中心金属で全体が陰イオンになった場合のみ日本語では「～アルミン酸」「～ホウ酸」という

例1

$$Sn^{4+} + 6OH^- \rightleftarrows [Sn(OH)_6]^{2-}$$

ヘキサヒドロキシドスズ(Ⅳ)酸イオン

例2

$$Fe^{2+} + 6CN^- \rightleftarrows [Fe(CN)_6]^{4-}$$

ヘキサシアニド鉄(Ⅱ)酸イオン

ただし，アルミニウムやホウ素の錯イオンが陰イオンだったら，日本語では**アルミン酸**，ホウ酸とよばれているから注意だよ。

例3

$$Al^{3+} + 4OH^- + 2H_2O \rightleftarrows [Al(H_2O)_2(OH)_4]^-$$

ジアクアテトラヒドロキシドアルミン酸イオン

例3の反応式は，よく H_2O が省略されてるから注意してね。

$$Al^{3+} + 4OH^- \rightleftarrows [Al(OH)_4]^-$$

テトラヒドロキシドアルミン酸イオン

よく使う錯イオンの名称を教えるから，これで完全マスターだね！

▼ 主な錯イオンの名称

配位子	中心金属	配位数	中心金属からの結合	錯イオン	色
CN^- シアニド	Fe^{2+}	6	八面体形	$[Fe(CN)_6]^{4-}$ ヘキサシアニド鉄(Ⅱ)酸イオン	溶液は黄色
	Fe^{3+}			$[Fe(CN)_6]^{3-}$ ヘキサシアニド鉄(Ⅲ)酸イオン	
$S_2O_3^{2-}$ チオスルファト	Ag^+	2	直線形	$[Ag(CN)_2]^-$ ジシアニド銀(Ⅰ)酸イオン	無色
				$[Ag(S_2O_3)_2]^{3-}$ ビス(チオスルファト)銀(Ⅰ)酸イオン	
				$[Ag(NH_3)_2]^+$ ジアンミン銀(Ⅰ)イオン	
NH_3 アンミン	Cu^{2+}		正方形	$[Cu(NH_3)_4]^{2+}$ テトラアンミン銅(Ⅱ)イオン	濃青色
	Zn^{2+}	4	四面体形	$[Zn(NH_3)_4]^{2+}$ テトラアンミン亜鉛(Ⅱ)イオン	無色
				$[Zn(OH)_4]^{2-}$ テトラヒドロキシド亜鉛(Ⅱ)酸イオン	
OH^- ヒドロキシド	Pb^{2+}		四面体形	$[Pb(OH)_3]^-$ $(=[Pb(OH)_3(H_2O)]^-)$ トリヒドロキシド鉛(Ⅱ)酸イオン	
	Sn^{2+}			$[Sn(OH)_3]^-$ $(=[Sn(OH)_3(H_2O)]^-)$ トリヒドロキシドスズ(Ⅱ)酸イオン	
	Sn^{4+}	6	八面体形	$[Sn(OH)_6]^{2-}$ ヘキサヒドロキシドスズ(Ⅳ)酸イオン	
	Al^{3+}			$[Al(OH)_4]^-$ $(=[Al(OH)_4(H_2O)_2]^-)$ テトラヒドロキシドアルミン酸イオン	

第18章　金属イオンの沈殿と錯イオン

(2) 沈殿の再溶解

> 沈殿が溶けて錯イオンができることが多いですが,これを覚えるのにコツがありますか?

NH_3 や OH^- の錯イオンは沈殿の再溶解と同時に覚えたほうがいいよ! まずはアンモニア NH_3 を入れると沈殿が生成して,入れ続けると再溶解するパターンから見てみよう。

① アンモニアを入れると沈殿が再溶解するパターン

加えたアンモニアの一部が水と反応して,次のように水酸化物イオン OH^- が生成する。

$$NH_3 + H_2O \rightleftarrows NH_4^+ + OH^-$$

アルカリ金属とアルカリ土類金属以外の水酸化物は沈殿するから,たいていの金属イオンにアンモニア水を加えると金属水酸化物が沈殿するんだ。ここでの注意は,銀(Ⅰ)イオンは水酸化物でなく酸化物が沈殿するということだね。**銀と水銀の水酸化物はすぐに脱水する**と覚えよう。

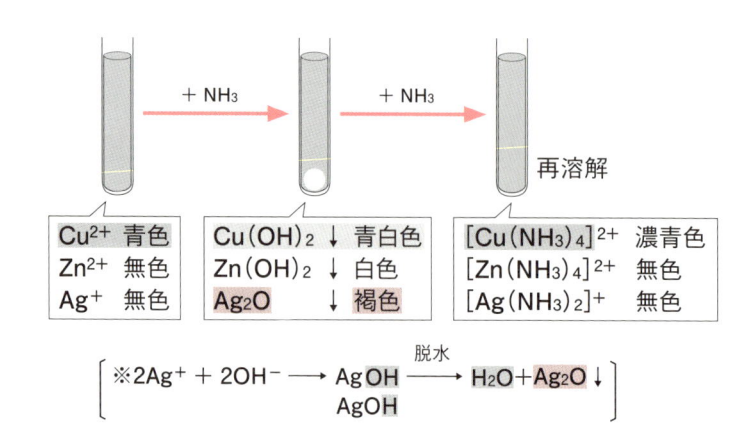

	+NH_3→		+NH_3→	再溶解
Cu^{2+} 青色 Zn^{2+} 無色 Ag^+ 無色		$Cu(OH)_2$ ↓ 青白色 $Zn(OH)_2$ ↓ 白色 Ag_2O ↓ 褐色		$[Cu(NH_3)_4]^{2+}$ 濃青色 $[Zn(NH_3)_4]^{2+}$ 無色 $[Ag(NH_3)_2]^+$ 無色

$$\left[\begin{array}{l} ※2Ag^+ + 2OH^- \longrightarrow AgOH \xrightarrow{脱水} H_2O + Ag_2O↓ \\ AgOH \end{array} \right]$$

② 水酸化ナトリウムを入れると沈殿が再溶解するパターン

両性元素である Al，Zn，Sn，Pb の水酸化物は OH^- によって錯イオンをつくるんだ。これらはまとめて覚えられるから簡単だよ！

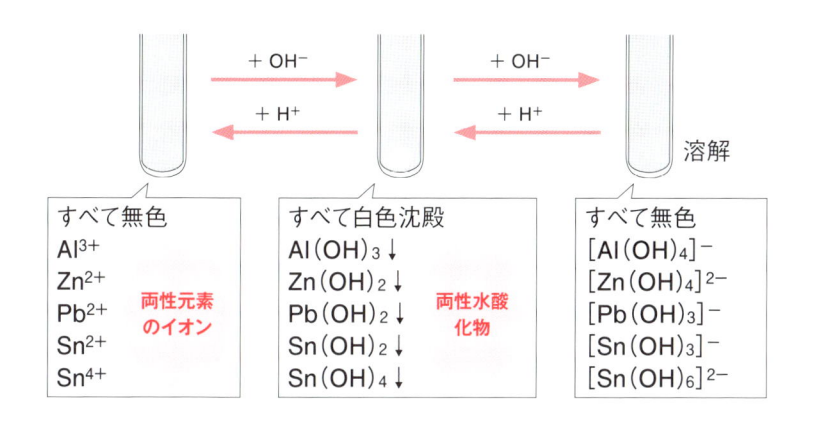

```
         + OH⁻          + OH⁻
      ─────────→      ─────────→
         + H⁺           + H⁺
      ←─────────      ←─────────                    溶解

  すべて無色           すべて白色沈殿              すべて無色
  Al³⁺                 Al(OH)₃↓                   [Al(OH)₄]⁻
  Zn²⁺    両性元素      Zn(OH)₂↓     両性水酸      [Zn(OH)₄]²⁻
  Pb²⁺    のイオン      Pb(OH)₂↓      化物         [Pb(OH)₃]⁻
  Sn²⁺                 Sn(OH)₂↓                   [Sn(OH)₃]⁻
  Sn⁴⁺                 Sn(OH)₄↓                   [Sn(OH)₆]²⁻
```

(左の試験管群は Al^{3+}, Zn^{2+}, Pb^{2+}, Sn^{2+}, Sn^{4+} ── 両性元素のイオン／中央は $Al(OH)_3↓$, $Zn(OH)_2↓$, $Pb(OH)_2↓$, $Sn(OH)_2↓$, $Sn(OH)_4↓$ ── 両性水酸化物／右は $[Al(OH)_4]^-$, $[Zn(OH)_4]^{2-}$, $[Pb(OH)_3]^-$, $[Sn(OH)_3]^-$, $[Sn(OH)_6]^{2-}$)

> 両性元素の水酸化物は沈殿の色が全部白色だから覚えやすい！

> Al とか Zn を別々に学習する人が多いんだけど，いっしょに学べば一発だよ！

story 3　金属イオンの系統分離

(1) 第1属～第6属の金属イオンの分離

> 金属イオンの系統分離を教えてください！

金属イオンの系統分離とは，**金属イオンを第1属～第6属の6つのグループに分けること**を指すんだ。この分ける操作を分属というけど，第1属～第5属は，同じ条件下，同じ陰イオンで沈殿するグループで，第6属は沈殿を生成しないグループだよ。各グループの位置を周期表で見てみると関係がつかみやすいよ。第3属だけは，別にしておいたよ。

第18章　金属イオンの沈殿と錯イオン

第6属
沈殿しない
Na^+, K^+, Mg^{2+}

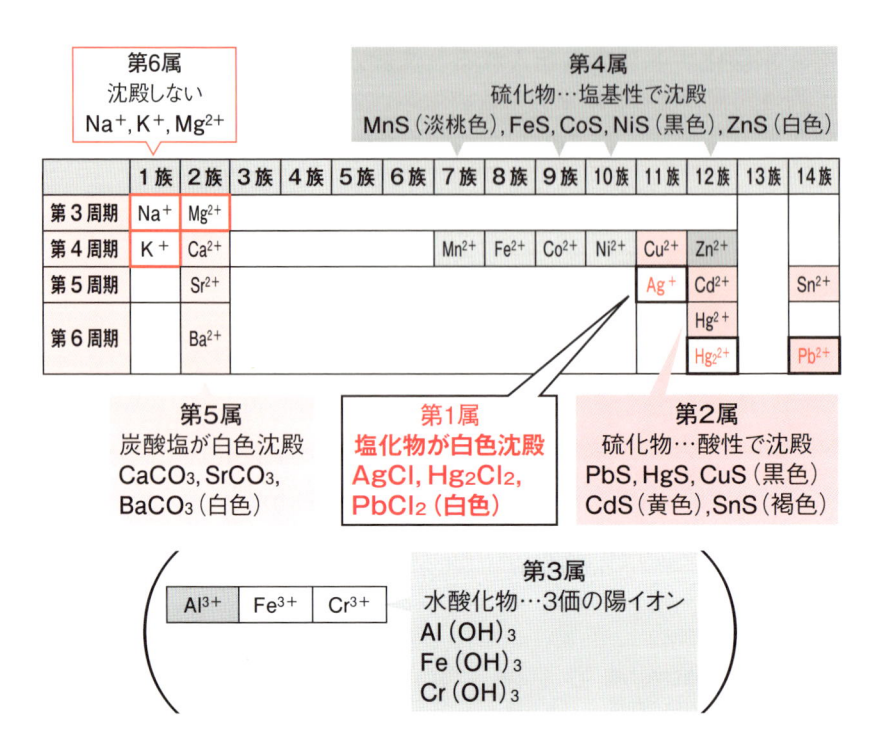

第4属
硫化物…塩基性で沈殿
MnS（淡桃色），FeS, CoS, NiS（黒色），ZnS（白色）

	1族	2族	3族	4族	5族	6族	7族	8族	9族	10族	11族	12族	13族	14族
第3周期	Na^+	Mg^{2+}												
第4周期	K^+	Ca^{2+}					Mn^{2+}	Fe^{2+}	Co^{2+}	Ni^{2+}	Cu^{2+}	Zn^{2+}		
第5周期		Sr^{2+}									Ag^+	Cd^{2+}		Sn^{2+}
第6周期		Ba^{2+}										Hg^{2+} Hg_2^{2+}		Pb^{2+}

第5属
炭酸塩が白色沈殿
$CaCO_3$, $SrCO_3$, $BaCO_3$（白色）

第1属
塩化物が白色沈殿
$AgCl$, Hg_2Cl_2, $PbCl_2$（白色）

第2属
硫化物…酸性で沈殿
PbS, HgS, CuS（黒色），CdS（黄色），SnS（褐色）

(Al^{3+} | Fe^{3+} | Cr^{3+})

第3属
水酸化物…3価の陽イオン
$Al(OH)_3$
$Fe(OH)_3$
$Cr(OH)_3$

第2属と**第4属**はどちらも硫化水素を吹き込むと**硫化物の沈殿**を生成するけど，第2属は酸性で，第4属は塩基性で沈殿だから注意だよ。

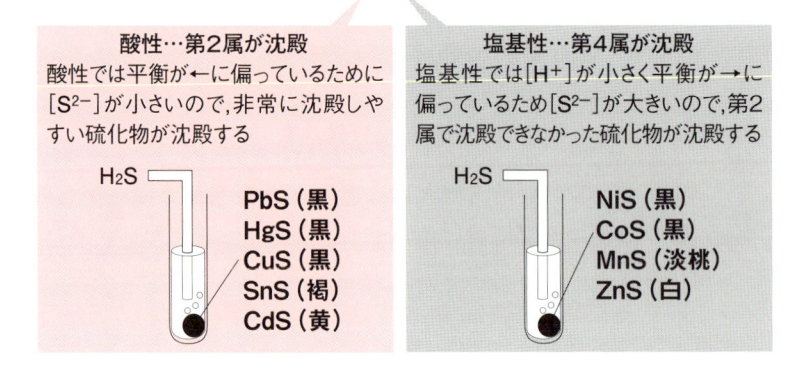

$$H_2S \rightleftarrows 2H^+ + S^{2-}$$

酸性…第2属が沈殿
酸性では平衡が←に偏っているために$[S^{2-}]$が小さいので，非常に沈殿しやすい硫化物が沈殿する

H_2S
PbS（黒）
HgS（黒）
CuS（黒）
SnS（褐）
CdS（黄）

塩基性…第4属が沈殿
塩基性では$[H^+]$が小さく平衡が→に偏っているため$[S^{2-}]$が大きいので，第2属で沈殿できなかった硫化物が沈殿する

H_2S
NiS（黒）
CoS（黒）
MnS（淡桃）
ZnS（白）

それでは分離の操作を見ていこう。

金属イオンを含む水溶液

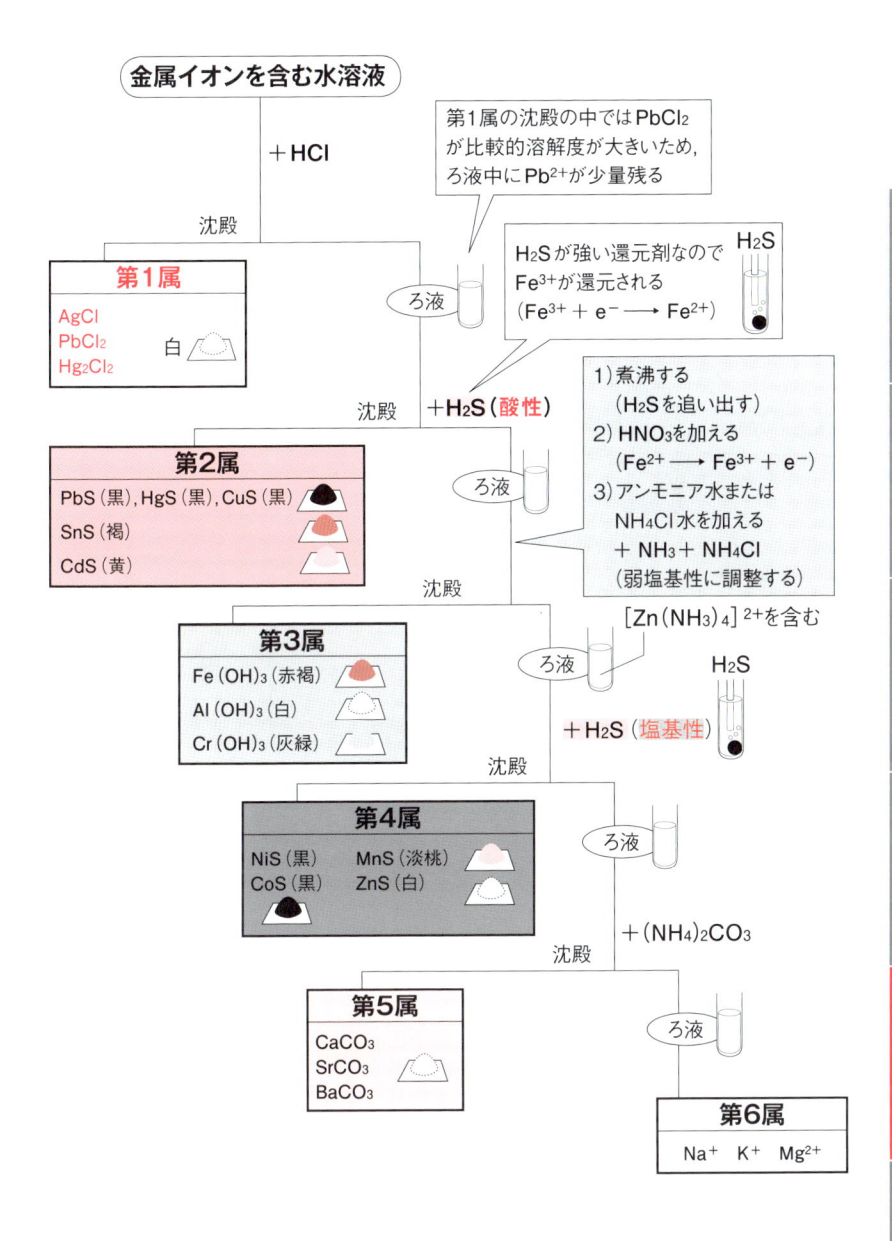

＋HCl

沈殿 → **第1属**
- AgCl
- PbCl₂ （白）
- Hg₂Cl₂

第1属の沈殿の中では PbCl₂ が比較的溶解度が大きいため、ろ液中に Pb²⁺ が少量残る

ろ液 → ＋H₂S（酸性）

H₂S が強い還元剤なので Fe³⁺ が還元される
（Fe³⁺ ＋ e⁻ ⟶ Fe²⁺）

沈殿 → **第2属**
- PbS（黒）, HgS（黒）, CuS（黒）
- SnS（褐）
- CdS（黄）

ろ液 →
1) 煮沸する（H₂S を追い出す）
2) HNO₃ を加える（Fe²⁺ ⟶ Fe³⁺ ＋ e⁻）
3) アンモニア水または NH₄Cl 水を加える ＋NH₃＋NH₄Cl（弱塩基性に調整する）

沈殿 → **第3属**
- Fe(OH)₃（赤褐）
- Al(OH)₃（白）
- Cr(OH)₃（灰緑）

ろ液 [Zn(NH₃)₄]²⁺ を含む

＋H₂S（塩基性）

沈殿 → **第4属**
- NiS（黒）　MnS（淡桃）
- CoS（黒）　ZnS（白）

ろ液 → ＋(NH₄)₂CO₃

沈殿 → **第5属**
- CaCO₃
- SrCO₃
- BaCO₃

ろ液 → **第6属**
Na⁺　K⁺　Mg²⁺

▲ 第1属～第6属の金属イオンの系統分離

第18章　金属イオンの沈殿と錯イオン

(2) 金属イオンの確認

金属イオンの系統分離はこれだけ覚えていれば大丈夫ですか？

いやいや実はそうではないんだ。各属から**さらに金属イオンを確認する**ところまで重要なんだ。

例えば、第3属に $Fe(OH)_3$ と $Al(OH)_3$ の2種類が沈殿していたとすると、$Al(OH)_3$ が両性水酸化物であることを利用して、沈殿に NaOH を加えるんだ。そうすると $Al(OH)_3$ のみが溶解して、$Fe(OH)_3$ は沈殿したままになる。これをろ過したあと、ろ液を塩酸で中和して pH を下げると $Al(OH)_3$ が再び沈殿してくるので、Al^{3+} があったことが確認できるね。一方の $Fe(OH)_3$ は塩酸に溶かしてチオシアン酸カリウム KSCN を加えると、**血赤色**の錯イオンが生成するから確認できるという具合なんだ。

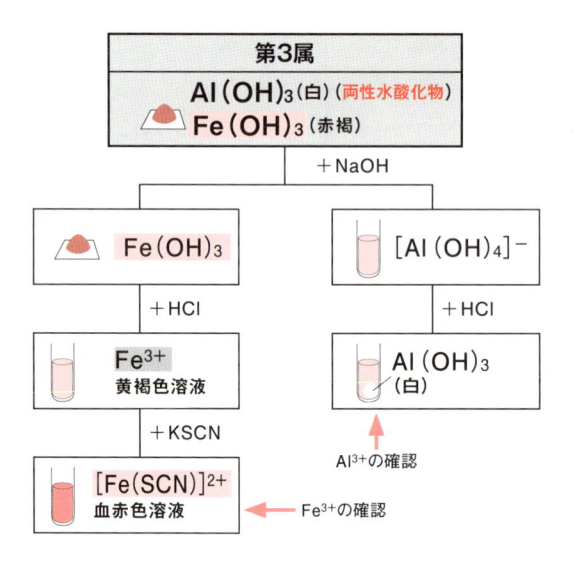

```
                    第3属
            Al(OH)₃（白）（両性水酸化物）
            Fe(OH)₃（赤褐）
                    │
                  +NaOH
          ┌─────────┴─────────┐
       Fe(OH)₃            [Al(OH)₄]⁻
          │                    │
        +HCl                 +HCl
          │                    │
        Fe³⁺               Al(OH)₃
      黄褐色溶液              （白）
          │                    ↑
       +KSCN             Al³⁺の確認
          │
     [Fe(SCN)]²⁺
      血赤色溶液  ← Fe³⁺の確認
```

▲ **第3属の金属イオンの確認**

すべての金属イオンの確認を覚えなくてよいので、特に重要な金属イオンを分離・確認する方法を教えるよ。次のフローで完全にマスターしてね！

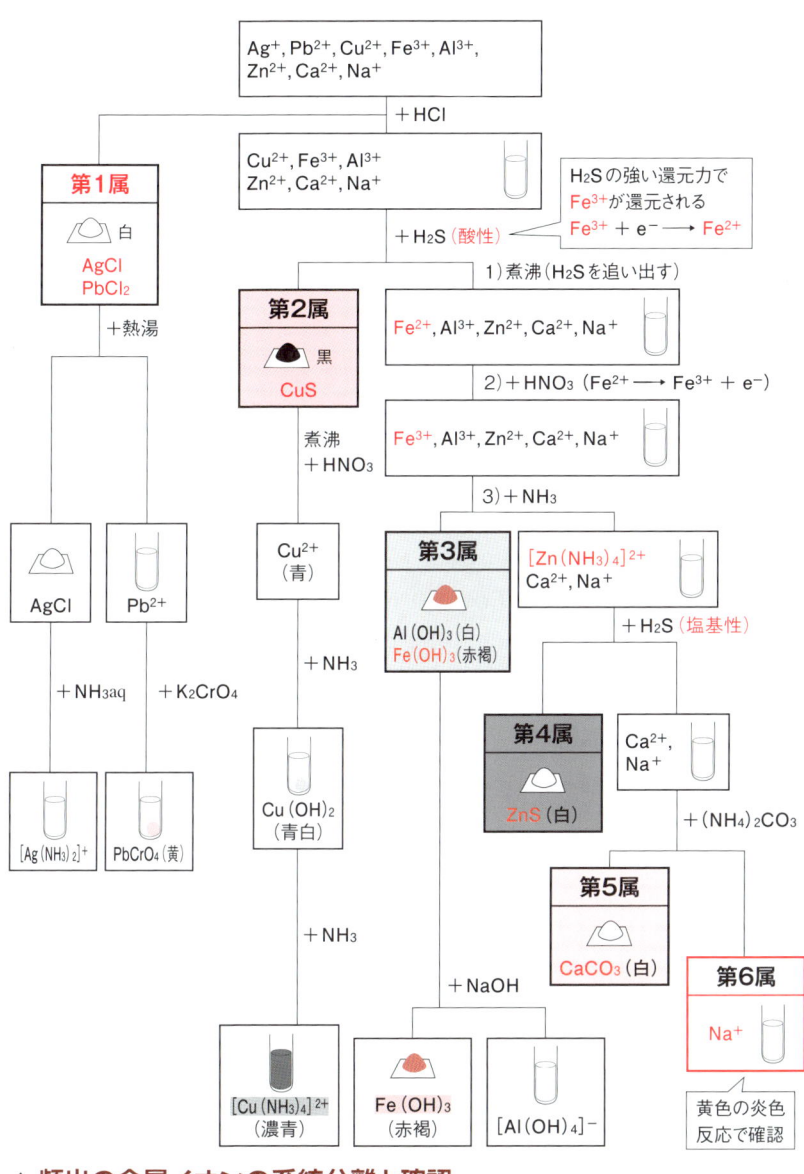

頻出の金属イオンの系統分離と確認

$Ag^+, Pb^{2+}, Cu^{2+}, Fe^{3+}, Al^{3+}, Zn^{2+}, Ca^{2+}, Na^+$

+HCl

第1属 白
$AgCl$
$PbCl_2$

$Cu^{2+}, Fe^{3+}, Al^{3+}, Zn^{2+}, Ca^{2+}, Na^+$

+H_2S（酸性）

H₂Sの強い還元力で Fe^{3+} が還元される
$Fe^{3+} + e^- \longrightarrow Fe^{2+}$

1) 煮沸（H₂Sを追い出す）

第2属 黒
CuS

$Fe^{2+}, Al^{3+}, Zn^{2+}, Ca^{2+}, Na^+$

2) +HNO_3 ($Fe^{2+} \longrightarrow Fe^{3+} + e^-$)

$Fe^{3+}, Al^{3+}, Zn^{2+}, Ca^{2+}, Na^+$

3) +NH_3

+熱湯

$AgCl$　　Pb^{2+}

+NH_3aq　+K_2CrO_4

$[Ag(NH_3)_2]^+$　$PbCrO_4$（黄）

煮沸
+HNO_3

Cu^{2+}（青）

+NH_3

$Cu(OH)_2$（青白）

+NH_3

$[Cu(NH_3)_4]^{2+}$（濃青）

第3属
$Al(OH)_3$（白）
$Fe(OH)_3$（赤褐）

$[Zn(NH_3)_4]^{2+}$
Ca^{2+}, Na^+

+H_2S（塩基性）

第4属
ZnS（白）

Ca^{2+}, Na^+

+$(NH_4)_2CO_3$

第5属
$CaCO_3$（白）

第6属
Na^+

黄色の炎色反応で確認

+NaOH

$Fe(OH)_3$（赤褐）　$[Al(OH)_4]^-$

確認問題

1 食塩水を加えると沈殿が生成するものを次の中から2つ選べ。
① AgNO₃　② KNO₃
③ Pb(NO₃)₂　④ Ba(NO₃)₂

解答：① ③

2 クロム酸カリウムを加えても沈殿が生成しないものを次の中から1つ選べ。
① AgNO₃　② KNO₃　③ BaCl₂

解答：②

3 硫酸カリウムを加えると沈殿が生成するものを次の中から2つ選べ。
① CaCl₂　② ZnCl₂　③ BaCl₂

解答：① ③

4 水酸化ナトリウムを加えると赤褐色の沈殿が生成する金属イオンを次の中から1つ選べ。
① Cu^{2+}　② Fe^{2+}　③ Fe^{3+}　④ Ni^{2+}

解答：③

5 硫化水素のガスを吹き込むと沈殿が生成する金属イオンを次の中から1つ選べ。ただし、溶液のpH＝1.0とする。
① Ag^+　② Ca^{2+}　③ K^+　④ Ni^{2+}

解答：①

6 硫化水素のガスを吹き込むと沈殿が生成する金属イオンを次の中から2つ選べ。ただし、溶液のpH＝9.0とする。
① Ag^+　② Ca^{2+}　③ K^+　④ Mn^{2+}

解答：① ④

7 テトラアンミン銅（Ⅱ）イオンを化学式で表せ。また、水溶液の色を答えよ。

解答：$[Cu(NH_3)_4]^{2+}$
濃青色（深青色）

8 ヘキサシアニド鉄(Ⅱ)酸イオンを化学式で表せ。

解答
$[Fe(CN)_6]^{4-}$

9 テトラアンミン亜鉛(Ⅱ)イオンを化学式で表し,亜鉛原子から出る4本の共有結合がつくる形を答えよ。

$[Zn(NH_3)_4]^{2+}$
四面体形
(正四面体形)

10 次の金属水酸化物の中から,濃いアンモニア水にも,水酸化ナトリウム水溶液にも溶解するものを1つ選べ。
　① $Al(OH)_3$　② $Fe(OH)_2$　③ $Zn(OH)_2$

③

11 次の金属水酸化物の中から,両性水酸化物でないものを,1つ選べ。
　① $Al(OH)_3$　② $Fe(OH)_3$　③ $Sn(OH)_2$

②

12 次の金属酸化物の中から,両性酸化物を1つ選べ。
　① FeO　② ZnO　③ Ag_2O　④ CaO

②

13 次の結晶の中から熱湯に溶けるものを1つ選べ。
　① $AgCl$　② Hg_2Cl_2　③ $PbCl_2$

③

14 次の結晶の中から白色のものをすべて選べ。
　① $Al(OH)_3$　② $Fe(OH)_2$　③ $Fe(OH)_3$
　④ ZnS　⑤ CuS　⑥ PbS
　⑦ $BaCrO_4$　⑧ $AgCl$　⑨ $AgBr$

①④⑧

第18章　金属イオンの沈殿と錯イオン

第19章 両性元素の反応

▶ カタツムリは雌と雄の性質を両方もった雌雄同体だが，両性元素の酸化物や水酸化物も酸と塩基の両方の性質をもっている。

story 1 水酸化物の反応

> Al, Znなどの両性元素は反応式だらけで大変です～

反応式は全部暗記するのではないんだ。本質的な化学変化である**イオン反応式**を書いて，**足りないイオンをたせば全反応式が完成する**んだ。このつくり方さえわかれば，覚える量はずっと減るからがんばろう！

まず，両性元素の水酸化物の反応からだよ。**重要な両性元素は Al, Zn, Sn, Pb** で，それらのイオンには Al^{3+}，Zn^{2+}，Sn^{2+}，Sn^{4+}，Pb^{2+} があるね。**スズのイオンには Sn^{2+} と Sn^{4+} があるけど，Sn^{4+} が安定**なことも覚えておこう。これらの水酸化物は沈殿するけど，酸を入れても塩基を入れても反応して，沈殿が溶ける両性水酸化物だ。$Zn(OH)_2$ を例に全体の反応を見てもらおう。

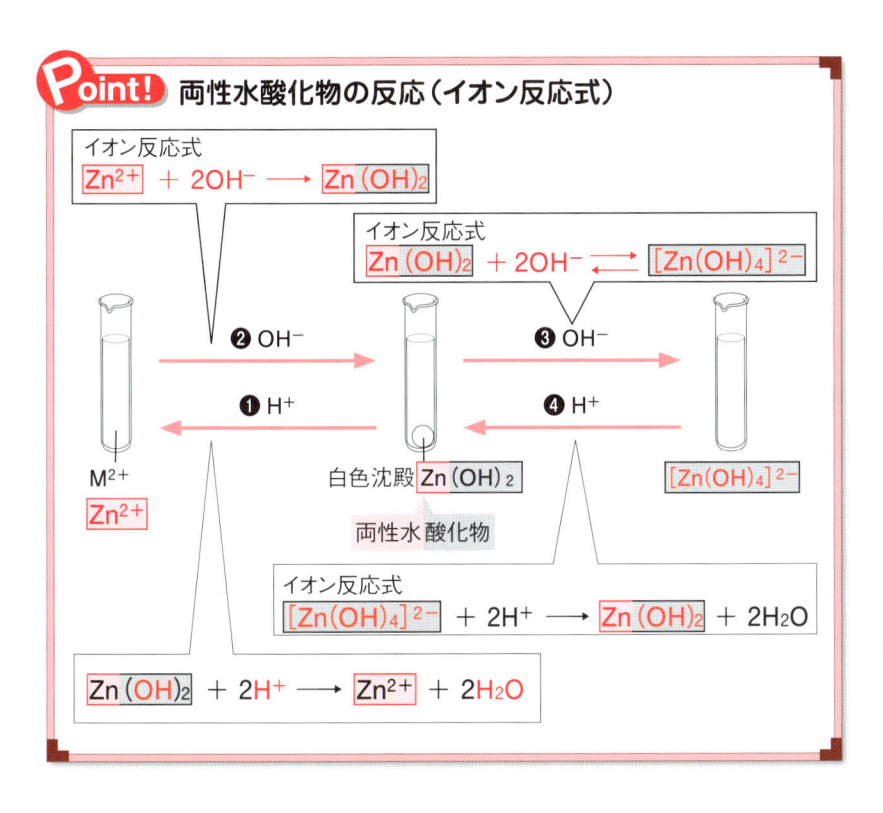

Point! 両性水酸化物の反応（イオン反応式）

イオン反応式
$$Zn^{2+} + 2OH^- \longrightarrow Zn(OH)_2$$

イオン反応式
$$Zn(OH)_2 + 2OH^- \rightleftarrows [Zn(OH)_4]^{2-}$$

❷ OH^-　　❸ OH^-

❶ H^+　　❹ H^+

M^{2+}　　白色沈殿 $Zn(OH)_2$　　$[Zn(OH)_4]^{2-}$
Zn^{2+}　　両性水酸化物

イオン反応式
$$[Zn(OH)_4]^{2-} + 2H^+ \longrightarrow Zn(OH)_2 + 2H_2O$$

$$Zn(OH)_2 + 2H^+ \longrightarrow Zn^{2+} + 2H_2O$$

(1) 酸との反応（反応❶）

金属の水酸化物は電離して OH^- を生じるから，酸を入れると，

$$H^+ + OH^- \longrightarrow H_2O$$

の反応により中和が起こるんだ。イオン反応式を書いてみると，簡単なことがわかるよ。実際に元素を入れた式も下に書いておいたよ。

$$\begin{array}{r} Zn(OH)_2 \rightleftarrows Zn^{2+} + 2\cancel{OH^-} \\ +)\ 2H^+ + 2\cancel{OH^-} \longrightarrow 2H_2O \\ \hline Zn(OH)_2 + 2H^+ \longrightarrow Zn^{2+} + 2H_2O \end{array}$$

← イオン反応式が完成！

酸として塩酸を使えば，次のようになるんだ。

$$Zn(OH)_2 + 2H^+ \longrightarrow Zn^{2+} + 2H_2O$$
$$+)\underline{ 2Cl^- 2Cl^- }$$
$$Zn(OH)_2 + 2HCl \longrightarrow ZnCl_2 + 2H_2O$$

> イオン反応式
> 足りないイオンを両辺にたす

これがわかれば，逆の**反応❷**もすぐだよ！

(2) 両性水酸化物の生成（反応❷）

Zn^{2+}はOH^-を入れると沈殿するから，イオン反応式は次の通りだよ。

$$Zn^{2+} + 2OH^- \longrightarrow Zn(OH)_2 \quad \text{イオン反応式}$$

これに足りないイオンをたせば完成だ。例として，NaOHを入れてみよう。

$$Zn^{2+} + 2OH^- \rightleftarrows Zn(OH)_2$$
$$+)\underline{2Cl^- 2Na^+ 2Cl^- 2Na^+}$$
$$ZnCl_2 + 2NaOH \longrightarrow Zn(OH)_2 + 2NaCl$$

> イオン反応式
> 足りないイオンを両辺にたす
> 全反応式

(3) 塩基との反応（反応❸）

両性元素のイオンは塩基の代表である**OH^-と錯イオンを生成して溶解する**んだ。イオン反応式は次のように簡単だよ。

$$Zn(OH)_2 + 2OH^- \longrightarrow [Zn(OH)_4]^{2-} \quad \text{イオン反応式}$$

NaOHを例に，足りないイオンをたせばすぐに全反応式だ。

$$Zn(OH)_2 + 2OH^- \longrightarrow [Zn(OH)_4]^{2-}$$ ← イオン反応式 / 足りないイオンを両辺にたす
$$+)\quad\quad\quad\quad\quad 2Na^+ \quad\quad\quad 2Na^+$$
$$\overline{Zn(OH)_2 + 2NaOH \longrightarrow Na_2[Zn(OH)_4]}$$ ← 全反応式

またもや簡単に反応式が書けたでしょう。そして、逆の**反応❹**もすぐに完成だよ。

(4) 両性水酸化物の生成（反応❹）

強塩基性で存在している $[Zn(OH)_4]^{2-}$ のイオンも酸性にすれば次のイオン反応式の通り、再び Zn^{2+} になるんだ。

$$[Zn(OH)_4]^{2-} + 2H^+ \longrightarrow Zn(OH)_2 + 2H_2O \quad \text{イオン反応式}$$

HCl を例に足りないイオンをたせば全反応式ができるね。

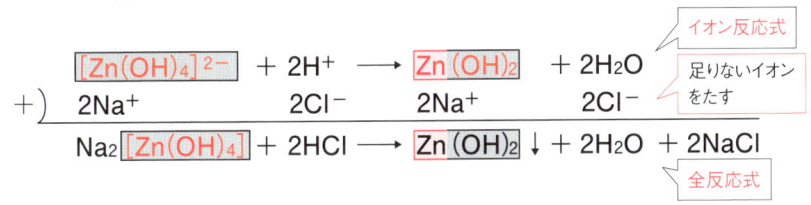

$$[Zn(OH)_4]^{2-} + 2H^+ \longrightarrow Zn(OH)_2 + 2H_2O$$ ← イオン反応式 / 足りないイオンをたす
$$+)\quad 2Na^+ \quad\quad 2Cl^- \quad\quad\quad\quad 2Na^+ \quad 2Cl^-$$
$$\overline{Na_2[Zn(OH)_4] + 2HCl \longrightarrow Zn(OH)_2\downarrow + 2H_2O + 2NaCl}$$ ← 全反応式

このようにイオン反応式がわかれば簡単に反応式が書けるんだ。

> イオン反応式をマスターすれば、いろいろな反応式が書けるようになるよ！

> イオン反応式が重要だったのね！

では、具体的な反応式で、両性水酸化物の反応を見てもらおう。

第19章　両性元素の反応

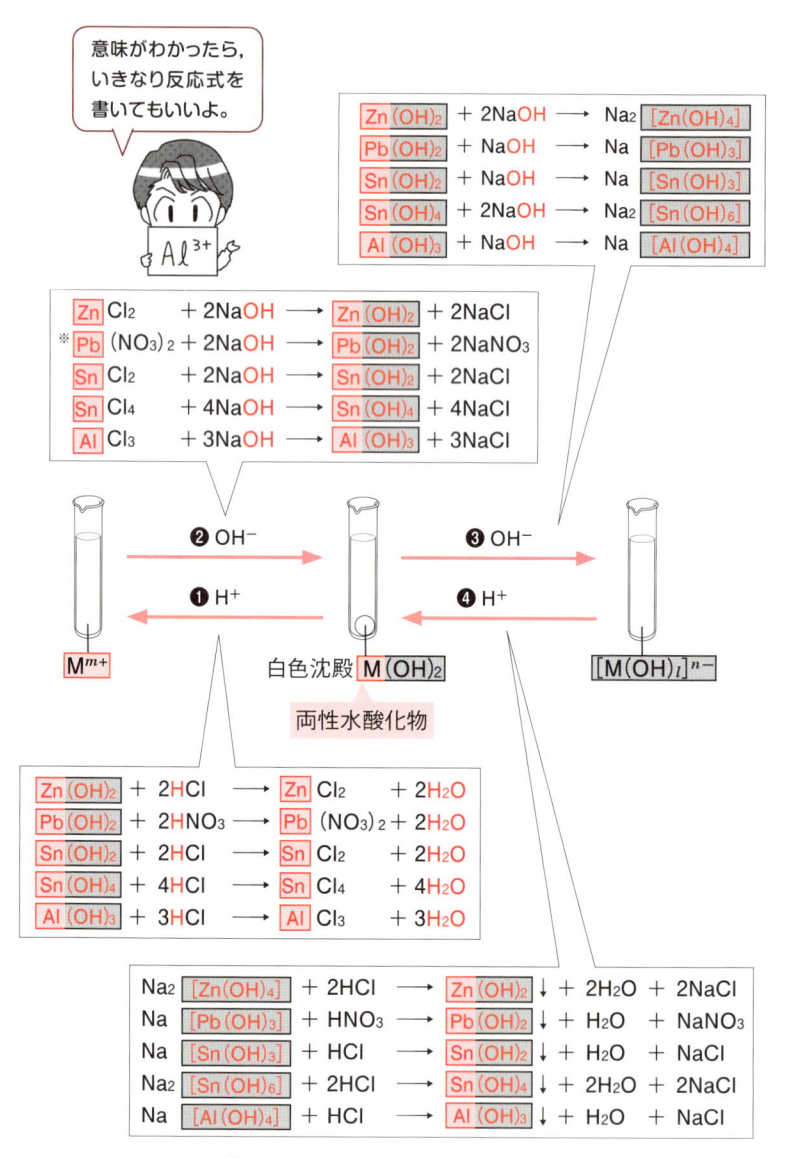

意味がわかったら，いきなり反応式を書いてもいいよ。

$Zn(OH)_2$ + 2NaOH → $Na_2[Zn(OH)_4]$
$Pb(OH)_2$ + NaOH → $Na[Pb(OH)_3]$
$Sn(OH)_2$ + NaOH → $Na[Sn(OH)_3]$
$Sn(OH)_4$ + 2NaOH → $Na_2[Sn(OH)_6]$
$Al(OH)_3$ + NaOH → $Na[Al(OH)_4]$

$ZnCl_2$ + 2NaOH → $Zn(OH)_2$ + 2NaCl
※ $Pb(NO_3)_2$ + 2NaOH → $Pb(OH)_2$ + 2$NaNO_3$
$SnCl_2$ + 2NaOH → $Sn(OH)_2$ + 2NaCl
$SnCl_4$ + 4NaOH → $Sn(OH)_4$ + 4NaCl
$AlCl_3$ + 3NaOH → $Al(OH)_3$ + 3NaCl

❷ OH^-　❸ OH^-
❶ H^+　❹ H^+

M^{m+}　白色沈殿 $M(OH)_2$　$[M(OH)_l]^{n-}$

両性水酸化物

$Zn(OH)_2$ + 2HCl → $ZnCl_2$ + 2H_2O
$Pb(OH)_2$ + 2HNO_3 → $Pb(NO_3)_2$ + 2H_2O
$Sn(OH)_2$ + 2HCl → $SnCl_2$ + 2H_2O
$Sn(OH)_4$ + 4HCl → $SnCl_4$ + 4H_2O
$Al(OH)_3$ + 3HCl → $AlCl_3$ + 3H_2O

$Na_2[Zn(OH)_4]$ + 2HCl → $Zn(OH)_2$↓ + 2H_2O + 2NaCl
$Na[Pb(OH)_3]$ + HNO_3 → $Pb(OH)_2$↓ + H_2O + $NaNO_3$
$Na[Sn(OH)_3]$ + HCl → $Sn(OH)_2$↓ + H_2O + NaCl
$Na_2[Sn(OH)_6]$ + 2HCl → $Sn(OH)_4$↓ + 2H_2O + 2NaCl
$Na[Al(OH)_4]$ + HCl → $Al(OH)_3$↓ + H_2O + NaCl

※ $PbCl_2$ は沈殿してしまうため $Pb(NO_3)_2$ で反応させている。

▲ **両性水酸化物の反応（全反応式）**

280　金属一般の性質

story 2　酸化物の反応

両性酸化物の反応って難しいですか？

いやいや，イオン反応式で考えれば非常に簡単だよ。まずは両性酸化物である ZnO を例に，酸を入れたときと，塩基を入れたときの反応を見てもらおう。

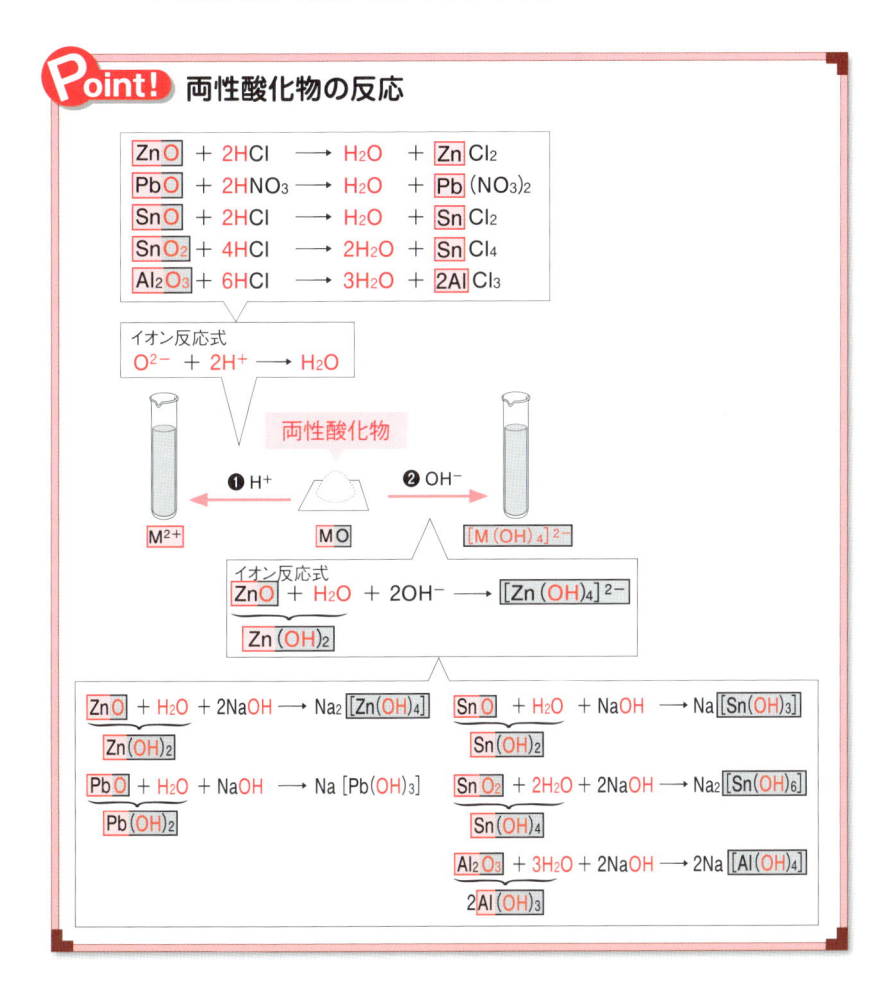

Point! 両性酸化物の反応

$ZnO + 2HCl \longrightarrow H_2O + ZnCl_2$

$PbO + 2HNO_3 \longrightarrow H_2O + Pb(NO_3)_2$

$SnO + 2HCl \longrightarrow H_2O + SnCl_2$

$SnO_2 + 4HCl \longrightarrow 2H_2O + SnCl_4$

$Al_2O_3 + 6HCl \longrightarrow 3H_2O + 2AlCl_3$

イオン反応式
$O^{2-} + 2H^+ \longrightarrow H_2O$

両性酸化物

❶ H^+ ← MO → ❷ OH^-

M^{2+}　　　　　　　　$[M(OH)_4]^{2-}$

イオン反応式
$ZnO + H_2O + 2OH^- \longrightarrow [Zn(OH)_4]^{2-}$
$Zn(OH)_2$

$ZnO + H_2O + 2NaOH \longrightarrow Na_2[Zn(OH)_4]$
$Zn(OH)_2$

$PbO + H_2O + NaOH \longrightarrow Na[Pb(OH)_3]$
$Pb(OH)_2$

$SnO + H_2O + NaOH \longrightarrow Na[Sn(OH)_3]$
$Sn(OH)_2$

$SnO_2 + 2H_2O + 2NaOH \longrightarrow Na_2[Sn(OH)_6]$
$Sn(OH)_4$

$Al_2O_3 + 3H_2O + 2NaOH \longrightarrow 2Na[Al(OH)_4]$
$2Al(OH)_3$

第19章　両性元素の反応

(1) 酸との反応（反応❶）

イオン結晶である ZnO は Zn^{2+} と O^{2-} で構成されているけど，ここで忘れてはいけないのは，<u>O^{2-} **は非常に強い塩基（ブレンステッドの定義）**</u>だということだよ。だから，酸から放出される H^+ イオンと簡単に反応するよ。これが実質のイオン反応式だよ。

$$O^{2-} + 2H^+ \longrightarrow H_2O \quad \text{イオン反応式}$$

ここに足りないイオンをたせば，反応式は完成だよ。金属酸化物に酸を加えたときの反応式が完成するんだ。

$$\begin{array}{c} O^{2-} + 2H^+ \longrightarrow H_2O \\ +)\ \boxed{Zn^{2+}}\ \ 2Cl^- \quad\quad \boxed{Zn^{2+}}\ \ 2Cl^- \\ \hline \boxed{ZnO} + 2HCl \longrightarrow H_2O + \boxed{Zn}Cl_2 \end{array}$$

（イオン反応式／足りないイオンを両辺にたす／全反応式／これは簡単!!!）

(2) 塩基との反応（反応❷）

塩基との反応のポイントは金属酸化物が水和する反応式なんだ。具体的にいえば，**アルカリ金属**と**アルカリ土類金属**の金属酸化物は水に溶けるんだが，例として，酸化カルシウム CaO を水に入れたときの反応式を考えてみよう。まず CaO が電離して Ca^{2+} と O^{2-} になるんだけど，<u>O^{2-} **は非常に強い塩基（ブレンステッドの定義）**なので，水 H_2O から H^+ イオンを奪って次のように反応するんだ。</u>

$$O^{2-} + H_2O \longrightarrow 2OH^- \quad \text{イオン反応式}$$

つまり，この反応式さえわかれば，足りないイオンをたして金属酸化物が水和するときの反応式が書けるんだ。

$$\begin{array}{r}O^{2-} + H_2O \longrightarrow 2OH^- \\ +)\ Ca^{2+} \qquad\qquad\qquad Ca^{2+} \\ \hline CaO + H_2O \longrightarrow Ca(OH)_2 \end{array}$$

（イオン反応式／足りないイオンを両辺にたす／全反応式）

これで CaO を水に入れたときの反応式ができたね。実は，アルカリ金属やアルカリ土類金属以外の金属酸化物も，水に入れたらほんの少し溶けて同じ反応をするんだ。だから，ZnO が水和する反応式は次の通りだよ。

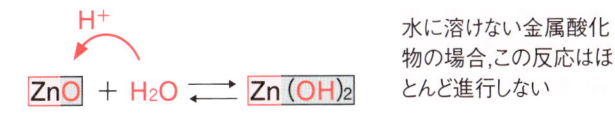

$$ZnO + H_2O \rightleftharpoons Zn(OH)_2$$

水に溶けない金属酸化物の場合,この反応はほとんど進行しない

水に溶けない金属酸化物の場合，この平衡は左に偏っていると考えられるね。ところが，両性水酸化物の場合，ここで OH^- を加えると，

$$Zn(OH)_2 + 2OH^- \longrightarrow [Zn(OH)_4]^{2-}$$

の反応が起こり，反応が進行するんだ。

$$\begin{array}{r}ZnO + H_2O \rightleftharpoons \cancel{Zn(OH)_2} \\ +)\ \cancel{Zn(OH)_2} + 2OH^- \longrightarrow [Zn(OH)_4]^{2-} \\ \hline \underbrace{ZnO + H_2O}_{Zn(OH)_2} + 2OH^- \longrightarrow [Zn(OH)_4]^{2-} \end{array}$$

ZnO のイオン反応式完成!!

よって，これでイオン反応式が完成したから，あとは足りないイオンをたして完成だよ。

$$\begin{array}{r}ZnO + H_2O + 2OH^- \longrightarrow [Zn(OH)_4]^{2-} \\ +)\qquad\qquad\qquad 2Na^+ \qquad\qquad 2Na^+ \\ \hline \underbrace{ZnO + H_2O}_{Zn(OH)_2} + 2NaOH \longrightarrow Na_2[Zn(OH)_4] \end{array}$$

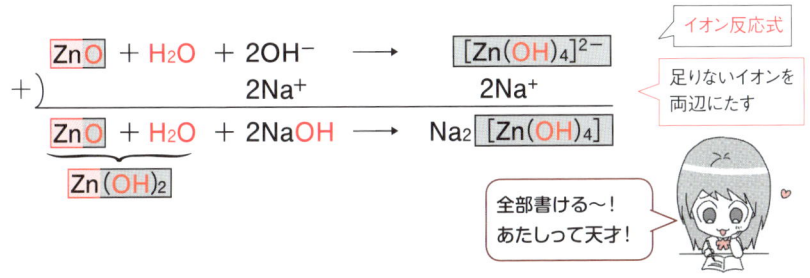

（イオン反応式／足りないイオンを両辺にたす）

全部書ける～！あたしって天才！

第19章　両性元素の反応

story 3 単体の反応

> 両性元素の単体の反応式を書くときのコツは何ですか？

例えば，両性元素の金属 M が還元剤となって M^{2+} を生成するときの半反応式は次のようになるね。

還元剤 $M \longrightarrow M^{2+} + 2e^-$

この反応が起こることを念頭において，酸を入れた場合と塩基を入れた場合の反応式を見てもらおう。

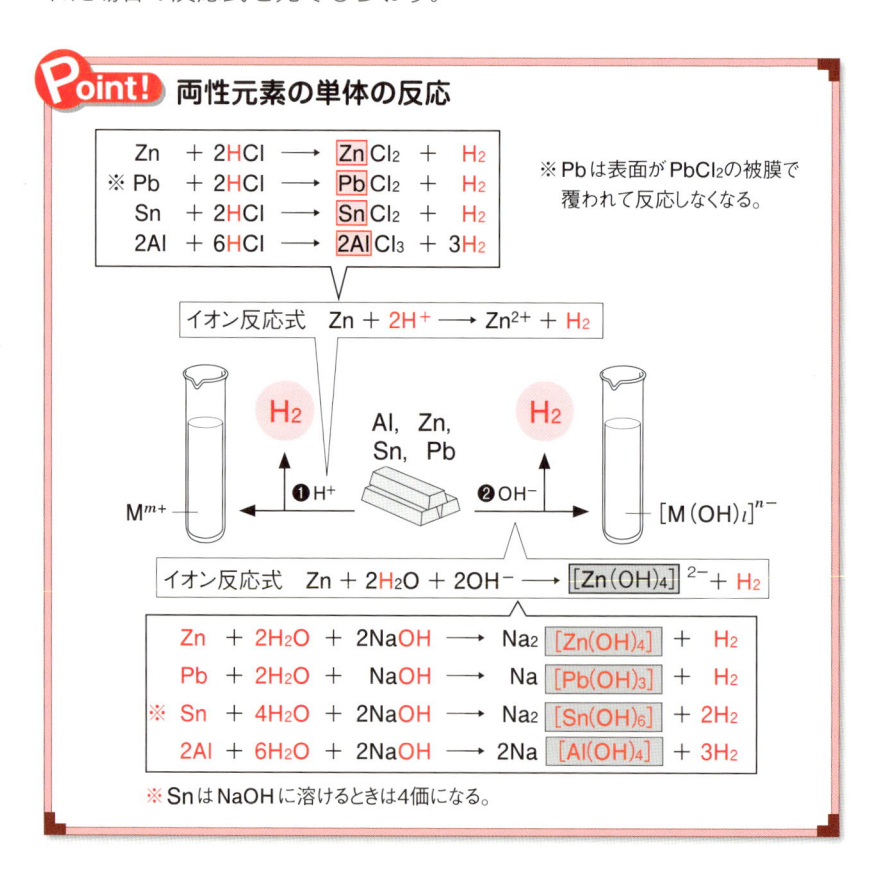

Point! 両性元素の単体の反応

$Zn + 2HCl \longrightarrow ZnCl_2 + H_2$
※ $Pb + 2HCl \longrightarrow PbCl_2 + H_2$
$Sn + 2HCl \longrightarrow SnCl_2 + H_2$
$2Al + 6HCl \longrightarrow 2AlCl_3 + 3H_2$

※ Pb は表面が $PbCl_2$ の被膜で覆われて反応しなくなる。

イオン反応式 $Zn + 2H^+ \longrightarrow Zn^{2+} + H_2$

Al, Zn, Sn, Pb

❶ H^+ → M^{m+} + H_2

❷ OH^- → $[M(OH)_l]^{n-}$ + H_2

イオン反応式 $Zn + 2H_2O + 2OH^- \longrightarrow [Zn(OH)_4]^{2-} + H_2$

$Zn + 2H_2O + 2NaOH \longrightarrow Na_2[Zn(OH)_4] + H_2$
$Pb + 2H_2O + NaOH \longrightarrow Na[Pb(OH)_3] + H_2$
※ $Sn + 4H_2O + 2NaOH \longrightarrow Na_2[Sn(OH)_6] + 2H_2$
$2Al + 6H_2O + 2NaOH \longrightarrow 2Na[Al(OH)_4] + 3H_2$

※ Sn は NaOH に溶けるときは4価になる。

金属一般の性質

(1) 酸との反応（反応❶）

　酸に共通な性質は水素イオン H^+ を放出するという点だけど，この H^+ が酸化剤になるんだ。これさえわかれば半反応式から簡単にイオン反応式が書けるね（第5章「水素」 *story 2* 「(2) 金属と酸の反応」（▶ p.74）を参照）。

$$Zn + 2H^+ \longrightarrow Zn^{2+} + H_2 \quad \text{(イオン反応式)}$$
$$+)\quad\quad\quad 2Cl^- \quad\quad\quad 2Cl^- \quad\quad \text{(足りないイオンを両辺にたす)}$$
$$\overline{Zn + 2HCl \longrightarrow ZnCl_2 + H_2}$$

還元剤　　酸化剤

(2) 塩基との反応（反応❷）

　H^+ の濃度が非常に低い水が酸化剤になって反応するよ（第5章「水素」 *story 2* 「(4) 両性元素と強塩基との反応」（▶ p.77）を参照）。

$$\text{酸化剤}\quad 2H_2O + 2e^- \longrightarrow H_2 + 2OH^-$$
$$+)\ \text{還元剤}\quad\quad Zn \longrightarrow Zn^{2+} + 2e^-$$
$$\overline{Zn + 2H_2O \longrightarrow Zn(OH)_2 + H_2}$$

還元剤　　酸化剤

> 確かに反応しているようには見えない……

　この反応はわずかしか起きないけど，強塩基を入れると次のように錯イオンができて溶解するよ。

第19章　両性元素の反応

● 亜鉛と濃水酸化ナトリウム水溶液の反応

```
    Zn       + 2H₂O                 ⇄  Zn(OH)₂           + H₂
 +) Zn(OH)₂  + 2NaOH                →  Na₂[Zn(OH)₄]
 ─────────────────────────────────────────────────────────────
    Zn       + 2H₂O   + 2NaOH       →  Na₂[Zn(OH)₄]      + H₂
   還元剤       酸化剤
```

● アルミニウムと濃水酸化ナトリウム水溶液の反応

```
    2Al       + 6H₂O                ⇄  2Al(OH)₃          + 3H₂
 +) 2Al(OH)₃  + 2NaOH               →  2Na[Al(OH)₄]
 ─────────────────────────────────────────────────────────────
    2Al       + 6H₂O  + 2NaOH       →  2Na[Al(OH)₄]      + 3H₂
   還元剤       酸化剤
```

両性元素の反応を1つにまとめると，次のPoint!のようになるよ。

286　金属一般の性質

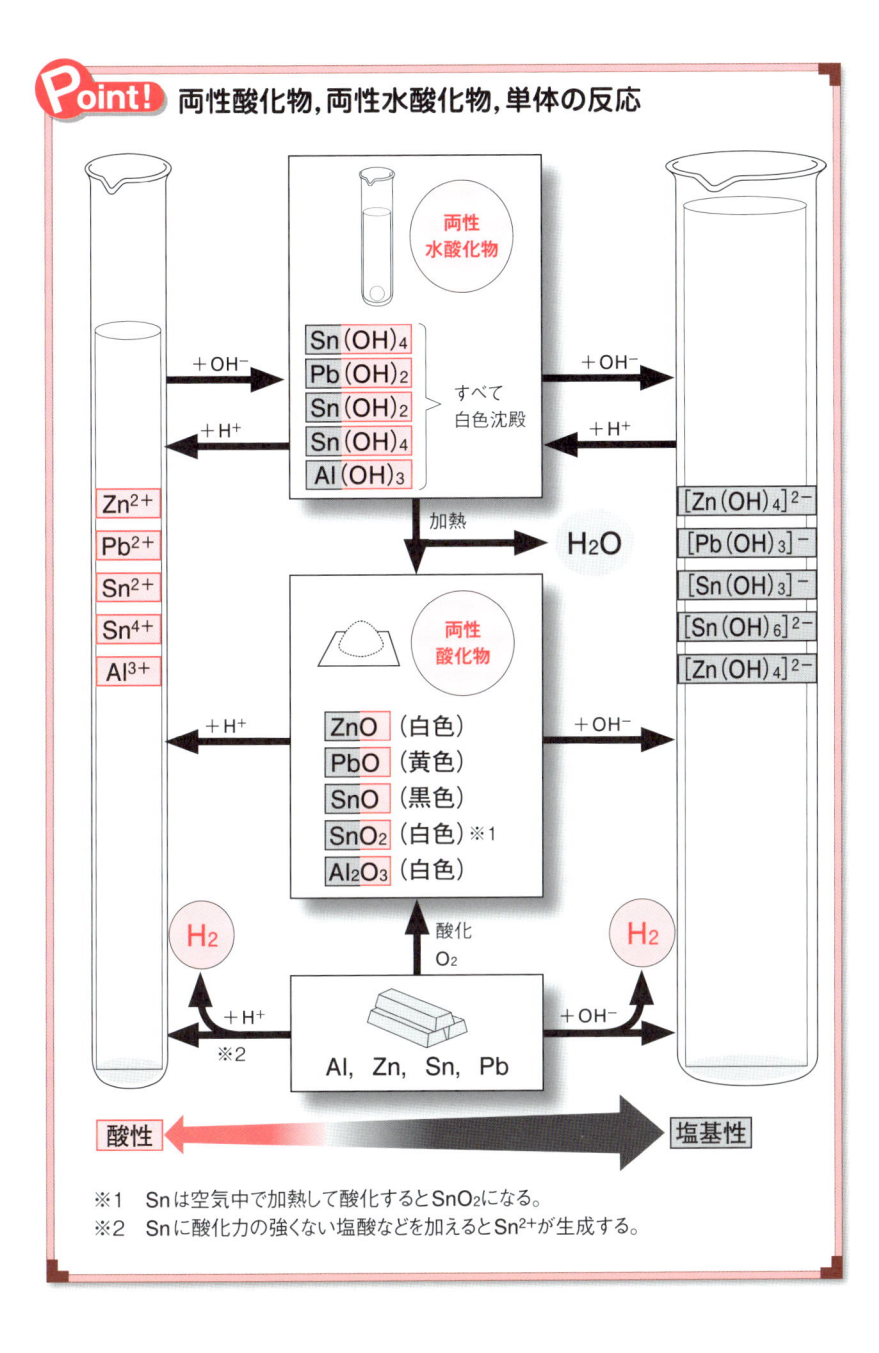

Point! 両性酸化物，両性水酸化物，単体の反応

両性水酸化物
- Sn(OH)₄
- Pb(OH)₂
- Sn(OH)₂
- Sn(OH)₄
- Al(OH)₃

すべて白色沈殿

+OH⁻ → ［Zn(OH)₄］²⁻
+OH⁻ → ［Pb(OH)₃］⁻
+OH⁻ → ［Sn(OH)₃］⁻
+OH⁻ → ［Sn(OH)₆］²⁻
+OH⁻ → ［Zn(OH)₄］²⁻

+H⁺ ← Zn²⁺, Pb²⁺, Sn²⁺, Sn⁴⁺, Al³⁺

加熱 → H₂O

両性酸化物
- ZnO（白色）
- PbO（黄色）
- SnO（黒色）
- SnO₂（白色）※1
- Al₂O₃（白色）

+H⁺ ← 　　　　　→ +OH⁻

酸化 O₂ ↑

Al, Zn, Sn, Pb

+H⁺ → H₂ ※2
+OH⁻ → H₂

酸性 ←―――――――→ 塩基性

※1　Snは空気中で加熱して酸化するとSnO₂になる。
※2　Snに酸化力の強くない塩酸などを加えるとSn²⁺が生成する。

第19章　両性元素の反応　287

確認問題

1 $Al(OH)_3$ は酸とも塩基とも反応する。このような性質をもつ水酸化物を何というか。

解答
両性水酸化物

2 塩酸に酸化亜鉛を入れたときの化学変化を化学反応式で表せ。

$ZnO + 2HCl \longrightarrow ZnCl_2 + H_2O$

3 水酸化ナトリウムの濃い水溶液に酸化亜鉛を入れたときの化学変化を化学反応式で表せ。

$ZnO + H_2O + 2NaOH \longrightarrow Na_2[Zn(OH)_4]$

4 水酸化ナトリウムの濃い水溶液に酸化アルミニウムを入れたときの化学変化を化学反応式で表せ。

$Al_2O_3 + 3H_2O + 2NaOH \longrightarrow 2Na[Al(OH)_4]$

5 塩酸に亜鉛を入れたときの化学変化を化学反応式で表せ。

$Zn + 2HCl \longrightarrow ZnCl_2 + H_2$

6 水酸化ナトリウムの濃い水溶液に亜鉛を入れたときの化学変化を化学反応式で表せ。

$Zn + 2H_2O + 2NaOH \longrightarrow Na_2[Zn(OH)_4] + H_2$

7 水酸化ナトリウムの濃い水溶液にアルミニウムを入れたときの化学変化を化学反応式で表せ。

$2Al + 6H_2O + 2NaOH \longrightarrow 2Na[Al(OH)_4] + 3H_2$

VI

金属元素の単体と化合物

第20章 アルカリ金属の性質

> オレのエクレアが食えないのか〜！
>
> Na
>
> お腹いっぱいでうごけない…

▶ アルカリ金属は電子（エクレア）を相手に渡す力が非常に強い還元剤である。

story 1　単体とイオン

> アルカリ金属の性質で一番重要な性質は何ですか？

それはズバリ還元性だね。周期表の1族の元素はすべて最外殻に1個の電子しかもたないから，電子を1個失って**希ガス型の電子配置**になりやすいんだ。

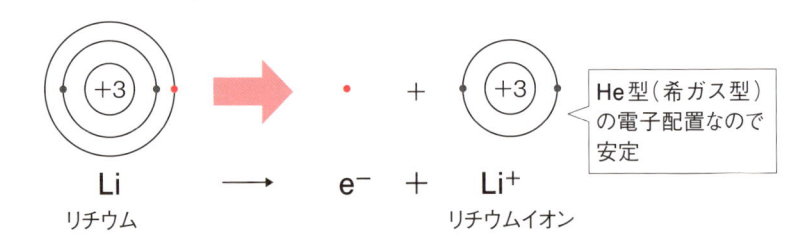

$$\text{Li} \longrightarrow e^- + \text{Li}^+$$

リチウム　　　　　　　　　リチウムイオン

He型（希ガス型）の電子配置なので安定

290　金属元素の単体と化合物

	1族	2族	12族	13族	14族	15族	16族	17族	18族
	H								He
	Li	Be		B	C	N	O	F	Ne
	Na	Mg		Al	Si	P	S	Cl	Ar
	K	Ca	Zn	Ga	Ge	As	Se	Br	Kr
	Rb	Sr	Cd	In	Sn	Sb	Te	I	Xe
	Cs	Ba	Hg	Tl	Pb	Bi	Po	At	Rn
	Fr	Ra							

1族は水素以外はすべてアルカリ金属ね！

　周期表の元素は下にいくほど原子半径が大きくなるから，下にいくほど最外殻の電子を失って1価の陽イオンになりやすい。つまり，**第一イオン化エネルギー**は下にいくほど小さくなっているんだ。一般に，アルカリ金属の**反応性は，周期表の下の元素ほど大きい**ことは覚えておこう。

　フランシウム Fr は半減期の短い同位体しかなく性質があまりよくわかってないから，Li～Cs までをまとめると次のようになるよ。

▼ アルカリ金属の原子半径と単体の反応性

アルカリ金属元素	原子半径	第一イオン化エネルギー	1価の陽イオンへのなりやすさ	単体の反応性	炎色反応
Li	小	大	小	小	赤色
Na	↓	↓	↓	↓	黄色
K	↓	↓	↓	↓	赤紫色
Rb	↓	↓	↓	↓	赤色
Cs	大	小	大	大	青色

炎色反応

(1) 還元剤

アルカリ金属は電子を1個失うと安定な希ガス型電子配置（18族元素と同じ電子配置）になることから，非常に強い還元剤なんだ。

> アルカリ金属は空気中に出すだけですぐに表面が酸化されてイオンになってしまうんだ！

アルカリ金属	還元剤としての半反応式
Li	Li $\longrightarrow$ Li$^+$ + e$^-$
Na	Na $\longrightarrow$ Na$^+$ + e$^-$
K	K $\longrightarrow$ K$^+$ + e$^-$
Rb	Rb $\longrightarrow$ Rb$^+$ + e$^-$
Cs	Cs $\longrightarrow$ Cs$^+$ + e$^-$

空気中の酸素や，塩素のようなハロゲン単体と激しく反応するんだ。ナトリウム Na の例を見てもらうよ。

$$
\begin{array}{rl}
\text{還元剤} & 4\text{Na} \longrightarrow 4\text{Na}^+ + 4\text{e}^- \\
+\ )\ \text{酸化剤} & \text{O}_2 + 4\text{e}^- \longrightarrow 2\text{O}^{2-} \\
\hline
 & 4\text{Na} + \text{O}_2 \longrightarrow 2\text{Na}_2\text{O}
\end{array}
$$

電子を渡すイメージを強調すれば次のような感じだよ。

$$4\text{Na} + \text{O}_2 \longrightarrow 4\text{Na}^+ + 2\text{O}^{2-} \longrightarrow 2\text{Na}_2\text{O}$$

還元剤　酸化剤

$$2\text{Na} + \text{Cl}_2 \longrightarrow 2\text{Na}^+ + 2\text{Cl}^- \longrightarrow 2\text{NaCl}$$

還元剤　酸化剤

アルカリ金属	酸素との反応	塩素との反応
Li	4Li + O_2 ⟶ $2Li_2O$	2Li + Cl_2 ⟶ 2LiCl
Na	4Na + O_2 ⟶ $2Na_2O$	2Na + Cl_2 ⟶ 2NaCl
K	4K + O_2 ⟶ $2K_2O$	2K + Cl_2 ⟶ 2KCl
Rb	4Rb + O_2 ⟶ $2Rb_2O$	2Rb + Cl_2 ⟶ 2RbCl
Cs	4Cs + O_2 ⟶ $2Cs_2O$	2Cs + Cl_2 ⟶ 2CsCl

> 酸素と反応するのなら、アルカリ金属は空気を遮断するために、水中に保存したらいいのかな？

とんでもない。それだけはやってはダメだよ。**アルカリ金属は、水とも反応する**んだ。アルカリ金属は強い還元剤だから、酸化剤である水素イオン H^+ に電子（e^-）を与えるという反応が起こるんだ。

$$2Na + 2H^+ \longrightarrow 2Na^+ + H_2 \uparrow$$

塩酸や硫酸などの酸と反応するのはいうまでもないけど、**非常にわずかしか水素イオン H^+ を出さない水 H_2O とも反応する**んだ。反応式を書くと、次のようになるよ。

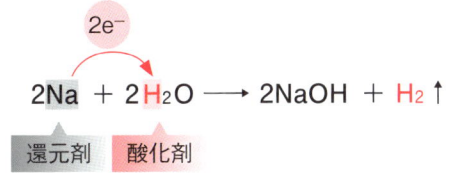

$$2Na + 2H_2O \longrightarrow 2NaOH + H_2 \uparrow$$

還元剤　酸化剤

> アルカリ金属の反応式は全部同じだ！水と反応するなんておもしろ〜い！

> アルカリ金属と水の反応は激しいから、水をかけたら駄目だよ〜!!!!

第20章　アルカリ金属の性質

アルカリ金属は還元性が強すぎて酸素とも水とも反応するから，空気や水から遮断するために石油中や灯油中に保存するよ。水中に保存する黄リンと間違えないようにね。

> アルカリ金属は空気中の酸素や水蒸気を遮断する目的で石油中や灯油中に保存するんだ！ 水とは激しく反応するから水中には保存できないよ!!

アルカリ金属の強い還元性を証明する反応が，アルコールとの反応なんだ。アルコールは水より弱い酸（通常，水より弱い酸は中性物質と考える）で，次のように電離すると考えられるんだ。

$$2R-OH \rightleftarrows 2R-O^- + 2H^+$$
アルコール

ここで生成する H^+ が，Na から電子を受け取るんだ。

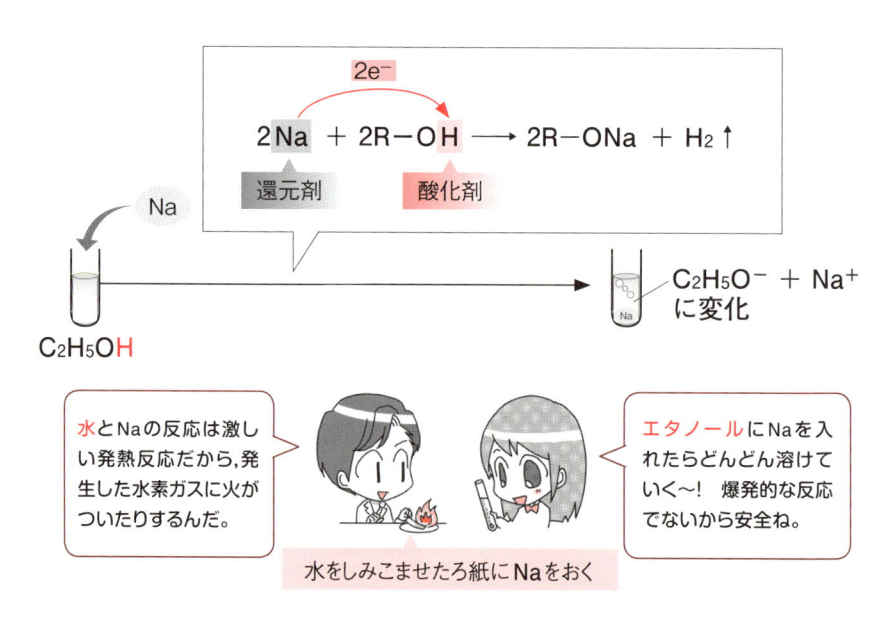

$$2Na + 2R-OH \longrightarrow 2R-ONa + H_2\uparrow$$
還元剤　　酸化剤

Na

C_2H_5OH → $C_2H_5O^- + Na^+$ に変化

> 水と Na の反応は激しい発熱反応だから，発生した水素ガスに火がついたりするんだ。

水をしみこませたろ紙に Na をおく

> エタノールに Na を入れたらどんどん溶けていく〜！ 爆発的な反応でないから安全ね。

▼ アルカリ金属＋水, アルカリ金属＋アルコールの反応

アルカリ金属	水との反応	アルコールとの反応	反応性
Li	$2Li + 2H_2O \longrightarrow 2LiOH + H_2$	$2Li + 2ROH \longrightarrow 2ROLi + H_2$	小 ↑ ↓ 大
Na	$2Na + 2H_2O \longrightarrow 2NaOH + H_2$	$2Na + 2ROH \longrightarrow 2RONa + H_2$	
K	$2K + 2H_2O \longrightarrow 2KOH + H_2$	$2K + 2ROH \longrightarrow 2ROK + H_2$	
Rb	$2Rb + 2H_2O \longrightarrow 2RbOH + H_2$	$2Rb + 2ROH \longrightarrow 2RORb + H_2$	
Cs	$2Cs + 2H_2O \longrightarrow 2CsOH + H_2$	$2Cs + 2ROH \longrightarrow 2ROCs + H_2$	

(2) 結合力

> アルカリ金属は軟らかいって聞いたんですけど，本当ですか？

本当だよ。アルカリ金属は金属結合に使える電子が最外殻の1個だけだから，結合力が弱くて軟らかいんだ。結合力が弱いから融点や沸点も他の金属と比べて低いんだよ。

アルカリ金属をイオンと電子という構成で見るとわかりやすいよ。

$$Li \longrightarrow Li^+ + -$$

アルカリ金属の1価の陽イオンの外側に**自由電子**が浮遊していると考えるんだ。この自由電子が接着剤の役割を果たして金属結合を形成させているイメージだよ。

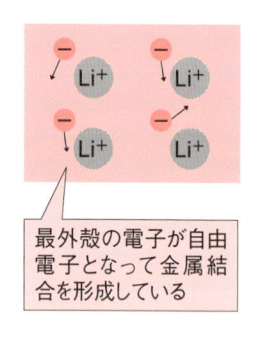

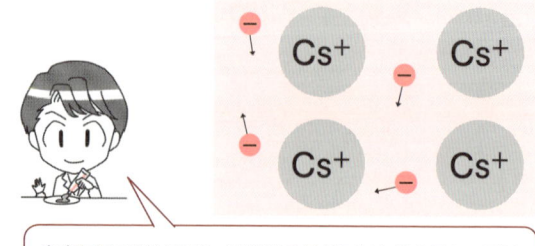

最外殻の電子が自由電子となって金属結合を形成している

自由電子の数は同じ＝接着剤の量が同じと考えると，原子が大きくなると，接着剤が薄まるから結合力が弱まるんだ！

　最外殻電子を接着剤と考えれば，同族の元素は最外殻電子の数が同じだから，接着剤の量は同じだけど，**原子半径の大きなものほど，接着力が薄まって結合力が弱くなる**んだ。つまり，**アルカリ金属では同期表の下にあるものほど原子が大きくなるので，結合力が弱まり，融点や沸点が下がる**んだ。暗記でなく原子のイメージで覚えれば完璧だよ。それから，アルカリ金属の金属結晶はすべて**体心立方格子**であることも重要だから覚えておいてね。

▼ **アルカリ金属の結合力と沸点，融点**

アルカリ金属元素	原子半径	結合力	融点		結晶格子
Li	小 ↑	大 ↑	高 ↑	181℃	**体心立方格子**
Na				98℃	
K				64℃	
Rb	↓	↓	↓	39℃	
Cs	大	小	低	28℃	

セシウムCsは融点が28℃だから体温でも溶ける金属なんだ。結合力が弱いから**軟らかく，融点が低い**んだ。

Csの入ったガラスアンプル

本当だ〜！温めたら液体になった〜！

story 2 アルカリ金属の化合物

(1) 塩化ナトリウム NaCl の融解塩電解

> アルカリ金属って自然界の中ではどこにあるの？

単体は非常に強い還元剤だから自然界には存在していないけど，**化合物の形で存在している**んだ。一番身近なのは海水や岩塩の中の塩化ナトリウム NaCl だけど，他のアルカリ金属もイオンの形で鉱物の中に含まれているんだよ。

イオンから単体を得るには，水溶液にしないで**アルカリ金属の化合物をそのまま電気分解する**んだ。例えば，水を一滴も入れないでNaCl を 800℃以上に加熱して電気分解すると，**陰極からナトリウムNa の単体が，陽極からは塩素 Cl_2 の単体が生成する。**

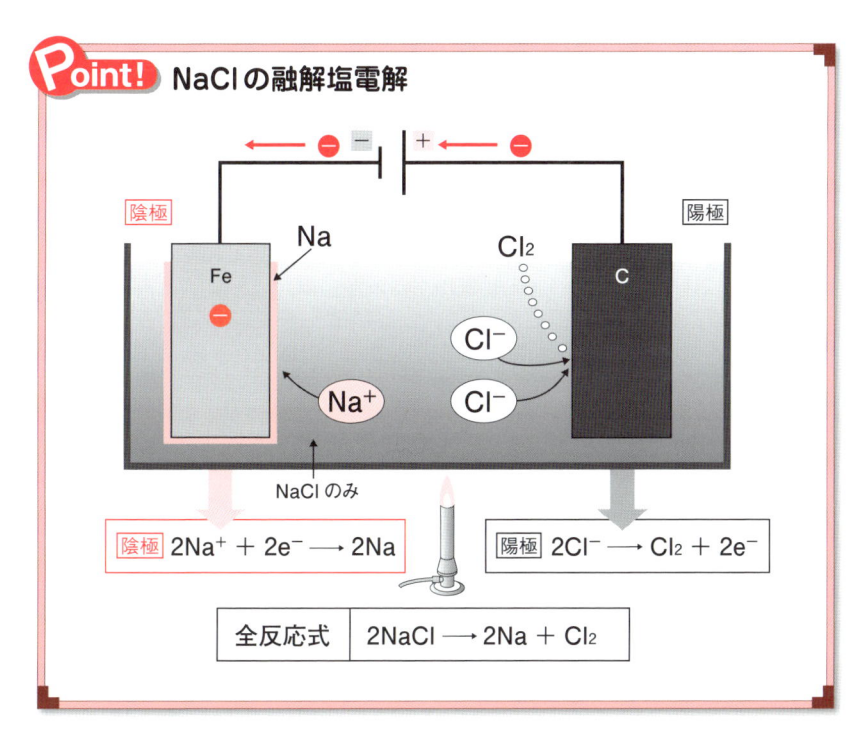

Point! NaClの融解塩電解

陰極： $2Na^+ + 2e^- \longrightarrow 2Na$

陽極： $2Cl^- \longrightarrow Cl_2 + 2e^-$

全反応式： $2NaCl \longrightarrow 2Na + Cl_2$

第20章　アルカリ金属の性質

(2) 陽イオン交換膜法

NaClって，何に使っているの？

岩塩は，欧米では食用以外に融雪剤に多く使われているけど，工業的にはNaClの水溶液を電気分解して水酸化ナトリウムNaOHや塩酸HClをつくっているんだよ。NaClの水溶液の電気分解では，陰極ではNa$^+$ではなく水が電子e$^-$を受け取って，水素が発生するけど，陰極の反応は融解塩電解と同様だよ。この電気分解は陽極室と陰極室を陽イオン交換膜で仕切るので，「**陽イオン交換膜法**」とよばれているんだよ。

Point! 陽イオン交換膜法（食塩水の電気分解）

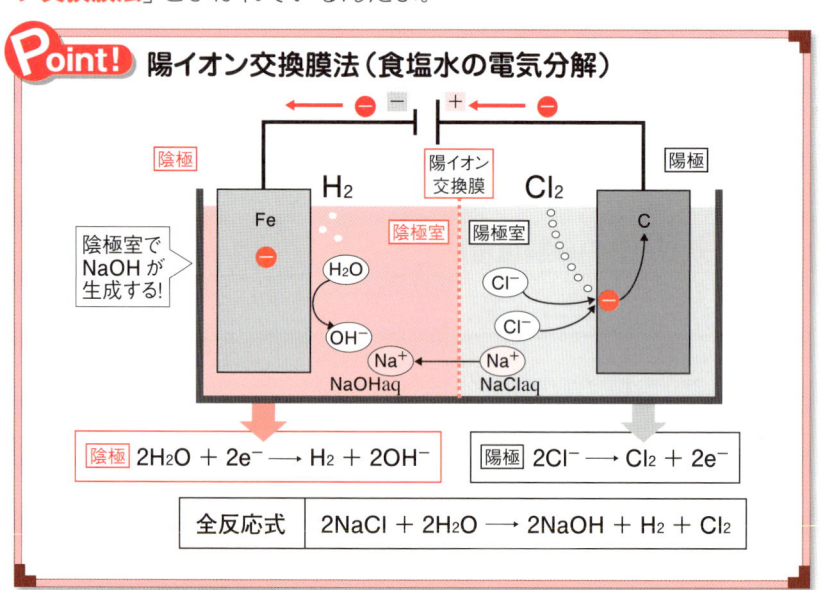

陰極室でNaOHが生成する！

陰極 $2H_2O + 2e^- \longrightarrow H_2 + 2OH^-$

陽極 $2Cl^- \longrightarrow Cl_2 + 2e^-$

全反応式 $2NaCl + 2H_2O \longrightarrow 2NaOH + H_2 + Cl_2$

● 全反応式のつくり方

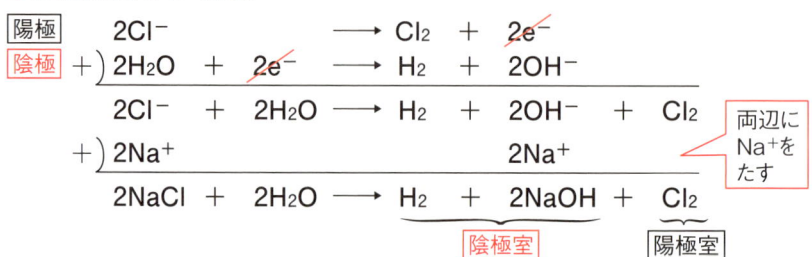

陽極　　$2Cl^- \longrightarrow Cl_2 + 2e^-$
陰極 +) $2H_2O + 2e^- \longrightarrow H_2 + 2OH^-$
　　　　$2Cl^- + 2H_2O \longrightarrow H_2 + 2OH^- + Cl_2$
　　+) $2Na^+ 2Na^+$
　　　　$2NaCl + 2H_2O \longrightarrow H_2 + 2NaOH + Cl_2$

両辺にNa$^+$をたす

陰極室　陽極室

食塩水の電気分解によって得られた水酸化ナトリウム NaOH や H_2 と Cl_2 の混合気体に点火し水を吸収させてつくった塩酸 HCl は工業用の原料としていろいろな方面に広く利用されているんだ。

$$2NaCl + 2H_2O \longrightarrow 2NaOH + H_2 + Cl_2$$

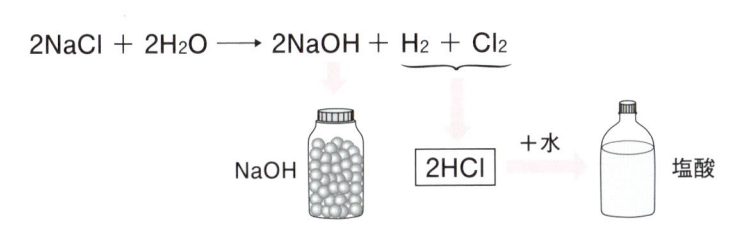

$H_2 + Cl_2 \to$ 2HCl $+$ 水 $\to$ 塩酸

(3) 潮解と風解

水酸化ナトリウムの結晶の表面が湿ってくるんですが，これは特殊なことなんですか？

それは**潮解**という現象で，**結晶が空気中の水分を吸収して溶液になっていく**現象なんだ。**水酸化リチウム LiOH 以外のアルカリ金属の水酸化物は潮解性をもつ**んだ。

また，炭酸ナトリウム十水和物 $Na_2CO_3 \cdot 10H_2O$ のように結晶の中に水を含むものがあって，この水を**結晶水**というんだけど，**結晶水を失って粉末状になる現象**を**風解**というんだ。まとめてみると，次のようになるよ。

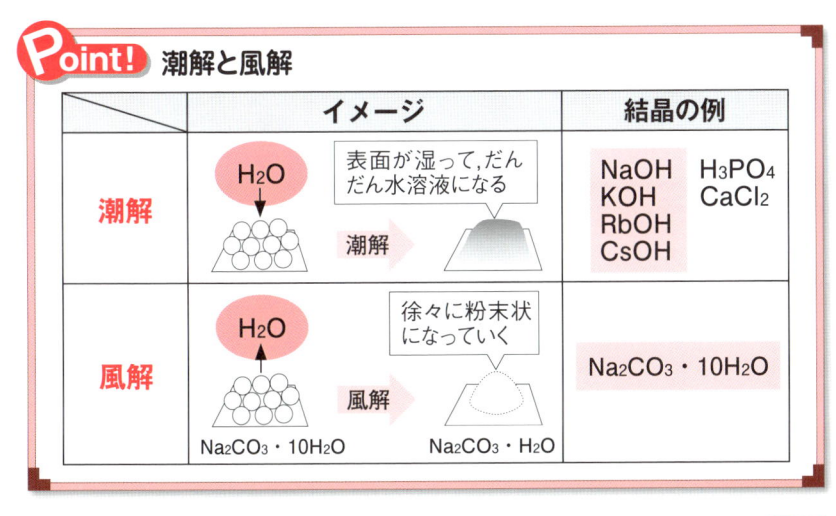

Point! 潮解と風解

	イメージ		結晶の例
潮解	H_2O	表面が湿って，だんだん水溶液になる（潮解）	NaOH　H_3PO_4 KOH　$CaCl_2$ RbOH CsOH
風解	H_2O $Na_2CO_3 \cdot 10H_2O$	徐々に粉末状になっていく（風解） $Na_2CO_3 \cdot H_2O$	$Na_2CO_3 \cdot 10H_2O$

第20章　アルカリ金属の性質

story 3 アルカリ金属と工業

> アルカリ金属を使った製品にはどんなものがありますか？

工業界で最も重要なアルカリ金属は，何といってもナトリウム Na だ。

ナトリウムは英語で sodium だから，世界で大量に採掘されている岩塩を原料とした工業は通称"ソーダ工業"とよばれているんだ。ソーダ工業では，岩塩の水溶液の電気分解とアンモニアソーダ法の２つの製造法が重要なんだ。

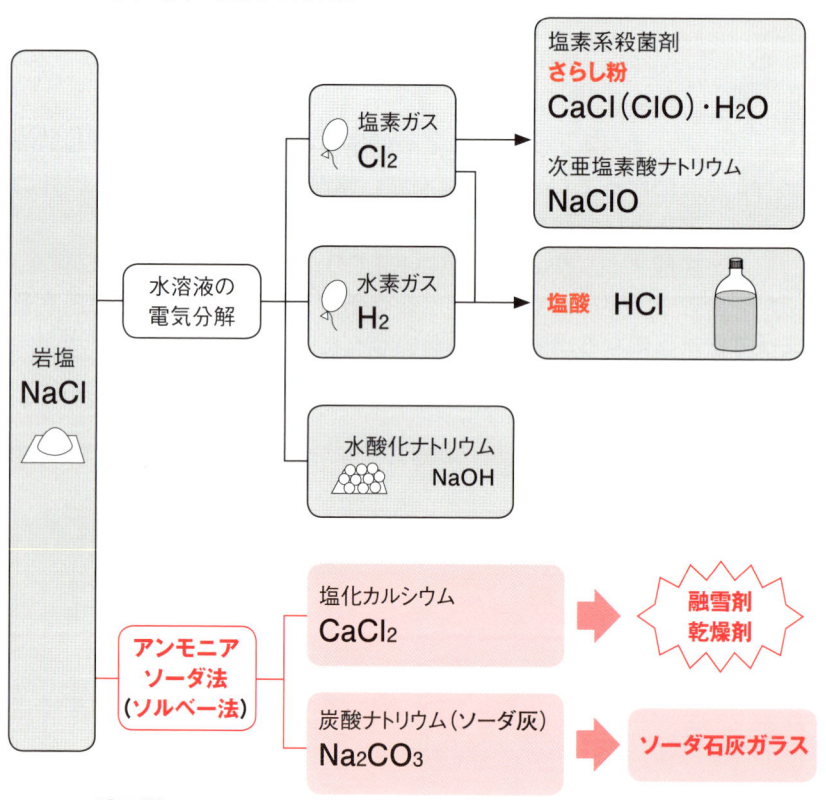

岩塩 NaCl

水溶液の電気分解
- 塩素ガス Cl_2 → 塩素系殺菌剤 **さらし粉** $CaCl(ClO)\cdot H_2O$ / 次亜塩素酸ナトリウム $NaClO$
- 水素ガス H_2 → **塩酸** HCl
- 水酸化ナトリウム $NaOH$

アンモニアソーダ法（ソルベー法）
- 塩化カルシウム $CaCl_2$ → **融雪剤 乾燥剤**
- 炭酸ナトリウム（ソーダ灰） Na_2CO_3 → **ソーダ石灰ガラス**

▲ ソーダ工業

(1) アンモニアソーダ法（炭酸ナトリウムの工業的製法）

> アンモニアソーダ法って複雑で覚えられないのですが、どうしたらいいですか？

そうだね。**アンモニアソーダ法**（**ソルベー法**）はいろいろな図が載っているけど、本当に複雑に見えるね。でも、原料と生成物を先に押さえてしまえばけっこう簡単なんだよ。そもそもアンモニアソーダ法はソーダ石灰ガラスの原料である**炭酸ナトリウム Na_2CO_3 の製法**なんだ。Na_2CO_3 は**ソーダ灰**と呼ばれているよ。

原料は岩塩と石灰石なんだよ。全反応式を先に書いてしまうと次の通りだよ。

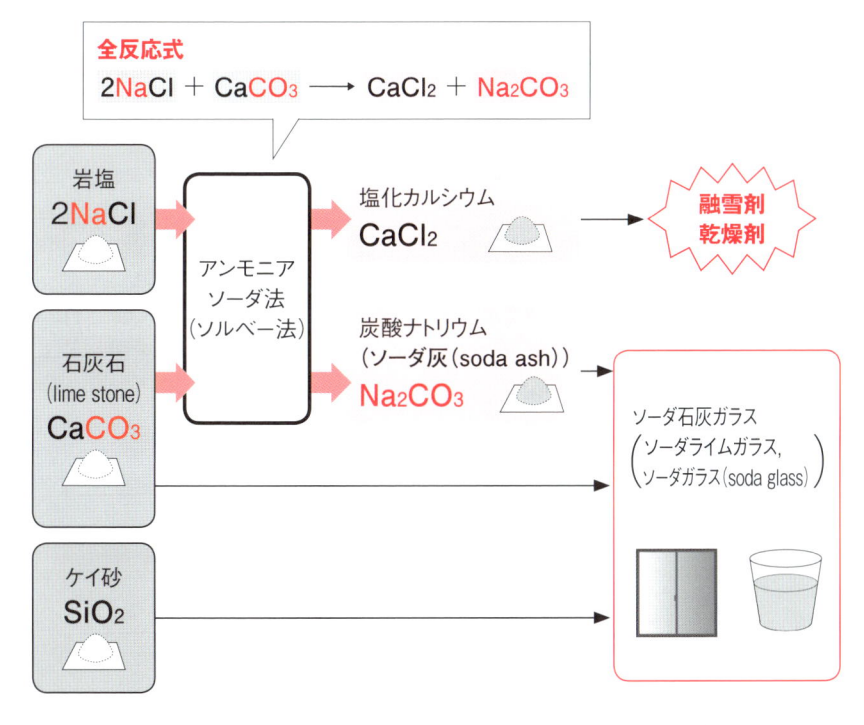

全反応式
$$2NaCl + CaCO_3 \longrightarrow CaCl_2 + Na_2CO_3$$

| 岩塩 $2NaCl$ | → | アンモニアソーダ法（ソルベー法） | → | 塩化カルシウム $CaCl_2$ | → | **融雪剤 乾燥剤** |

石灰石（lime stone）$CaCO_3$ → アンモニアソーダ法 → 炭酸ナトリウム（ソーダ灰（soda ash））Na_2CO_3

ケイ砂 SiO_2 → ソーダ石灰ガラス（ソーダライムガラス、ソーダガラス（soda glass））

▲ アンモニアソーダ法の全反応式

第20章 アルカリ金属の性質

> じゃあ，岩塩と石灰石を混ぜて加熱すると，ガラスの原料ができるということんですか？

いやいや，そう簡単ではないんだ。混ぜて加熱しても反応は起こらないんだ。反応式で見ると，次の5つの化学反応式で表される過程がアンモニアソーダ法だよ。

① **石灰石の加熱**

まず，石灰石を加熱して二酸化炭素 CO_2 を発生させるんだ。

❶ $CaCO_3 \longrightarrow CaO + CO_2$

② **CO_2 の吸収**

次に，CO_2 を飽和食塩水に吸収させるんだけど，CO_2 は中性の水溶液にはほとんど溶けないから，**塩基性にするためにアンモニア NH_3 を使う**んだ。これは CO_2 が水溶液中で次のように電離して水素イオン H^+ を生成するから，これを中和するためにアンモニアを使うよ。

$$
\begin{array}{r}
CO_2 + H_2O \rightleftarrows \cancel{H^+} + HCO_3^- \\
+)\quad\quad \cancel{H^+} + NH_3 \longrightarrow NH_4^+ \quad\quad\quad \\
\hline
NH_3 + H_2O + CO_2 \longrightarrow NH_4^+ + HCO_3^-
\end{array}
$$

この反応式に Cl^- と Na^+ をたせば一番重要な次の反応式❷が完成するよ。この溶液は飽和食塩水の濃厚溶液だから，比較的沈殿しやすい炭酸水素ナトリウム $NaHCO_3$ が沈殿するんだ。

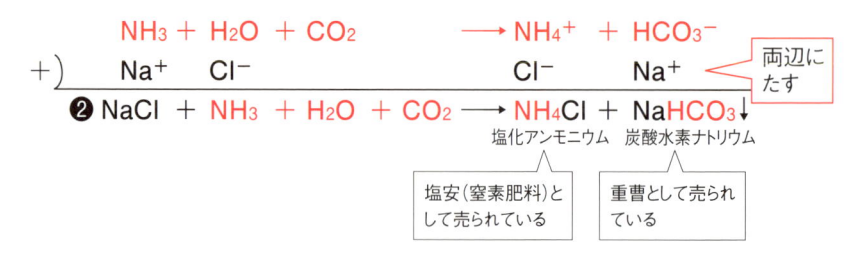

$$
\begin{array}{r}
NH_3 + H_2O + CO_2 \quad\quad\quad \longrightarrow NH_4^+ + HCO_3^- \\
+)\quad Na^+ \quad Cl^- \quad\quad\quad\quad\quad\quad Cl^- \quad Na^+ \\
\hline
❷\ NaCl + NH_3 + H_2O + CO_2 \longrightarrow NH_4Cl + NaHCO_3\downarrow
\end{array}
$$

（両辺にたす）

NH_4Cl：塩化アンモニウム → 塩安（窒素肥料）として売られている
$NaHCO_3$：炭酸水素ナトリウム → 重曹として売られている

▲ 飽和食塩水にNH₃とCO₂を吹き込んだときの反応

③ 炭酸水素ナトリウム NaHCO₃ の加熱

炭酸水素ナトリウム NaHCO₃ は一般的に重曹ともよばれてドーナツやパンケーキのふくらし粉（ベーキングパウダー）に使われているよ。反応式は第13章「炭素とその化合物」story 3「二酸化炭素の性質と製法」の中で（▶p.189）説明したとおり，両性物質の HCO_3^- どうしが反応するんだ。

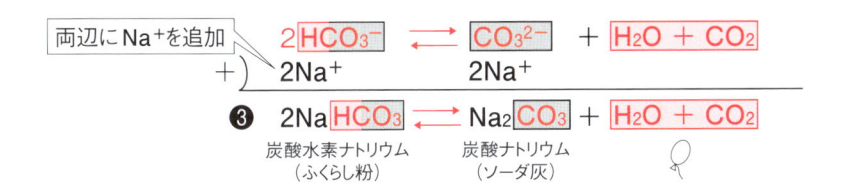

両辺にNa⁺を追加
$$2HCO_3^- \rightleftarrows CO_3^{2-} + H_2O + CO_2$$
$$+)\ 2Na^+ \qquad\qquad 2Na^+$$
$$\overline{\text{❸}\ 2NaHCO_3 \rightleftarrows Na_2CO_3 + H_2O + CO_2}$$

炭酸水素ナトリウム（ふくらし粉）　炭酸ナトリウム（ソーダ灰）

このように，NaHCO₃ を加熱すると二酸化炭素 CO₂ が発生してパンケーキがふくらむんだ。

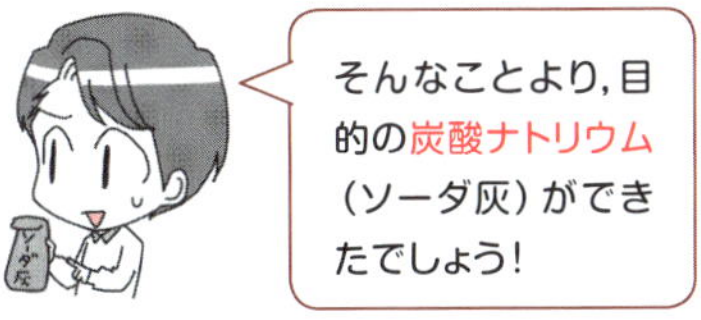

第20章　アルカリ金属の性質

④ 生石灰の水和

❶の反応で生成した生石灰 CaO を水と反応させて，消石灰 $Ca(OH)_2$ をつくるんだ。

❹ $CaO + H_2O \longrightarrow Ca(OH)_2$
　　　　　　　　　　　消石灰

⑤ アンモニアの回収

消石灰と❷の反応で生成した塩化アンモニウム NH_4Cl を反応させて，アンモニア NH_3 を回収するんだ。

❺ $2NH_4Cl + Ca(OH)_2 \longrightarrow 2NH_3 + CaCl_2 + 2H_2O$

（H⁺ が移動）

● **アンモニアソーダ法の全反応式（❶ ＋ ❷×２ ＋ ❸ ＋ ❹ ＋ ❺）**

$2NaCl + CaCO_3 \longrightarrow CaCl_2 + Na_2CO_3$
　岩塩　　石灰石　　　塩化カルシウム　炭酸ナトリウム
　　　　　　　　　　　　　　　　　　　　（ソーダ灰）

全反応式からアンモニアは消失しており，理論的には回収して使用すれば無限に使えるということになるね。アンモニアは二酸化炭素の吸収剤に使われ，**アンモニア**を使って**ソーダ灰**をつくっているので，この方法は**アンモニアソーダ法**とよばれているんだ。また，1861年にベルギーの化学者エルネスト・ソルベー（Ernest Solvay）が考案したことから**ソルベー法**ともよばれているから覚えておこう。

私の考案した方法には無駄がないのである。特許もとって莫大な利益を得て，研究所もつくったのだ！

すごーい！ ソルベーさん！ 今でもソーダ石灰ガラスの原料のソーダ灰は必要だものね！

現在ではアンモニアを完全回収せず，塩安や重曹なども製品として販売しているんだ！

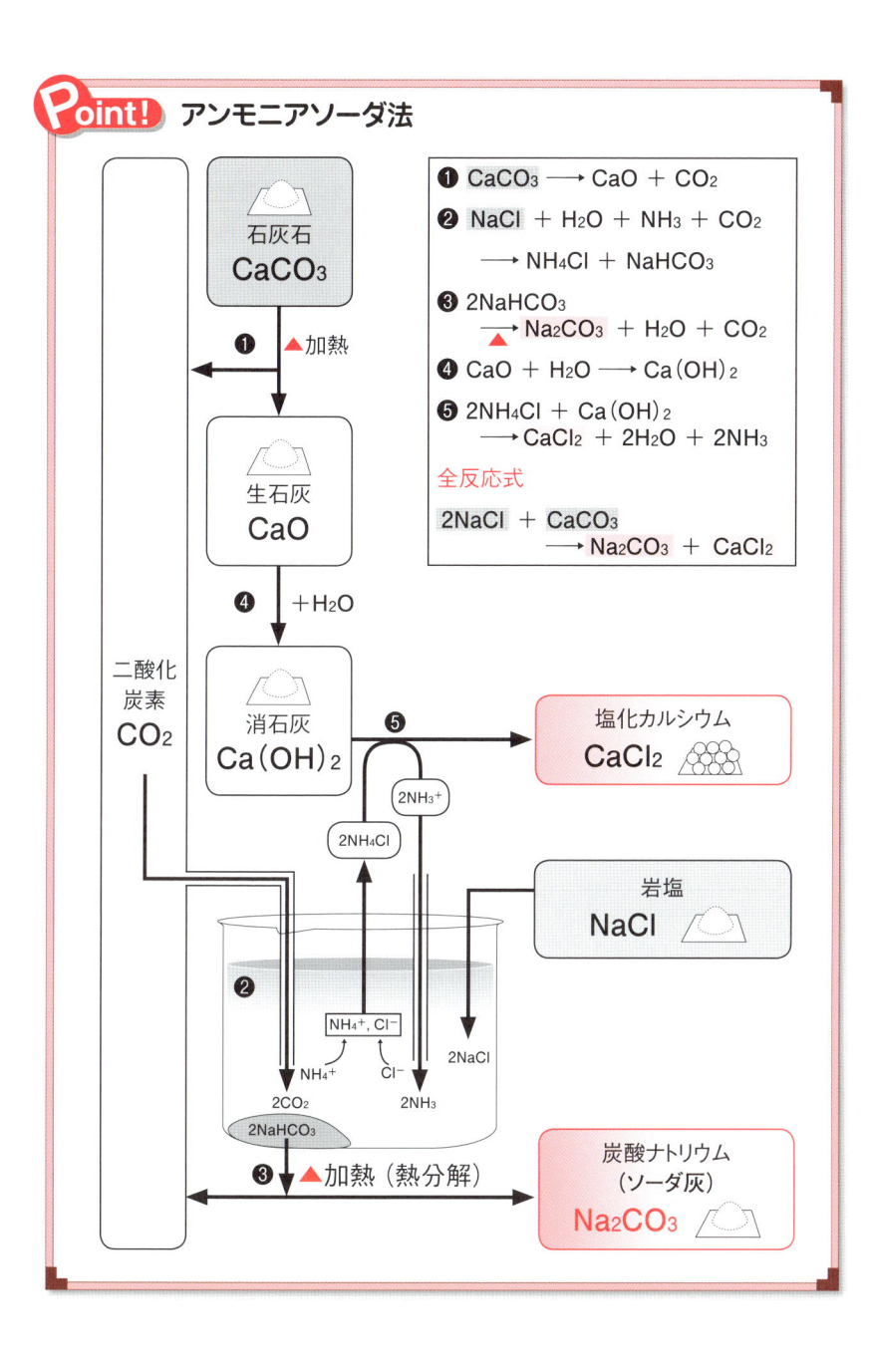

Point! アンモニアソーダ法

❶ $CaCO_3 \longrightarrow CaO + CO_2$

❷ $NaCl + H_2O + NH_3 + CO_2$
$\longrightarrow NH_4Cl + NaHCO_3$

❸ $2NaHCO_3 \overset{\triangle}{\longrightarrow} Na_2CO_3 + H_2O + CO_2$

❹ $CaO + H_2O \longrightarrow Ca(OH)_2$

❺ $2NH_4Cl + Ca(OH)_2$
$\longrightarrow CaCl_2 + 2H_2O + 2NH_3$

全反応式

$2NaCl + CaCO_3 \longrightarrow Na_2CO_3 + CaCl_2$

石灰石 $CaCO_3$
❶ ▲加熱
生石灰 CaO
❹ $+H_2O$
消石灰 $Ca(OH)_2$
二酸化炭素 CO_2
❺ 塩化カルシウム $CaCl_2$
$2NH_3$
$2NH_4Cl$
NH_4^+, Cl^-
NH_4^+　Cl^-　$2NaCl$
$2CO_2$　$2NH_3$
$2NaHCO_3$
岩塩 $NaCl$
❸ ▼▲加熱（熱分解）
炭酸ナトリウム（ソーダ灰） Na_2CO_3

第20章　アルカリ金属の性質

確認問題

1 Li⁺の電子配置は次のどの希ガス元素と同じ電子配置か。
　① He　② Ne　③ Ar　④ Kr　⑤ Xe

解答：①

2 次のアルカリ金属元素の炎色反応の色を答えよ。
　(1) Li　(2) Na　(3) K

(1) 赤色
(2) 黄色
(3) 赤紫色

3 次の元素の中で最も原子半径が大きいものを選べ。
　① Li　② Na　③ K　④ Rb　⑤ Cs

⑤

4 次の元素の中で最も第一イオン化エネルギーが小さいものを選べ。
　① Li　② Na　③ K　④ Rb　⑤ Cs

⑤

5 カリウムと酸素の反応を化学反応式で表せ。

$4K + O_2 \longrightarrow 2K_2O$

6 ナトリウムと水の反応を化学反応式で表せ。

$2Na + 2H_2O \longrightarrow 2NaOH + H_2$

7 ナトリウムとエタノールの反応を化学反応式で表せ。

$2Na + 2C_2H_5OH \longrightarrow 2C_2H_5ONa + H_2$

8 次の元素の単体の中で最も融点が高いものを選べ。
　① Li　② Na　③ K　④ Rb　⑤ Cs

①

金属元素の単体と化合物

9 アルカリ金属の単体の保存方法として最も適当なものを次の中から1つ選べ。
　① 水中に保存する。　② アルコール中に保存する。
　③ HCl 中に保存する。　④ 灯油中に保存する。

解答 ④

10 アルカリ金属の結晶は常温常圧で次のどの結晶構造をとるか，次の中から1つ選べ。
　① 体心立方格子　② 面心立方格子
　③ 六方最密構造　④ 単純立方格子

①

11 食塩を炭素電極で融解塩電解したとき，陰極に生成する物質を次の中から選べ。
　① 水素　② 酸素　③ 塩素　④ ナトリウム

④

12 食塩水を炭素電極で電気分解したとき，陰極に生成する物質を次の中から選べ。
　① 水素　② 酸素　③ 塩素　④ ナトリウム

①

13 次の結晶の中から潮解するものをすべて選べ。
　① NaOH　② KOH　③ KCl
　④ Na_2CO_3　⑤ $NaHCO_3$　⑥ $CaCO_3$
　⑦ $CaCl_2$

① ② ⑦

14 アンモニアソーダ法を考案した化学者を次の中から選べ。
　① アボガドロ　② ドルトン
　③ ブレンステッド　④ ソルベー　⑤ ヘンリー

④

15 アンモニアソーダ法の全反応式を書け。

$2NaCl + CaCO_3 \longrightarrow CaCl_2 + Na_2CO_3$

第21章 アルカリ土類金属の性質

（きっと硫酸カルシウム二水和物よ）
（俺って何なんだろう？）

▶ セッコウ像は硫酸カルシウム $CaSO_4$，大理石の柱は炭酸カルシウム $CaCO_3$ でできている。

story 1 単体とイオン

2族の元素はすべて似ているのですか？

そうなんだよ。典型元素は周期表縦のものどうしで似ているからね。2族の元素の共通点といえば最外殻電子が2個だから，2価の陽イオンになりやすいという点だね。

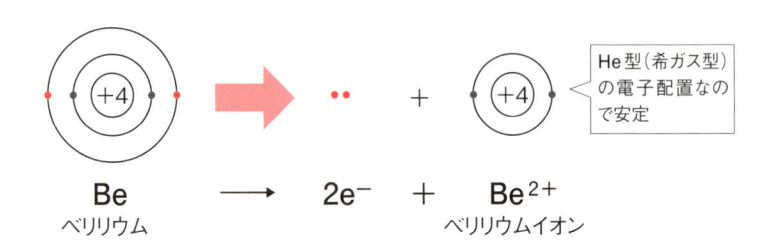

$$Be \longrightarrow 2e^- + Be^{2+}$$

ベリリウム　　　　　　　　ベリリウムイオン

He型（希ガス型）の電子配置なので安定

308　金属元素の単体と化合物

ベッドに潜って彼女とすれば
Be　Mg　Ca　Sr　Ba
ランランラン！
Ra

	1族	2族	12族	13族	14族	15族	16族	17族	18族
第1周期	H								He
第2周期	Li	Be		B	C	N	O	F	Ne
第3周期	Na	Mg		Al	Si	P	S	Cl	Ar
第4周期	K	Ca	Zn	Ga	Ge	As	Se	Br	Kr
第5周期	Rb	Sr	Cd	In	Sn	Sb	Te	I	Xe
第6周期	Cs	Ba	Hg	Tl	Pb	Bi	Po	At	Rn
第7周期	Fr	Ra							

Ca, Sr, Ba, Ra の4つの元素を特に**アルカリ土類金属**という

　ところが，若干似ていない点もあるんだよ。それは Be や Mg は炎色反応をしないけど，Ca，Sr，Ba，Ra の4つの**元素には炎色反応があるんだ**。また，Be，Mg は常温の水とは反応しないけど，**Ca，Sr，Ba，Ra は水に溶けて水素を発生するんだ**。だから，性質が似ている Ca，Sr，Ba，Ra の4元素を特に**アルカリ土類金属（元素）**といっているんだよ。

＜水に溶けるということはアルカリ金属と同様に危険ですか？

　そうだね。水に溶けるという点ではアルカリ金属とよく似ているね。でも，2族の元素は価電子が2個あるから，価電子が1個のアルカリ金属よりは金属結合に関与する電子が多いよね。そのため，**アルカリ金属よりも硬く**，**融点が高く**，**反応性が低い**んだ。それでも他の多くの金属と比較したら反応性が高くて，アルカリ土類金属もアルカリ金属と同様に，**常温の水に溶ける**よ。ただし，アルカリ金属よりは穏やかに反応するんだ！

第21章　アルカリ土類金属の性質

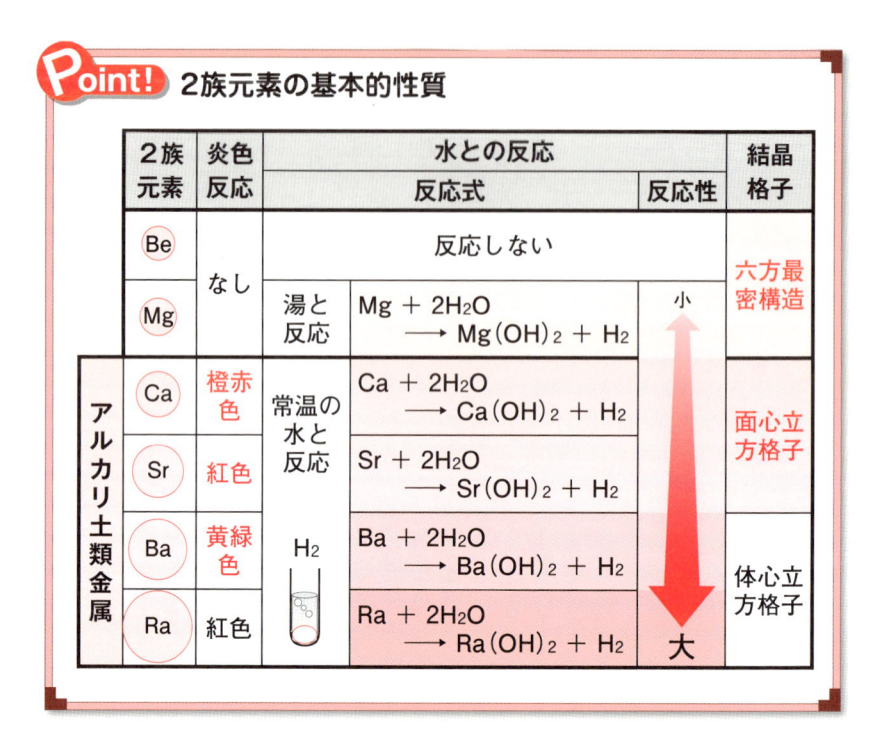

Point! 2族元素の基本的性質

2族元素	炎色反応	水との反応			結晶格子
		反応式		反応性	
Be	なし	反応しない		小 ↑	六方最密構造
Mg		湯と反応	$Mg + 2H_2O \longrightarrow Mg(OH)_2 + H_2$		
Ca (アルカリ土類金属)	橙赤色	常温の水と反応 (H_2)	$Ca + 2H_2O \longrightarrow Ca(OH)_2 + H_2$		面心立方格子
Sr	紅色		$Sr + 2H_2O \longrightarrow Sr(OH)_2 + H_2$		
Ba	黄緑色		$Ba + 2H_2O \longrightarrow Ba(OH)_2 + H_2$		体心立方格子
Ra	紅色		$Ra + 2H_2O \longrightarrow Ra(OH)_2 + H_2$	↓ 大	

story 2 2族元素の化合物

(1) 2族化合物の沈殿

> アルカリ土類金属の沈殿ってよくテストに出ますね。

確かにアルカリ土類金属といえば，沈殿がよくテストで出題されるね。アルカリ土類金属を考えるときのコツは，その代表選手である**カルシウム Ca** を考えたらいいんだよ。2族の元素，特にアルカリ土類金属は似ているから，カルシウム Ca でいえることは他の2族元素でもいえると考えるんだ。

　例えば，カルシウムを含む鉱物で有名な**石灰石**(せっかいせき)の主成分は**炭酸カル**(たんさん)

シウム $CaCO_3$ で，もちろん，水に溶けないから鉱物として安定に存在できるよ。だから，水中では沈殿するんだ。それがわかっていれば他の２族元素の炭酸塩も沈殿すると予想できるね。それと，２族元素の炭酸塩の沈殿は一般に周期表の上のものほど溶けやすいから $BeCO_3$ や $MgCO_3$ は水に少し溶けるんだ。これで一気にわかったでしょう。

$BeCO_3↓$
$MgCO_3↓$
$SrCO_3↓$
$BaCO_3↓$
$RaCO_3↓$
も沈殿する

炭酸カルシウム $CaCO_3$ は沈殿する

　他にも有名な鉱物である**セッコウ**は**硫酸カルシウム** $CaSO_4$ が主成分だけど，これももちろん，沈殿するんだ。だから，他の硫酸塩 $SrSO_4$，$BaSO_4$，$RaSO_4$ も沈殿するとわかるね。硫酸バリウム **$BaSO_4$ はＸ線を通さないから胃腸のＸ線検査の造影剤**として用いられるのも有名だよ。これも水溶性の結晶だと検査に使えないからね。ただし，２族の硫酸塩も上にいくほど溶けやすいから，$BeSO_4$ と $MgSO_4$ は水溶性だよ。

　それから，乾燥剤として有名な塩化カルシウム $CaCl_2$ は，結晶は潮解性，つまり空気中の水を吸って溶液になるくらいだから，もちろん水によく溶けるんだ。よって，他の塩化物 $BeCl_2$，$MgCl_2$，$SrCl_2$，$BaCl_2$，$RaCl_2$ も水溶性だと予想できるね。以上をまとめてみると，次のようになるよ。

第21章　アルカリ土類金属の性質

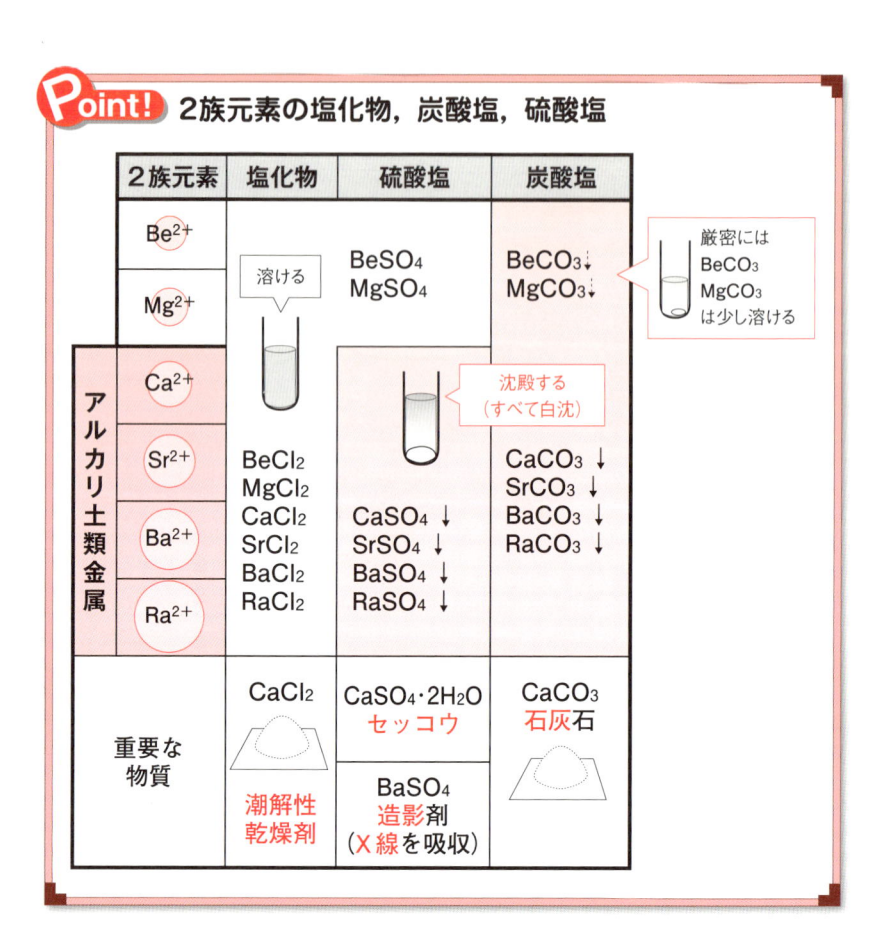

Point! 2族元素の塩化物，炭酸塩，硫酸塩

2族元素		塩化物	硫酸塩	炭酸塩
	Be^{2+}	溶ける	$BeSO_4$ $MgSO_4$	$BeCO_3↓$ $MgCO_3↓$ （厳密には $BeCO_3$ $MgCO_3$ は少し溶ける）
	Mg^{2+}			
アルカリ土類金属	Ca^{2+}	$BeCl_2$ $MgCl_2$ $CaCl_2$ $SrCl_2$ $BaCl_2$ $RaCl_2$	$CaSO_4↓$ $SrSO_4↓$ $BaSO_4↓$ $RaSO_4↓$ （沈殿する すべて白沈）	$CaCO_3↓$ $SrCO_3↓$ $BaCO_3↓$ $RaCO_3↓$
	Sr^{2+}			
	Ba^{2+}			
	Ra^{2+}			
重要な物質		$CaCl_2$ 潮解性 乾燥剤	$CaSO_4·2H_2O$ セッコウ / $BaSO_4$ 造影剤（X線を吸収）	$CaCO_3$ 石灰石

(2) セッコウ

セッコウって，どうやってセッコウ像にするんですか？

天然の**セッコウ**は**硫酸カルシウム二水和物** $CaSO_4·2H_2O$ で，これを**約140℃で加熱すると硫酸カルシウム半水和物** $CaSO_4·\frac{1}{2}H_2O$ の白色粉末になるんだ。これを**焼きセッコ**

ウとよんでいるんだけど，この白色粉末に**水を加えて混合すると再び硬化してセッコウが生成**するんだ。この性質を利用してセッコウ像がつくられているんだよ。

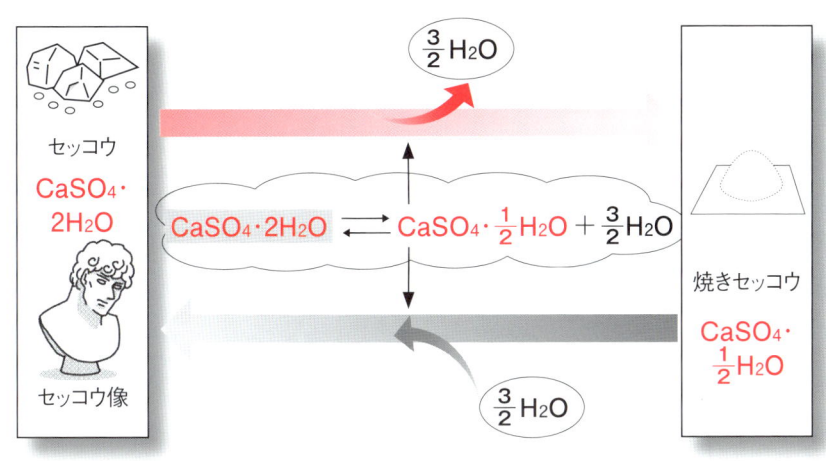

セッコウ
$CaSO_4 \cdot 2H_2O$
セッコウ像

$CaSO_4 \cdot 2H_2O \rightleftarrows CaSO_4 \cdot \frac{1}{2}H_2O + \frac{3}{2}H_2O$

$\frac{3}{2}H_2O$

焼きセッコウ
$CaSO_4 \cdot \frac{1}{2}H_2O$

$\frac{3}{2}H_2O$

▲ セッコウと焼きセッコウの関係

　セッコウは美術のセッコウ像だけでなく，建築材料としても広く利用されているんだよ。セッコウを主成分としたセッコウボードは防火性・耐火性・遮音性に優れているため，家の壁に非常によく使われているんだ。

(3) 2族の水酸化物

> 石灰水は強塩基性だから，他の2族元素の水酸化物も強塩基性ですか？

　そうそう，その調子。だいたい合っているよ。石灰水は水酸化カルシウム$Ca(OH)_2$の水溶液で強塩基性だから，$Sr(OH)_2$，$Ba(OH)_2$，$Ra(OH)_2$も強塩基で大正解。高校の範囲では，アレニウスの定義でいうところの**強塩基とは，アルカリ金属の水酸化物とアルカリ土類金属の水酸化物**と覚えておくと便利だよ。

▼ 強塩基の化合物

アルカリ金属の水酸化物	アルカリ土類金属の水酸化物
LiOH	
NaOH	
KOH	Ca(OH)$_2$
RbOH	Sr(OH)$_2$
CsOH	Ba(OH)$_2$
FrOH	Ra(OH)$_2$

中学では，塩基性のことを"アルカリ性"っていった。

強塩基の代表がアルカリ金属とアルカリ土類金属の水酸化物だからだね。

また，石灰水とCO_2の反応もアルカリ土類金属に共通だよ。ここで2族の水酸化物についてまとめてみよう。

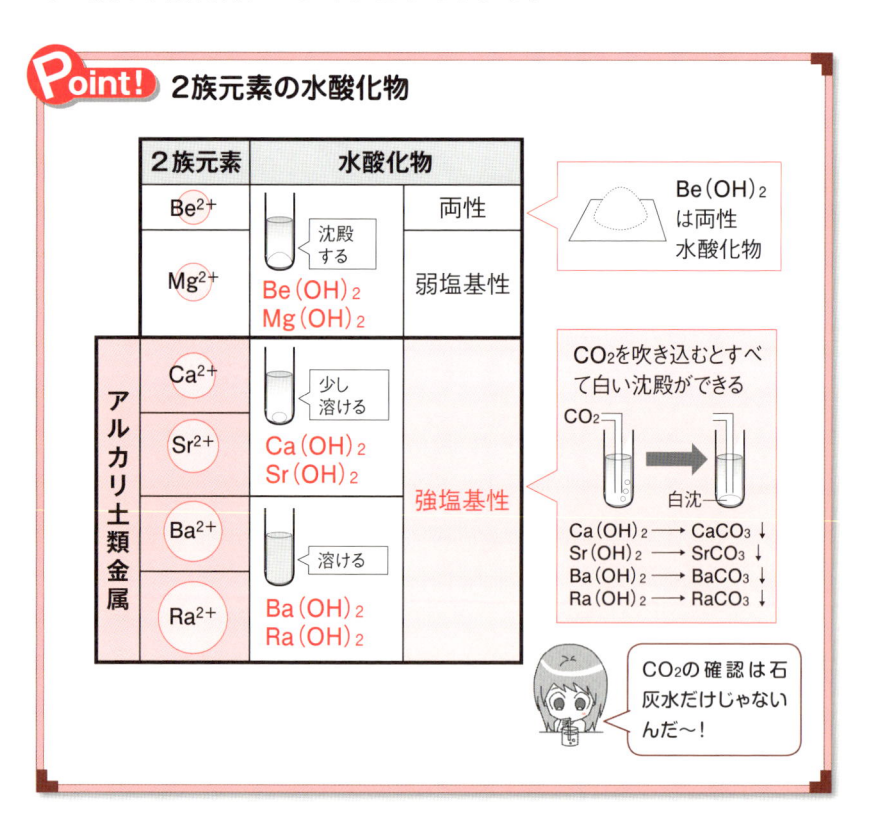

Point! 2族元素の水酸化物

2族元素		水酸化物	
	Be^{2+}	沈殿する Be(OH)$_2$ Mg(OH)$_2$	両性
	Mg^{2+}		弱塩基性
アルカリ土類金属	Ca^{2+}	少し溶ける Ca(OH)$_2$ Sr(OH)$_2$	強塩基性
	Sr^{2+}		
	Ba^{2+}	溶ける Ba(OH)$_2$ Ra(OH)$_2$	
	Ra^{2+}		

Be(OH)$_2$は両性水酸化物

CO_2を吹き込むとすべて白い沈殿ができる

白沈

Ca(OH)$_2$ ⟶ CaCO$_3$ ↓
Sr(OH)$_2$ ⟶ SrCO$_3$ ↓
Ba(OH)$_2$ ⟶ BaCO$_3$ ↓
Ra(OH)$_2$ ⟶ RaCO$_3$ ↓

CO_2の確認は石灰水だけじゃないんだ～！

story 3 アルカリ土類金属の化合物と工業

(1) 炭酸カルシウム

石灰石と大理石って，同じものなのですか？

主成分は両方とも同じ**炭酸カルシウム** $CaCO_3$ なんだけど，大理石のほうが石を構成する結晶が大きいんだ。炭酸カルシウムは本来無色透明な結晶なので，結晶が大きいと透明度が増すんだ。$NaCl$ も白い粉状だけど，岩塩の結晶は半透明なものが多いよね。それと同じなんだ。もともと堆積岩だった**石灰石が熱や圧力を受けて結晶が大きくなってできた変成岩が大理石**なんだよ。

大理石
（変成岩）
$CaCO_3$

確かに大理石は透明な部分が多くて高級感があるわ～

石灰石からどうやって鍾乳洞ができるんですか？

石灰石に雨がしみ込んで溶けてできたものが鍾乳洞なんだ。雨はもともと二酸化炭素 CO_2 を含んでいるから酸性なんだけど，土の中を通るうちに細菌の呼吸によって CO_2 の濃度が増して，さらに圧力が高くなることで徐々に下層の石灰岩が溶解するんだ。第13章「炭素とその化合物」story 3「二酸化炭素の性質と製法」の中（▶p.190）で，勉強した通り，石灰水に CO_2 を吹き込むと $CaCO_3$ の沈殿ができるけど，**吹き込み続けると水溶性の炭酸水素カルシウム $Ca(HCO_3)_2$ が生成して透明になる**よね。だけど，まさにこの後半の部分と同じ反応で鍾乳洞が形成されているんだ。この反応は可逆反応だから，逆反応により再び $CaCO_3$ の結晶が形成されてできたのが**鍾乳石（つらら石）**なんだ。

第21章　アルカリ土類金属の性質　315

雨は大気中のCO_2を含んで弱酸性！

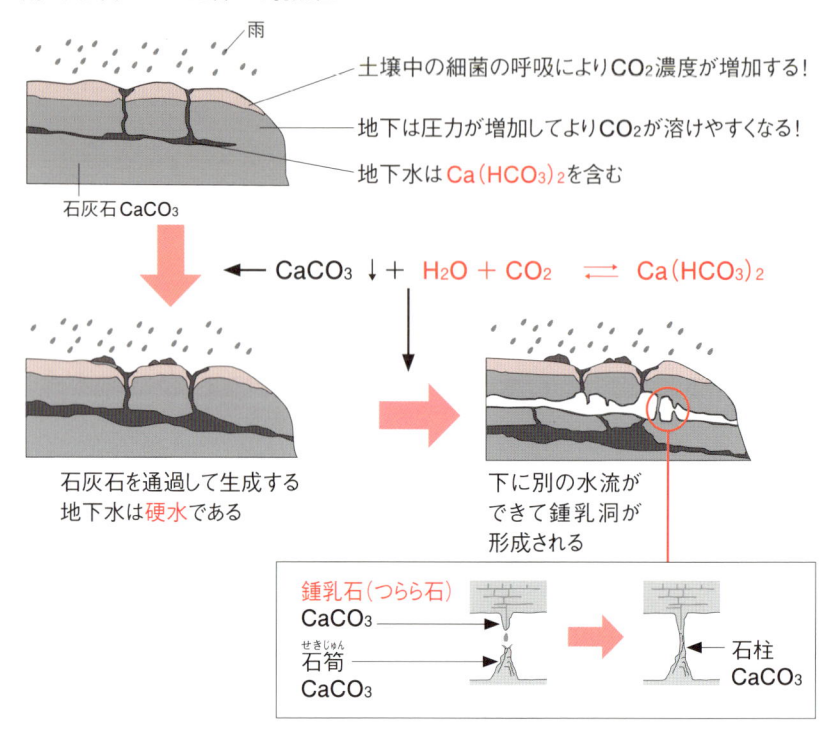

雨

土壌中の細菌の呼吸によりCO_2濃度が増加する！

地下は圧力が増加してよりCO_2が溶けやすくなる！

地下水は$Ca(HCO_3)_2$を含む

石灰石 $CaCO_3$

$CaCO_3 \downarrow + H_2O + CO_2 \rightleftarrows Ca(HCO_3)_2$

石灰石を通過して生成する地下水は**硬水**である

下に別の水流ができて鍾乳洞が形成される

鍾乳石（つらら石）
$CaCO_3$

石筍
$CaCO_3$

石柱
$CaCO_3$

▲ **鍾乳洞と鍾乳石のでき方**

(2) 石　　灰

　ちなみに，石灰石を通過して生成する地下水はカルシウムイオンCa^{2+}を含むので**硬水**とよばれているよ。**硬水とはCa^{2+}やMg^{2+}を多く含む水**を指すけど，多くは石灰石などが雨などによって溶解してCa^{2+}を含んでいるものなんだ。Mg^{2+}は同じ2族元素で存在量も多く性質もCa^{2+}に似ているから，地下水にCa^{2+}といっしょに多く含まれているよ。

> 石灰って、よく聞くんですが、何でしょう？

石灰石は非常に多く産出され、人類は石灰石を昔から利用してきたんだ。それで、石灰石からつくられた**消石灰や生石灰を工業的に"石灰"とよんでいる**よ。生石灰と消石灰について説明するね。

① 生石灰 CaO

生石灰は石灰石 $CaCO_3$ を強熱してできる**酸化カルシウム CaO** のことなんだ。また、水をかけると発熱しながら消石灰を生成するので発熱剤になるんだ。セメントの原料としても有名だよ。

② 消石灰 $Ca(OH)_2$

生石灰 CaO に水をかけてできる**水酸化カルシウム $Ca(OH)_2$** の固体を**消石灰**というんだ。日本の古い建造物によく見られる**漆喰**は、消石灰に海藻のフノリやワラ、麻糸などを混ぜてできた建材なんだ。

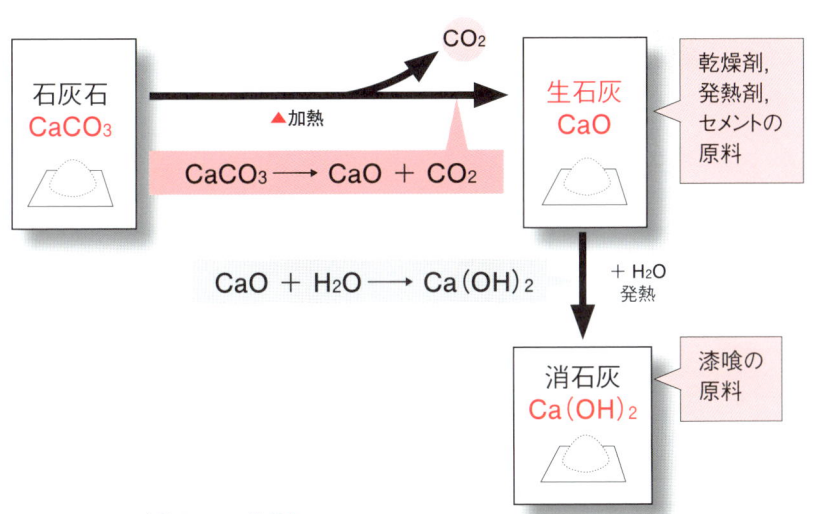

石灰石 $CaCO_3$ ──加熱→ 生石灰 CaO （乾燥剤、発熱剤、セメントの原料）

$$CaCO_3 \longrightarrow CaO + CO_2$$

$$CaO + H_2O \longrightarrow Ca(OH)_2$$

＋H_2O 発熱

消石灰 $Ca(OH)_2$ （漆喰の原料）

▲ 石灰石と消石灰の製法

第21章 アルカリ土類金属の性質

> 石灰水は消石灰を水に溶かしたものですか？

その通り。**生石灰も消石灰も水に溶かせば水酸化カルシウム $Ca(OH)_2$ の水溶液になる**からまさに"石灰"からできた水で石灰水というわけなんだ。しかし，消石灰 $Ca(OH)_2$ は常温の水 100 g に 0.17 g 程度しか溶けないから，工業的に用いるのは石灰水ではないんだ。**消石灰を溶解度以上に多量に水と混ぜて，白色の懸濁液にした石灰乳**とよばれるものを使うんだ。石灰を水に溶かしまくって白濁して牛乳みたいになっているから**石灰乳**とよばれるよ。工業的な名称は非常にわかりやすいでしょう。

溶解度以上の消石灰 $Ca(OH)_2$ ＋ 水 →（白色の懸濁液にする）→ 石灰乳 $Ca(OH)_2$ の懸濁液

石灰乳を使ってつくられるものは多くて，例えば前章で学んだアンモニアソーダ法（ソルベー法）で塩化アンモニウム NH_4Cl と反応させる $Ca(OH)_2$ の水溶液は，実際には，石灰乳なんだ。また，第7章「ハロゲン単体の性質」の story4 「②さらし粉の製法」（▶ p.105）で勉強した通り，石灰乳に塩素ガスを吹き込むとさらし粉の水溶液になるよ。

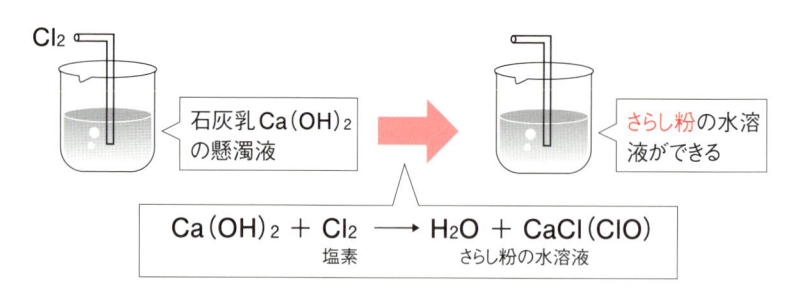

$Ca(OH)_2 + Cl_2 \longrightarrow H_2O + CaCl(ClO)$
　　　　　塩素　　　　　　　さらし粉の水溶液

▲ さらし粉の製法

> 他にも石灰からできる重要な物質ってありますか？

そうだね。有機化学の分野でアセチレンの昔の製法を学ぶんだけど，そこに登場する**炭化カルシウム**は生石灰とコークスを加熱してできるんだ。それで，炭化カルシウムを水に入れると有名なアセチレンガスが出るという具合だ。

石灰石からできる物質は，工業的に非常に重要なものが多いから整理して覚えておくといいよ！

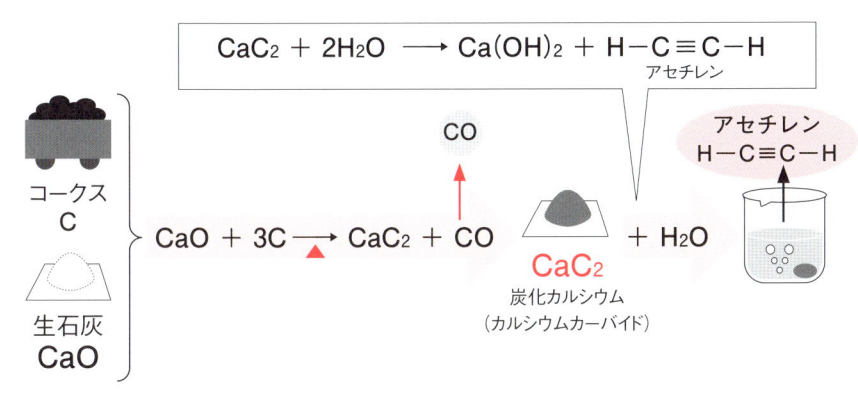

$$CaC_2 + 2H_2O \longrightarrow Ca(OH)_2 + H-C\equiv C-H \text{ (アセチレン)}$$

コークス C
生石灰 CaO

$$CaO + 3C \xrightarrow{\triangle} CaC_2 + CO$$

CO↑

CaC_2 炭化カルシウム（カルシウムカーバイド） $+ H_2O$ → アセチレン $H-C\equiv C-H$

▲ 炭化カルシウムの製法と利用

第21章　アルカリ土類金属の性質

確認問題

1 Mg^{2+}は次のどの希ガス元素と同じ電子配置か。
① He ② Ne ③ Ar ④ Kr ⑤ Xe

解答 ②

2 次の2族元素の炎色反応の色を答えよ。ない場合はなしと答えよ。
(1) Be (2) Mg (3) Ca (4) Sr (5) Ba

(1) なし　(2) なし
(3) 橙赤色
(4) 紅色　(5) 黄緑色

3 次の金属の中から常温の水と反応しないものをすべて選べ。
① Be ② Mg ③ Ca ④ Sr ⑤ Ba

①②

4 Caと水の反応を化学反応式で表せ。

$Ca + 2H_2O \longrightarrow Ca(OH)_2 + H_2$

5 次の物質の中から水に難溶性のものをすべて選べ。ない場合はなしと答えよ。
① $BeCl_2$ ② $MgCl_2$ ③ $CaCl_2$
④ $SrCl_2$ ⑤ $BaCl_2$

なし

6 次の物質の中から水に難溶性のものをすべて選べ。ない場合はなしと答えよ。
① $BeSO_4$ ② $MgSO_4$ ③ $CaSO_4$
④ $SrSO_4$ ⑤ $BaSO_4$

③④⑤

7 次の物質の中から水への溶解度が最も大きいものを選べ。
① $BeCO_3$ ② $MgCO_3$ ③ $CaCO_3$
④ $SrCO_3$ ⑤ $BaCO_3$

①

8 次の物質の中から飽和水溶液が強塩基性であるものをすべて選べ。
① $Be(OH)_2$　② $Mg(OH)_2$
③ $Ca(OH)_2$　④ $Sr(OH)_2$
⑤ $Ba(OH)_2$　⑥ $Ra(OH)_2$

解 答
③ ④ ⑤ ⑥

9 セッコウを加熱して焼きセッコウができるときの化学変化を化学反応式で表せ。ただし化学反応式の係数は分数でよいものとする。

$CaSO_4 \cdot 2H_2O \longrightarrow CaSO_4 \cdot \frac{1}{2}H_2O + \frac{3}{2}H_2O$

10 石灰石に二酸化炭素を含む雨が降って鍾乳洞ができるときの化学変化を化学反応式で表せ。

$CaCO_3 + H_2O + CO_2 \longrightarrow Ca(HCO_3)_2$

11 石灰石を強熱して生石灰が生成するときの化学変化を化学反応式で表せ。

$CaCO_3 \longrightarrow CaO + CO_2$

12 生石灰に水を加え消石灰が生成するときの化学変化を化学反応式で表せ。

$CaO + H_2O \longrightarrow Ca(OH)_2$

13 石灰乳に塩素を吹き込んでさらし粉の水溶液が生成するときの化学変化を化学反応式で表せ。

$Ca(OH)_2 + Cl_2 \longrightarrow CaCl(ClO) + H_2O$

14 生石灰にコークスを加えて加熱し，一酸化炭素と炭化カルシウムが生成するときの化学変化を化学反応式で表せ。

$CaO + 3C \longrightarrow CaC_2 + CO$

第21章　アルカリ土類金属の性質

第22章 アルミニウムの性質

> ルビーやサファイアの主成分は酸化アルミニウム Al_2O_3、ジュラルミンはアルミニウムの合金で、スーツケースや航空機材料に使われている。

story 1 アルミニウムの製錬法

アルミニウムの製錬法を詳しく教えてください。

アルミニウム Al の製錬は次の2つのステップでマスターするのがベストだよ。第一段階が<u>不純物の除去</u>（バイヤー法）で第二段階が<u>融解塩電解</u>（溶融塩電解）なんだ。

Al の原鉱石である**ボーキサイト**は主成分が酸化アルミニウム Al_2O_3 で、酸化鉄(Ⅲ)などの不純物を含んでいるから、第一段階で不純物を除去して、純粋な Al_2O_3 にしてから、第二段階の融解塩電解で Al にするというわけなんだ。

322　金属元素の単体と化合物

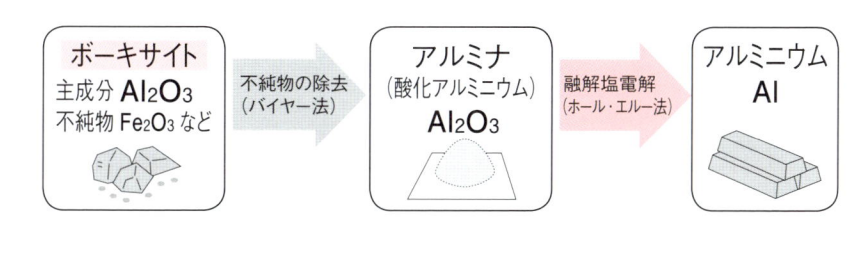

ボーキサイト　　　　　　　　　　　　アルミナ　　　　　　　　　　アルミニウム
主成分 Al_2O_3　→不純物の除去→　（酸化アルミニウム）　→融解塩電解→　Al
不純物 Fe_2O_3 など　　（バイヤー法）　　Al_2O_3　　　（ホール・エルー法）

(1) 第一段階 ―不純物の除去（バイヤー法）―

ボーキサイトの主成分である**酸化アルミニウム Al_2O_3 は両性酸化物**だから，水酸化ナトリウム NaOH 水溶液に溶解するよね。ところが**酸化鉄（Ⅲ）Fe_2O_3 は塩基性酸化物**だから，酸性の水溶液には溶けるけど塩基性の NaOH 水溶液には溶解しないんだ。よってボーキサイトを NaOH の濃い水溶液に溶かしたあと，ろ過することで Fe_2O_3 などの不純物が取り除けるんだ。そのあと，ろ液を希釈すると水酸化アルミニウム $Al(OH)_3$ が沈殿してくるので，その沈殿をろ過したあと，加熱すると純粋な Al_2O_3 である**アルミナ**が得られるんだ

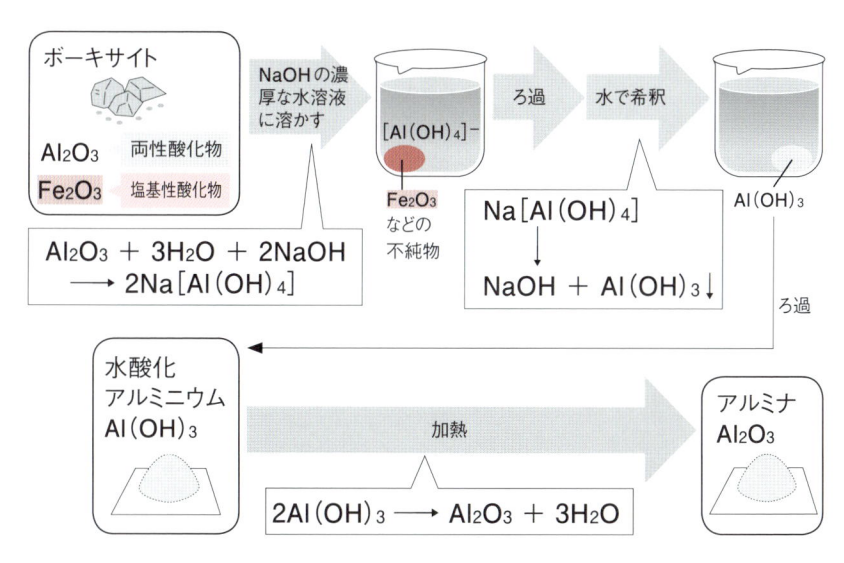

ボーキサイト
Al_2O_3 両性酸化物
Fe_2O_3 塩基性酸化物

NaOHの濃厚な水溶液に溶かす

$[Al(OH)_4]^-$
Fe_2O_3 などの不純物

$Al_2O_3 + 3H_2O + 2NaOH \longrightarrow 2Na[Al(OH)_4]$

ろ過

$Na[Al(OH)_4]$
↓
$NaOH + Al(OH)_3↓$

水で希釈

$Al(OH)_3$

ろ過

水酸化アルミニウム $Al(OH)_3$　→加熱→　アルミナ Al_2O_3

$2Al(OH)_3 \longrightarrow Al_2O_3 + 3H_2O$

▲ **ボーキサイトの不純物除去（バイヤー法）**

(2) 第二段階 ―融解塩電解（ホール・エルー法）―

Alはイオン化傾向が大きいため，アルミニウムイオン Al^{3+} を含む水溶液を電気分解しても，陰極ではAlが析出せずに水 H_2O が還元されて水素を発生してしまうんだ。そこで，Al_2O_3 を高温で融解して電解するんだけど，これが簡単そうで非常に難しいよ。それは Al_2O_3 は融点が2054℃と非常に高温で，通常のガスバーナーではとけないからなんだ。そこで，**融点が約1000℃の氷晶石（主成分 $Na_3[AlF_6]$）を融解して，これに少量ずつ Al_2O_3 を加えると凝固点降下（融点降下）により1000℃付近で Al_2O_3 も融解**するんだ。

この方法で融解した氷晶石とアルミナを黒鉛の電極で電気分解すると，陰極からAlが析出して，陽極では黒鉛が酸化されてCOや CO_2 が発生するよ。

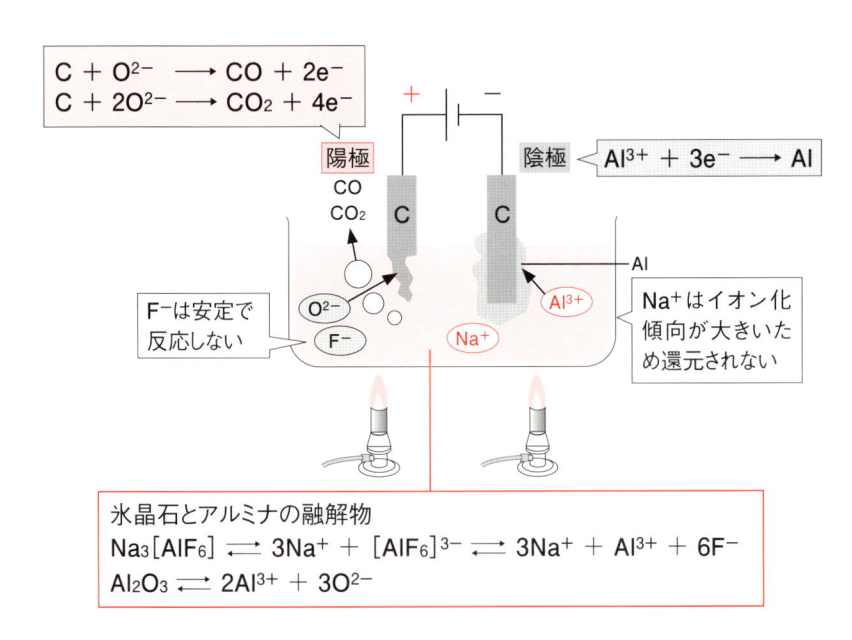

$C + O^{2-} \longrightarrow CO + 2e^-$
$C + 2O^{2-} \longrightarrow CO_2 + 4e^-$

陽極　　　　　陰極　　$Al^{3+} + 3e^- \longrightarrow Al$

F^- は安定で反応しない

Na^+ はイオン化傾向が大きいため還元されない

氷晶石とアルミナの融解物
$Na_3[AlF_6] \rightleftarrows 3Na^+ + [AlF_6]^{3-} \rightleftarrows 3Na^+ + Al^{3+} + 6F^-$
$Al_2O_3 \rightleftarrows 2Al^{3+} + 3O^{2-}$

▲ **アルミナの融解塩電解（ホール・エルー法）**

story 2 アルミニウムの化合物

(1) 酸化アルミニウム

ルビーって，アルミニウムからできているの？

おしいね。正解には酸化アルミニウム Al_2O_3 からできているんだ。Al_2O_3 の結晶は無色透明で，その巨大結晶は**コランダム**とよばれているよ。不純物などにより赤くなっているコランダムを**ルビー**といって，赤以外の色のコランダムを**サファイア**とよんでいるんだ。現在では**ルビーにはクロム Cr，サファイアにはチタン Ti や鉄 Fe などが含まれている**ことがわかっているよ。これらの宝石の主成分である Al_2O_3 の特徴は磁性るつぼにも使われるほど高融点 (2054℃) で，非常に硬いということだよ。

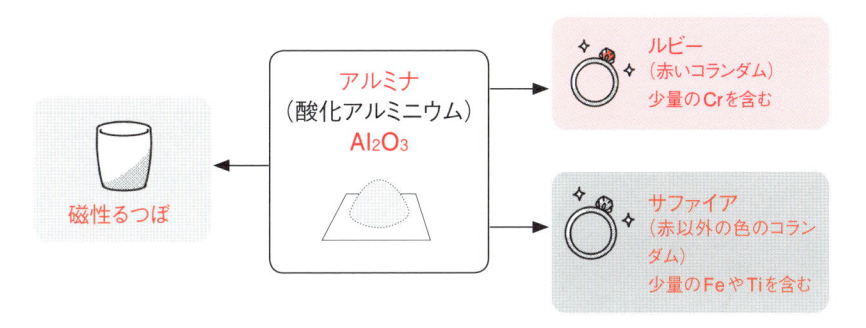

アルミナ
(酸化アルミニウム)
Al_2O_3

磁性るつぼ

ルビー
(赤いコランダム)
少量のCrを含む

サファイア
(赤以外の色のコランダム)
少量のFeやTiを含む

ところで，アルミニウム Al は非常に酸化されやすく，空気中の酸素と反応して，この硬い Al_2O_3 の緻密な被膜でおおわれるよ。

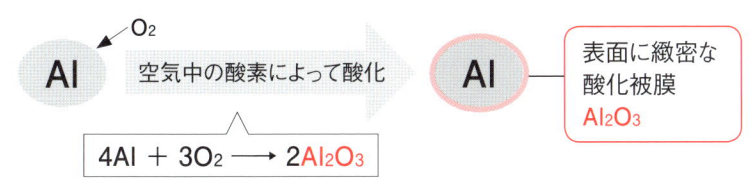

Al → 空気中の酸素によって酸化 → Al
O_2
表面に緻密な酸化被膜
Al_2O_3

$4Al + 3O_2 \longrightarrow 2Al_2O_3$

第22章 アルミニウムの性質

そのために，本来，酸化されやすいはずのアルミニウムが比較的安定に存在できるんだ。ただ，この被膜をもっと厚くする方法があるんだ。その1つが**アルミニウムを濃硝酸に入れる**という方法なんだ。濃硝酸は強い酸化剤だから表面がすぐに酸化されて**不動態**となるんだ。

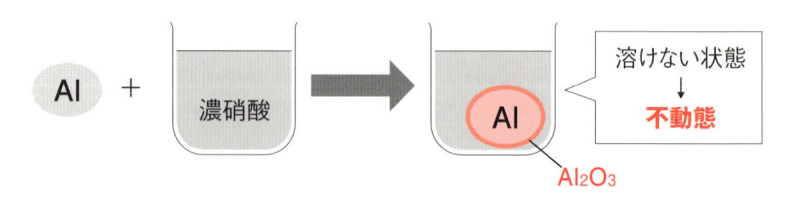

濃硝酸に入れるより，もっと厚い被膜をつけたければ**陽極をアルミニウム電極にして硫酸やシュウ酸の水溶液中で電気分解する**んだ。反応式は次の通りだよ。

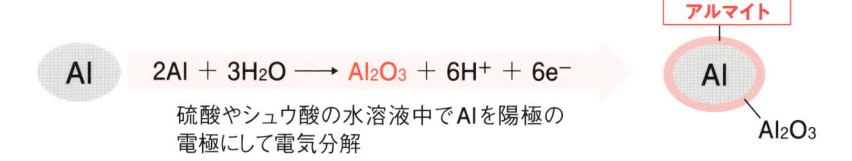

$$2Al + 3H_2O \longrightarrow Al_2O_3 + 6H^+ + 6e^-$$

硫酸やシュウ酸の水溶液中でAlを陽極の電極にして電気分解

厚い酸化被膜をつけたアルミニウムが**アルマイト**だよ。アルマイトは1929年に理化学研究所で発明されて，現在ではアルミサッシや鍋，弁当箱など数多くの製品に利用されるようになったんだ。

アルミサッシは**アルマイト**だったんだ！アルマイトっておいしそうな名前！

アホか！　表面が硬い酸化アルミニウムの被膜だから歯が折れるぞ～！

テルミットって合金の名前ですか？

いやいや。Alの合金はCuなどを混合したジュラルミンが有名だけど，**テルミット**はAlの粉末と金属酸化物の粉末を混

ぜた混合物だよ。例えば、Al と**赤鉄鉱** Fe_2O_3 でできたテルミットに着火すると非常に激しく反応するんだ。これは Al が非常にイオン化傾向が大きくて、Al_2O_3 になりたがっているからなんだ。この反応は鉄の溶接などに使われているんだ。

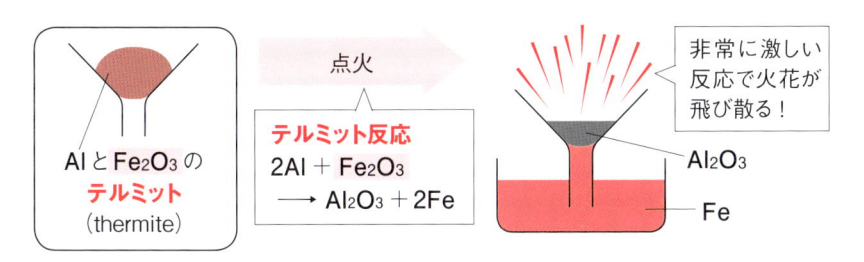

点火

Al と Fe_2O_3 の**テルミット**（thermite）

テルミット反応
$2Al + Fe_2O_3 \longrightarrow Al_2O_3 + 2Fe$

非常に激しい反応で火花が飛び散る！

Al_2O_3
Fe

▲ **テルミット反応**

(2) ミョウバン

> ミョウバンってたくさんのイオンが含まれていて、難しい気がします。

確かにミョウバンの化学式は $AlK(SO_4)_2 \cdot 12H_2O$ で一見難しそうだね。まず、イオンに分けて考えてみよう。

$$AlK(SO_4)_2 \cdot 12H_2O \longrightarrow \underbrace{Al^{3+} + K^+ + 2SO_4^{2-}}_{3種類のイオン} + 12H_2O$$

このように、H^+ と OH^- 以外のイオンが3種類以上含まれる塩を**複塩**とよぶんだけど、**ミョウバンは複塩の代表**選手だ。

ミョウバンをつくるには硫酸カリウム K_2SO_4 と硫酸アルミニウム $Al_2(SO_4)_3$ の水溶液を濃縮して冷却するだけなんだ。そうすると、八面体の無色透明な結晶が得られるよ。

第22章　アルミニウムの性質

$Al_2(SO_4)_3$ 水溶液 + K_2SO_4 水溶液 → 濃縮,冷却して再結晶 → $AlK(SO_4)_2 \cdot 12H_2O$ ミョウバンの結晶

$$Al_2(SO_4)_3 + K_2SO_4 + 24H_2O \longrightarrow 2AlK(SO_4)_2 \cdot 12H_2O$$

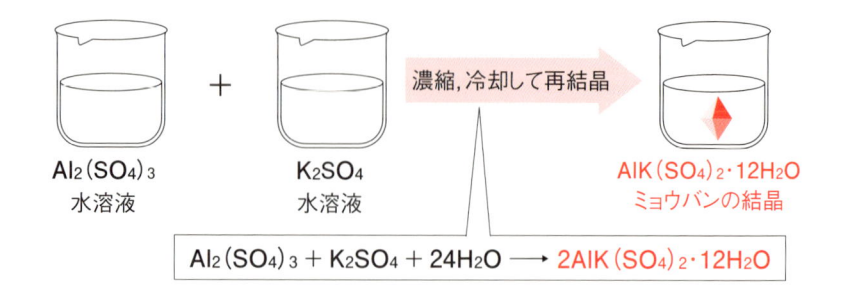

ミョウバンは水に溶けて**酸性を示す**んだ。これはミョウバン水溶液中に存在する Al^{3+} が本当はアクア錯イオンである $[Al(OH_2)_6]^{3+}$ として存在していて，このイオンがブレンステッドの定義で水に対して酸として作用するためなんだ。この反応を Al^{3+} **の加水分解**ともいうから覚えておこう。

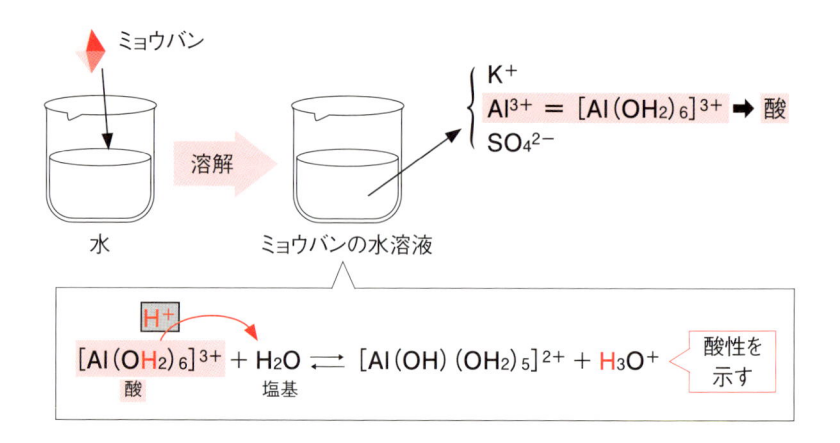

ミョウバン → 水 →(溶解)→ ミョウバンの水溶液
K^+
$Al^{3+} = [Al(OH_2)_6]^{3+}$ → 酸
SO_4^{2-}

$$[Al(OH_2)_6]^{3+} + H_2O \rightleftarrows [Al(OH)(OH_2)_5]^{2+} + H_3O^+$$
酸　　　　　　塩基　　　　　　　　　　　　　　　　　酸性を示す

328　金属元素の単体と化合物

確認問題

1 ボーキサイト中の酸化鉄(Ⅲ)などの不純物を除くために使う溶液を次の中から1つ選べ。
① 濃塩酸　② 濃硫酸　③ 過酸化水素水
④ 過マンガン酸カリウム溶液
⑤ 水酸化ナトリウム水溶液

解答
⑤

2 酸化アルミニウムの融解塩電解で使用される塩を次の中から1つ選べ。
① 岩塩　② 赤鉄鉱　③ 氷晶石
④ 黄銅鉱　⑤ クジャク石

③

3 ルビーの主成分を化学式で表せ。

Al_2O_3

4 アルミニウムを濃硝酸に入れると、表面に緻密な酸化被膜をつくって内部が保護される。この状態を何というか。

不動態

5 アルミニウムを陽極にして硫酸水溶液中で電気分解すると、表面に厚い酸化被膜ができる。このようにつくった材料物質は何か。

アルマイト

6 アルミニウムの粉末と赤鉄鉱(Fe_2O_3)を混合して点火したときの化学変化を化学反応式で表せ。

$2Al + Fe_2O_3 \longrightarrow Al_2O_3 + 2Fe$

7 硫酸アルミニウムと硫酸カリウムによって生成されるミョウバンを化学式で表せ。

$AlK(SO_4)_2 \cdot 12H_2O$

第22章　アルミニウムの性質

第23章 鉄の性質

めっき3兄弟

- オレはスズめっきのブリキの缶詰
- トタン屋根は亜鉛めっきで鉄が錆びないんだ！
- 僕はクロムめっきピカピカの水道蛇口！

▶ 鉄はさびるが，スズやクロムや亜鉛をめっきするとさびを防げる。

story 1 鉄の酸化物

鉄のさびって何からできているんですか？

鉄はイオン化傾向が比較的大きいから，空気中の酸素によって酸化されてさびるんだ。鉄には2価と3価のイオンがあるから酸化物にも 酸化鉄（Ⅱ）FeO と 酸化鉄（Ⅲ）Fe_2O_3 の2種類があるけど，実はもう1つ酸化鉄があるんだ。それは FeO と Fe_2O_3 をたしたものと組成が同じなんだ。イオンに電離させた式といっしょに見てみるとよくわかるよ。

$$\begin{array}{r} FeO \rightleftarrows Fe^{2+} + O^{2-} \\ +)\ Fe_2O_3 \rightleftarrows 2Fe^{3+} + 3O^{2-} \\ \hline Fe_3O_4 \rightleftarrows Fe^{2+} + 2Fe^{3+} + 4O^{2-} \end{array}$$

330　金属元素の単体と化合物

Fe_3O_4 はそのまま「**四酸化三鉄**」とよんだり,「**酸化鉄（Ⅲ）鉄（Ⅱ）**」とよんだりするんだ。酸化数を縦軸にして見てみると，次のようになるね。

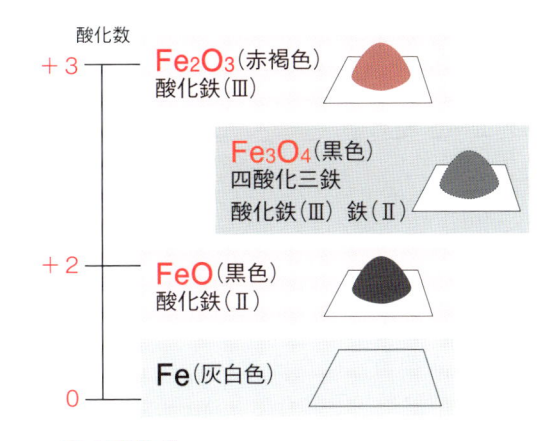

酸化数

+3　Fe_2O_3（赤褐色）
　　酸化鉄（Ⅲ）

　　　　Fe_3O_4（黒色）
　　　　四酸化三鉄
　　　　酸化鉄（Ⅲ）　鉄（Ⅱ）

+2　FeO（黒色）
　　酸化鉄（Ⅱ）

　　Fe（灰白色）

0

▲ 鉄の酸化物

　鉄のイオンは空気中では3価が安定だから，さびは基本的に酸化鉄（Ⅲ）で構成されているよ。酸化鉄の中では**酸化鉄（Ⅲ）**が赤褐色だから，灰白色の鉄がさびると赤くなるイメージがあるんだね。

　ところで，この"赤さび"は水分を含んでいると，水酸化物との平衡状態になっているんだ。これは水酸化鉄（Ⅲ）の脱水反応を考えられれば簡単に理解できるよ。

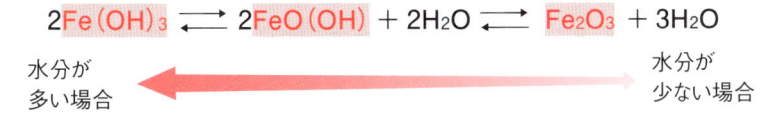

$$2Fe(OH)_3 \rightleftarrows 2FeO(OH) + 2H_2O \rightleftarrows Fe_2O_3 + 3H_2O$$

水分が多い場合　←　　　　　　　　　　　　　　　水分が少ない場合

　一般的には赤さびは Fe_2O_3 や $FeO(OH)$（オキシ水酸化鉄（Ⅲ），酸化水酸化鉄（Ⅲ））などの混合物なんだ。もちろん，水分を非常に多く含んだ状態なら $Fe(OH)_3$ になっている。上の反応式を見ると関係がわかるね。

第23章　鉄の性質

ところで，実際に鉄に赤さびがつくと，膨張しながら内部に空気と水分を送り込み，どんどんさびが進行するよ。

また，天然にはこの赤さびと同じ成分の鉱物があって，色が赤褐色なので赤鉄鉱とよばれているんだよ。工業界ではFe_2O_3はベンガラとよばれ，赤色の顔料や染料として使われているんだ。

Fe_2O_3（赤褐色）
酸化鉄（Ⅲ）

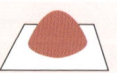

ベンガラ（赤色顔料）
赤鉄鉱

黒さびって聞いたことあるんですけど何ですか？

そうだね黒さびは鉄を空気中で高温に加熱するか，高温水蒸気と加熱すると表面が四酸化三鉄Fe_3O_4の緻密な酸化被膜になるんだけど，その部分を黒さびとよんでいるんだ。

鉄を空気中で高温に加熱　$6Fe + 4O_2 \longrightarrow 2Fe_3O_4$

高温水蒸気と加熱　$3Fe + 4H_2O \longrightarrow 2Fe_3O_4 + 4H_2$

Fe　黒さびの被膜によって内部がさびない。Fe_3O_4

表面に黒さびをつけることで，鉄全体がさびるのを防いでくれているんだ。黒さびと同じ成分の鉱物が磁鉄鉱で文字の通り磁石にくっつくよ。磁鉄鉱が風化して粉末になったものが砂鉄なんだ。

Fe_3O_4（黒色）
四酸化三鉄
酸化鉄（Ⅲ）鉄（Ⅱ）

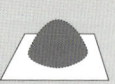

磁鉄鉱，砂鉄

赤さびを黒さびに変えるっていう塗料を買ってきて塗りました!!

黒さびはさびを防ぐさびなんだ!!

story 2 鉄の製錬法

> 鉄の製錬法を教えてください!

鉄鉱石から一般的な鋼をつくる過程は2つあるんだ。次のフローを見てごらん。

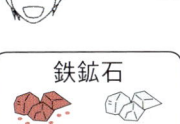

鉄鉱石（赤鉄鉱 Fe_2O_3、磁鉄鉱 Fe_3O_4） →[溶鉱炉]→ 銑鉄（Cを4%程度含む鉄） →[転炉]→ 鋼（Cが少ない鉄）

(1) 鉄鉱石の還元

最初は**溶鉱炉**で鉄鉱石を還元する工程だよ。鉄鉱石の還元は吸熱反応だから加熱が必要なんだ。そこで、溶鉱炉に鉄鉱石とコークス（C）を入れ、下から熱風を送り込んで燃焼させて加熱する。

このとき注意しなければならないのは、コークスが大量に存在しているので、ほとんどが不完全燃焼して一酸化炭素 CO が生成しているということだよ。この CO によって鉄鉱石が還元されるんだ。

還元剤
$$2C + O_2 \longrightarrow 2CO$$
（この反応で発生する熱を利用!）

$$Fe_2O_3 + 3CO \longrightarrow 2Fe + 3CO_2$$
$$Fe_3O_4 + 4CO \longrightarrow 3Fe + 4CO_2$$

つまり、コークスは加熱するための燃料になるだけでなく、還元剤でもあるんだ。

さらに詳しくいえば、赤鉄鉱 Fe_2O_3 は溶鉱炉内では一酸化炭素によって、次のように段階的に還元されるんだ。

第23章 鉄の性質

Fe_2O_3 →(COで還元)→ Fe_3O_4 →(COで還元)→ FeO →(COで還元)→ Fe

Fe^{3+}, Fe^{3+}, Fe^{3+} / Fe^{3+}, Fe^{3+}, Fe^{2+} / Fe^{2+}, Fe^{2+}, Fe^{2+}

$$3Fe_2O_3 + CO \longrightarrow 2Fe_3O_4 + CO_2$$

$$Fe_3O_4 + CO \longrightarrow 3FeO + CO_2$$

$$FeO + CO \longrightarrow Fe + CO_2$$

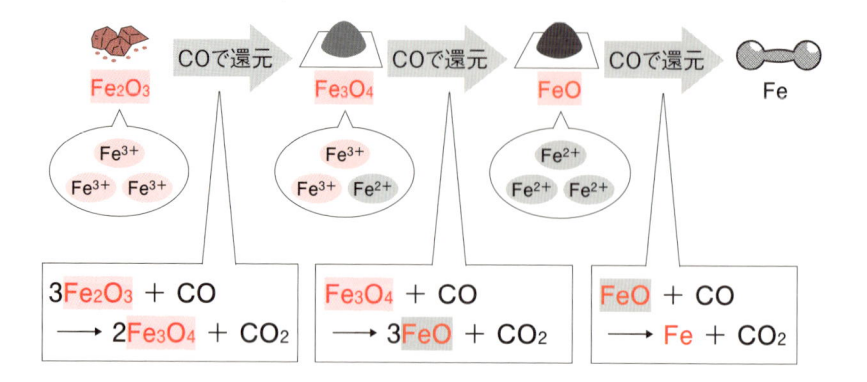

　上の図を見ると，$Fe^{3+} \longrightarrow Fe^{2+} \longrightarrow Fe$ と還元されているのが一目瞭然だね。

　これでメインの反応は終了だね。ところで，鉄鉱石には二酸化ケイ素 SiO_2 などの不純物が入っているから，これらの除去のために石灰石 $CaCO_3$ を溶鉱炉に加えているんだ。石灰石は鉄鉱石中の SiO_2 などの融解を促進させるため，**融剤**とよばれているよ。石灰石と SiO_2 は次のような反応を起こすから覚えてね。

$$\underset{\text{石灰石}}{CaCO_3} + \underset{\text{不純物}}{SiO_2} \longrightarrow \underset{\text{ケイ酸カルシウム}}{CaSiO_3} + CO_2$$

　ここで生成する**ケイ酸カルシウム $CaSiO_3$** は，水中なら沈殿する物質だけど，銑鉄よりも軽いので，銑鉄の上に浮いてくるんだ。
　この浮いている成分を業界ではスラグとよんでいるんだ。スラグはケイ酸カルシウム以外の不純物も含まれていて，コンクリートの材料などに使われているよ。
　さて，溶鉱炉内で鉄鉱石の還元が終了して鉄ができたけど，溶けた鉄は重いから溶鉱炉の下に溜まるんだ。ここで生成した鉄は**銑鉄**とよばれ，コークス中の炭素 C を 4％程度含んでいるため，硬くもろいから**鋳物**（**鋳鉄**ともいう）に用いられているんだ。身近な鋳物といったら鉄アレイがあるね。

> 銑鉄はC含有量が多いので、硬くもろい性質だよ。身近なものだと鉄アレイに使われているんだ。

> 銑鉄は硬くもろいっていうけど、絶対、私の頭のほうがもろいわ〜（泣）

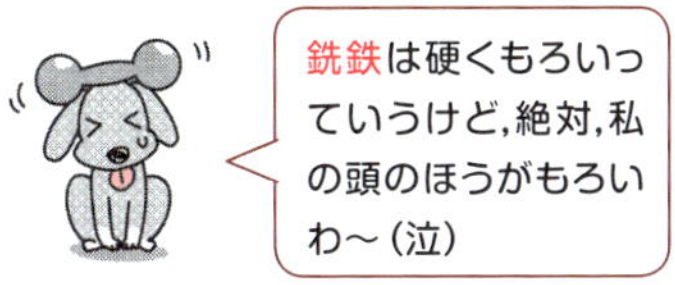

Point! 溶鉱炉の反応

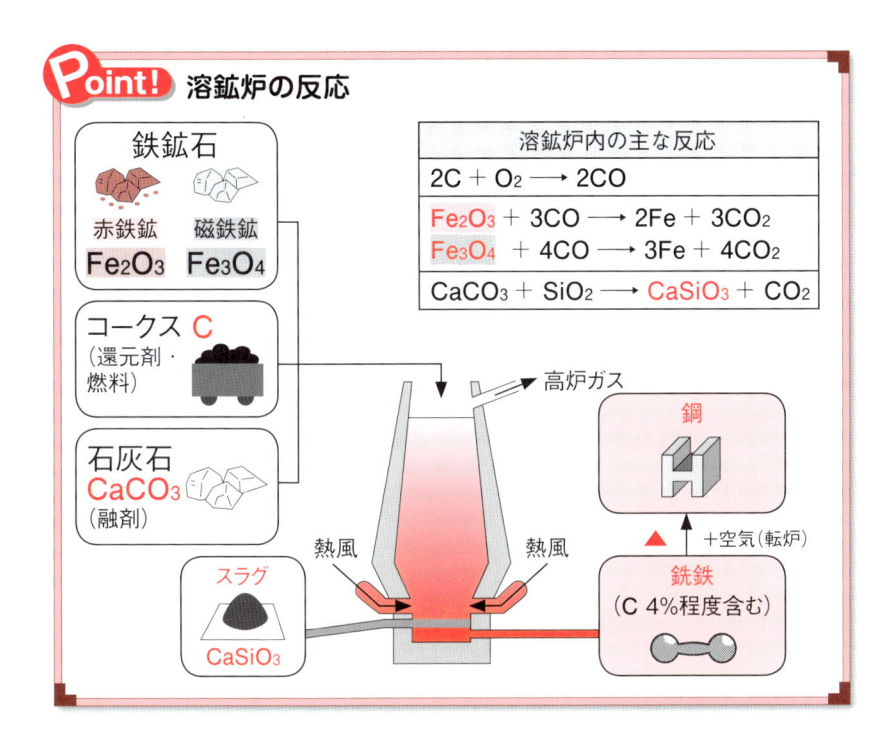

鉄鉱石
- 赤鉄鉱 Fe_2O_3
- 磁鉄鉱 Fe_3O_4

コークス C
（還元剤・燃料）

石灰石 $CaCO_3$
（融剤）

溶鉱炉内の主な反応
$2C + O_2 \longrightarrow 2CO$
$Fe_2O_3 + 3CO \longrightarrow 2Fe + 3CO_2$
$Fe_3O_4 + 4CO \longrightarrow 3Fe + 4CO_2$
$CaCO_3 + SiO_2 \longrightarrow CaSiO_3 + CO_2$

高炉ガス

熱風　熱風

スラグ $CaSiO_3$

銑鉄（C 4%程度含む）

＋空気（転炉）

鋼

(2) 銑鉄の不純物除去

　銑鉄ができたら次に銑鉄内の不純物を減らすために**転炉**とよばれる回転するタイプの炉に入れるんだ。ここでは、酸素を送り込んで数十分程度加熱するだけなんだ。

　炭素以外の不純物は鉄の上に浮くので、これもスラグ（転炉スラグ）といわれるんだ。

第23章　鉄の性質

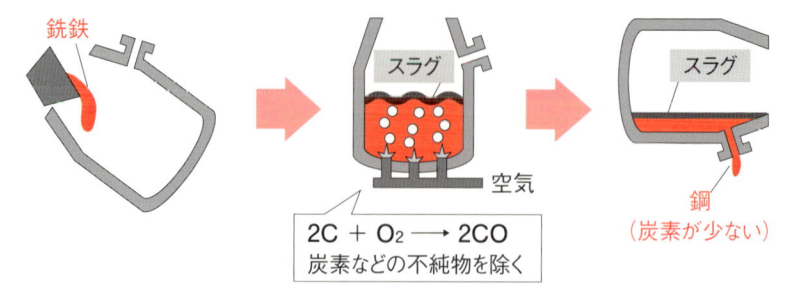

銑鉄 → スラグ / 空気 / 2C + O₂ → 2CO / 炭素などの不純物を除く → スラグ / 鋼（炭素が少ない）

▲ 転炉の反応

　このようにして不純物を抜き，炭素含有量を低くした鉄が**鋼**なんだ。鋼ははがねともよばれていて，銑鉄より粘りがあるので鉄骨やレールなどに広く使われているんだよ。また，**さびを防ぐためにクロムやニッケルを加えて合金にしたステンレス鋼や亜鉛めっきしたトタン，スズめっきしたブリキなども重要**だから覚えておこう。

story 3　鉄(Ⅱ)イオン Fe^{2+} と鉄(Ⅲ)イオン Fe^{3+}

　Fe^{2+} と Fe^{3+} を区別する方法をテストに出すといわれました！

　その確認実験はテストでは定番の問題だね。特に色の違いが重要なんだよ。水溶液の色は陰イオンの影響はあるものの，多くは**鉄(Ⅱ)イオン Fe^{2+} は淡緑色で，鉄(Ⅲ)イオン Fe^{3+} は黄褐色**なんだ。だから，色を見ればどちらかわかる可能性もあるよ。例えば，Fe^{2+} を含む淡緑色の溶液に塩素ガス Cl_2 を吹き込むと，Fe^{2+} が酸化されて Fe^{3+} になって溶液の色が変化するんだ。逆に Fe^{3+} を含む溶液に銅のような還元剤を加えると，Fe^{3+} が還元されて Fe^{2+} が生成するので，溶液色の変化が見られるよ。

　でも，実際には鉄イオンの水溶液は薄いから，わかりにくいんだ。そこで，水酸化ナトリウム水溶液やアンモニアを入れて塩基性にすると水酸化物が沈殿するので，その色を確認するという方法があるよ。

また、Fe^{3+}を含む水溶液に**チオシアン酸カリウム KSCN**を加えると血赤色の$[Fe(SCN)]^{2+}$を含む溶液に変化するんだ。この反応はFe^{3+}にだけ起こる反応だから重要だよ。

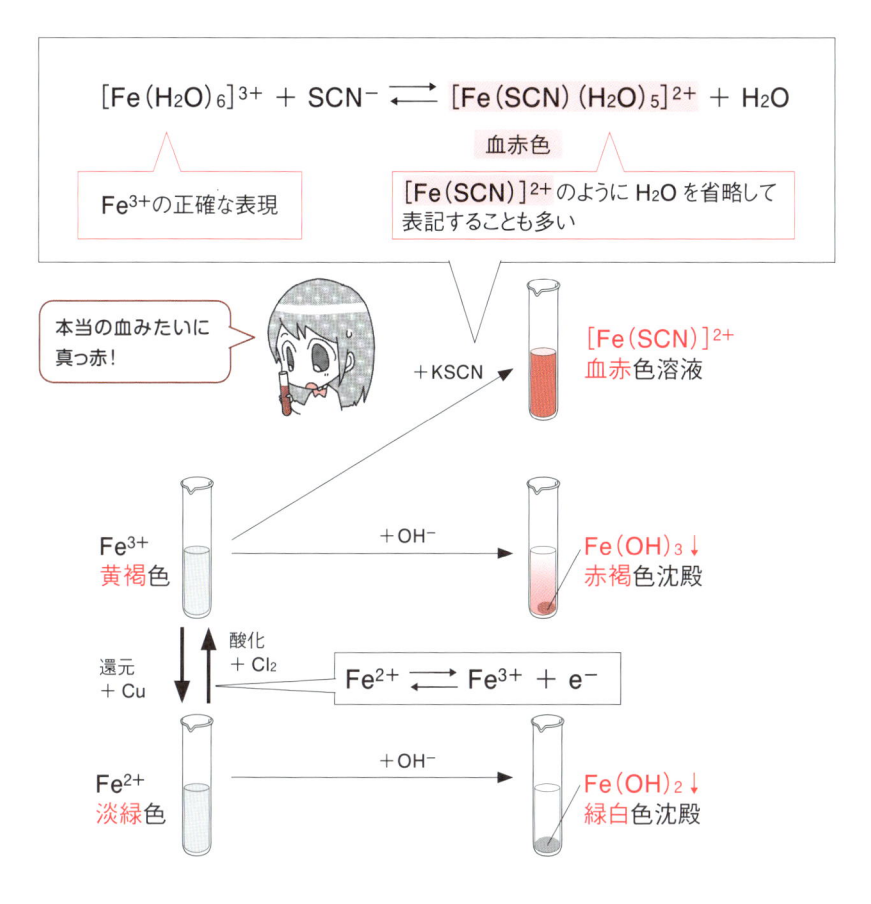

$$[Fe(H_2O)_6]^{3+} + SCN^- \rightleftarrows [Fe(SCN)(H_2O)_5]^{2+} + H_2O$$

$[Fe(H_2O)_6]^{3+}$：Fe^{3+}の正確な表現

血赤色

$[Fe(SCN)]^{2+}$のようにH_2Oを省略して表記することも多い

本当の血みたいに真っ赤!

+KSCN → $[Fe(SCN)]^{2+}$ 血赤色溶液

Fe^{3+} 黄褐色 　+OH^- → $Fe(OH)_3↓$ 赤褐色沈殿

還元 +Cu ↕ 酸化 +Cl_2　　$Fe^{2+} \rightleftarrows Fe^{3+} + e^-$

Fe^{2+} 淡緑色　+OH^- → $Fe(OH)_2↓$ 緑白色沈殿

鉄イオンに硫化水素を吹き込めば沈殿ができますよね?

その通り。沈殿をしっかり勉強しているね。ただ、Fe^{2+}、Co^{2+}、Ni^{2+}、Mn^{2+}、Zn^{2+}などは塩基性でのみ沈殿するから注意だね。つまり、Fe^{2+}を含む溶液に**塩基性でH_2Sを加え**

第23章　鉄の性質

ると硫化鉄（Ⅱ）FeS の黒色沈殿が生成するんだ。

次に，Fe^{3+} に H_2S を吹き込んだ場合を考えてみよう。H_2S はかなり強い還元剤なので，Fe^{3+} を還元してしまうんだ。反応式は次の通りだよ。

$$
\begin{array}{l}
\text{酸化剤}\quad 2Fe^{3+} + 2e^- \longrightarrow 2Fe^{2+} \\
+)\ \text{還元剤}\quad\quad H_2S \longrightarrow S\quad + 2H^+ + 2e^- \\
\hline
\quad\quad 2Fe^{3+} + H_2S \longrightarrow 2Fe^{2+} + S + 2H^+
\end{array}
$$

生成したSで溶液は少し白濁する

もし，酸性で硫化水素を加えたらこの酸化還元反応のみが起こって終わるけど，塩基性で加えたら Fe^{3+} から Fe^{2+} への還元反応と FeS の沈殿反応が同時に起こるよ。

図にするとわかりやすいから見てごらん。

すべての試験管に色をどんどん塗って覚えてね！

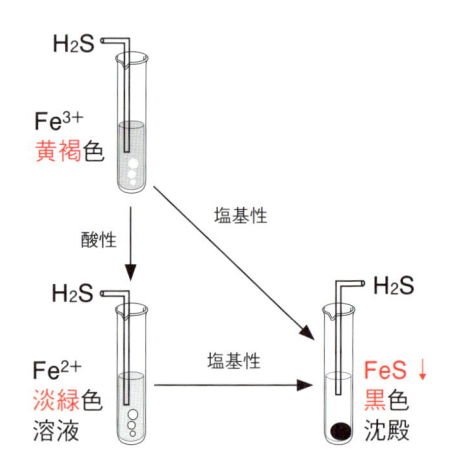

Fe^{3+} 黄褐色 →（酸性）→ Fe^{2+} 淡緑色 溶液 →（塩基性）→ FeS↓ 黒色 沈殿

ヘキサシアニド鉄なんちゃらかんちゃらの反応が，さっぱりわからないんです。

そうか，そうか。ゆっくり考えれば誰でも理解できるからがんばろう。まずは鉄イオンにシアン化物イオン CN^- を入れると錯イオンを生成するんだ。反応式を見ると次の通りだよ。

$Fe^{3+} + 6CN^- \rightleftarrows [Fe(CN)_6]^{3-}$ （ヘキサシアニド鉄(Ⅲ)酸イオン）

$Fe^{2+} + 6CN^- \rightleftarrows [Fe(CN)_6]^{4-}$ （ヘキサシアニド鉄(Ⅱ)酸イオン）

錯イオンの命名は，第18章「金属イオンの沈殿と錯イオン」story2「(1)錯イオンの名称」(▶ p.264) を見てもらえば簡単にわかるよ。イオンの電荷がわかったら，次に，この錯イオンのカリウム塩の色をまず覚えるんだ。

　結晶の色はかなり違うけど，水溶液はどちらも薄い黄色だから注意だよ。この錯イオンから生成する重要な沈殿をチェックしよう。

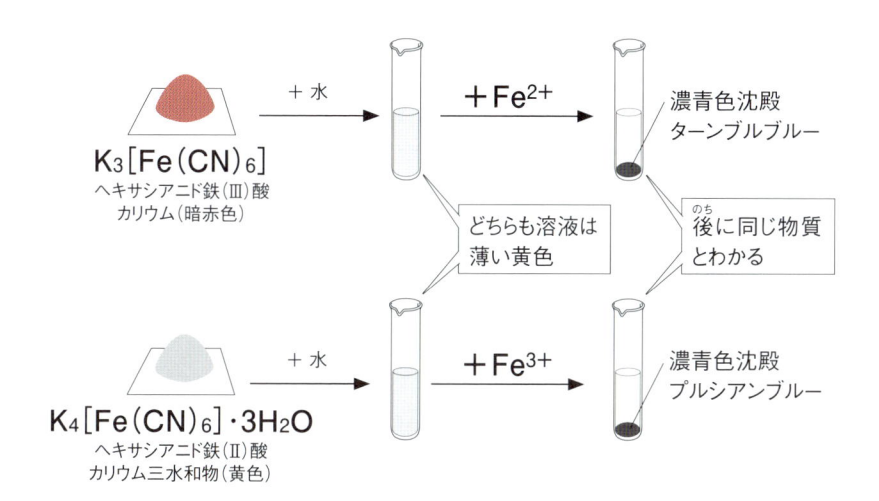

$K_3[Fe(CN)_6]$
ヘキサシアニド鉄(Ⅲ)酸カリウム（暗赤色）

＋水 → どちらも溶液は薄い黄色 → $+Fe^{2+}$ → 濃青色沈殿 ターンブルブルー

後に同じ物質とわかる

$K_4[Fe(CN)_6]\cdot 3H_2O$
ヘキサシアニド鉄(Ⅱ)酸カリウム三水和物（黄色）

＋水 → → $+Fe^{3+}$ → 濃青色沈殿 プルシアンブルー

　どちらも濃青色の沈殿で，昔は異なる物質だと思われていたけど，現在では $Fe_4[Fe(CN)_6]_3\cdot nH_2O$ ($n=14〜16$) を基本構造にもつ混合物で，同じ物質であることがわかっているんだ。

この沈殿と同じ化学組成をもつのが顔料の紺青なんだ。葛飾北斎の富嶽三十六景にも使われているんだ。

確かに濃青色がたくさん使われている！

第23章　鉄の性質

確認問題

1 赤鉄鉱やベンガラの主成分を次の中から1つ選べ。
① FeO ② Fe_3O_4 ③ Fe_2O_3

解答
③

2 四酸化三鉄を主成分とするものを次の中からすべて選べ。
① 磁鉄鉱 ② 黒さび ③ ステンレス鋼
④ トタン ⑤ 砂鉄 ⑥ 石灰石

①②⑤

3 赤鉄鉱が溶鉱炉内で一酸化炭素に還元されて鉄になる化学変化を化学反応式で表せ。

$Fe_2O_3 + 3CO \longrightarrow 2Fe + 3CO_2$

4 赤鉄鉱が溶鉱炉内で還元されるときに，変化する順に次の化合物①〜④を並べよ。
① FeO ② Fe_3O_4 ③ Fe_2O_3 ④ Fe

③②①④

5 鉄鉱石中の不純物を除く目的で溶鉱炉に入れる物質を次の中から1つ選べ。
① スラグ ② 岩塩 ③ 石灰石 ④ ケイ砂

③

6 次の文章の中から誤っているものを1つ選べ。
① 溶鉱炉内で融解した銑鉄の上に浮いているものをスラグという。
② 銑鉄は炭素が比較的少ないので，炭素を追加するために転炉で加熱する。
③ 銑鉄は鋳物などに使われている。
④ 鋼はレールや鉄骨に使われている。

②
銑鉄は炭素が比較的多いため，炭素を除く目的で転炉で加熱する。

7 塩化鉄(Ⅲ)の水溶液に水酸化ナトリウムを加えてできる沈殿の化学式と色を答えよ。

解答
化学式：$Fe(OH)_3$
色：赤褐色

8 次の溶液の中からチオシアン酸カリウム水溶液を加えて血赤色になるものを1つ選べ。
① 硫酸鉄(Ⅱ)　　② 塩化鉄(Ⅲ)
③ シアン化鉄(Ⅱ)

②

9 塩化鉄(Ⅲ)と混合すると濃青色の沈殿を生成するものを次の中から選び，その化学式を答えよ。
① ヘキサシアニド鉄(Ⅱ)酸カリウム
② ヘキサシアニド鉄(Ⅲ)酸カリウム
③ チオシアン酸カリウム
④ 硫酸鉄(Ⅱ)

①
$K_4[Fe(CN)_6]$

10 塩化鉄(Ⅲ)水溶液をアンモニアで塩基性にしたあと，硫化水素を通じると黒色の沈殿が生成した。この沈殿を化学式で表せ。

FeS

第24章 銅と銀の性質

当初は銅色だったのに今じゃすっかり緑色よ！

▶ 自由の女神も最初は銅の色だったが，現在では銅のさびである緑青の色で覆われている。

story 1 銅の製錬法

(1) 粗銅の生成

銅の製錬を教えてください！

そうだね，鉄の製錬と同様に二段階で説明しよう。銅を含む鉱石で有名なのは黄銅鉱（主成分 $CuFeS_2$）で，石灰石 $CaCO_3$ とケイ砂 SiO_2，コークスまたは重油を入れて自溶炉とよばれる炉で加熱するんだ。黄銅鉱のような鉱石はそれ自体が燃焼して発熱するから，コークスや重油でエネルギーを少し補給するだけで高温になり，**自身で溶**けるから正に**自溶炉**というんだ。

反応後，融解物は比重の差で二層に分かれるんだけど，下の層を業界ではカワとかマットとよんでいるんだ。このマットの主成分が**硫化**

342　金属元素の単体と化合物

銅(Ⅰ)Cu_2S で，マットを自溶炉から取り出し，転炉に入れて酸素を送り込むと，$Cu_2S + O_2 \longrightarrow 2Cu + SO_2$ の反応により**粗銅**が得られるんだ。

さらに粗銅を精製炉に移してブタンガス C_4H_{10} などを吹き込んで加熱すると粗銅内の酸素が抜けて，より純度が増すよ。

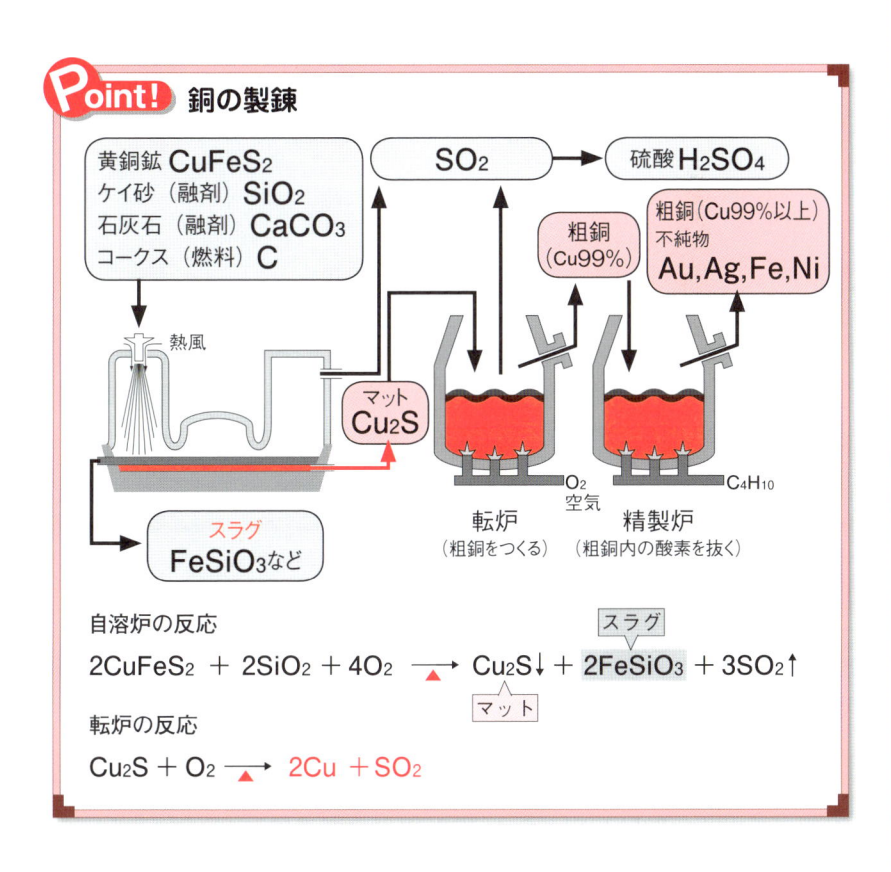

Point! 銅の製錬

- 黄銅鉱 $CuFeS_2$
- ケイ砂（融剤）SiO_2
- 石灰石（融剤）$CaCO_3$
- コークス（燃料）C

→ 熱風 → マット Cu_2S → 転炉（粗銅をつくる）→ 粗銅（Cu99%）→ 精製炉（粗銅内の酸素を抜く）→ 粗銅（Cu99%以上）不純物 Au, Ag, Fe, Ni

スラグ $FeSiO_3$ など

→ SO_2 → 硫酸 H_2SO_4

O_2 空気／C_4H_{10}

自溶炉の反応

$2CuFeS_2 + 2SiO_2 + 4O_2 \longrightarrow Cu_2S\downarrow + 2FeSiO_3 + 3SO_2\uparrow$

（マット）　（スラグ）

転炉の反応

$Cu_2S + O_2 \longrightarrow 2Cu + SO_2$

また，粗銅をつくるときに発生した二酸化硫黄は硫酸の合成に使われるよ。さて，この方法で生成した粗銅は純度が99％以上なので，これで十分に思うけど，純度をさらに上げるために次の工程があるよ。

(2) 銅の電解精錬

粗銅を陽極にして小さな純銅を陰極にして，硫酸銅(Ⅱ) $CuSO_4$ 水溶液中で電気分解すると，陽極では粗銅が溶けて，陰極では銅だけが析出するんだ。粗銅中の主な不純物は Fe，Ni，Ag，Au などでイオン化傾向の順番に並べると次の通りだ。

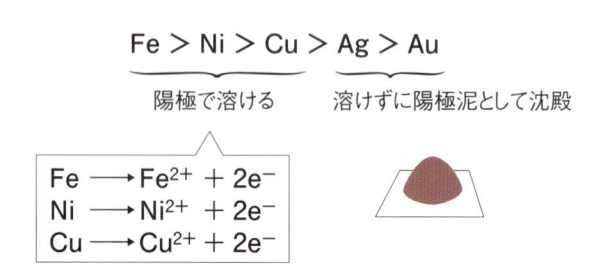

$$\underbrace{Fe > Ni > Cu}_{\text{陽極で溶ける}} \underbrace{> Ag > Au}_{\text{溶けずに陽極泥として沈殿}}$$

$$Fe \longrightarrow Fe^{2+} + 2e^-$$
$$Ni \longrightarrow Ni^{2+} + 2e^-$$
$$Cu \longrightarrow Cu^{2+} + 2e^-$$

陽極では Cu よりイオン化傾向の大きい Fe や Ni などは Cu とともに溶解して，**イオン化傾向が小さい Ag や Au などはそのまま沈殿するんだ。陽極の下に沈殿するから陽極泥**とよばれるよ。

陽極泥は名前は泥だけど，Au や Ag が入っているんだよ。

最高の泥だわ！

一方，陰極では，$Cu^{2+} + 2e^- \longrightarrow Cu$ の反応により，銅が析出するけど，このとき，Fe や Ni は Cu よりイオン化傾向が大きいためイオンのまま水溶液中に残り，析出することはないんだ。この方法で**陰極に析出した銅は純度が 99.99% 以上のまさに純銅**というわけなんだ。

Point! 銅の電解精錬

```
Fe  ⟶  Fe²⁺ + 2e⁻
Ni  ⟶  Ni²⁺ + 2e⁻
Cu  ⟶  Cu²⁺ + 2e⁻
```

$Cu^{2+} + 2e^{-} \longrightarrow Cu$

陽極 ＋　－ 陰極

粗銅　　　　純銅 Cu

→ Cu^{2+}
→ Ni^{2+}　Cu^{2+}
→ Fe^{2+}

CuSO₄ 水溶液

99.99％以上の純銅が析出する。電気銅とよばれ，電線材や箔に使われる。

陽極泥（Ag, Au）

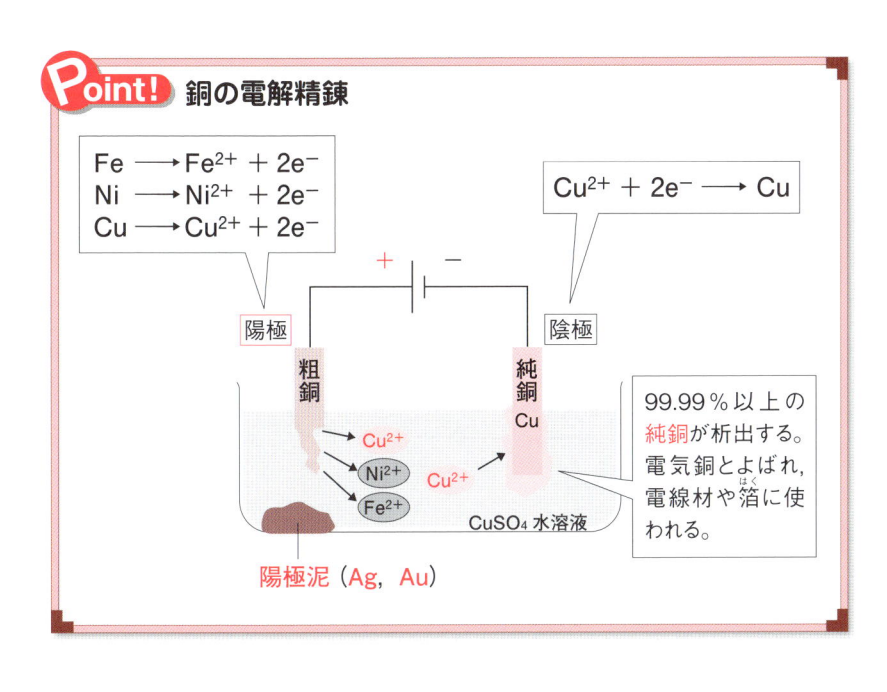

---

story 2　銅の化合物

(1) 緑　青

　大阪城や名古屋城の屋根は銅でできているのに何で緑色なの？

　それは銅のさびの色なんだ。**緑青**とよばれて，きれいな緑色だからお城の屋根だけでなく，自由の女神も鎌倉の大仏も，大相撲が行われる両国国技館の屋根もそうなんだ。緑色の屋根を見たら緑青と思えというぐらい多いよ。他の金属ではさびないように必死に工夫しているのに，さびてきれいな色になるなんて銅のさびはすばらしいよね。

　ところで，緑青は１種類の物質ではないんだが，一番有名なものは$CuCO_3 \cdot Cu(OH)_2$の組成をもつんだよ。

第24章　銅と銀の性質　345

> 名古屋城って金のしゃちほこばかり気にしてた！

名古屋名物エビフライ　ういろう

> 駄目だな〜！ そんな有名なものばかりに目がくらんでいるようでは。もっと化学の目で見なくては。

(2) 銅イオンの色

> Cu^{2+} が入っている溶液は，全部青色になるんですか？

確かに Cu^{2+} を含む水溶液は青色のものが多いんだけど，それは水溶液中で $[Cu(H_2O)_4]^{2+}$ の形になっていて，これが青色なんだ。このイオンから完全に H_2O を奪うと無色になるよ。例えば，温かい硫酸銅(Ⅱ) $CuSO_4$ の飽和水溶液を冷却すると，硫酸銅(Ⅱ)五水和物 $CuSO_4 \cdot 5H_2O$ が析出するけど，この結晶も青色なんだ。この結晶中には $[Cu(H_2O)_4]^{2+}$ が含まれているからね。しかし，結晶を加熱していくと結晶水がすべて失われて白色粉末状の $CuSO_4$ になってしまうんだ。この色の変化はよく出題されるから重要だよ！

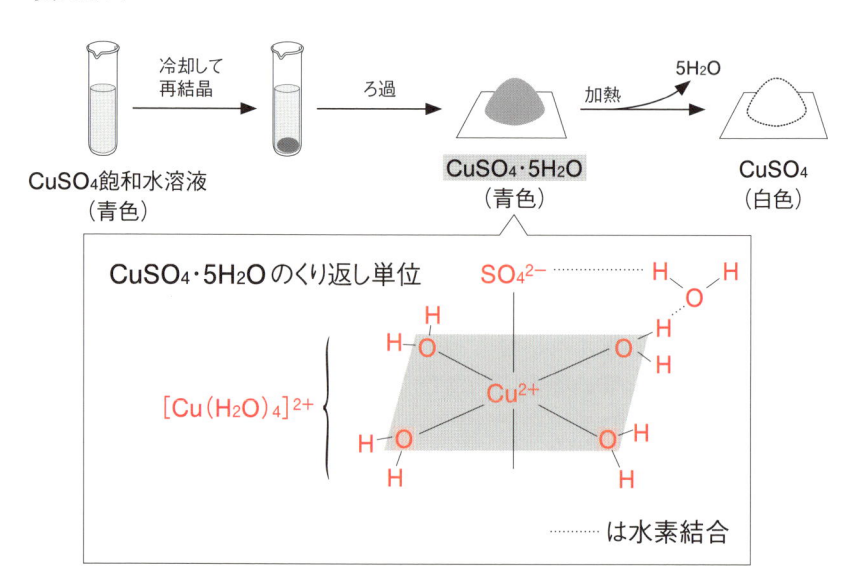

$CuSO_4$ 飽和水溶液（青色） →冷却して再結晶→ →ろ過→ $CuSO_4 \cdot 5H_2O$（青色） →加熱 $5H_2O$→ $CuSO_4$（白色）

$CuSO_4 \cdot 5H_2O$ のくり返し単位

$[Cu(H_2O)_4]^{2+}$

SO_4^{2-}

Cu^{2+}

……… は水素結合

金属元素の単体と化合物

(3) 銅の酸化物

> 銅を加熱したら表面が黒くなったんですが，あれは何という物質ですか？

それは銅が酸化されて黒色の酸化銅（Ⅱ）CuO が生成したんだよ。単体にかぎらず，銅の化合物は硫酸銅（Ⅱ）$CuSO_4$ でも，水酸化銅（Ⅱ）$Cu(OH)_2$ でも，加熱すると酸化銅（Ⅱ）CuO が生成するんだ。ちなみに，酸化銅（Ⅱ）CuO を1000℃以上に強熱すると，酸化銅（Ⅰ）Cu_2O に変化するから，これも覚えておこう。

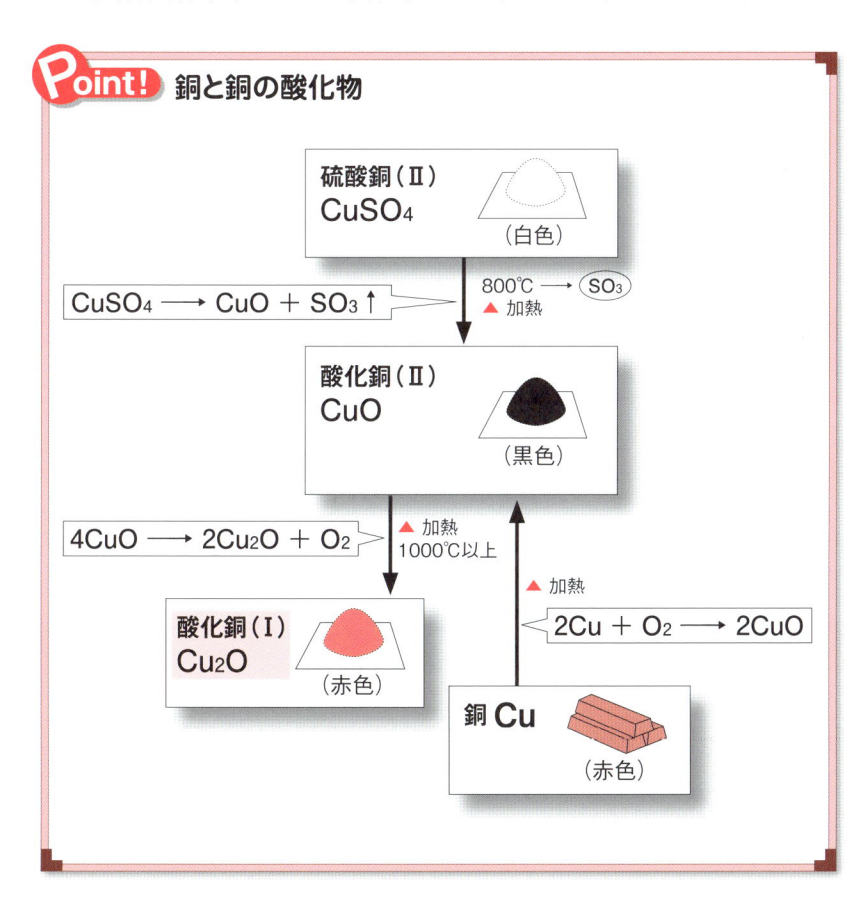

Point! 銅と銅の酸化物

硫酸銅（Ⅱ）$CuSO_4$（白色）

$CuSO_4 \longrightarrow CuO + SO_3 \uparrow$

800℃ 加熱 (SO_3)

↓

酸化銅（Ⅱ）CuO（黒色）

$4CuO \longrightarrow 2Cu_2O + O_2$

加熱 1000℃以上

↓

酸化銅（Ⅰ）Cu_2O（赤色）

加熱
$2Cu + O_2 \longrightarrow 2CuO$

銅 Cu（赤色）

第24章 銅と銀の性質

story 3 // **銅と銀の化合物の比較**

> 水酸化銅（Ⅱ）の沈殿を加熱したら，黒くなったんですが，それも CuO ですか？

そうなんだよ。周期表の第11族のような貴金属類の水酸化物は脱水されやすいことを覚えておこう。硫酸銅（Ⅱ） $CuSO_4$ と硝酸銀（Ⅰ） $AgNO_3$ を塩基性にしたときの沈殿を比較するとよくわかるんだ。

(1) 銅イオン Cu^{2+} と銀イオン Ag^+

Cu^{2+} を含む水溶液を塩基性にすると，水酸化銅（Ⅱ） $Cu(OH)_2$ の青白色の沈殿が生成するんだ。

ところが，この沈殿をそのまま水溶液中で加熱しただけで脱水されて，黒色の酸化銅（Ⅱ） CuO に変化するんだ。

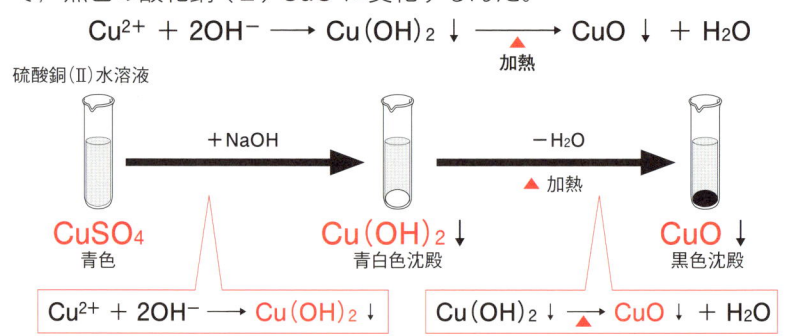

$$Cu^{2+} + 2OH^- \longrightarrow Cu(OH)_2 \downarrow \xrightarrow{加熱} CuO \downarrow + H_2O$$

硫酸銅（Ⅱ）水溶液

$CuSO_4$ 青色 $\xrightarrow{+NaOH}$ $Cu(OH)_2 \downarrow$ 青白色沈殿 $\xrightarrow[\triangle 加熱]{-H_2O}$ $CuO \downarrow$ 黒色沈殿

$Cu^{2+} + 2OH^- \longrightarrow Cu(OH)_2 \downarrow$ 　　　 $Cu(OH)_2 \downarrow \xrightarrow{\triangle} CuO \downarrow + H_2O$

同様に，Ag^+ を含む水溶液を塩基性にすると，水酸化銀が沈殿しそうなんだけど，銀イオンの場合 $Cu(OH)_2$ よりさらに脱水されやすいため，**加熱なしで次のように直ちに脱水される**んだ。

$$2AgOH \longrightarrow Ag_2O \downarrow + H_2O$$

この脱水反応により褐色の酸化銀（Ⅰ） Ag_2O が得られるというわけだよ。別々に覚えるより，やはり同時に覚えたほうが効率がよいここ

とがわかるね。

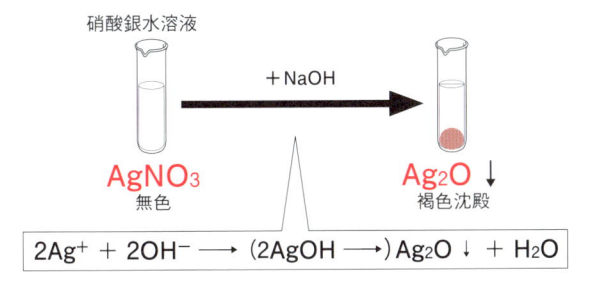

硝酸銀水溶液　+NaOH→

AgNO₃ 無色　　Ag₂O↓ 褐色沈殿

$2Ag^+ + 2OH^- \longrightarrow (2AgOH \longrightarrow) Ag_2O \downarrow + H_2O$

　銅や銀の水酸化物といえば，第18章「金属イオンの沈殿と錯イオン」story2　(2)沈殿の再溶解（▶p.268）で学んだ通り，Cu^{2+}やAg^+がある水溶液にアンモニアを入れ塩基性にすると$Cu(OH)_2$，Ag_2Oが沈殿するけど，過剰に入れると$[Cu(NH_3)_4]^{2+}$や$[Ag(NH_3)_2]^+$を生成して再溶解することも復習しておいてね。

> 銅や銀のイオンに共通なことがありますか？

　そうだね。硫化物の沈殿ができるのは共通だよ。銅や銀は金属の中では電気陰性度が大きいから，硫黄や酸素のような非金属との電気陰性度の差が小さく，**硫化物や酸化物は共有結合性が強い化合物になるため，沈殿しやすい**んだ。逆に，電気陰性度の差が大きい食塩NaClのような化合物はイオン結合性が強く電離しやすいため，極性の強い分子である水と仲良しで溶けやすくなるんだ。

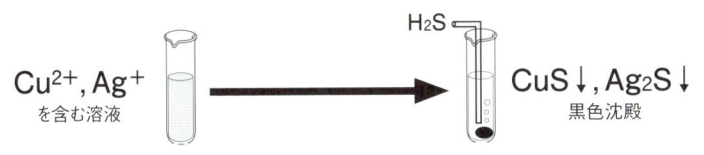

Cu^{2+}, Ag^+ を含む溶液　→(H₂S)→　CuS↓, Ag₂S↓ 黒色沈殿

　また，ハロゲン化銀は水に難溶性のものばかりなんだ。フッ化銀AgFは水に可溶だけど，塩化銀AgCl，臭化銀AgBr，ヨウ化銀AgI

は沈殿するから覚えておこう。この３つは **AgCl < AgBr < AgI の順に沈殿しやすい**から，NH₃ を入れて完全に溶解するのは AgCl だけで，AgBr や AgI を溶かそうと思ったらチオ硫酸ナトリウム $Na_2S_2O_3$ のように Ag^+ と強く配位結合する化合物を入れる必要があるんだ。

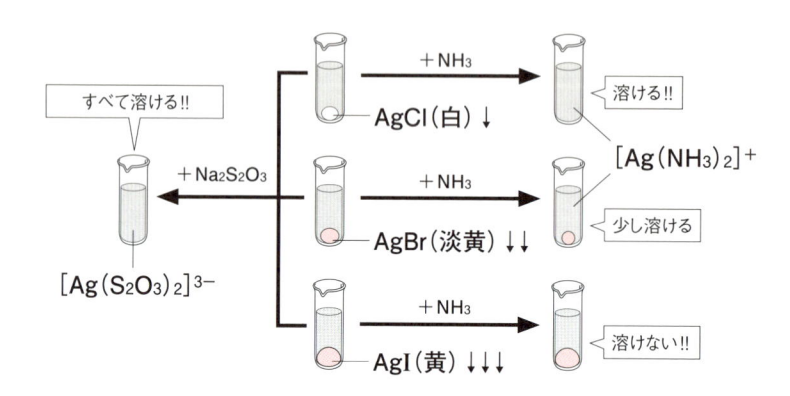

```
                              +NH₃
                   AgCl(白)↓ ──────→  溶ける!!
                                      [Ag(NH₃)₂]⁺
   すべて溶ける!!    +NH₃
  ←── +Na₂S₂O₃    AgBr(淡黄)↓↓ ──→ 少し溶ける
   [Ag(S₂O₃)₂]³⁻
                              +NH₃
                   AgI(黄)↓↓↓ ────→ 溶けない!!
```

(2) 銅の合金

> 10 円玉は銅で 100 円玉や 50 円玉は銀ですか？

いや，実は硬貨に使われている金属は，１円玉以外はすべて銅合金なんだ。身近な硬貨で銅合金を勉強してみよう。

▼ 銅の合金

銅の合金		組成	組成の近い硬貨
青銅（せいどう）	ブロンズ（bronze）	Cu + Sn	10
黄銅（おうどう）	真ちゅう ブラス（brass）	Cu + Zn	五円
白銅（はくどう）		Cu + Ni	100　50
洋銀（ようぎん）	洋白	Cu + Ni + Zn	500

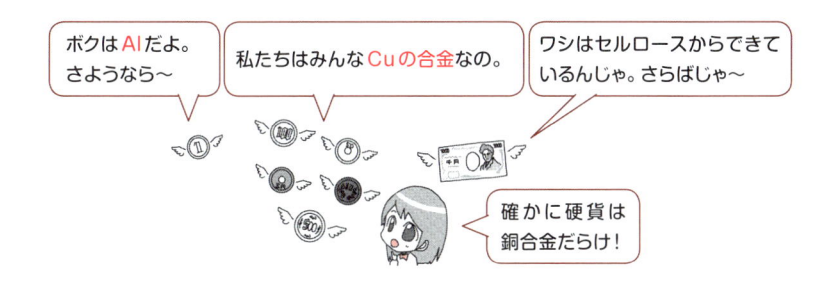

> ボクはAlだよ。さようなら〜
>
> 私たちはみんなCuの合金なの。
>
> ワシはセルロースからできているんじゃ。さらばじゃ〜
>
> 確かに硬貨は銅合金だらけ！

(3) 熱伝導率と導電率

> 銀は熱伝導率が金属の中でいちばんいいと聞いたんですけど本当ですか？

それは本当だよ。特に11族元素の **Cu，Ag，Au** は**熱伝導率が非常に大きい**んだ。また Al も大きいことも覚えておいたほうがいいよ。順番は **Ag ＞ Cu ＞ Au ＞ Al** の順だよ。Cu や Al がフライパンや鍋に使われるのも納得でしょう。また，熱伝導率が大きいものは導電率も大きいんだ。金属の場合，自由電子が熱も電気も運ぶから，一般的に熱を伝えやすい金属は電気も伝えやすいというわけなんだ。

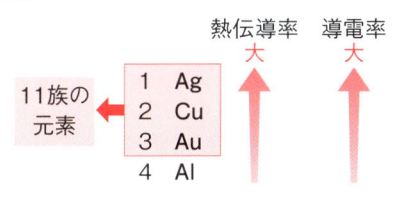

熱伝導率　導電率
大　　　　大

11族の元素 ←
1 Ag
2 Cu
3 Au
4 Al

> 電線はCuやAlがよく使われているよ！

> 確かに，CuやAlはフライパンや鍋にもよく使われている！

第24章　銅と銀の性質

確認問題

1 緑青の主成分の化学式を書け。

解答: $CuCO_3 \cdot Cu(OH)_2$

2 $CuSO_4 \cdot 5H_2O$ の結晶を強熱して $CuSO_4$ の粉末を得た。この粉末の色は次のうちどれか。
　① 白色　　② 青色　　③ 青白色
　④ 青緑色　⑤ 赤色

解答: ①

3 酸化銅(Ⅱ)を1000℃以上で加熱して酸化銅(Ⅰ)が生成するときの化学変化を化学反応式で表せ。

解答: $4CuO \longrightarrow 2Cu_2O + O_2$

4 硫酸銅(Ⅱ)水溶液に水酸化ナトリウム水溶液を入れたときに生じる沈殿の化学式と色を答えよ。

化学式: $Cu(OH)_2$
色: 青白色

5 水酸化銅(Ⅱ)を水中で加熱したときに生じる沈殿の化学式と色を答えよ。

化学式: CuO
色: 黒色

6 硝酸銀水溶液に水酸化ナトリウム水溶液を加えたときに生じる沈殿の化学式と色を答えよ。

化学式: Ag_2O
色: 褐色

7 塩化銀にアンモニア水を加えると塩化銀がすべて溶解した。このときに水溶液中に存在する銀の錯イオンの化学式を書け。

解答: $[Ag(NH_3)_2]^+$

8 ヨウ化銀にチオ硫酸ナトリウム水溶液加えたらヨウ化銀はすべて溶解した。このとき，水溶液中に存在する銀の錯イオンの化学式を書け。

解答
$[Ag(S_2O_3)_2]^{3-}$

9 次の①～④の金属を熱伝導率や導電率が大きいものから順に並べよ。
　①Cu　②Ag　③Au　④Al

② ① ③ ④

10 白銅，黄銅，青銅のそれぞれに入っている金属の組み合わせをそれぞれ次の①～⑤の中から選べ。
　① Cu, Al　② Cu, Ni
　③ Cu, Fe　④ Cu, Zn
　⑤ Cu, Sn

白銅 ②
黄銅 ④
青銅 ⑤

第25章 クロムとマンガンの性質

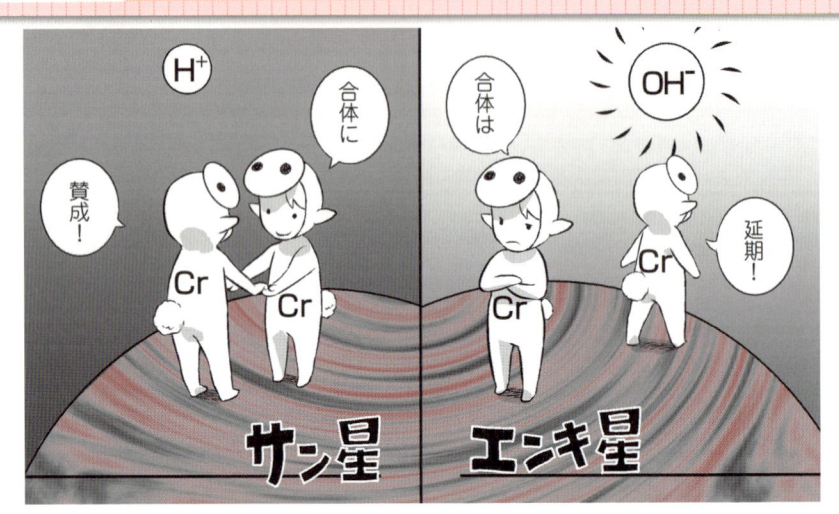

▶ クロム酸は塩基性溶液中では単独のクロム酸イオンだが，酸性溶液中では合体してニクロム酸イオンになる。

story 1 クロムの性質

クロムって，何か特徴のある金属なんですか？

もちろん，超個性的な金属なんだ。クロムの特徴はズバリ"**超，被膜をつくりやすい金属**"といえるんだ。真空パックした本当に純粋なクロムの塊があったとすると，空気中に出した瞬間に表面が酸化されて緻密な酸化被膜ができてしまうんだ。

Cr →(空気中に放置)→ Cr ― 緻密な酸化被膜 Cr_2O_3

$4Cr + 3O_2 \longrightarrow 2Cr_2O_3$

354 金属元素の単体と化合物

この酸化被膜のために，さびないのがクロムの特徴なんだ。アルミニウムも同様な性質があることで有名だけど，クロムはアルミニウムより硬くて丈夫だ。鉄にクロムめっきをしたものは，水道の蛇口などによく使われているよ。

> 確かにさびてない。
> これは表面が酸化クロム（Ⅲ）だったのね。

クロムは，空気中だけでなく**濃硝酸に入れても不動態となって溶けない**んだ。だから，**鉄とクロムの合金はステンレス鋼**として知られているね。鉄にクロムめっきをした製品は傷がついたら鉄が露出してさびてしまうけど，**ステンレスは傷がついても表面がクロムの緻密な酸化被膜 Cr_2O_3 に守られているからさびない**優れものの合金ということになるね。

> クロムは濃硝酸にも溶けないなら，ほとんどの薬品では溶かせない感じですね。

確かにクロムを入れた合金のステンレス鋼に濃硝酸をかけても溶けないから耐薬品性に優れていて，たいていの薬品に強いと思う人が多いんだが，実は塩酸をかけたらあっさり溶けてしまうんだ。そもそも，クロムはイオン化傾向が鉄より大きいから酸化力の強くない酸に溶けるんだ。

第25章　クロムとマンガンの性質

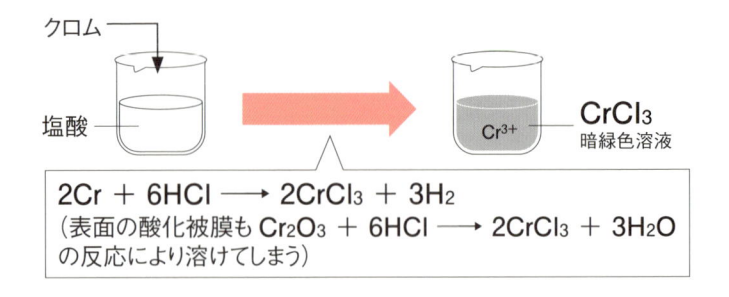

クロム
塩酸

$CrCl_3$
Cr^{3+}
暗緑色溶液

$2Cr + 6HCl \longrightarrow 2CrCl_3 + 3H_2$
（表面の酸化被膜も $Cr_2O_3 + 6HCl \longrightarrow 2CrCl_3 + 3H_2O$
の反応により溶けてしまう）

　溶けたクロムは三価の陽イオン Cr^{3+} になって暗緑色になるんだ。
　非常に酸化力の強い濃硝酸には溶けないけど，酸化力のあまり強くない塩酸に溶けるなんて不思議な感じがするよね。また，クロム（Ⅲ）イオン Cr^{3+} を含む水溶液を塩基性にすると，灰緑色の水酸化クロム（Ⅲ）$Cr(OH)_3$ が沈殿するから，色もしっかり覚えておいてね。

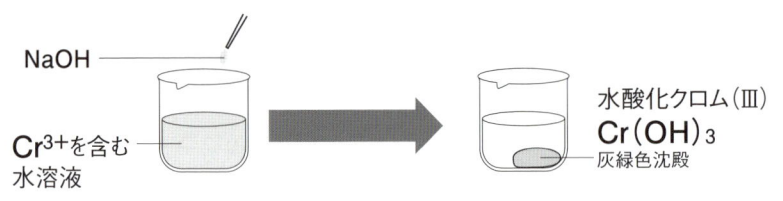

NaOH
Cr^{3+} を含む水溶液

水酸化クロム（Ⅲ）
$Cr(OH)_3$
灰緑色沈殿

> クロム酸の化学式が覚えられません。

　大丈夫。コツを教えてあげよう。クロムは**周期表の6族だけど，周期表には親戚がいて，16族の元素が少し似ている**んだ。1つの例は硫酸だよ。硫黄 S は16族元素で，その最高酸化数+6 をもつオキソ酸が硫酸 H_2SO_4 だよね。6族のクロムも最高酸化数は+6 でそのオキソ酸はクロム酸 H_2CrO_4 なんだ。化学式も構造も同じだからとても覚えやすいでしょう。

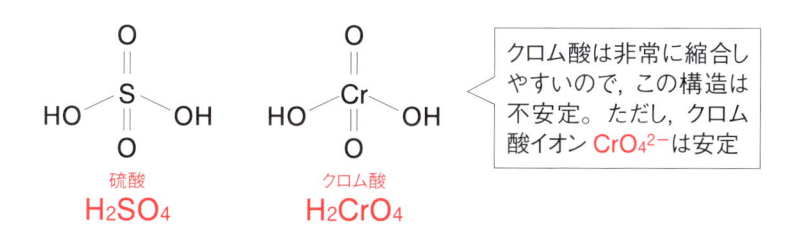

硫酸　　　　　　　クロム酸
H_2SO_4　　　　　H_2CrO_4

> クロム酸は非常に縮合しやすいので，この構造は不安定。ただし，クロム酸イオン CrO_4^{2-} は安定

ただし，硫酸は安定に存在できるけど，クロム酸 H_2CrO_4 は生成してもすぐに脱水縮合してしまうから不安定だ。それは，クロム酸の場合，ヒドロキシ基－OHが非常に縮合しやすいためなんだ。でも，クロム酸から水素をとったクロム酸イオン CrO_4^{2-} は安定に存在できるよ。クロム酸イオンから生成する沈殿は黄色の顔料などとして広く利用されているよ。

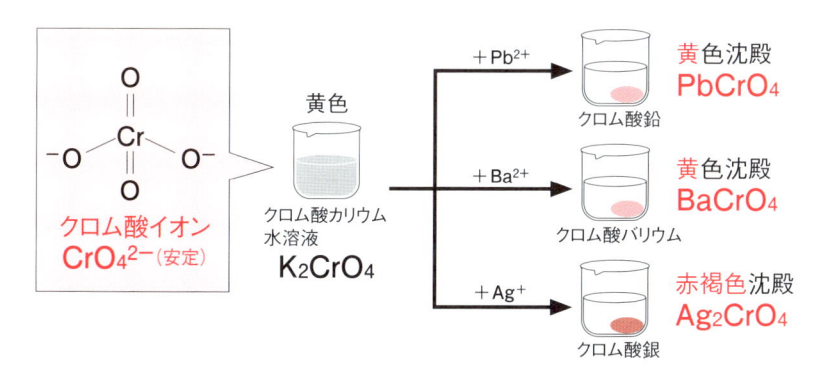

クロム酸イオン CrO_4^{2-} （安定）

黄色 クロム酸カリウム水溶液 K_2CrO_4

＋Pb^{2+} → 黄色沈殿 $PbCrO_4$ クロム酸鉛

＋Ba^{2+} → 黄色沈殿 $BaCrO_4$ クロム酸バリウム

＋Ag^+ → 赤褐色沈殿 Ag_2CrO_4 クロム酸銀

> クロム酸カリウムは酸性にすると色が変わると聞いたんですが，どういうことですか？

それは，**クロム酸の縮合**の話なんだ。クロム酸イオン CrO_4^{2-} は安定なのだけれど，CrO_4^{2-} を含む黄色水溶液を酸性にすると，CrO_4^{2-} ＋ H^+ ⟶ $HCrO_4^-$ の反応により，クロム酸水素イオン $HCrO_4^-$ ができるよね。この $HCrO_4^-$ にはヒドロキシ基－OHがあるので，すぐにイオン間で脱水されて二クロム酸イオン $Cr_2O_7^{2-}$ が生じるんだ。そして，生じた二クロム酸イオン $Cr_2O_7^{2-}$ の色が赤橙色だから，酸性にすると液の色が変化するというわけなんだ。

第25章　クロムとマンガンの性質

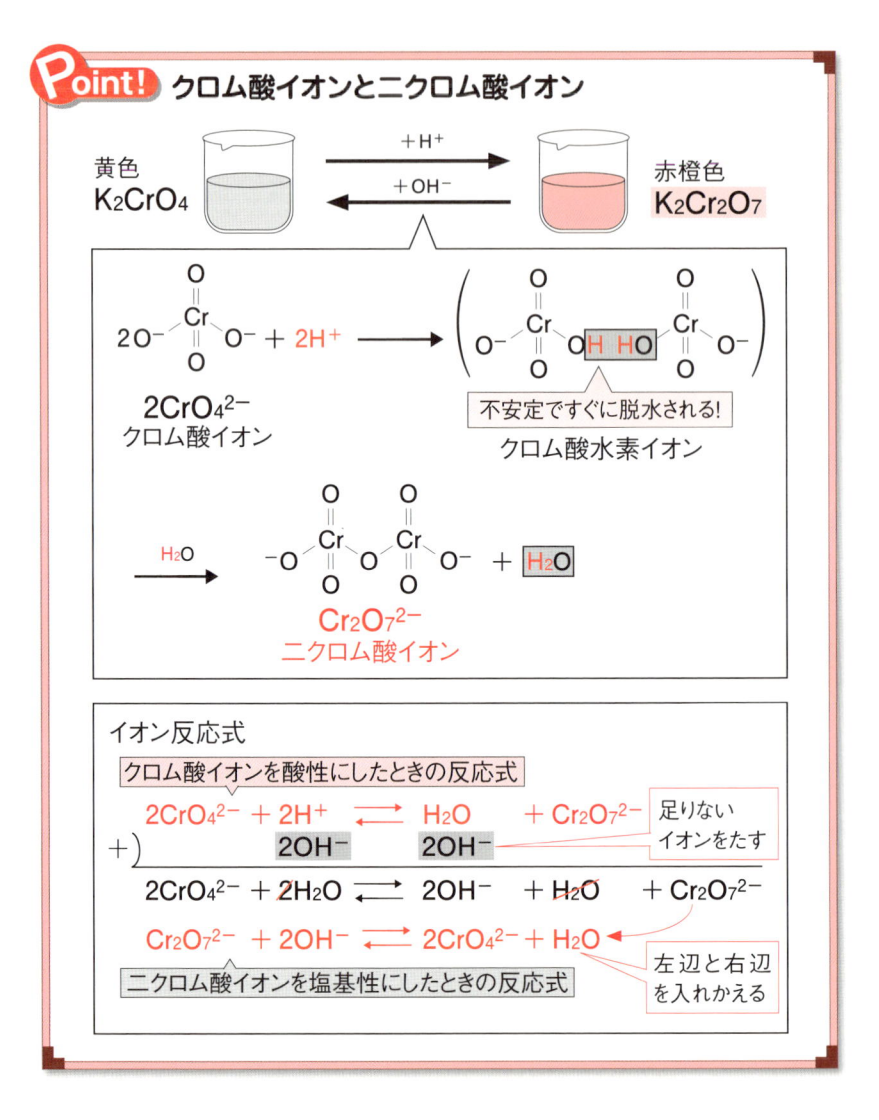

Point! クロム酸イオンと二クロム酸イオン

黄色 K_2CrO_4 ⇌ (+H⁺ / +OH⁻) ⇌ 赤橙色 $K_2Cr_2O_7$

$2CrO_4^{2-}$ + $2H^+$ → (クロム酸水素イオン)
クロム酸イオン

不安定ですぐに脱水される!

→ $Cr_2O_7^{2-}$ + H_2O
二クロム酸イオン

イオン反応式

クロム酸イオンを酸性にしたときの反応式

$2CrO_4^{2-} + 2H^+ \rightleftharpoons H_2O + Cr_2O_7^{2-}$
+) 　　　　　　$2OH^-$　　$2OH^-$　　　　　　　← 足りないイオンをたす
―――――――――――――――――――――――
$2CrO_4^{2-} + 2H_2O \rightleftharpoons 2OH^- + H_2O + Cr_2O_7^{2-}$

$Cr_2O_7^{2-} + 2OH^- \rightleftharpoons 2CrO_4^{2-} + H_2O$ ← 左辺と右辺を入れかえる

二クロム酸イオンを塩基性にしたときの反応式

　構造で理解すれば反応式は意外と簡単でしょう。あと，この反応はクロム酸が縮合しているだけだから酸化数の変化はないんだ。**酸化還元反応ではないから注意**してね。

> なぜ，酸化剤で使うのはクロム酸カリウムでなくて，ニクロム酸カリウムなんですか？

よい質問だね。クロム酸カリウム K_2CrO_4 の水溶液をつくって酸性にすればニクロム酸カリウム $K_2Cr_2O_7$ になるのだから，使うのはどっちでもよさそうだけど，もし酸化剤として使う目的で使うのなら初めから同じ質量でたくさん酸化剤が入っていたほうがお得でしょう。おまけが1つのキャラメルとおまけが2つのキャラメルがあったら，おまけに魅力があればどっちを買うかは明らかでしょう。

> 確かに2つ入りのほうがいいわ！

ニクロム酸カリウムは酸性でアルデヒドなどの還元剤があれば，酸化剤として作用するんだ。そのときの反応式は次の通りだよ。

硫酸酸性でニクロム酸イオンが酸化剤として作用するときの半反応式

酸化剤 　$Cr_2O_7^{2-}$ ＋ $14H^+$ ＋ $6e^-$ ⟶ $2Cr^{3+}$ ＋ $7H_2O$
　　　　赤橙色　　　　　　　　　　　　暗緑色

story 2　マンガンの性質

> マンガンって何に使われているの？

そうだね，実は鉄とマンガンの合金はマンガン鋼(こう)とよばれていて，硬くて丈夫なので船や橋の構造材として使われているんだけど，一般にはあまり知られていないよね。

(1) 酸化マンガン(Ⅳ)

身近なものでは**酸化マンガン(Ⅳ) MnO_2 がマンガン乾電池**に使われているよ。マンガン乾電池というのは単体のマンガン Mn ではなくて，**酸化マンガン(Ⅳ) MnO_2 が正極材料**として使われているんだ。もちろん，アルカリマンガン電池の正極も MnO_2 だよ。MnO_2 は黒色の粉末で非常に強い酸化剤だから，電池の正極には最適なんだ。

実験では塩素の製法に酸化剤として登場したね (▶ p.97)。

● 塩素の製法

$$MnO_2 + 4HCl \xrightarrow{\triangle} MnCl_2 + 2H_2O + Cl_2\uparrow$$

（酸化剤）（還元剤）

また，酸素の製法では，MnO_2 は触媒として用いられていたから，しっかり復習しておいてね (▶ p.127)。

● 酸素の製法

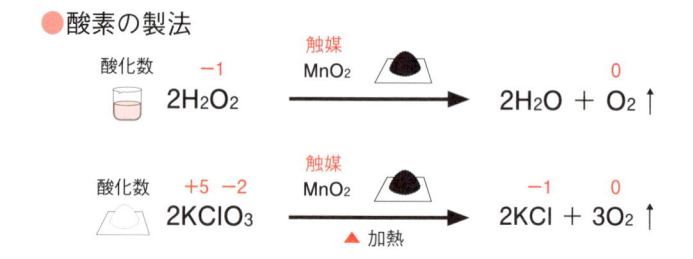

酸化数　−1　　　触媒 MnO_2　　　　　　　0
$$2H_2O_2 \longrightarrow 2H_2O + O_2\uparrow$$

酸化数　+5 −2　　触媒 MnO_2　　　　−1　　0
$$2KClO_3 \xrightarrow{\triangle 加熱} 2KCl + 3O_2\uparrow$$

(2) 過マンガン酸カリウム

> 過マンガン酸カリウムの化学式は暗記ですか？

もちろん，暗記してもいいんだけど，クロム酸と同様，ちょっとしたコツを教えるよ。**マンガンは周期表第7族の元素だから17族と親戚関係**なんだ。17族といえばハロゲン

だけど，その代表選手は何といっても塩素 Cl だよね．この塩素と似ているんだよ．17 族元素である塩素の最高酸化数は＋7で，そのオキソ酸は $HClO_4$ だから，7族元素のマンガンの最高酸化数も＋7で，そのオキソ酸は**過マンガン酸 $HMnO_4$** なんだよ．非常に覚えやすいでしょう．

過塩素酸
$HClO_4$

過マンガン酸
$HMnO_4$

酸化数はどちらも＋7で同じ

　この過マンガン酸 $HMnO_4$ のカリウム塩が過マンガン酸カリウム $KMnO_4$ というわけなんだ．$KMnO_4$ の水溶液は赤紫色で，強力な酸化剤として有名だよ．特に酸性での酸化力は非常に強くて，次のような半反応式で反応するよ．

酸化剤　　赤紫色　　　　　　　　　　　　　　ほぼ無色
$MnO_4^- + 8H^+ + 5e^- \longrightarrow Mn^{2+} + 4H_2O$

　酸性だとマンガン(Ⅱ)イオン Mn^{2+} になり，よく教科書や参考書に「淡桃色とか水溶液の色が淡赤色」とか書いてあるけど，実際の水溶液はほぼ無色なんだ．例えば，Mn^{2+} を含む $MnCl_2$ や $MnSO_4$ などの結晶の色は淡桃色なんだけど，溶かすと見えないくらい色が薄くなるから注意してね．

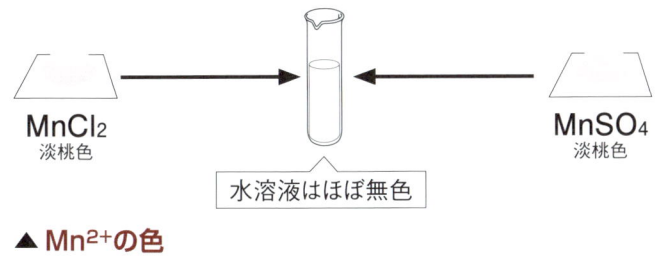

$MnCl_2$
淡桃色

水溶液はほぼ無色

$MnSO_4$
淡桃色

▲ Mn^{2+} の色

ところで **KMnO₄ は非常に強い酸化剤**で，中性〜塩基性でも十分強い酸化力をもっているんだ。そのときの半反応式をつくると，次のようになるよ。まず，中性〜塩基性ではマンガンの酸化数は＋4でストップすると覚えよう！　だから，酸化数の変化は＋7→＋4なので，3個の電子を奪うんだ。

酸化数　　+7　　　　　　　　　+4
酸化剤　　$MnO_4^- + 3e^- \longrightarrow MnO_2 + 2O^{2-}$

ここで生成した O^{2-} は非常に強い塩基で，H_2O と次のように反応して OH^- を生成するよ。

$$O^{2-} + H_2O \longrightarrow 2OH^-$$

この反応式を加えたら，中性〜塩基性水溶液中での反応式が完成するんだ。

上の反応式をつくる

酸化剤　$MnO_4^- + 3e^- \longrightarrow MnO_2 + 2O^{2-}$
　　+)　　　　　　2H₂O　　　　　　　　　2H₂O　　← 足りない H₂O 分子をたす
　　　　$MnO_4^- + 2H_2O + 3e^- \longrightarrow MnO_2 + 4OH^-$
酸化剤

確認問題

1 クロムを空気中に放置すると表面に酸化被膜ができる。この酸化被膜の化学式を書け。

解答
Cr_2O_3

2 クロムに希塩酸を加えると水素を発生しながら溶解する。このときの化学変化を化学反応式で表せ。

$2Cr + 6HCl \longrightarrow 2CrCl_3 + 3H_2$

3 クロムに濃硝酸を加えても表面に緻密な酸化被膜ができてクロムは溶解しない。この状態を何というか。

不動態

4 クロム酸カリウム水溶液に加えると黄色の沈殿ができる試薬を次の中からすべて選べ。
① $BaCl_2$　② KCl　③ $FeCl_3$
④ $Pb(NO_3)_2$　⑤ $AgNO_3$

①④

5 クロム酸カリウム水溶液に加えると赤褐色の沈殿ができる試薬を次の中からすべて選べ。
① $BaCl_2$　② KCl　③ $FeCl_3$
④ $Pb(NO_3)_2$　⑤ $AgNO_3$

⑤

6 硫酸クロム(Ⅲ) $Cr_2(SO_4)_3$ の水溶液に水酸化ナトリウムを加えると生じる沈殿の化学式と色を答えよ。

化学式：$Cr(OH)_3$
色：灰緑色

7 クロム酸イオンを酸性にするとニクロム酸イオンが生成する。この反応のイオン反応式を書け。

$2CrO_4^{2-} + 2H^+ \rightleftarrows H_2O + Cr_2O_7^{2-}$

8 硫酸酸性の二クロム酸カリウム水溶液にアセトアルデヒドを加えて加熱すると色は何色から何色に変化するか。

解答
赤橙色から暗緑色

9 酸化マンガン(Ⅳ)はマンガン乾電池の正極,負極のどちらに使われているか。

正極

10 次の反応において酸化マンガン(Ⅳ)は酸化剤として作用しているか,触媒として作用しているか。
(1) MnO_2 に濃塩酸を入れて加熱したら塩素が発生した。
(2) MnO_2 に過酸化水素を加えたら酸素が発生した。
(3) MnO_2 と $KClO_3$ の混合物を加熱したら酸素が発生した。

(1) 酸化剤
(2) 触媒
(3) 触媒

11 $KMnO_4$ が酸性溶液中で酸化剤として作用するときの半反応式を書け。

$MnO_4^- + 8H^+ + 5e^-$
$\longrightarrow Mn^{2+} + 4H_2O$

12 $KMnO_4$ が塩基性溶液中で酸化剤として作用したときに生成するマンガンの化合物の化学式を書け。

MnO_2

さくいん

あ行

亜塩素酸	68,115
亜塩素酸イオン	62
赤さび	331,332
亜酸化窒素	157
亜硝酸	69
アマルガム	256
アモルファス	200
亜硫酸	54,69
亜硫酸イオン	62,137
アルカリ金属	290,309
アルカリ土類金属	282,308
アルマイト	257,326
アルミナ	323
アルミニウムの製錬	246
アンモニア	167,214,224,302,304
アンモニア酸化法	164
アンモニアソーダ法	301,304
アンモニアの工業的製法	170
アンモニアの実験室的製法	167
アンモニウムイオン	20
イオン化傾向	236
一酸化炭素	185,218
一酸化窒素	157,159
一酸化二窒素	157
鋳物	334
塩化カルシウム	224,311
塩化水素	110,111,213
塩化水素酸	72,111
塩化水素の製法	114
塩基性酸化物	44,46,323
塩酸	72,110
炎色反応	309
塩素	96,219,228
塩素酸	68,115
塩素のオキソ酸	115
塩素の工業的製法	96
塩素の実験室的製法	97
王水	242
黄鉄鉱	145
黄銅	257,350
黄銅鉱	247
黄リン	173,175
オキシドール	125
オキソ酸	29,52,59,62,68,196
オキソニウムイオン	22
オクテット則	16,24
オストワルト法	164
オゾン	122,228
オゾン層	124

か行

カーボンナノチューブ	183
過塩素酸	55,68,115
化学肥料	179
過酸化水素	125,127
加水分解	328
活性アルミナ	207
活性炭	207
下方置換	98,225

過マンガン酸カリウム	97	ケイ酸ナトリウム	197
カリガラス	202	ケイ石	201
ガラス	113,199	結晶水	299
過リン酸石灰	179	原子価	10
カルシウム	310	原子半径	87
還元剤	134,292	鋼	246,336
乾燥剤	149,224,311	光化学スモッグ	122
希ガス	82	合金	350
貴金属	238	硬水	316
ギ酸	186	構造式	27
キセロゲル	206	高度さらし粉	105
気体の発生装置	222	黒鉛	34,183
気体の捕集法	225	ゴム状硫黄	129
キップの装置	222	コランダム	325
吸湿性	149		
吸着剤	207		
強塩基	313	さ 行	
共有結合	18,19,21,35,72,181,182	最外殻電子	11
共有結合の結晶	182	錯イオン	39,264,278
共有結合半径	87	酢酸鉛紙	230
共有結晶	182	殺菌剤	123,228
共有電子対	12,21	砂鉄	332
巨大分子	37,65,175	サファイア	325
金属結晶	37	さらし粉	97,104
金属元素	33,46	酸・塩基反応	212
金属樹	239	酸化アルミニウム	246,325
空気の平均分子量	84	酸化カルシウム	317
グラフェン	182	酸化還元反応	93,156,218
クリスタルガラス	202	酸化剤	74,94,103,122,166,227
クリストバライト	199	酸化殺菌	122
黒さび	332	酸化作用	151
クロム酸の縮合	357	酸化鉄(Ⅱ)	330
軽金属	250	酸化鉄(Ⅲ)	330
ケイ砂	201	酸化銅(Ⅰ)	342,343
ケイ酸	54,64,206	酸化銅(Ⅱ)	347
ケイ酸カルシウム	197,334	酸化バナジウム(Ⅴ)	145

酸化被膜	243,325,354
酸化マンガン(Ⅳ)	97,100,127,219,360
三重結合	15
酸性雨	157
酸性酸化物	44,46,51
酸素の製法	127
三リン酸	66
次亜塩素酸	55,68,103,115
次亜ハロゲン酸	103
自己酸化還元反応	103,126,166,219
四酸化三鉄	332
漆喰	317
磁鉄鉱	332
斜方硫黄	129
臭化水素酸	110
重過リン酸石灰	179
周期表	33,59
重金属	250
自由電子	295
十酸化四リン	173,175,176
ジュラルミン	256,257,326
純銅	247,344
笑気ガス	157
硝酸	53,69,162
硝酸イオン	62
硝酸の工業的製法	163
消石灰	317
鍾乳洞	315
上方置換	225
自溶炉	342
触媒	126,145,219,360
シリカゲル	206
真ちゅう	350
水酸化カルシウム	317
水晶	199
水上置換	225
水性ガス	186
水素	220
水素化物	38
水素化物イオン	39,78
水素結合	41,112
ステンレス鋼	257,336,355
スラグ	334,343
生石灰	317
青銅	257,350
製錬	244
精錬	247
ゼオライト	207
石英	199
石英ガラス	201
赤鉄鉱	332
赤リン	175
絶縁体	34
石灰石	202,302,310,315
石灰乳	318
セッコウ	311,312
接触式硫酸製造法	145
接触法	145
銑鉄	246,334
ソーダガラス	201,301
ソーダ工業	300
ソーダ石灰ガラス	201,301
ソーダ灰	202,301,304
ソーダライムガラス	201,301
粗銅	247,343
ソルベー法	301,364

た行

第一イオン化エネルギー	291
体心立方格子	252,296
ダイヤモンド	181

大理石	315
多形	200
多孔質	206
脱臭剤	123,207
脱水剤	177
脱水反応	218
炭化ケイ素	195
タングステン	86
単原子分子	87
炭酸	53
炭酸ガス	187
炭酸カルシウム	197,310,315
炭酸水素イオン	62
炭酸ナトリウム	197,301
単斜硫黄	129
チオシアン酸カリウム	337
地殻	194
チタン合金	256,257
窒素	218
中性酸化物	44
鋳鉄	334
中和	167
潮解	299
超原子価化合物	25
鉄(Ⅱ)イオン	336
鉄(Ⅲ)イオン	336
鉄鉱石	246
鉄の製錬	246
テルミット	326
電解精錬	247,344
電気陰性度	35,38,263,349
電気伝導体	34
電子式	11,12,13,160
電子対	12,13,160
転炉	246,335
銅樹	239
同素体	181,253
銅の製錬	247
トタン	257,336
トリジマイト	199

な 行

鉛ガラス	202
2隅子則	16
二クロム酸イオン	357,358
二クロム酸カリウム	97
二酸化硫黄	137,215
二酸化硫黄の製法	137
二酸化ケイ素	113,194,199,203
二酸化炭素	187,215
二酸化窒素	159
二重結合	15
二硫酸	67
二リン酸	66
ネオン	82,88
ネオンサイン	88
熱濃硫酸	140,151
燃料電池	80
濃硫酸	148,224,257

は 行

ハーバー・ボッシュ法	170
配位結合	18,19,20
配位子	264
バイヤー法	322
白金族	238
白銅	257,350
白リン	173
8隅子則	16
発煙性	111,162

発煙硫酸	67,147
ハロゲン	91
ハロゲン化銀（Ⅰ）	116
ハロゲン化水素酸	103,110
ハロゲン単体の酸化力	93
はんだ	255,257
半導体	34,185,195
非共有電子対	12
卑金属	238
非金属元素	33,39
非晶質	200
ヒドリドイオン	39
ヒドロキシアパタイト	178
ヒドロキシド錯イオン	49
ヒドロキシド錯体	78
氷晶石	324
漂白剤	228
ファンデルワールス半径	87
ファンデルワールス力	91,183
風解	299
不揮発性	150
複塩	327
ふたまた試験管	222
フッ化水素	213
フッ化水素酸	72,110,113
フッ酸	72,110
不動態	166,243,326,355
フラーレン	184
ブラス	350
ブリキ	257,336
ブロンズ	350
分子間力	91
分子軌道	13
分子結晶	37
閉殻構造	85
ヘキサフルオリドケイ酸	113

ヘキサフルオロケイ酸	113
ベンガラ	332
ホウケイ酸ガラス	202
ホウ酸	53,64
ホウ素	18
ボーキサイト	246
ホール・エルー法	324
蛍石	213

ま 行

丸底フラスコ	222
マンガン鋼	359
水	72,76,106,131,293,309
水ガラス	197,206
ミョウバン	327
無極性	91,106,174
無声放電	124
面心立方格子	25

や 行

焼きセッコウ	312
有機溶媒	106,185
融剤	334
陽イオン交換膜法	298
溶解度積	116
溶解熱	151
ヨウ化カリウムデンプン紙	123,125,227
ヨウ化水素酸	110
陽極泥	344
洋銀	350
溶鉱炉	333
ヨウ素	100,106,227
ヨウ素デンプン反応	107,227
ヨウ素の実験室的製法	100

ヨウ素溶液……………………………106
洋白………………………………………350
溶融塩電解………………245,246,322,324

ら 行

リトマス紙………………………………228
硫化水素………………………………131,214
硫化銅……………………………………342
硫酸………………………………54,67,69,99
硫酸カルシウム…………………………311
硫酸カルシウム二水和物………………312
硫酸カルシウム半水和物………………312
硫酸水素イオン……………………………62
硫酸の製法………………………………145
硫酸バリウム……………………………311
両性元素……………………………34,269,276
両性酸化物……………………………44,48,50,323
両性水酸化物…………………………49,50,78,276
リン灰石…………………………………178
リン鉱石…………………………………178
リン酸………………………………………54,66
リン肥料…………………………………179
ルイス構造(式)……………11,13,24,27,160
ルビー……………………………………325
緑青………………………………………345
六方最密構造……………………………252

Point! 一覧

第1章 電子式の書き方

分子軌道＝電子対 ……………………… 13
分子内の原子の周りの電子の考え方 …… 26
ルイス構造と構造式の書き方 ………… 27

第2章 周期表と元素の性質

電気陰性度と周期表 …………………… 36
第2周期元素，第3周期元素の
　単体 ………………………………… 38

第3章 酸化物の分類

周期表における酸化物の分類 ………… 46
酸化物の分類と反応 …………………… 56

第4章 オキソ酸の性質

周期表における
　水酸化物とオキソ酸 ……………… 61

第5章 水　素

第2周期元素，第3周期元素の
　水素化物 …………………………… 73
H^+と反応する可能性のある
　金属（還元剤）……………………… 74

第6章 希ガス

空気の組成と平均分子量 ……………… 84
閉殻構造 ………………………………… 86

第7章 ハロゲン単体の性質

ハロゲン単体の状態と色 ……………… 92
ハロゲン単体の酸化力と
　半反応式 …………………………… 95
塩素の発生装置 ………………………… 98
ハロゲン単体と水素の反応 …………… 102
ハロゲン単体と水の反応 ……………… 104

第8章 ハロゲン化合物の性質

ハロゲン化水素と水溶液 ……………… 111
ハロゲン化水素の沸点 ………………… 112
塩化水素の発生装置 …………………… 114
塩素のオキソ酸 ………………………… 115
ハロゲン化銀の色と水への溶解 ……… 116
ハロゲン化銀の反応 …………………… 117

第9章 酸素とその化合物

酸素の実験室的製法 …………………… 127

第10章 硫黄とその化合物

硫化物イオンと液性……………… 132
二酸化硫黄と亜硫酸の関係……… 137
銅や銀と熱濃硫酸の反応
　（SO_2 の発生）………………… 141
二酸化硫黄の反応………………… 144

第11章 窒素とその化合物

窒素酸化物の酸化数……………… 161
オストワルト法
　（アンモニア酸化法）…………… 164
アンモニア発生のイオン反応式… 167
アンモニアの実験室的製法……… 169
ハーバー・ボッシュ法…………… 170

第12章 リンとその化合物

リンの同素体……………………… 176

第13章 炭素とその化合物

二酸化炭素と炭酸の関係………… 188
二酸化炭素と石灰水の反応……… 192

第14章 ケイ素とその化合物

炭素とケイ素の比較……………… 198
二酸化ケイ素とケイ酸の関係…… 204

第15章 気体の製法と性質

酸・塩基反応によって生成する
　気体……………………………… 217
気体の発生装置…………………… 223
気体の乾燥剤……………………… 225
気体の捕集法……………………… 226
ヨウ化カリウムデンプン紙の
　反応……………………………… 227
気体と試験紙の反応……………… 229
酢酸鉛紙の反応…………………… 230

第16章 イオン化傾向と金属の性質

金属のイオン化傾向と性質……… 237
金属と水，酸，塩基との反応…… 241
金属と濃硝酸，熱濃硫酸，王水
　との反応………………………… 244
金属のイオン化傾向と製錬法…… 245
Al，Fe，Cu の製錬……………… 248

第17章 金属の基本的性質と合金

金属の密度………………………… 251
遷移元素と典型元素……………… 252
代表的な合金……………………… 256
金属のイオン化傾向と
　合金・表面処理材料…………… 258

第18章 金属イオンの沈殿と錯イオン

硫化物の沈殿……………………… 263

第19章 両性元素の反応

両性水酸化物の反応
　（イオン反応式）……………………277
両性酸化物の反応……………………281
両性元素の単体の反応………………284
両性酸化物，両性水酸化物，
　単体の反応…………………………287

第20章 アルカリ金属の性質

NaCl の融解塩電解……………………297
陽イオン交換膜法
　（食塩水の電気分解）………………298
潮解と風解……………………………299
アンモニアソーダ法…………………305

第21章 アルカリ土類金属の性質

2 族元素の基本的性質………………310
2 族元素の塩化物，炭酸塩，
　硫酸塩………………………………312
2 族元素の水酸化物…………………314

第23章 鉄の性質

溶鉱炉の反応…………………………335

第24章 銅と銀の性質

銅の製錬………………………………343
銅の電解精錬…………………………345
銅と銅の酸化物………………………347

第25章 クロムとマンガンの性質

クロム酸イオンと
　二クロム酸イオン…………………358

元素の周期表

```
原子番号 → ₁H ← 元素記号
             1.0  ← 原子量
元素名 →   水素
             2.20 ← 電気陰性度

☢ :放射能が必ずあるもの

■ :気体
■ :液体
他は固体
```

	1	2	3	4	5	6	7	8	9
1	₁H 1.0 水素 2.20								
2	₃Li 6.9 リチウム 0.98	₄Be 9.0 ベリリウム 1.57							
3	₁₁Na 23.0 ナトリウム 0.93	₁₂Mg 24.3 マグネシウム 1.31							
4	₁₉K 39.1 カリウム 0.82	₂₀Ca 40.1 カルシウム 1.00	₂₁Sc 45.0 スカンジウム 1.36	₂₂Ti 47.9 チタン 1.54	₂₃V 50.9 バナジウム 1.63	₂₄Cr 52.0 クロム 1.66	₂₅Mn 54.9 マンガン 1.55	₂₆Fe 55.8 鉄 1.83	₂₇Co 58.9 コバルト 1.88
5	₃₇Rb 85.5 ルビジウム 0.82	₃₈Sr 87.6 ストロンチウム 0.95	₃₉Y 88.9 イットリウム 1.22	₄₀Zr 91.2 ジルコニウム 1.33	₄₁Nb 92.9 ニオブ 1.6	₄₂Mo 96.0 モリブデン 2.16	₄₃Tc 〔99〕 テクネチウム 1.9	₄₄Ru 101.1 ルテニウム 2.2	₄₅Rh 102.9 ロジウム 2.28
6	₅₅Cs 132.9 セシウム 0.79	₅₆Ba 137.3 バリウム 0.89	57-71 ランタノイド	₇₂Hf 178.5 ハフニウム 1.3	₇₃Ta 180.9 タンタル 1.5	₇₄W 183.8 タングステン 2.36	₇₅Re 186.2 レニウム 1.9	₇₆Os 190.2 オスミウム 2.2	₇₇Ir 192.2 イリジウム 2.20
7	₈₇Fr 〔223〕 フランシウム 0.7	₈₈Ra 〔226〕 ラジウム 0.9	89-103 アクチノイド	₁₀₄Rf 〔267〕 ラザホージウム ―	₁₀₅Db 〔268〕 ドブニウム ―	₁₀₆Sg 〔271〕 シーボーギウム ―	₁₀₇Bh 〔272〕 ボーリウム ―	₁₀₈Hs 〔277〕 ハッシウム ―	₁₀₉Mt 〔276〕 マイトネリウム ―

← 典型元素 →|← 遷移元素 →

*2018年2月現在

10	11	12	13	14	15	16	17	18
								₂He 4.0 ヘリウム —
			₅B 10.8 ホウ素 2.04	₆C 12.0 炭素 2.55	₇N 14.0 窒素 3.04	₈O 16.0 酸素 3.44	₉F 19.0 フッ素 3.98	₁₀Ne 20.2 ネオン —
			₁₃Al 27.0 アルミニウム 1.61	₁₄Si 28.1 ケイ素 1.90	₁₅P 31.0 リン 2.19	₁₆S 32.1 硫黄 2.58	₁₇Cl 35.5 塩素 3.16	₁₈Ar 39.9 アルゴン —
₂₈Ni 58.7 ニッケル 1.91	₂₉Cu 63.5 銅 1.90	₃₀Zn 65.4 亜鉛 1.65	₃₁Ga 69.7 ガリウム 1.81	₃₂Ge 72.6 ゲルマニウム 2.01	₃₃As 74.9 ヒ素 2.18	₃₄Se 79.0 セレン 2.55	₃₅Br 79.9 臭素 2.96	₃₆Kr 83.8 クリプトン 3.00
₄₆Pd 106.4 パラジウム 2.20	₄₇Ag 107.9 銀 1.93	₄₈Cd 112.4 カドミウム 1.69	₄₉In 114.8 インジウム 1.78	₅₀Sn 118.7 スズ 1.96	₅₁Sb 121.8 アンチモン 2.05	₅₂Te 127.6 テルル 2.1	₅₃I 126.9 ヨウ素 2.66	₅₄Xe 131.3 キセノン 2.6
₇₈Pt 195.1 白金 2.28	₇₉Au 197.0 金 2.54	₈₀Hg 200.6 水銀 2.00	₈₁Tl 204.4 タリウム 2.04	₈₂Pb 207.2 鉛 2.33	₈₃Bi 209.0 ビスマス 2.02	₈₄Po 〔210〕 ポロニウム 2.0	₈₅At 〔210〕 アスタチン 2.2	₈₆Rn 〔222〕 ラドン —
₁₁₀Ds 〔281〕 ダームスタチウム —	₁₁₁Rg 〔280〕 レントゲニウム —	₁₁₂Cn 〔285〕 コペルニシウム —	₁₁₃Nh 〔286〕 ニホニウム —	₁₁₄Fl 〔289〕 フレロビウム —	₁₁₅Mc 〔288〕 モスコビウム —	₁₁₆Lv 〔293〕 リバモリウム —	₁₁₇Ts 〔293〕 テネシン —	₁₁₈Og 〔294〕 オガネソン —

典型元素

元素の周期表 375

大学入試
亀田 和久の
無機化学
が面白いほどわかる本

【別 冊】

この別冊は，本体にこの表紙を残したまま，ていねいに抜き取ってください。
なお，この別冊の抜き取りの際の損傷についてのお取り替えはご遠慮願います。

DATABASE

無機化学
のデータベース

＊この冊子は，『大学入試　亀田和久の　無機化学が面白いほどわかる本』の別冊です。

もくじ

元素の周期表 ·· 3

I ● 周期表と化学式の基礎　4

第 1 章　　電子式の書き方 ·· 4
第 2 章　　周期表と元素の性質 ·· 5
第 3, 4 章　酸化物の分類とオキソ酸の性質 ·· 7

II ● 非金属元素の単体と化合物 (1) —水素, 希ガス, ハロゲン—　10

第 5 章　　水　　素 ·· 10
第 6 章　　希 ガ ス ·· 11
第 7 章　　ハロゲン単体の性質 ·· 12
第 8 章　　ハロゲン化合物の性質 ·· 15

III ● 非金属元素の単体と化合物 (2) —14, 15, 16族元素—　17

第 9 章　　酸素とその化合物 ·· 17
第10章　　硫黄とその化合物 ·· 18
第11章　　窒素とその化合物 ·· 22
第12章　　リンとその化合物 ·· 26
第13章　　炭素とその化合物 ·· 28
第14章　　ケイ素とその化合物 ·· 30

IV● 気体の製法と性質 ─────────── 33

第15章　気体の製法と性質 ─────────── 33

V● 金属一般の性質 ─────────── 38

第16章　イオン化傾向と金属の性質 ─────── 38
第17章　金属の基本的性質と合金 ───────── 40
第18章　金属イオンの沈殿と錯イオン ────── 42
第19章　両性元素の反応 ──────────── 46

VI● 金属元素の単体と化合物 ─────── 50

第20章　アルカリ金属の性質 ─────────── 50
第21章　アルカリ土類金属の性質 ───────── 53
第22章　アルミニウムの性質 ─────────── 56
第23章　鉄の性質 ───────────────── 58
第24章　銅と銀の性質 ──────────────── 60
第25章　クロムとマンガンの性質 ───────── 63

元素の周期表

*2018年2月現在

族\周期	1	2	3	4	5	6	7	8	9	10	11	12	13	14	15	16	17	18
1	₁H 1.0 水素 2.20																	₂He 4.0 ヘリウム —
2	₃Li 6.9 リチウム 0.98	₄Be 9.0 ベリリウム 1.57											₅B 10.8 ホウ素 2.04	₆C 12.0 炭素 2.55	₇N 14.0 窒素 3.04	₈O 16.0 酸素 3.44	₉F 19.0 フッ素 3.98	₁₀Ne 20.2 ネオン —
3	₁₁Na 23.0 ナトリウム 0.93	₁₂Mg 24.3 マグネシウム 1.31											₁₃Al 27.0 アルミニウム 1.61	₁₄Si 28.1 ケイ素 1.90	₁₅P 31.0 リン 2.19	₁₆S 32.1 硫黄 2.58	₁₇Cl 35.5 塩素 3.16	₁₈Ar 39.9 アルゴン —
4	₁₉K 39.1 カリウム 0.82	₂₀Ca 40.1 カルシウム 1.00	₂₁Sc 45.0 スカンジウム 1.36	₂₂Ti 47.9 チタン 1.54	₂₃V 50.9 バナジウム 1.63	₂₄Cr 52.0 クロム 1.66	₂₅Mn 54.9 マンガン 1.55	₂₆Fe 55.8 鉄 1.83	₂₇Co 58.9 コバルト 1.88	₂₈Ni 58.7 ニッケル 1.91	₂₉Cu 63.5 銅 1.90	₃₀Zn 65.4 亜鉛 1.65	₃₁Ga 69.7 ガリウム 1.81	₃₂Ge 72.6 ゲルマニウム 2.01	₃₃As 74.9 ヒ素 2.18	₃₄Se 79.0 セレン 2.55	₃₅Br 79.9 臭素 2.96	₃₆Kr 83.8 クリプトン 3.00
5	₃₇Rb 85.5 ルビジウム 0.82	₃₈Sr 87.6 ストロンチウム 0.95	₃₉Y 88.9 イットリウム 1.22	₄₀Zr 91.2 ジルコニウム 1.33	₄₁Nb 92.9 ニオブ 1.6	₄₂Mo 96.0 モリブデン 2.16	₄₃Tc (99) テクネチウム 1.9	₄₄Ru 101.1 ルテニウム 2.2	₄₅Rh 102.9 ロジウム 2.28	₄₆Pd 106.4 パラジウム 2.20	₄₇Ag 107.9 銀 1.93	₄₈Cd 112.4 カドミウム 1.69	₄₉In 114.8 インジウム 1.78	₅₀Sn 118.7 スズ 1.96	₅₁Sb 121.8 アンチモン 2.05	₅₂Te 127.6 テルル 2.1	₅₃I 126.9 ヨウ素 2.66	₅₄Xe 131.3 キセノン 2.6
6	₅₅Cs 132.9 セシウム 0.79	₅₆Ba 137.3 バリウム 0.89	57-71 ランタノイド	₇₂Hf 178.5 ハフニウム 1.3	₇₃Ta 180.9 タンタル 1.5	₇₄W 183.8 タングステン 2.36	₇₅Re 186.2 レニウム 1.9	₇₆Os 190.2 オスミウム 2.2	₇₇Ir 192.2 イリジウム 2.20	₇₈Pt 195.1 白金 2.28	₇₉Au 197.0 金 2.54	₈₀Hg 200.6 水銀 2.00	₈₁Tl 204.4 タリウム 2.04	₈₂Pb 207.2 鉛 2.33	₈₃Bi 209.0 ビスマス 2.02	₈₄Po (210) ポロニウム 2.0	₈₅At (210) アスタチン 2.2	₈₆Rn (222) ラドン —
7	₈₇Fr (223) フランシウム 0.7	₈₈Ra (226) ラジウム 0.9	89-103 アクチノイド	₁₀₄Rf (267) ラザホージウム —	₁₀₅Db (268) ドブニウム —	₁₀₆Sg (271) シーボーギウム —	₁₀₇Bh (272) ボーリウム —	₁₀₈Hs (277) ハッシウム —	₁₀₉Mt (276) マイトネリウム —	₁₁₀Ds (281) ダームスタチウム —	₁₁₁Rg (280) レントゲニウム —	₁₁₂Cn (285) コペルニシウム —	₁₁₃Nh (—) ニホニウム —	₁₁₄Fl (289) フレロビウム —	₁₁₅Mc (288) モスコビウム —	₁₁₆Lv (293) リバモリウム —	₁₁₇Ts (293) テネシン —	₁₁₈Og (294) オガネソン —

原子番号 → ₁H ← 元素記号
元素名 → 水素 1.0 ← 原子量
       2.20 ← 電気陰性度

☢:放射能が必ずあるもの

■:気体　■:液体　■:他は固体

典型元素／遷移元素／典型元素

I 周期表と化学式の基礎

第1章 電子式の書き方

1 オクテット則, 価電子, 電荷の関係

周期＼族	1	2	13	14	15	16	17	18	原子の周り 電子対(軌道)の最大値	電子の最大値
1	H							He	1つ	2個
2	Li	Be	B	C	N	O	F	Ne		
3	Na	Mg	Al	Si	P	S	Cl	Ar	4つ	8個
4	K	Ca	Ga	Ge	As	Se	Br	Kr		
5	Rb	Sr	In	Sn	Sb	Te	I	Xe		
6	Cs	Ba	Tl	Pb	Bi	In	At	Rn		
最外殻電子数	1	2	3	4	5	6	7	8 (2)		
価電子数	1	2	3	4	5	6	7	0		
基本の原子価	1価	2価	3価	4価	3価	2価	1価	0価		

2隅子則
オクテット則
(8隅子則)

構造式をかくときは共有結合を何本出してもOK！
（第3周期～第6周期）

2 ルイス構造（電子式）の書き方

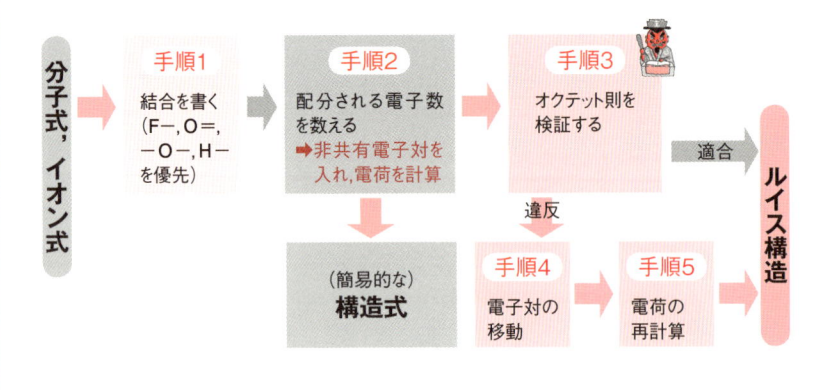

分子式, イオン式 →

手順1 結合を書く (F−, O=, −O−, H− を優先)

→ **手順2** 配分される電子数を数える ➡非共有電子対を入れ, 電荷を計算

→ **手順3** オクテット則を検証する

適合 → ルイス構造

違反 → **手順4** 電子対の移動 → **手順5** 電荷の再計算 → ルイス構造

手順2 → （簡易的な）構造式

第2章　周期表と元素の性質

1 電気陰性度と周期表

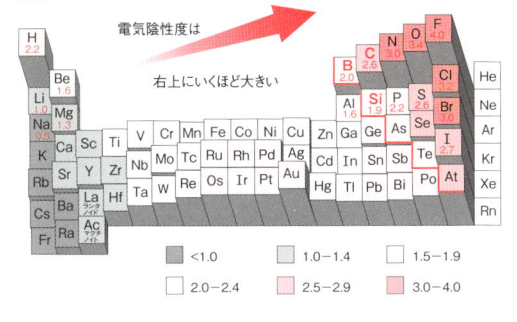

電気陰性度は右上にいくほど大きい

凡例：
- <1.0
- 1.0–1.4
- 1.5–1.9
- 2.0–2.4
- 2.5–2.9
- 3.0–4.0

<右上の元素>
電子を引きつけるイメージ

電気陰性度大
→分子内でマイナスに帯電しやすい

電子親和力大
→電子を受け取り陰イオンになりやすい（陰性大）

<左下の元素>　電子を手放すイメージ
→イオン化エネルギーが小さい
→電子を手放して陽イオンになりやすい（陽性大）

2 単体と周期表

	1族	2族	13族	14族	15族	16族	17族	18族
第2周期	[Li•]$_n$	[•Be•]$_n$	※ [B]$_n$ / ※ [B]$_m$	[C]$_n$ ダイヤモンド / [C]$_n$ 黒鉛	N≡N	O=O 酸素 / O$^+$ ⟨O O$^-$⟩ オゾン	F–F	Ne
第3周期	[Na•]$_n$	[•Mg•]$_n$	[•Al•]$_n$	[Si]$_n$	P₄ 黄リン（白リン） / [P]$_n$ 赤リン, 黒リン	S₈ 斜方硫黄, 単斜硫黄 / [S]$_n$ ゴム状硫黄	Cl–Cl	Ar

↓金属結晶　　↓巨大分子（共有結晶）　　↓分子結晶

※…3中心2電子結合という特殊な結合

3 水素化物

(1) 金属元素の水素化物 ➡ **イオン結晶**（H⁻：水素化物イオンを含む）
(2) 非金属元素の水素化物 ➡ **分子**を形成（CH_4, NH_3, H_2O など）

第2周期，第3周期元素の水素化物

	1族	2族	13族	14族	15族	16族	17族
第2周期	LiH ($Li^+ H^-$) 水素化リチウム	[Be]ₙ 水素化ベリリウム	ジボラン / テトラヒドリドホウ酸イオン	メタン	アンモニア / アンモニウムイオン	水 / オキソニウムイオン	フッ化水素
第3周期	NaH ($Na^+ H^-$) 水素化ナトリウム	MgH_2 ($Mg^{2+} H^- H^-$) 水素化マグネシウム	AlH_3 ($Al^{3+} H^- H^- H^-$) 水素化アルミニウム（アラン） / テトラヒドリドアルミン酸イオン	シラン	ホスフィン	硫化水素	塩化水素

➡ イオン結晶

➡ 分子結晶

※……3中心2電子結合という特殊な結合

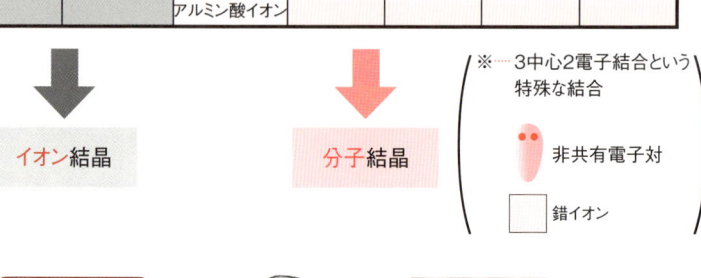

● 非共有電子対

☐ 錯イオン

金属の水素化合物は **イオン結晶**

非金属の水素化合物は **分子結晶** ね!!

第3, 4章 酸化物の分類とオキソ酸の性質

1 酸化物とオキソ酸

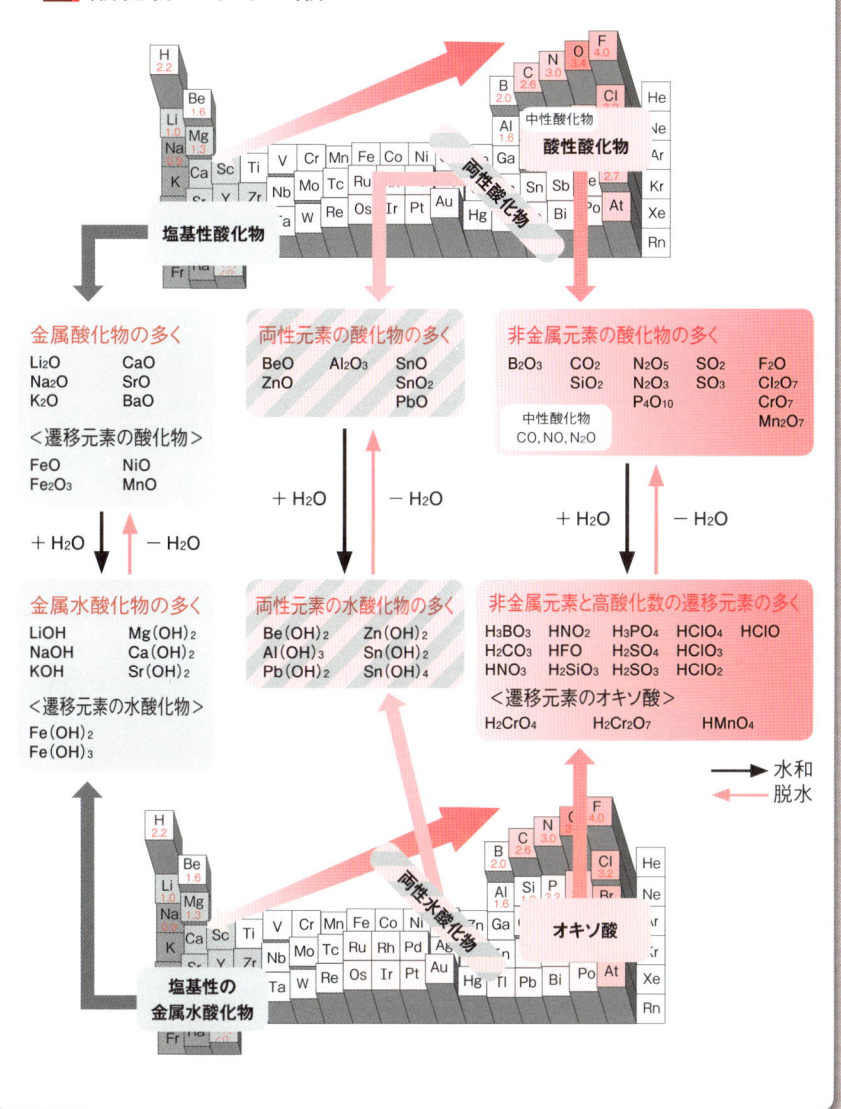

中性酸化物
酸性酸化物
両性酸化物
塩基性酸化物

金属酸化物の多く
Li₂O   CaO
Na₂O   SrO
K₂O   BaO

〈遷移元素の酸化物〉
FeO   NiO
Fe₂O₃   MnO

両性元素の酸化物の多く
BeO   Al₂O₃   SnO
ZnO   SnO₂
               PbO

非金属元素の酸化物の多く
B₂O₃   CO₂   N₂O₅   SO₂   F₂O
        SiO₂   N₂O₃   SO₃   Cl₂O₇
               P₄O₁₀   CrO₃
                              Mn₂O₇

中性酸化物
CO, NO, N₂O

+ H₂O ↓ ↑ − H₂O   + H₂O ↓   + H₂O ↑ − H₂O

金属水酸化物の多く
LiOH   Mg(OH)₂
NaOH   Ca(OH)₂
KOH   Sr(OH)₂

〈遷移元素の水酸化物〉
Fe(OH)₂
Fe(OH)₃

両性元素の水酸化物の多く
Be(OH)₂   Zn(OH)₂
Al(OH)₃   Sn(OH)₂
Pb(OH)₂   Sn(OH)₄

非金属元素と高酸化数の遷移元素の多く
H₃BO₃   HNO₂   H₃PO₄   HClO₄   HClO
H₂CO₃   HFO   H₂SO₄   HClO₃
HNO₃   H₂SiO₃ H₂SO₃   HClO₂

〈遷移元素のオキソ酸〉
H₂CrO₄   H₂Cr₂O₇   HMnO₄

→ 水和
← 脱水

両性水酸化物
塩基性の金属水酸化物
オキソ酸

I 周期表と化学式の基礎

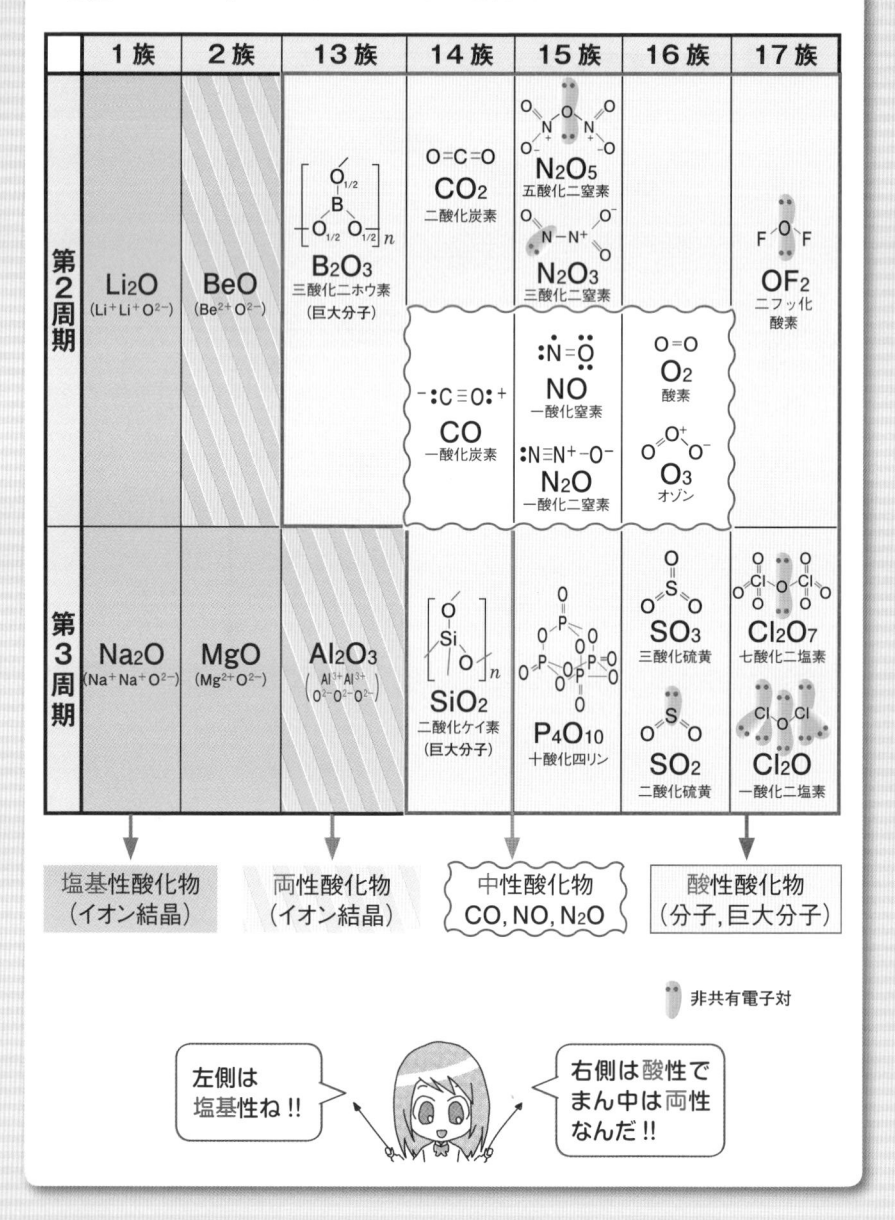

2 第2周期, 第3周期の元素の酸化物

	1族	2族	13族	14族	15族	16族	17族
第2周期	Li_2O $(Li^+Li^+O^{2-})$	BeO $(Be^{2+}O^{2-})$	B_2O_3 三酸化二ホウ素 (巨大分子)	$O=C=O$ CO_2 二酸化炭素	N_2O_5 五酸化二窒素 / N_2O_3 三酸化二窒素		OF_2 二フッ化酸素
				$-:C\equiv O:^+$ CO 一酸化炭素	$:N=\ddot{O}$ NO 一酸化窒素 / $:N\equiv N^+-O^-$ N_2O 一酸化二窒素	$O=O$ O_2 酸素 / O_3 オゾン	
第3周期	Na_2O $(Na^+Na^+O^{2-})$	MgO $(Mg^{2+}O^{2-})$	Al_2O_3 $(Al^{3+}Al^{3+}O^{2-}O^{2-}O^{2-})$	SiO_2 二酸化ケイ素 (巨大分子)	P_4O_{10} 十酸化四リン	SO_3 三酸化硫黄 / SO_2 二酸化硫黄	Cl_2O_7 七酸化二塩素 / Cl_2O 一酸化二塩素

↓ 塩基性酸化物(イオン結晶)

↓ 両性酸化物(イオン結晶)

↓ 中性酸化物 CO, NO, N_2O

↓ 酸性酸化物(分子, 巨大分子)

🔵 非共有電子対

左側は塩基性ね!!

右側は酸性でまん中は両性なんだ!!

3 第2周期, 第3周期元素の水酸化物とオキソ酸

	1族	2族	13族	14族	15族	16族	17族
第2周期	LiOH	Be(OH)$_2$ $[$Be(OH)$_4]^{2-}$	H$_3$BO$_3$ ホウ酸 $[$B(OH)$_4]^-$	H$_2$CO$_3$ 炭酸	HNO$_3$ 硝酸 HNO$_2$ 亜硝酸		HOF 次亜フッ素酸 (不安定)
第3周期	NaOH	Mg(OH)$_2$	$[$Al(OH)$_4]^-$	H$_2$SiO$_3$ ケイ酸	H$_3$PO$_4$ リン酸	H$_2$SO$_4$ 硫酸 H$_2$SO$_3$ 亜硫酸	HClO$_4$ 過塩素酸 / HClO$_3$ 塩素酸 HClO$_2$ 亜塩素酸 / HClO 次亜塩素酸

→ 塩基（アレニウス塩基）
→ 両性水酸化物
→ オキソ酸

・分子の中央にある原子の非共有電子対
・酸として作用したときに生じる陰イオン

金属にOHがつけば基本は塩基。

非金属にOHがつけばオキソ酸になるんだ!!

I 周期表と化学式の基礎

Ⅱ 非金属元素の単体と化合物(1)
―水素, 希ガス, ハロゲン―

第5章 水　素

1 水素の実験室的製法

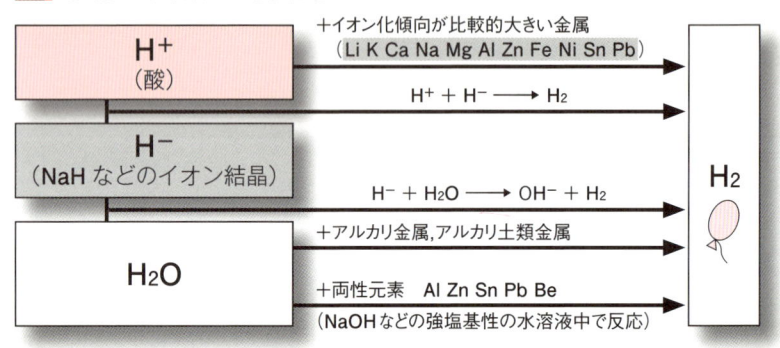

- H^+（酸） + イオン化傾向が比較的大きい金属（Li K Ca Na Mg Al Zn Fe Ni Sn Pb） → H_2
- $H^+ + H^- \longrightarrow H_2$
- H^-（NaH などのイオン結晶） + H_2O：$H^- + H_2O \longrightarrow OH^- + H_2$
- H_2O + アルカリ金属, アルカリ土類金属 → H_2
- + 両性元素　Al Zn Sn Pb Be（NaOH などの強塩基性の水溶液中で反応）→ H_2

2 水素の工業的製法

触媒を入れて 700〜1100℃に加熱

$$CH_4 + H_2O \longrightarrow CO + 3H_2$$

メタン　水蒸気

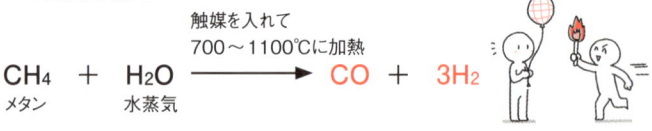

3 第2周期元素, 第3周期元素の代表的な水素化合物

	14族	15族	16族	17族
第2周期	CH_4 メタン	NH_3 アンモニア　塩基	H_2O 水　両性物質	HF フッ化水素　酸
第3周期	SiH_4 シラン	PH_3 ホスフィン　非常に弱い塩基	H_2S 硫化水素　酸	HCl 塩化水素　強い酸

（●：非共有電子対）

第6章　希ガス

1 希ガスの性質

元素記号	名称	最外殻の電子数	放電管で発光させた時の色	常温常圧の状態	特徴
He	ヘリウム	2	黄白色	気体（単原子分子）	空気より密度が**小さい**ため，飛行船や浮く風船に利用されている
Ne	ネオン	8	**赤橙色**		**ネオンサイン**として利用されている
Ar	アルゴン	8	青色		空気中で**3**番目に多い気体
Kr	クリプトン	8	緑紫色		Arとともに**白熱電球**の中に封入されている
Xe	キセノン	8	淡紫色		車の**ヘッドライト**やカメラの**ストロボ**に利用されている
Rn	ラドン	8	—		放射性物質

2 空気の組成と平均分子量

気体	分子量	存在率
N_2	28	0.80
O_2	32	0.20

空気の平均分子量 ＝ 28×0.80＋32×0.20 ＝ 28.8 ≒ **29**

●ゴロ合わせ暗記

空気中で，**窒息**させずに**歩く コツ**
窒素　酸素　　　アルゴン　CO_2

空気中で多いのは
1. 窒素
2. 酸素
3. **アルゴン**
4. 二酸化炭素
の順ね！

空気には希ガスが含まれているよ!!

Ⅱ　非金属元素の単体と化合物(1) —水素,希ガス,ハロゲン—

第7章　ハロゲン単体の性質

1 ハロゲン単体の状態と色

17族の単体	分子の大きさ 分子間力(ファンデルワールス)	沸点・融点	常温常圧の状態	色	酸化力
F_2 F—F	↓ 大	↓ 高い	気体	淡黄色	↑ 強い
Cl_2 Cl—Cl			気体	黄緑色	
Br_2 Br—Br			液体	赤褐色	
I_2 I—I			固体	黒紫色(暗紫色)	

2 ハロゲン単体の製法

(1) 臭素とヨウ素の実験室的製法

❶臭素の製法（硫酸酸性 pH2 以下のとき）

MnO_2 + $3H_2SO_4$ + $2KBr$ →△ $MnSO_4$ + $2H_2O$ + Br_2 + $2KHSO_4$

酸化剤　　　　　　　還元剤

❷ヨウ素の製法

O_3 + H_2O + $2KI$ → $2KOH$ + O_2 + I_2

酸化剤　　　　還元剤

Cl_2 + $2KI$ → $2KCl$ + I_2

(2) 塩素の製法

❶ 工業的製法……食塩水の電気分解

陽極　　　　　　　$2Cl^- \longrightarrow Cl_2 + 2e^-$

陰極　　$2H_2O + 2e^- \longrightarrow H_2 + 2OH^-$

❷ 実験室的製法1……濃塩酸＋酸化マンガン(Ⅳ)

$$MnO_2 + 4HCl \xrightarrow{\triangle} MnCl_2 + 2H_2O + Cl_2$$

酸化剤　　還元剤

❸ 実験室的製法2……濃塩酸＋さらし粉

$$CaCl(ClO)\cdot H_2O + 2HCl \xrightarrow{\triangle} CaCl_2 + 2H_2O + Cl_2$$

還元剤　　　　　酸化剤

❹ 塩素の発生装置（実験室的製法）

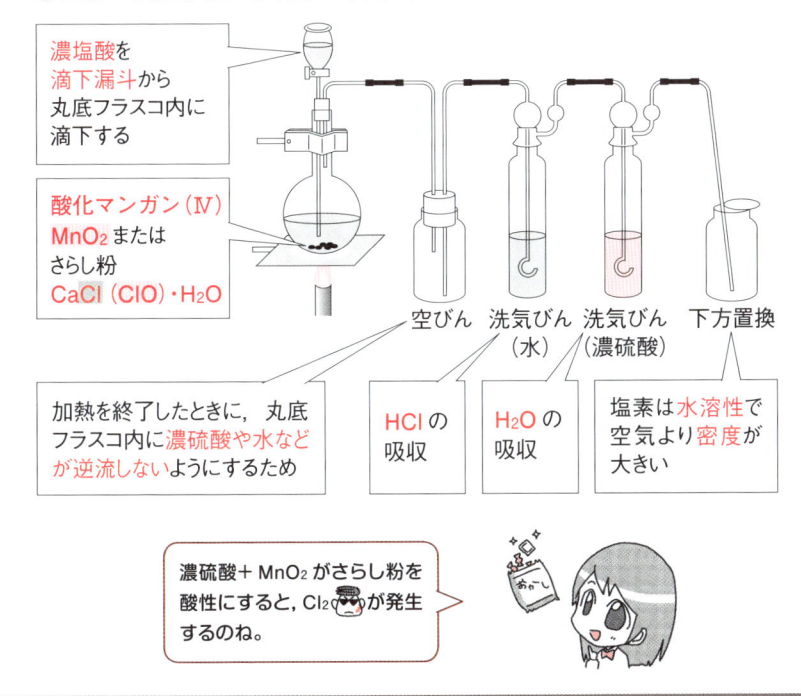

- 濃塩酸を滴下漏斗から丸底フラスコ内に滴下する
- 酸化マンガン(Ⅳ) MnO_2 または さらし粉 $CaCl(ClO)\cdot H_2O$
- 空びん：加熱を終了したときに、丸底フラスコ内に濃硫酸や水などが逆流しないようにするため
- 洗気びん（水）：HClの吸収
- 洗気びん（濃硫酸）：H_2Oの吸収
- 下方置換：塩素は水溶性で空気より密度が大きい

濃硫酸＋MnO_2 がさらし粉を酸性にすると、Cl_2 が発生するのね。

Ⅱ　非金属元素の単体と化合物(1)　―水素,希ガス,ハロゲン―

3 ハロゲン単体の性質

	水素との反応		水との反応	
	反応性	反応式	水への溶解	反応式
F_2	激しい ↑	$H_2 + X_2$ $\longrightarrow$ $2HX$ (Xはハロゲン)	非常によく溶ける（激しく反応）	$2F_2 + 2H_2O \longrightarrow 4HF + O_2$
Cl_2			一部溶ける ↑	例 $Cl_2 + H_2O \rightleftarrows HCl + HClO$
Br_2				
I_2	穏やか		ほとんど溶けない	

(1) さらし粉の製法

$Ca(OH)_2 + Cl_2 \longrightarrow CaCl(ClO) + H_2O$
消石灰　　塩素　　　　さらし粉の水溶液

(2) ヨウ素の溶解

有機溶媒（ヘキサン，ベンゼン，四塩化炭素，エタノールなど）	水	ヨウ化カリウム水溶液
溶ける！	ほとんど溶けない！	三ヨウ化物イオン(I_3^-)を生成して溶ける $I_2 + I^- \rightleftarrows I_3^-$

(3) ヨウ素デンプン反応

デンプンとヨウ素が反応して**青紫色**に呈色する。

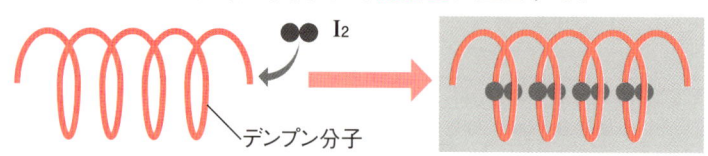

I_2
デンプン分子

第8章 ハロゲン化合物の性質

1 ハロゲン化水素と水溶液

HX	名称	水溶液	水溶液の名称	酸の強さ
HF	フッ化水素	HFaq	フッ化水素酸（フッ酸）	弱酸
HCl	塩化水素	HClaq	塩酸（濃塩酸には発煙性がある）	
HBr	臭化水素	HBraq	臭化水素酸	強酸 ↓ 強い
HI	ヨウ化水素	HIaq	ヨウ化水素酸	

2 ハロゲン化水素の沸点

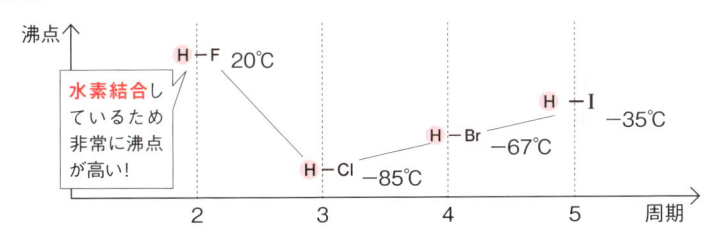

沸点↑

H—F 20℃　水素結合しているため非常に沸点が高い！
H—Cl −85℃
H—Br −67℃
H—I −35℃

周期　2　3　4　5

3 フッ化水素酸とガラスの反応

フッ化水素酸は次の反応によりガラスを溶かすため**ポリエチレンの容器**に保存する。

$$SiO_2 + 6HF \longrightarrow H_2SiF_6 + 2H_2O$$

二酸化ケイ素（ガラスの主成分）　ヘキサフルオリドケイ酸（ヘキサフルオロケイ酸）

フッ化水素酸はガラスを溶かしてしまうからポリエチレンの容器に保存するんだよ！

4 塩化水素の製法

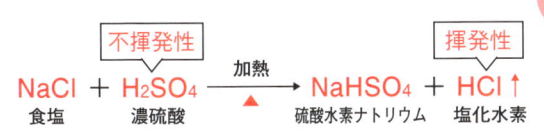

不揮発性　　　　　　　　　揮発性

$$NaCl + H_2SO_4 \xrightarrow{加熱} NaHSO_4 + HCl\uparrow$$

食塩　濃硫酸　　硫酸水素ナトリウム　塩化水素

5 塩素のオキソ酸

	次亜塩素酸	亜塩素酸	塩素酸	過塩素酸
化学式	HClO	HClO$_2$	HClO$_3$	HClO$_4$
構造	HO—Cl	HO—Cl=O	O=Cl(—OH)=O	O=Cl(—OH)(=O)=O
Clの酸化数	+1	+3	+5	+7
酸の強さ	HClO < HClO$_2$ < HClO$_3$ < HClO$_4$　（→ 強い）			
酸化剤としての反応速度（常温）	HClO > HClO$_2$ > HClO$_3$ > HClO$_4$　（速い ←）			

6 塩素酸塩の自己分解

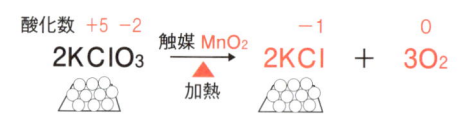

酸化数　+5　−2　　　　　　　−1　　　0

$$2KClO_3 \xrightarrow[\text{加熱}]{\text{触媒 } MnO_2} 2KCl + 3O_2$$

KClO$_3$ は分解しやすいんだ～!!

7 ハロゲン化銀

化学式	名称	結晶の色	溶解度積	水への溶解	NH$_3$水との反応	チオ硫酸ナトリウム Na$_2$S$_2$O$_3$ との反応
AgF	フッ化銀(I)	黄色	大 ↑	水に可溶	溶ける	溶ける [Ag(S$_2$O$_3$)$_2$]$^{3-}$
AgCl	塩化銀(I)	白色		沈殿する	溶ける [Ag(NH$_3$)$_2$]$^+$	
AgBr	臭化銀(I)	淡黄色			溶けない	
AgI	ヨウ化銀(I)	黄色				

Ⅲ 非金属元素の単体と化合物(2)
― 14, 15, 16族元素 ―

第9章 酸素とその化合物

1 オゾンの製法と性質

(1) オゾンの製法

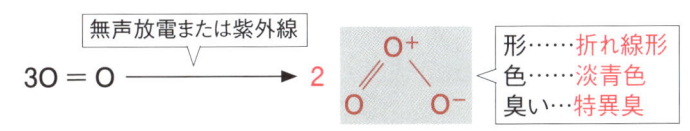

$3O=O \xrightarrow{\text{無声放電または紫外線}} 2 O_3$

形……折れ線形
色……淡青色
臭い…特異臭

(2) オゾンの化学的性質

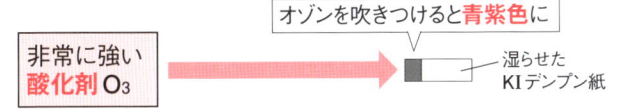

非常に強い酸化剤 O_3 → オゾンを吹きつけると青紫色に
湿らせたKIデンプン紙

2 酸素の製法

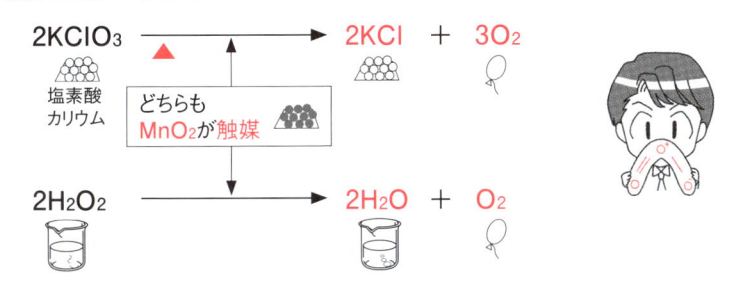

$2KClO_3 \xrightarrow{\triangle} 2KCl + 3O_2$
塩素酸カリウム

どちらも MnO_2 が触媒

$2H_2O_2 \longrightarrow 2H_2O + O_2$

3 過酸化水素の性質

過酸化水素の酸化性

非常に強い酸化剤 H_2O_2 → ヨウ化カリウムデンプン紙が青紫色に変化する

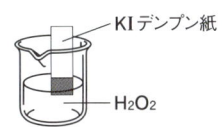

KIデンプン紙
H_2O_2

第10章　硫黄とその化合物

1 硫黄の化合物全体

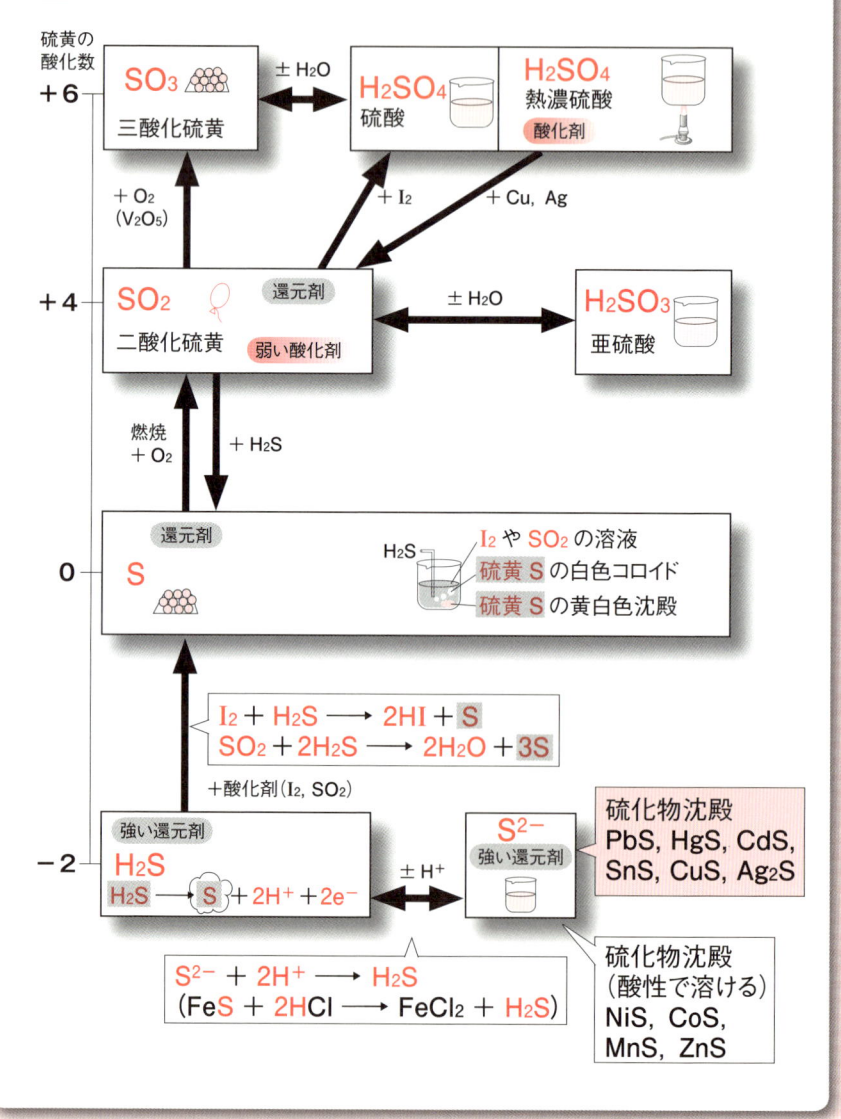

硫黄の酸化数

+6: SO_3 三酸化硫黄 　±H_2O　 H_2SO_4 硫酸　 H_2SO_4 熱濃硫酸（酸化剤）

+O_2 (V_2O_5) ↑　　+I_2　　+Cu, Ag

+4: SO_2 二酸化硫黄（還元剤・弱い酸化剤）　±H_2O　 H_2SO_3 亜硫酸

燃焼 +O_2 ↑　　+H_2S

0: S（還元剤）
H_2S → I_2 や SO_2 の溶液
- 硫黄 S の白色コロイド
- 硫黄 S の黄白色沈殿

$I_2 + H_2S \longrightarrow 2HI + S$
$SO_2 + 2H_2S \longrightarrow 2H_2O + 3S$

+酸化剤(I_2, SO_2) ↑

−2: H_2S（強い還元剤）
$H_2S \longrightarrow S + 2H^+ + 2e^-$
　±H^+　 S^{2-}（強い還元剤）

硫化物沈殿
PbS, HgS, CdS, SnS, CuS, Ag_2S

$S^{2-} + 2H^+ \longrightarrow H_2S$
(FeS + 2HCl $\longrightarrow$ $FeCl_2$ + H_2S)

硫化物沈殿（酸性で溶ける）
NiS, CoS, MnS, ZnS

Ⅲ　非金属元素の単体と化合物 (2)　―14, 15, 16族元素―

2 二酸化硫黄と亜硫酸の関係

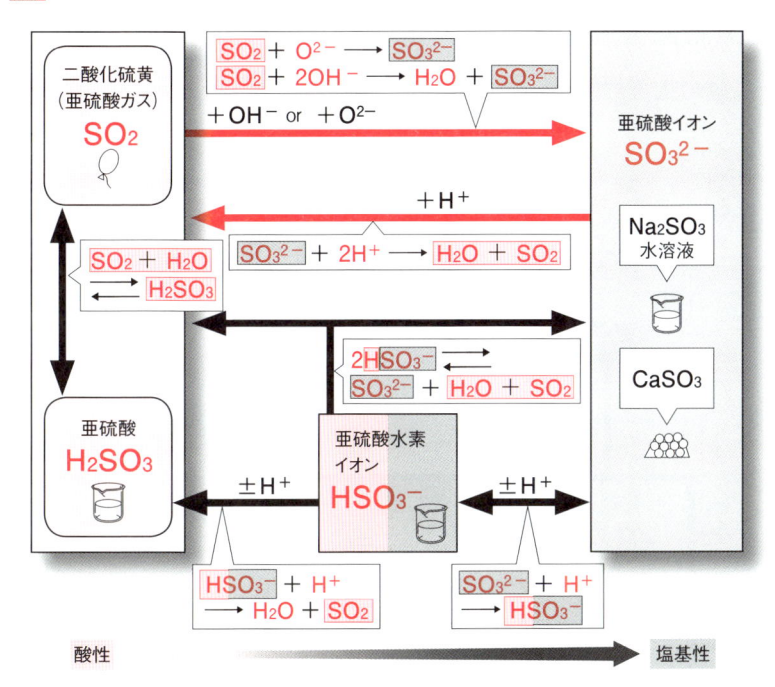

二酸化硫黄（亜硫酸ガス） SO_2

$SO_2 + O^{2-} \longrightarrow SO_3^{2-}$
$SO_2 + 2OH^- \longrightarrow H_2O + SO_3^{2-}$

$+OH^-$ or $+O^{2-}$

亜硫酸イオン SO_3^{2-}

$+H^+$

$SO_3^{2-} + 2H^+ \longrightarrow H_2O + SO_2$

$SO_2 + H_2O \rightleftarrows H_2SO_3$

Na_2SO_3 水溶液

$2HSO_3^- \rightleftarrows SO_3^{2-} + H_2O + SO_2$

$CaSO_3$

亜硫酸 H_2SO_3

±H^+

亜硫酸水素イオン HSO_3^-

±H^+

$HSO_3^- + H^+ \longrightarrow H_2O + SO_2$

$SO_3^{2-} + H^+ \longrightarrow HSO_3^-$

酸性 ←――――――――――→ 塩基性

3 硫黄の同素体

	斜方硫黄	単斜硫黄	ゴム状硫黄
結晶	塊状結晶（黄色）	針状結晶（黄色）	無定形
分子	S_8分子		高分子（巨大分子） ゴム状硫黄 S_x
CS_2への溶解	溶ける		溶けない

Ⅲ 非金属元素の単体と化合物(2) ―14,15,16族元素―

4 硫酸の工業的製法

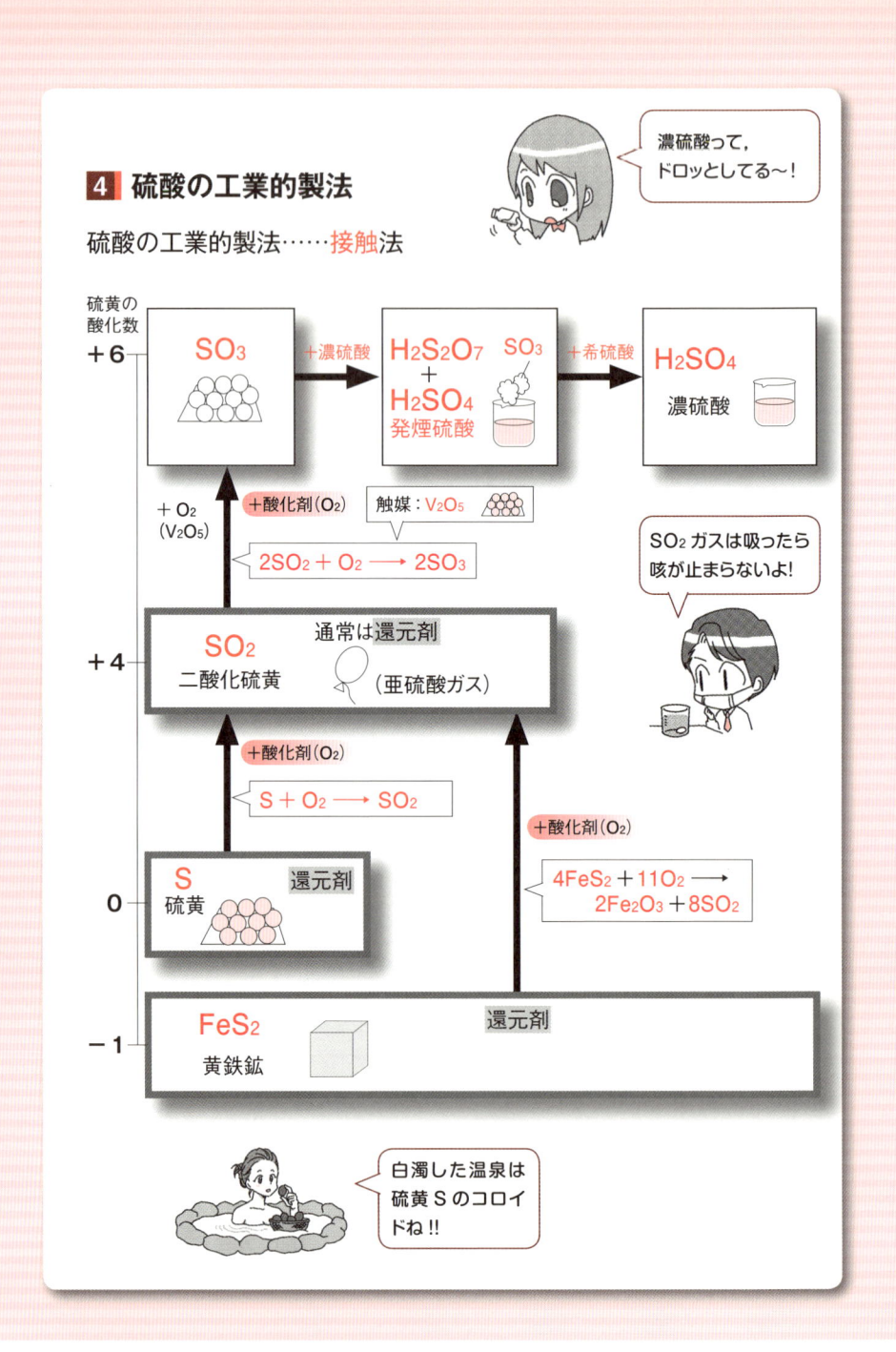

硫酸の工業的製法……接触法

濃硫酸って，ドロッとしてる〜！

硫黄の酸化数

+6: SO_3 → (+濃硫酸) → $H_2S_2O_7 + H_2SO_4$ 発煙硫酸（SO_3）→ (+希硫酸) → H_2SO_4 濃硫酸

+O_2 (V_2O_5)
+酸化剤（O_2）　触媒：V_2O_5
$2SO_2 + O_2 \longrightarrow 2SO_3$

SO_2 ガスは吸ったら咳が止まらないよ！

+4: SO_2 二酸化硫黄　通常は還元剤（亜硫酸ガス）

+酸化剤（O_2）
$S + O_2 \longrightarrow SO_2$

+酸化剤（O_2）
$4FeS_2 + 11O_2 \longrightarrow 2Fe_2O_3 + 8SO_2$

0: S 硫黄　還元剤

−1: FeS_2 黄鉄鉱　還元剤

白濁した温泉は硫黄 S のコロイドね!!

5 濃硫酸の性質

濃硫酸

① 密度が**大きい**（**1.8** g/cm³）
② **粘性**大
③ **吸湿性**大 ➡ **乾燥**剤となる
④ **脱水性**大 ➡ 炭水化物を**炭化**する。
　$C_{12}(H_2O)_{11} \longrightarrow 12C + 11H_2O$
　ショ糖（スクロース）
⑤ **不揮発性** ➡ 蒸気圧が小さい（沸点が高い）
　$NaCl + H_2SO_4 \longrightarrow NaHSO_4 + HCl$

⑥ **溶解熱**大　　濃硫酸の薄め方
98% 濃硫酸
密度：1.8 g/cm³

水
密度：1.0 g/cm³　　　　冷却用の水

⑦ **熱**濃硫酸は強い酸化剤
　$Cu + 2H_2SO_4 \longrightarrow CuSO_4 + 2H_2O + SO_2$
　$2Ag + 2H_2SO_4 \longrightarrow Ag_2SO_4 + 2H_2O + SO_2$

6 希硫酸の性質

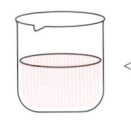

酸化剤　$2H^+ + 2e^- \longrightarrow H_2$

例　$Zn + H_2SO_4 \longrightarrow ZnSO_4 + H_2$
　　還元剤　酸化剤

Ⅲ　非金属元素の単体と化合物（2）　—14,15,16族元素—

第11章 窒素とその化合物

1 窒素酸化物の製法と性質

酸化数	窒素酸化物	製法と主な反応
+5	N_2O_5	$N_2O_5 + H_2O \rightleftarrows 2HNO_3$
+4	NO_2 赤褐色 N_2O_4	製法 $Cu + 4HNO_3 \longrightarrow$ 　　　　$Cu(NO_3)_2 + 2H_2O + 2NO_2$ $3NO_2 + H_2O（温水）\longrightarrow 2HNO_3 + NO$ $2NO_2 \rightleftarrows N_2O_4$
+3	N_2O_3	$N_2O_3 + H_2O \rightleftarrows 2HNO_2$ 低温でのみ濃青色の液体で存在 $N_2O_3 \longrightarrow NO + NO_2$（3.5℃で分解）
+2	NO	製法 $3Cu + 8HNO_3 \longrightarrow$ 　　　　$3Cu(NO_3)_2 + 4H_2O + 2NO$ $2NO + O_2 \longrightarrow 2NO_2$
+1	N_2O	製法 $NH_4NO_3 \longrightarrow 2H_2O + N_2O$

2 硝酸の工業的製法 ➡ オストワルト法（アンモニア酸化法）

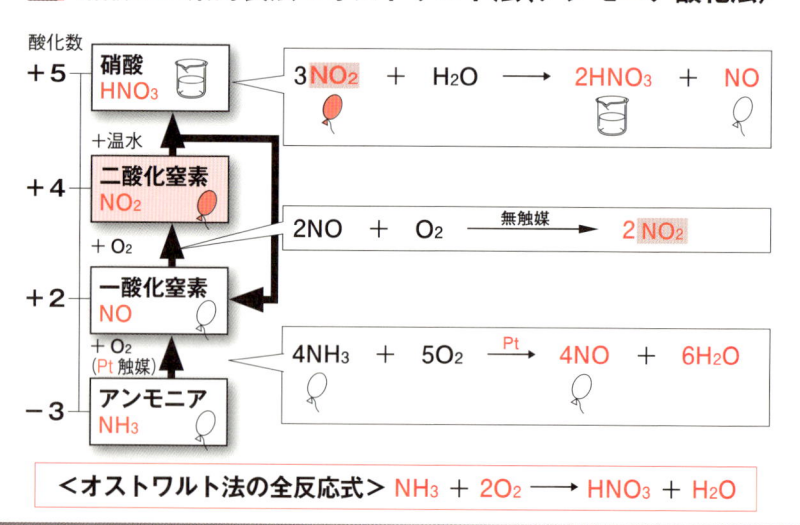

酸化数
+5 硝酸 HNO_3 ← $3NO_2 + H_2O \longrightarrow 2HNO_3 + NO$
　　+温水
+4 二酸化窒素 NO_2 ← $2NO + O_2 \xrightarrow{無触媒} 2NO_2$
　　+O_2
+2 一酸化窒素 NO ← $4NH_3 + 5O_2 \xrightarrow{Pt} 4NO + 6H_2O$
　　+O_2
　　(Pt触媒)
-3 アンモニア NH_3

<オストワルト法の全反応式> $NH_3 + 2O_2 \longrightarrow HNO_3 + H_2O$

3 硝酸の実験室的製法

硝石に濃硫酸を入れて加熱

KNO_3 + H_2SO_4 $\xrightarrow{加熱}$ $KHSO_4$ + HNO_3 ↑（揮発性）

硝酸カリウム（硝石）　濃硫酸　　　硫酸水素カリウム　硝酸

> ケホ　濃硝酸のびんのフタを開けたら煙が出た〜!

4 硝酸の性質

❶ 発煙性（びんのふたを開けると煙が出る）
❷ 光や熱で分解するため褐色びんに保存する
　$4HNO_3 \xrightarrow{光} 4NO_2 + 2H_2O + O_2$
❸ 強酸
　$HNO_3 \longrightarrow H^+ + NO_3^-$
❹ Fe, Co, Ni, Al, Cr は不動態を形成するため溶解しない

濃硝酸

❺ 強酸化剤
酸化剤　$2H^+ + 2e^- \longrightarrow H_2$
酸化剤　$NO_3^- + 2H^+ + e^- \longrightarrow NO_2 + H_2O$（濃硝酸）
酸化剤　$NO_3^- + 4H^+ + 3e^- \longrightarrow NO + 2H_2O$（希硝酸）
Ag や Cu を溶かすことができる

5 アンモニアの製法

(1) 実験室的製法

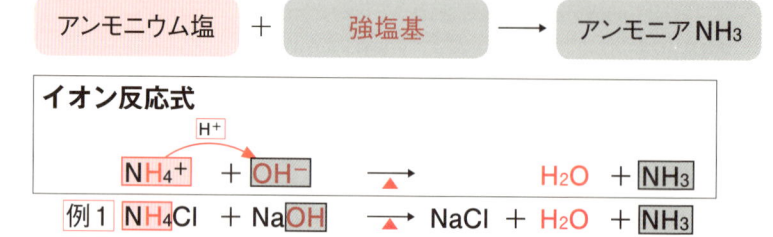

| アンモニウム塩 | + | 強塩基 | ⟶ | アンモニア NH_3 |

イオン反応式

$$NH_4^+ + OH^- \longrightarrow H_2O + NH_3$$

例1　$NH_4Cl + NaOH \longrightarrow NaCl + H_2O + NH_3$

例2　$2NH_4Cl + Ca(OH)_2 \longrightarrow CaCl_2 + 2H_2O + 2NH_3$

実験装置

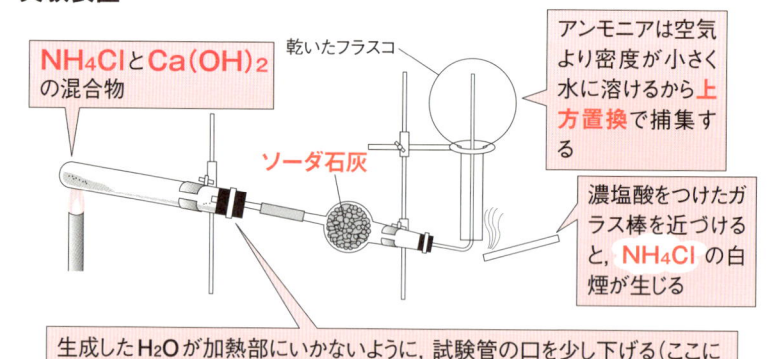

- NH_4Cl と $Ca(OH)_2$ の混合物
- 乾いたフラスコ
- ソーダ石灰
- アンモニアは空気より密度が小さく水に溶けるから**上方置換**で捕集する
- 濃塩酸をつけたガラス棒を近づけると、NH_4Cl の白煙が生じる
- 生成した H_2O が加熱部にいかないように、試験管の口を少し下げる（ここに H_2O がたまる）

(2) 工業的製法

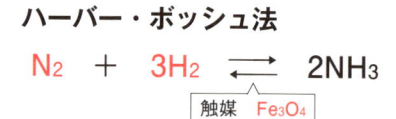

ハーバー・ボッシュ法

$$N_2 + 3H_2 \rightleftharpoons 2NH_3$$

触媒　Fe_3O_4

高温，高圧で触媒がないとダメだ～!!

切れない!!

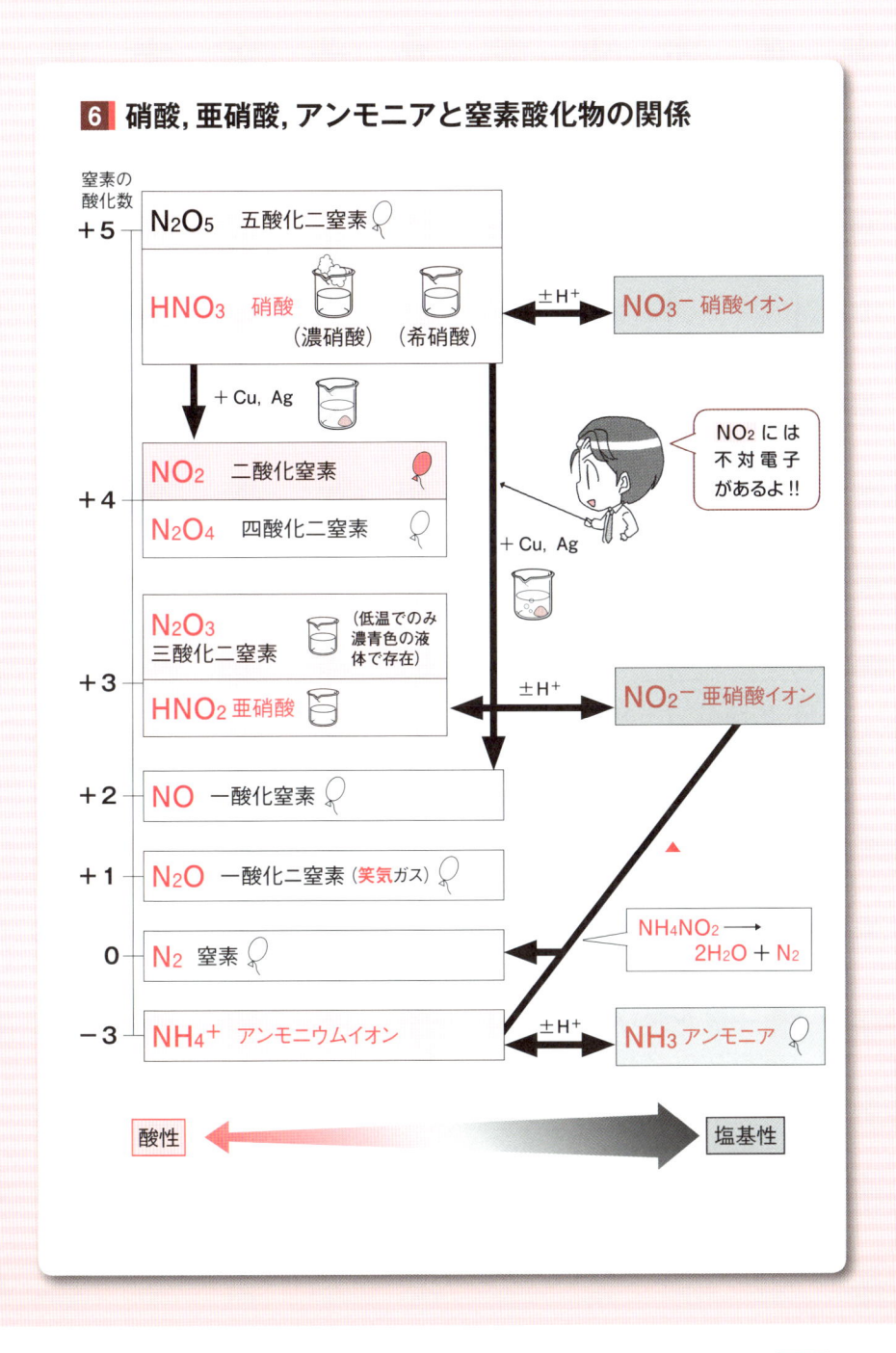

6 硝酸, 亜硝酸, アンモニアと窒素酸化物の関係

窒素の酸化数

+5
N_2O_5 五酸化二窒素
HNO_3 硝酸 （濃硝酸）（希硝酸） ⇔ ±H⁺ ⇔ NO_3^- 硝酸イオン

↓ + Cu, Ag

+4
NO_2 二酸化窒素
N_2O_4 四酸化二窒素

NO₂には不対電子があるよ!!

+ Cu, Ag

+3
N_2O_3 三酸化二窒素 （低温でのみ濃青色の液体で存在）
HNO_2 亜硝酸 ⇔ ±H⁺ ⇔ NO_2^- 亜硝酸イオン

+2
NO 一酸化窒素

+1
N_2O 一酸化二窒素 （笑気ガス）

0
N_2 窒素

$NH_4NO_2 \longrightarrow 2H_2O + N_2$

-3
NH_4^+ アンモニウムイオン ⇔ ±H⁺ ⇔ NH_3 アンモニア

酸性 ← → 塩基性

Ⅲ 非金属元素の単体と化合物(2) —14, 15, 16族元素—

第12章 リンとその化合物

1 リンの同素体

	黄リン（白リン）	赤リン
色	・淡黄色（白色） ・ろう状固体 ・**自然発火**するので**水中**に保存する	**暗赤色**（粉末）
分子の構造	P_4 分子（**正四面体形**）	P_∞（組成式 P） 巨大分子（高分子）
毒性	**有毒**	**無毒**
CS_2 への溶解	**溶ける**	**溶けない**
燃焼	自然発火する $P_4 + 5O_2 \longrightarrow P_4O_{10}$	自然発火はしないが点火すると燃焼する $4P + 5O_2 \longrightarrow P_4O_{10}$

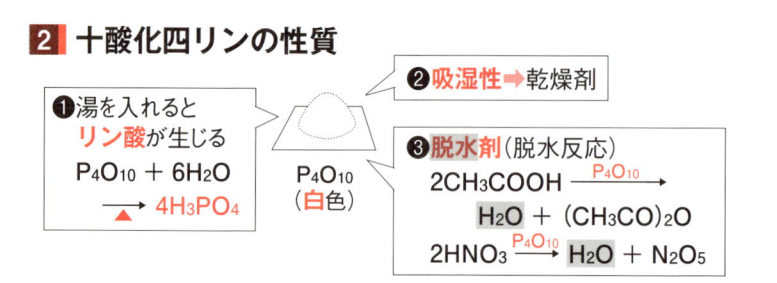

2 十酸化四リンの性質

❶ 湯を入れると**リン酸**が生じる
$P_4O_{10} + 6H_2O \longrightarrow 4H_3PO_4$

P_4O_{10}（**白色**）

❷ **吸湿性** ➡ 乾燥剤

❸ **脱水剤**（脱水反応）
$2CH_3COOH \xrightarrow{P_4O_{10}} H_2O + (CH_3CO)_2O$
$2HNO_3 \xrightarrow{P_4O_{10}} H_2O + N_2O_5$

3 リン酸カルシウム

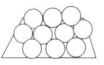

$Ca_3(PO_4)_2$
（白色）

❶ 骨や歯，リン鉱石やリン灰石の主成分

❷ 肥料の原料

$Ca_3(PO_4)_2 + 4H_3PO_4 \longrightarrow 3Ca(H_2PO_4)_2$
リン酸二水素カルシウム
肥料の名称　重過リン酸石灰

$Ca_3(PO_4)_2 + 2H_2SO_4 \longrightarrow 2CaSO_4 + Ca(H_2PO_4)_2$
肥料の名称　過リン酸石灰

4 リン酸と十酸化四リンの関係

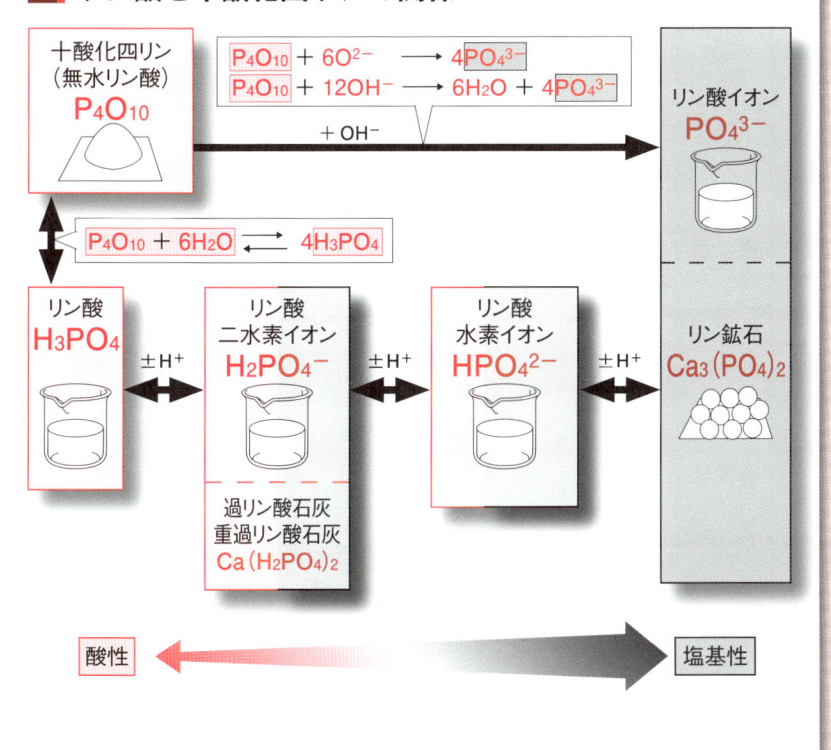

十酸化四リン
（無水リン酸）
P_4O_{10}

$P_4O_{10} + 6O^{2-} \longrightarrow 4PO_4^{3-}$
$P_4O_{10} + 12OH^- \longrightarrow 6H_2O + 4PO_4^{3-}$

$+ OH^-$

リン酸イオン
PO_4^{3-}

$P_4O_{10} + 6H_2O \rightleftharpoons 4H_3PO_4$

リン酸
H_3PO_4
　$\pm H^+$　
リン酸二水素イオン
$H_2PO_4^-$
　$\pm H^+$　
リン酸水素イオン
HPO_4^{2-}
　$\pm H^+$　
リン鉱石
$Ca_3(PO_4)_2$

過リン酸石灰
重過リン酸石灰
$Ca(H_2PO_4)_2$

酸性 ←　　　　　　　　　　　　→ 塩基性

第13章 炭素とその化合物

1 炭素の同素体

同素体	ダイヤモンド (diamond)	黒鉛 (graphite)	カーボンナノチューブ (carbon nano tube)	フラーレン (fullerene)
炭素の結合	4つの価電子すべてが**共有結合**	4つの価電子のうち3つが**共有結合**し，1つの**価電子が余った状態**（3本の結合は同一平面）		
構造	結晶格子	グラフェンを多層構造にしたもの（**層状**構造）	グラフェンを筒状にしたもの	グラフェンを球状に丸めたもの
導電性	×（導電性なし）	○（導電性あり）	○△×	△（半導体）
性質	非常に**硬い****研磨剤やカッター**に利用する	**層と層の間**を電子が移動する電極，鉛筆の芯などに利用	**リチウムイオン**電池の負極材料に利用	**有機溶媒**に可溶（水には溶けにくい）

※グラフェン (graphene)

フラーレン分子の表面と内部には炭素の余った価電子が存在している。だから，2つのフラーレンを近づけたら少しだけ電子を流しそうでしょ。

2 二酸化炭素と炭酸の関係

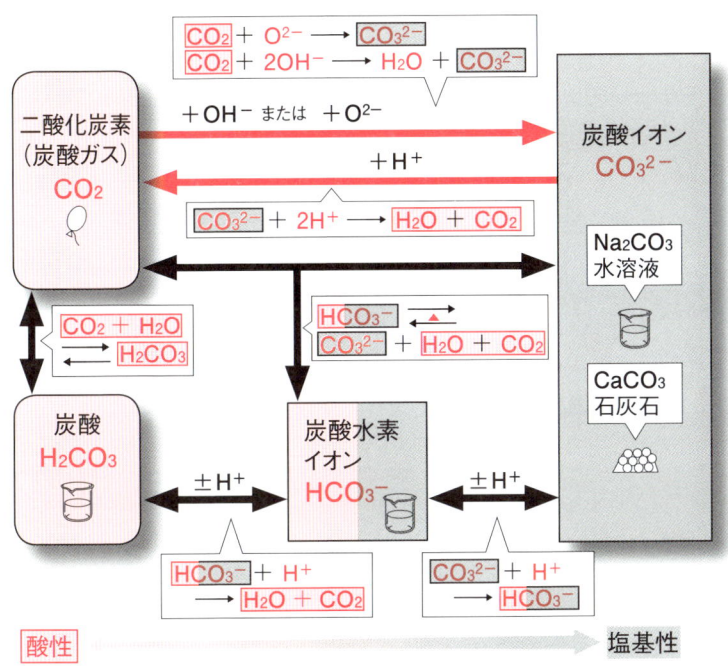

$CO_2 + O^{2-} \longrightarrow CO_3^{2-}$
$CO_2 + 2OH^- \longrightarrow H_2O + CO_3^{2-}$

二酸化炭素（炭酸ガス） CO_2

$+OH^-$ または $+O^{2-}$ → 炭酸イオン CO_3^{2-}

$+H^+$ ←

$CO_3^{2-} + 2H^+ \longrightarrow H_2O + CO_2$

Na_2CO_3 水溶液

$CaCO_3$ 石灰石

$CO_2 + H_2O \rightleftarrows H_2CO_3$

$HCO_3^- \rightleftarrows CO_3^{2-} + H_2O + CO_2$

炭酸 H_2CO_3

炭酸水素イオン HCO_3^-

$\pm H^+$ $\pm H^+$

$HCO_3^- + H^+ \longrightarrow H_2O + CO_2$

$CO_3^{2-} + H^+ \longrightarrow HCO_3^-$

酸性 ──────────→ 塩基性

3 二酸化炭素と石灰水の反応

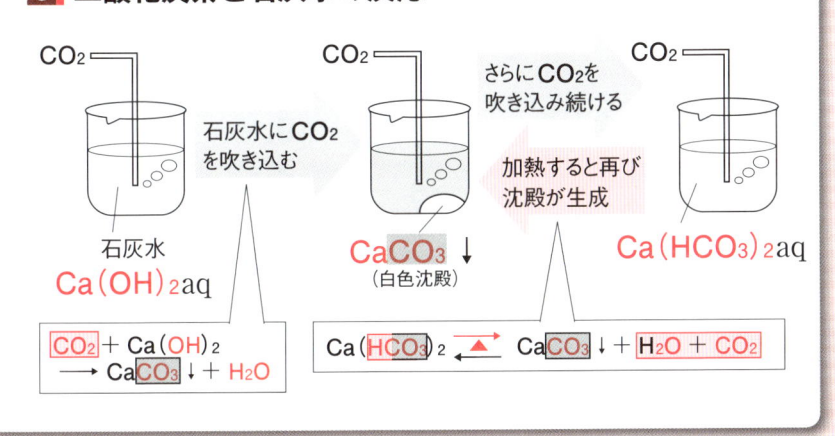

CO_2

石灰水に CO_2 を吹き込む

石灰水 $Ca(OH)_2\,aq$

$CO_2 + Ca(OH)_2 \longrightarrow CaCO_3 \downarrow + H_2O$

CO_2

さらに CO_2 を吹き込み続ける

加熱すると再び沈殿が生成

$CaCO_3 \downarrow$ （白色沈殿）

CO_2

$Ca(HCO_3)_2\,aq$

$Ca(HCO_3)_2 \rightleftarrows CaCO_3 \downarrow + H_2O + CO_2$

Ⅲ 非金属元素の単体と化合物(2) ―14, 15, 16族元素―

第14章 ケイ素とその化合物

1 ケイ素の単体の製法

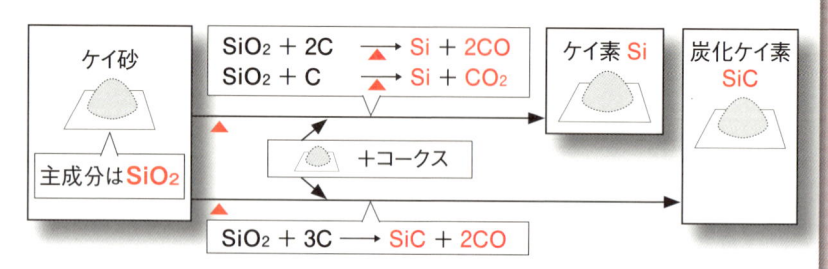

ケイ砂（主成分は SiO_2）

$SiO_2 + 2C \longrightarrow Si + 2CO$
$SiO_2 + C \longrightarrow Si + CO_2$
→ ケイ素 Si

＋コークス

$SiO_2 + 3C \longrightarrow SiC + 2CO$
→ 炭化ケイ素 SiC

2 結晶と非晶質の分類

固体
- 結晶（crystal）（規則正しいくり返し構造あり） → 石英, クリストバライト, トリジマイトなど
- 非晶質 アモルファス（amorphous）（規則正しいくり返し構造なし） → ガラスなど

3 常圧における二酸化ケイ素の鉱物

石英（quartz）透明なものは水晶 SiO_2 ―加熱→ クリストバライト（cristobalite） SiO_2 ―加熱→ トリジマイト（tridymite）（鱗珪石） SiO_2

すべてケイ素 Si を中心とした正四面体構造

水晶もクリストバライトもトリジマイトも石英ガラスもすべて化学式は SiO_2 だったのね！

Ⅲ 非金属元素の単体と化合物（2） ―14, 15, 16族元素―

4 シリカゲルとガラスの製法

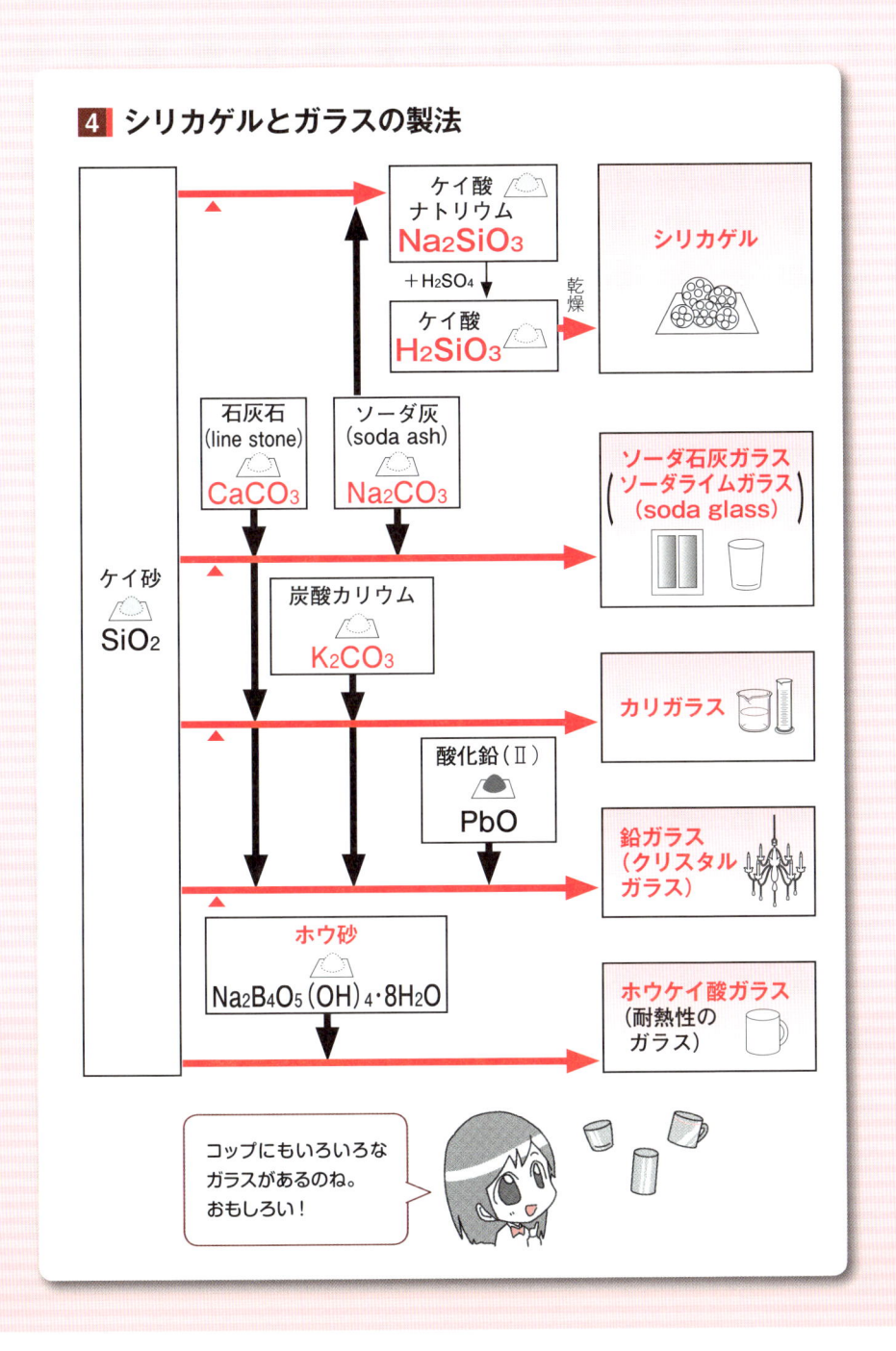

ケイ砂 SiO_2

- → **ケイ酸ナトリウム** Na_2SiO_3
  - $+H_2SO_4$ → **ケイ酸** H_2SiO_3
    - 乾燥 → **シリカゲル**

- **石灰石 (line stone)** $CaCO_3$ + **ソーダ灰 (soda ash)** Na_2CO_3 → **ソーダ石灰ガラス（ソーダライムガラス）(soda glass)**

- **炭酸カリウム** K_2CO_3 → **カリガラス**

- **酸化鉛(Ⅱ)** PbO → **鉛ガラス（クリスタルガラス）**

- **ホウ砂** $Na_2B_4O_5(OH)_4 \cdot 8H_2O$ → **ホウケイ酸ガラス（耐熱性のガラス）**

コップにもいろいろなガラスがあるのね。おもしろい！

Ⅲ 非金属元素の単体と化合物(2) —14, 15, 16族元素—

5 シリカゲルの製法と構造

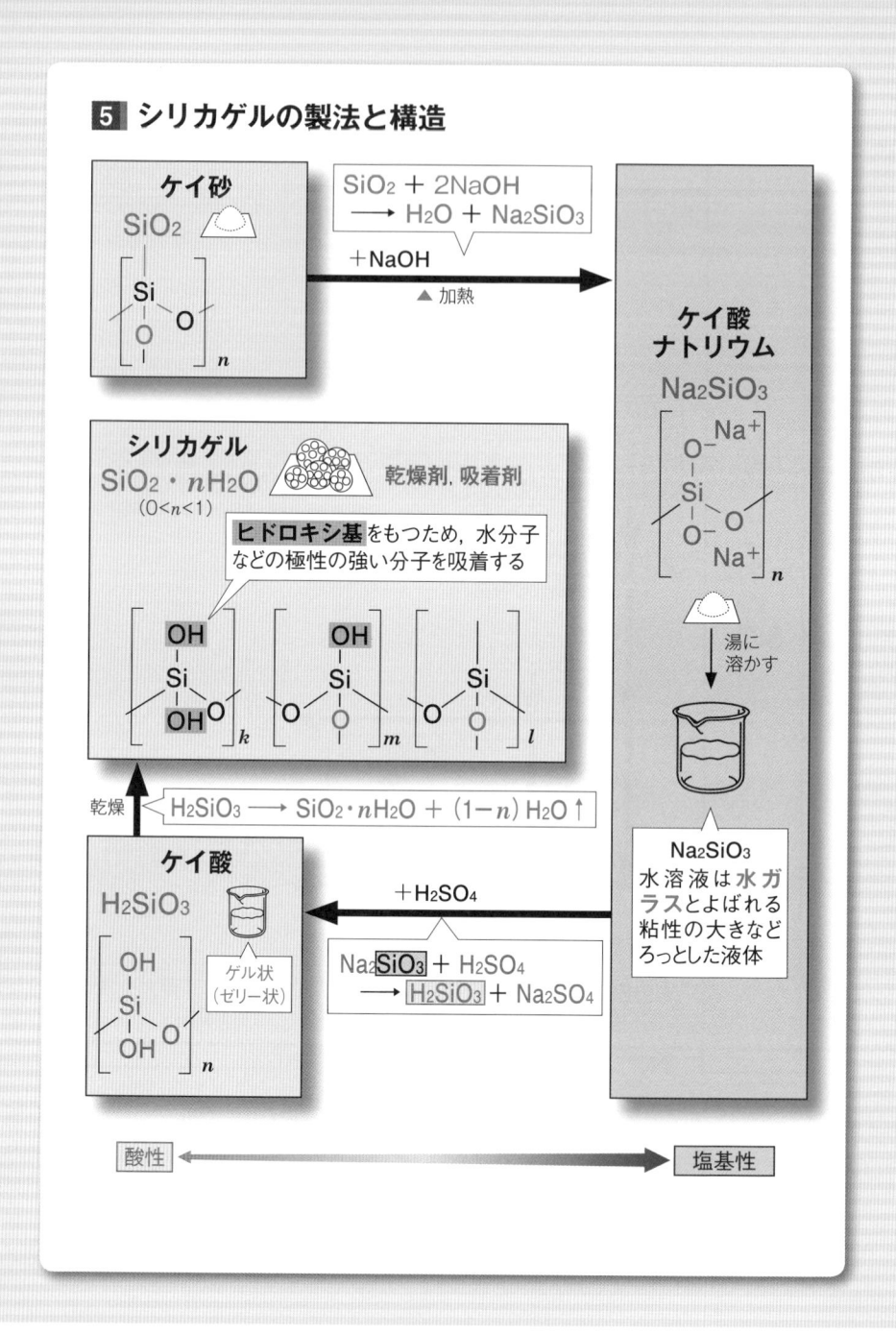

ケイ砂 SiO_2

$$SiO_2 + 2NaOH \longrightarrow H_2O + Na_2SiO_3$$

＋NaOH ▲加熱

ケイ酸ナトリウム Na_2SiO_3

湯に溶かす

Na_2SiO_3 水溶液は**水ガラス**とよばれる粘性の大きなどろっとした液体

$$Na_2SiO_3 + H_2SO_4 \longrightarrow H_2SiO_3 + Na_2SO_4$$

＋H_2SO_4

ケイ酸 H_2SiO_3 ゲル状（ゼリー状）

$$H_2SiO_3 \longrightarrow SiO_2 \cdot nH_2O + (1-n)H_2O \uparrow$$

乾燥

シリカゲル $SiO_2 \cdot nH_2O$ （$0 < n < 1$） 乾燥剤, 吸着剤

ヒドロキシ基をもつため，水分子などの極性の強い分子を吸着する

酸性 ←——————→ 塩基性

IV 気体の製法と性質

第15章 気体の製法と性質

1 酸・塩基反応で生成する気体

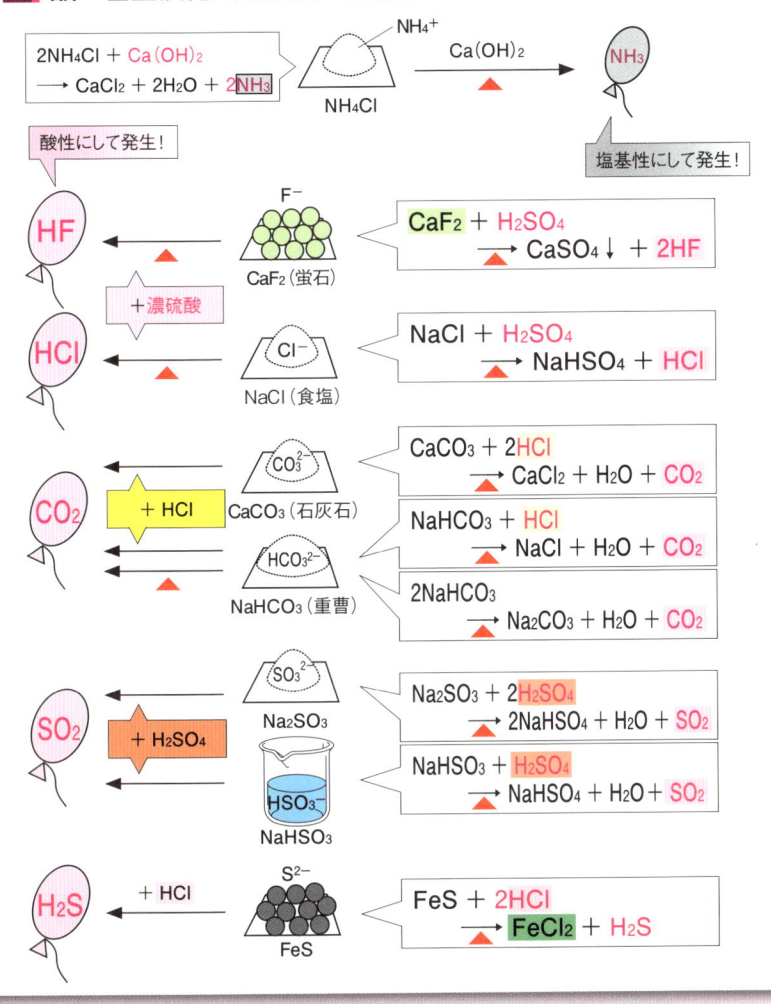

$2NH_4Cl + Ca(OH)_2 \longrightarrow CaCl_2 + 2H_2O + 2NH_3$

NH₄Cl / NH₄⁺ → Ca(OH)₂ → NH₃

塩基性にして発生！

酸性にして発生！

HF ← CaF₂（蛍石）F⁻ ← ＋濃硫酸

$CaF_2 + H_2SO_4 \longrightarrow CaSO_4\downarrow + 2HF$

HCl ← NaCl（食塩）Cl⁻

$NaCl + H_2SO_4 \longrightarrow NaHSO_4 + HCl$

CO₂ ← ＋HCl ← CaCO₃（石灰石）CO₃²⁻

$CaCO_3 + 2HCl \longrightarrow CaCl_2 + H_2O + CO_2$

NaHCO₃（重曹）HCO₃⁻

$NaHCO_3 + HCl \longrightarrow NaCl + H_2O + CO_2$

$2NaHCO_3 \longrightarrow Na_2CO_3 + H_2O + CO_2$

SO₂ ← ＋H₂SO₄ ← Na₂SO₃ SO₃²⁻

$Na_2SO_3 + 2H_2SO_4 \longrightarrow 2NaHSO_4 + H_2O + SO_2$

NaHSO₃ HSO₃⁻

$NaHSO_3 + H_2SO_4 \longrightarrow NaHSO_4 + H_2O + SO_2$

H₂S ← ＋HCl ← FeS S²⁻

$FeS + 2HCl \longrightarrow FeCl_2 + H_2S$

2 脱水反応で生成する気体

酸化数 +2　　　　　濃硫酸　　　　　　　　+2
HCOOH　────→　H_2O + CO
ギ酸　　　　　加熱　　　　　　　　一酸化炭素

3 酸化還元反応で生成する気体

気体	組み合わせ	反応式
N_2	亜硝酸アンモニウムを加熱	$NH_4NO_2 \xrightarrow{加熱} 2H_2O + N_2$
O_2	過酸化水素 + MnO_2（触媒）	$2H_2O_2 \xrightarrow{MnO_2} 2H_2O + O_2$
	塩素酸カリウム	$2KClO_3 \xrightarrow{MnO_2} 2KCl + 3O_2$
Cl_2（黄緑色）	濃塩酸 + MnO_2（酸化剤）	$4HCl + MnO_2 \longrightarrow MnCl_2 + 2H_2O + Cl_2$
	塩酸 + さらし粉	$CaCl(ClO)\cdot H_2O + 2HCl \longrightarrow CaCl_2 + 2H_2O + Cl_2$
H_2	アルカリ金属 アルカリ土類金属 + 水	$2Na + 2H_2O \longrightarrow 2NaOH + H_2$ $Ca + 2H_2O \longrightarrow Ca(OH)_2 + H_2$
	貴金属以外の金属 + 酸	$Zn + H_2SO_4 \longrightarrow ZnSO_4 + H_2$ $Fe + 2HCl \longrightarrow FeCl_2 + H_2$
	両性元素 + 強塩基 （Al Zn Sn Pb）	$2Al + 6H_2O + 2NaOH \longrightarrow 2Na[Al(OH)_4] + 3H_2$
SO_2	Cu, Ag + 熱濃硫酸	$Cu + 2H_2SO_4 \longrightarrow CuSO_4 + 2H_2O + SO_2$
NO_2（赤褐色）	Cu, Ag + 濃硝酸	$Cu + 4HNO_3 \longrightarrow Cu(NO_3)_2 + 2H_2O + 2NO_2$
NO	Cu, Ag + 希硝酸	$3Cu + 8HNO_3 \longrightarrow 3Cu(NO_3)_2 + 4H_2O + 2NO$

4 気体の発生装置

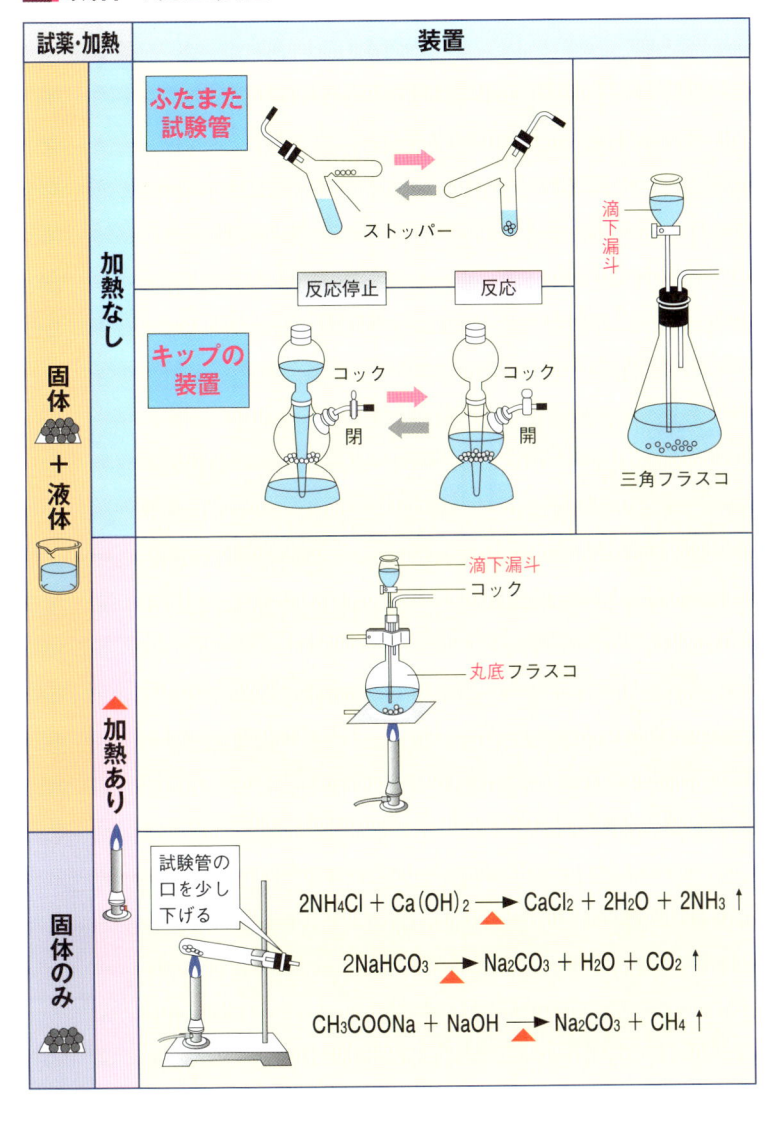

試薬・加熱	装置	
固体＋液体	加熱なし	ふたまた試験管／ストッパー／反応停止／反応／キップの装置／コック 閉／コック 開
		滴下漏斗／三角フラスコ
固体のみ	加熱あり	滴下漏斗／コック／丸底フラスコ
		試験管の口を少し下げる

$2NH_4Cl + Ca(OH)_2 \longrightarrow CaCl_2 + 2H_2O + 2NH_3 \uparrow$

$2NaHCO_3 \longrightarrow Na_2CO_3 + H_2O + CO_2 \uparrow$

$CH_3COONa + NaOH \longrightarrow Na_2CO_3 + CH_4 \uparrow$

Ⅳ 気体の製法と性質

5 気体の乾燥剤

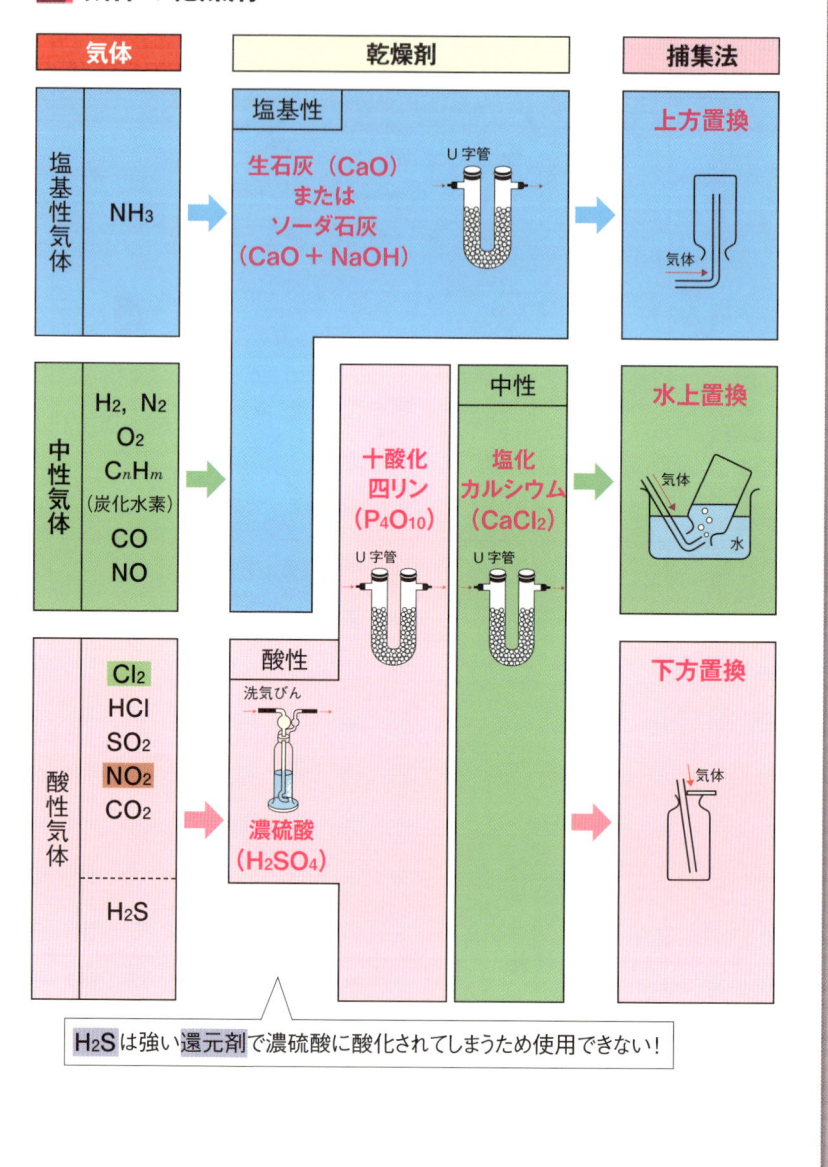

気体	乾燥剤	捕集法
塩基性気体: NH_3	**塩基性**: 生石灰（CaO）または ソーダ石灰（CaO + NaOH） U字管	上方置換
中性気体: H_2, N_2, O_2, C_nH_m（炭化水素）, CO, NO	十酸化四リン（P_4O_{10}） U字管 ／ 塩化カルシウム（$CaCl_2$）U字管 **中性**	水上置換
酸性気体: Cl_2, HCl, SO_2, NO_2, CO_2, H_2S	**酸性**: 濃硫酸（H_2SO_4） 洗気びん	下方置換

H_2S は強い還元剤で濃硫酸に酸化されてしまうため使用できない！

6 気体の性質と試験紙の反応

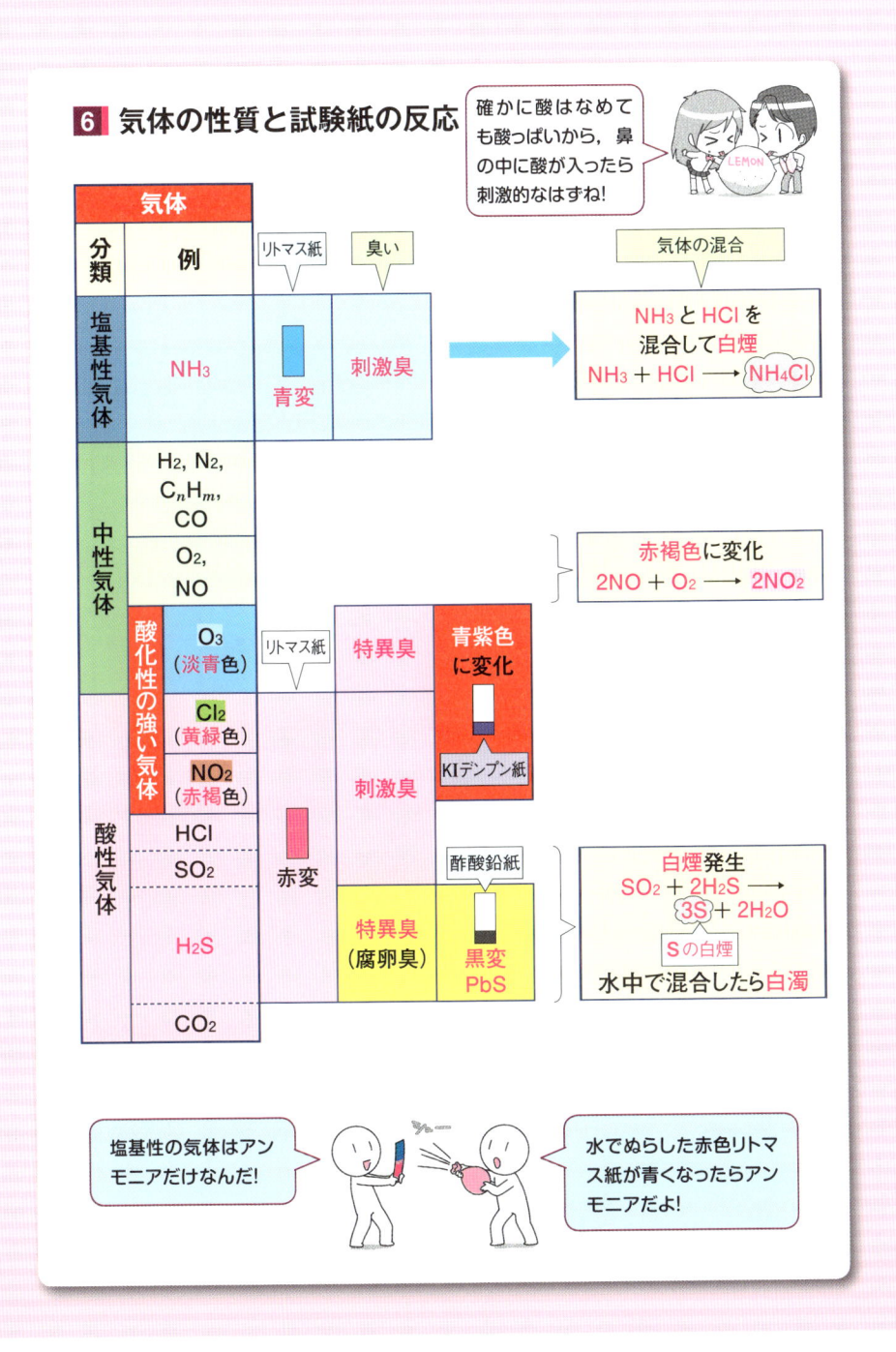

確かに酸はなめても酸っぱいから，鼻の中に酸が入ったら刺激的なはずね！

分類	例	リトマス紙	臭い		
塩基性気体	NH_3	青変	刺激臭		
中性気体	H_2, N_2, C_nH_m, CO				
	O_2, NO				
酸化性の強い気体	O_3（淡青色）	リトマス紙	特異臭	青紫色に変化	KIデンプン紙
	Cl_2（黄緑色）		刺激臭		
	NO_2（赤褐色）				
酸性気体	HCl	赤変			
	SO_2			酢酸鉛紙	
	H_2S		特異臭（腐卵臭）	黒変 PbS	
	CO_2				

気体の混合

NH_3 と HCl を混合して白煙
$NH_3 + HCl \longrightarrow NH_4Cl$

赤褐色に変化
$2NO + O_2 \longrightarrow 2NO_2$

白煙発生
$SO_2 + 2H_2S \longrightarrow 3S + 2H_2O$
Sの白煙
水中で混合したら白濁

塩基性の気体はアンモニアだけなんだ！

水でぬらした赤色リトマス紙が青くなったらアンモニアだよ！

V 金属一般の性質

第16章 イオン化傾向と金属の性質

1 金属のイオン化傾向

イオン化傾向 還元力	分類	空気中での酸化	金属(水素)	半反応式	安定性
大 ↑ ↓ 小	卑金属 ↑ ↓ 貴金属	速やかに酸化	Li K Ca Na	Li $\rightleftarrows$ Li$^+$ + e$^-$ K $\rightleftarrows$ K$^+$ + e$^-$ Ca $\rightleftarrows$ Ca^{2+} + 2e$^-$ Na $\rightleftarrows$ Na$^+$ + e$^-$	イオンが安定 ↑ ↓ 単体が安定
			Mg Al Zn	Mg $\rightleftarrows$ Mg^{2+} + 2e$^-$ Al $\rightleftarrows$ Al^{3+} + 3e$^-$ Zn $\rightleftarrows$ Zn^{2+} + 2e$^-$	
		加熱により酸化	Fe Ni Sn Pb	Fe $\rightleftarrows$ Fe^{2+} + 2e$^-$ Ni $\rightleftarrows$ Ni^{2+} + 2e$^-$ Sn $\rightleftarrows$ Sn^{2+} + 2e$^-$ Pb $\rightleftarrows$ Pb^{2+} + 2e$^-$	
			(H$_2$)	H$_2$ $\rightleftarrows$ 2H$^+$ + 2e$^-$	
			Cu Hg	Cu $\rightleftarrows$ Cu^{2+} + 2e$^-$ Hg $\rightleftarrows$ Hg^{2+} + 2e$^-$	
		ほぼ酸化されない	Ag Pt Au	Ag $\rightleftarrows$ Ag$^+$ + e$^-$ Pt $\rightleftarrows$ Pt^{4+} + 4e$^-$ Au $\rightleftarrows$ Au^{3+} + 3e$^-$	

還元剤 / 酸化剤

2 金属と水, 酸, 塩基との反応

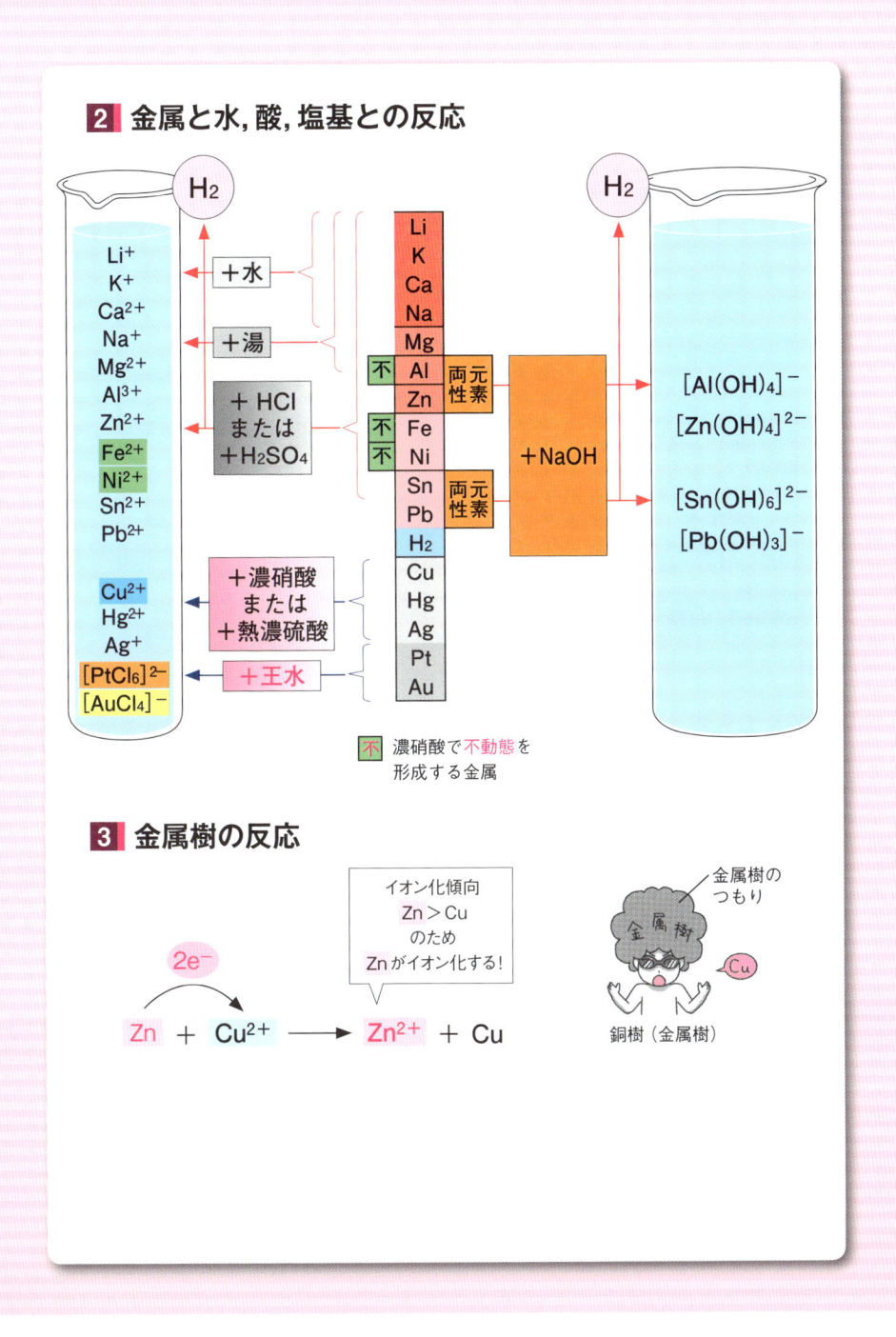

左ビーカー (水溶液中のイオン):
Li$^+$, K$^+$, Ca^{2+}, Na$^+$, Mg^{2+}, Al^{3+}, Zn^{2+}, Fe^{2+}, Ni^{2+}, Sn^{2+}, Pb^{2+}, Cu^{2+}, Hg^{2+}, Ag$^+$, [PtCl$_6$]$^{2-}$, [AuCl$_4$]$^-$

H$_2$ 発生

中央（金属列）: Li, K, Ca, Na, Mg, Al, Zn, Fe, Ni, Sn, Pb, H$_2$, Cu, Hg, Ag, Pt, Au

- ＋水 → Li, K, Ca, Na
- ＋湯 → Mg
- ＋HCl または ＋H$_2$SO$_4$ → Al, Zn, Fe, Ni, Sn, Pb
- ＋濃硝酸 または ＋熱濃硫酸 → Cu, Hg, Ag
- ＋王水 → Pt, Au

両性元素: Al, Zn / Sn, Pb

不：濃硝酸で不動態を形成する金属（Al, Fe, Ni）

＋NaOH → [Al(OH)$_4$]$^-$, [Zn(OH)$_4$]$^{2-}$, [Sn(OH)$_6$]$^{2-}$, [Pb(OH)$_3$]$^-$
（H$_2$ 発生）

3 金属樹の反応

イオン化傾向 Zn ＞ Cu のため Zn がイオン化する！

$$Zn + Cu^{2+} \longrightarrow Zn^{2+} + Cu$$

（2e$^-$ の移動）

銅樹（金属樹）

V 金属一般の性質

第17章　金属の基本的性質と合金

1 遷移元素と典型元素

	典型元素	遷移元素
性　質	縦に類似（同族が類似）	横に類似（同周期が類似）
族	1, 2族と12族〜18族	3族〜11族
金属元素 / 非金属元素	非金属元素と金属元素がある	すべて金属元素（常温・常圧で固体の金属）
密　度	小さいものが多い	大きいものが多い（重金属）
融　点	低いものが多い	高いものが多い
価電子	各族で同じ	2のものが多い
酸化数	各族で同じ	複数の酸化数をとるものが多い
イオンや化合物の色	無色のものが多い	有色のものが多い
錯イオン 触媒の原料	少ない	多い

2 金属の融点

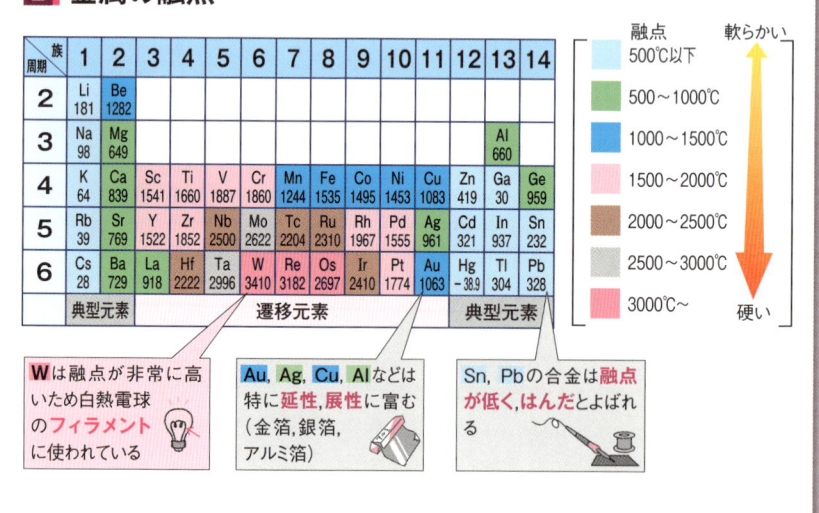

族 周期	1	2	3	4	5	6	7	8	9	10	11	12	13	14
2	Li 181	Be 1282												
3	Na 98	Mg 649											Al 660	
4	K 64	Ca 839	Sc 1541	Ti 1660	V 1887	Cr 1860	Mn 1244	Fe 1535	Co 1495	Ni 1453	Cu 1083	Zn 419	Ga 30	Ge 959
5	Rb 39	Sr 769	Y 1522	Zr 1852	Nb 2500	Mo 2622	Tc 2204	Ru 2310	Rh 1967	Pd 1555	Ag 961	Cd 321	In 937	Sn 232
6	Cs 28	Ba 729	La 918	Hf 2222	Ta 2996	W 3410	Re 3182	Os 2697	Ir 2410	Pt 1774	Au 1063	Hg -38.9	Tl 304	Pb 328

典型元素 — 遷移元素 — 典型元素

融点
- 500℃以下
- 500〜1000℃
- 1000〜1500℃
- 1500〜2000℃
- 2000〜2500℃
- 2500〜3000℃
- 3000℃〜

軟らかい ↕ 硬い

- Wは融点が非常に高いため白熱電球のフィラメントに使われている
- Au, Ag, Cu, Alなどは特に延性, 展性に富む（金箔, 銀箔, アルミ箔）
- Sn, Pbの合金は融点が低く, はんだとよばれる

3 イオン化傾向と合金・表面処理材料

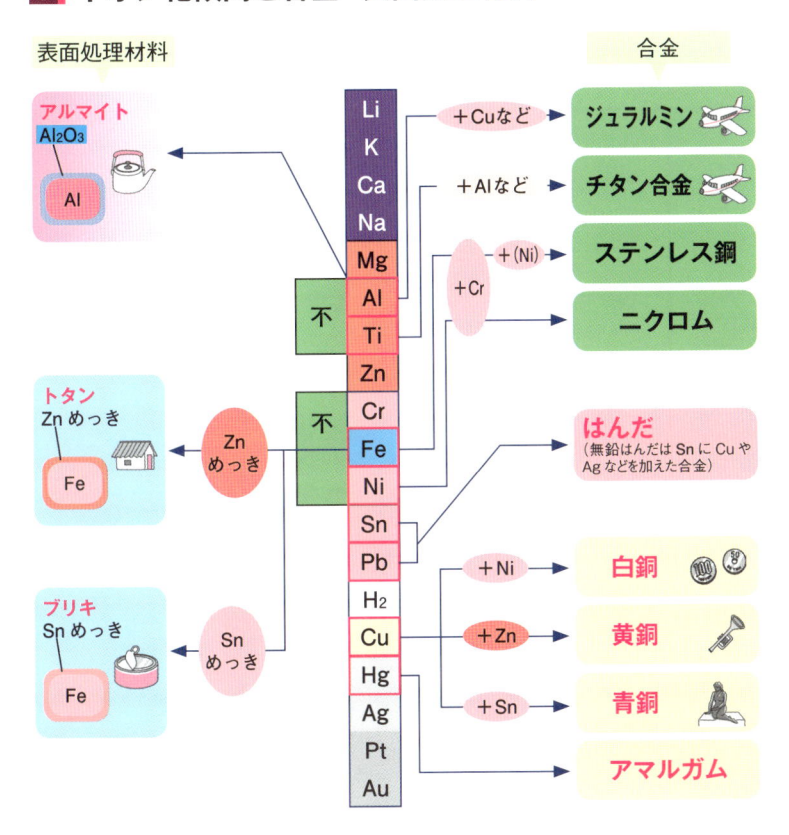

表面処理材料

- アルマイト：Al_2O_3 / Al
- トタン：Znめっき / Fe
- ブリキ：Snめっき / Fe

イオン化傾向：Li, K, Ca, Na, Mg, Al, Ti, Zn, Cr, Fe, Ni, Sn, Pb, H_2, Cu, Hg, Ag, Pt, Au

（Al, Ti は「不」＝不動態、Cr, Fe も「不」）
Znめっき → Fe、Snめっき → Fe

合金

- +Cuなど → ジュラルミン
- +Alなど → チタン合金
- +(Ni), +Cr → ステンレス鋼
- +Cr → ニクロム
- はんだ（無鉛はんだはSnにCuやAgなどを加えた合金）
- +Ni → 白銅
- +Zn → 黄銅
- +Sn → 青銅
- → アマルガム

※鉄Feは濃硝酸と反応すると、表面に緻密な酸化被膜をつくり、不動態を形成するが、酸化被膜のないFeを空気中に放置すると簡単にさびる。

合金にしてもめっき材料にしても、共通していえるのはさびにくいものをつくっているということなのね！

そうなんだ。欲をいえば丈夫で軽くて加工しやすければ最高だ！

Ⅴ　金属一般の性質

第18章　金属イオンの沈殿と錯イオン

1 沈殿マップ

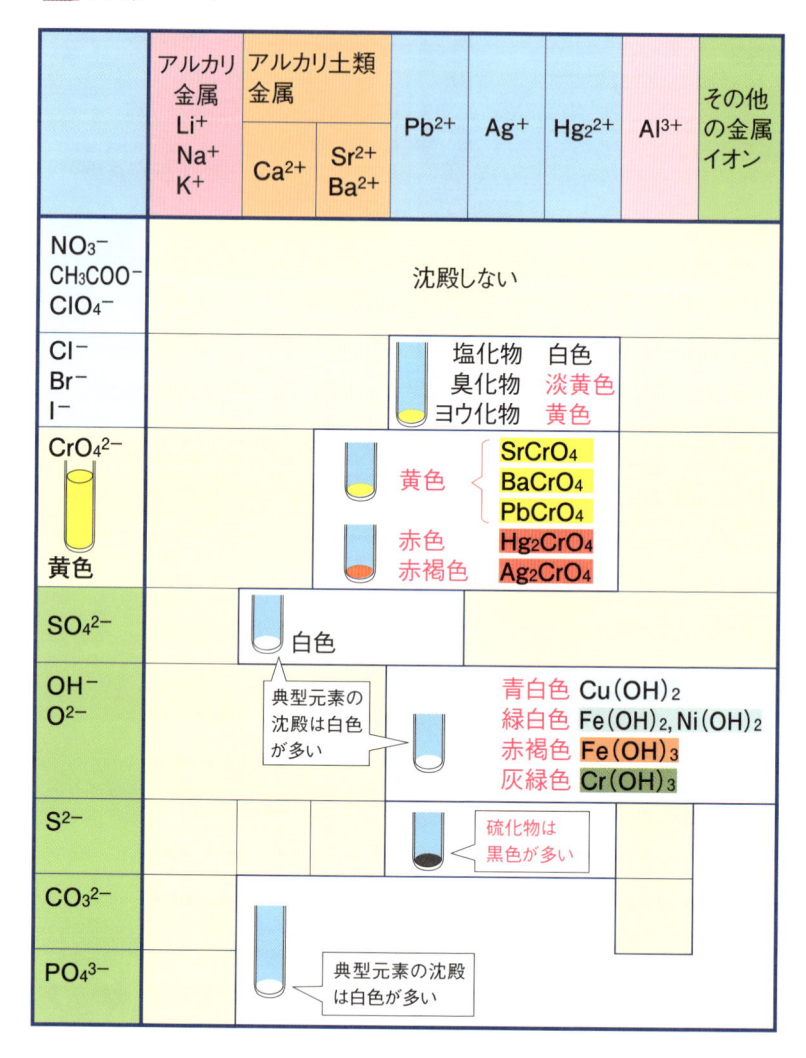

	アルカリ金属 Li^+ Na^+ K^+	アルカリ土類金属		Pb^{2+}	Ag^+	Hg_2^{2+}	Al^{3+}	その他の金属イオン
		Ca^{2+}	Sr^{2+} Ba^{2+}					
NO_3^- CH_3COO^- ClO_4^-	沈殿しない							
Cl^- Br^- I^-				塩化物　白色 臭化物　淡黄色 ヨウ化物　黄色				
CrO_4^{2-} 黄色			黄色　SrCrO₄ / BaCrO₄	PbCrO₄	赤褐色 Ag₂CrO₄	赤色 Hg₂CrO₄		
SO_4^{2-}		白色（典型元素の沈殿は白色が多い）						
OH^- O^{2-}					青白色 $Cu(OH)_2$ 緑白色 $Fe(OH)_2, Ni(OH)_2$ 赤褐色 $Fe(OH)_3$ 灰緑色 $Cr(OH)_3$			
S^{2-}				硫化物は黒色が多い				
CO_3^{2-}								
PO_4^{3-}		典型元素の沈殿は白色が多い						

2 硫化物の沈殿

特に重要な沈殿　　塩基性でのみ沈殿するグループ
MnS(淡桃色), FeS, CoS, NiS(黒色), ZnS(白色)

	7族	8族	9族	10族	11族	12族	13族	14族
第4周期	Mn	Fe	Co	Ni	Cu	Zn	Ga	Ge
第5周期	Tc	Ru	Rh	Pd	Ag	Cd	In	Sn
第6周期	Re	Os	Ir	Pt	Au	Hg	Tl	Pb

非常に沈殿しやすいグループ
酸性でも塩基性でも沈殿する！
特に重要な沈殿　　SnS(褐色), PbS, HgS, CuS, Ag_2S(黒色), CdS(黄色)

Ag_2O ↓ 褐色

3 NH_3による沈殿の再溶解

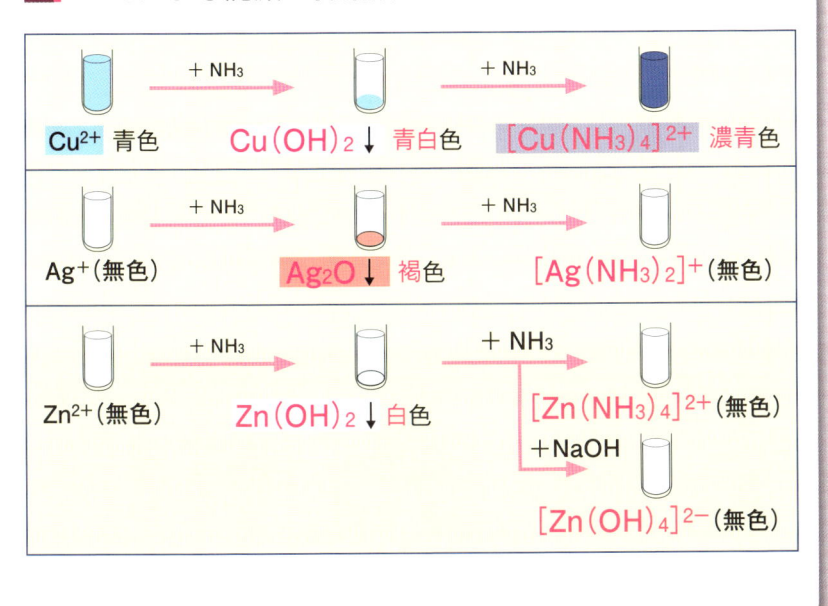

Cu^{2+} 青色　$\xrightarrow{+NH_3}$　$Cu(OH)_2$ ↓ 青白色　$\xrightarrow{+NH_3}$　$[Cu(NH_3)_4]^{2+}$ 濃青色

Ag^+(無色)　$\xrightarrow{+NH_3}$　Ag_2O ↓ 褐色　$\xrightarrow{+NH_3}$　$[Ag(NH_3)_2]^+$(無色)

Zn^{2+}(無色)　$\xrightarrow{+NH_3}$　$Zn(OH)_2$ ↓ 白色　$\xrightarrow{+NH_3}$　$[Zn(NH_3)_4]^{2+}$(無色)
　　　　　　　　　　　　　　　　　　　　　$\xrightarrow{+NaOH}$　$[Zn(OH)_4]^{2-}$(無色)

4 錯イオン

配位子	中心金属	配位数	中心金属からの結合	錯イオン	色
CN^- シアニド	Fe^{2+}	6	Fe 八面体形	$[Fe(CN)_6]^{4-}$ ヘキサシアニド鉄(Ⅱ)酸イオン	溶液は黄色
	Fe^{3+}			$[Fe(CN)_6]^{3-}$ ヘキサシアニド鉄(Ⅲ)酸イオン	
$S_2O_3^{2-}$ チオスルファト	Ag^+	2	Ag 直線形	$[Ag(CN)_2]^-$ ジシアニド銀(Ⅰ)酸イオン	無色
				$[Ag(zS_2O_3)_2]^{3-}$ ビス(チオスルファト)銀(Ⅰ)酸イオン	
NH₃ アンミン				$[Ag(NH_3)_2]^+$ ジアンミン銀(Ⅰ)イオン	
	Cu^{2+}	4	Cu 正方形	$[Cu(NH_3)_4]^{2+}$ テトラアンミン銅(Ⅱ)イオン	濃青色
	Zn^{2+}		Zn 四面体形	$[Zn(NH_3)_4]^{2+}$ テトラアンミン亜鉛(Ⅱ)イオン	無色
OH⁻ ヒドロキシド				$[Zn(OH)_4]^{2-}$ テトラヒドロキシド亜鉛(Ⅱ)酸イオン	
	Pb^{2+}		四面体形	$[Pb(OH)_3]^-(=[Pb(OH)_3(H_2O)]^-)$ テトラヒドロキシド鉛(Ⅱ)酸イオン	無色
	Sn^{2+}			$[Sn(OH)_3]^-(=[Sn(OH)_3(H_2O)]^-)$ テトラヒドロキシドスズ(Ⅱ)酸イオン	
	Sn^{4+}	6	八面体形	$[Sn(OH)_6]^{2-}$ ヘキサヒドロキシドスズ(Ⅳ)酸イオン	
	Al^{3+}			$[Al(OH)_4]^-(=[Al(OH)_4(H_2O)_2]^-)$ テトラヒドロキシドアルミン酸イオン	

配位子は他にも
H₂O：アクア，
Cl⁻：クロリド，
F⁻：フルオリド
などがある。

形は八面体，四面体，正方形，直線の四種類だけね!!

5 陽イオンの系統分離

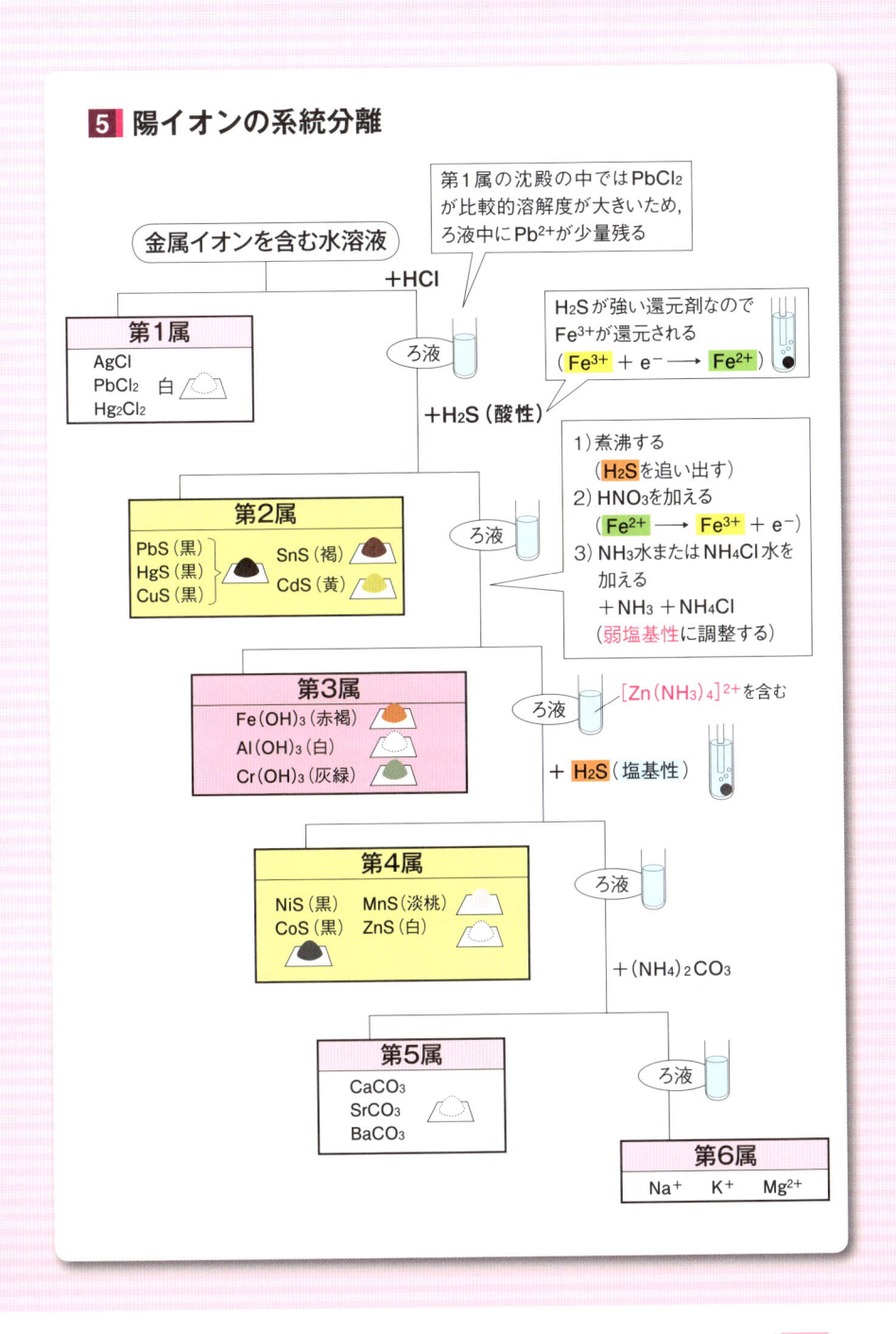

金属イオンを含む水溶液
　+HCl

第1属
AgCl
PbCl₂　白
Hg₂Cl₂

第1属の沈殿の中ではPbCl₂が比較的溶解度が大きいため，ろ液中にPb²⁺が少量残る

ろ液
　+H₂S（酸性）

H₂Sが強い還元剤なのでFe³⁺が還元される
（$Fe^{3+} + e^- \longrightarrow Fe^{2+}$）

第2属
PbS（黒）　SnS（褐）
HgS（黒）　CdS（黄）
CuS（黒）

ろ液
1) 煮沸する
　（H₂Sを追い出す）
2) HNO₃を加える
　（$Fe^{2+} \longrightarrow Fe^{3+} + e^-$）
3) NH₃水またはNH₄Cl水を加える
　+NH₃　+NH₄Cl
　（弱塩基性に調整する）

第3属
Fe(OH)₃（赤褐）
Al(OH)₃（白）
Cr(OH)₃（灰緑）

ろ液　[Zn(NH₃)₄]²⁺を含む
　+ H₂S（塩基性）

第4属
NiS（黒）　MnS（淡桃）
CoS（黒）　ZnS（白）

ろ液
　+(NH₄)₂CO₃

第5属
CaCO₃
SrCO₃
BaCO₃

ろ液

第6属
Na⁺　K⁺　Mg²⁺

第19章　両性元素の反応

1 アルミニウム

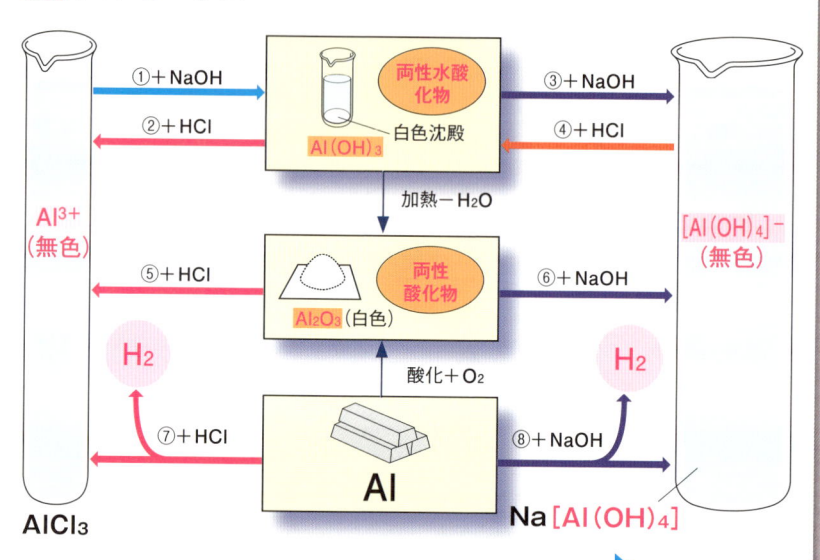

酸性 ← → 塩基性

図：
- Al（金属）→ 酸化+O₂ → Al₂O₃（両性酸化物、白色）→ 加熱-H₂O ← Al(OH)₃（両性水酸化物、白色沈殿）
- ① +NaOH、② +HCl（Al(OH)₃ ⇔ Al³⁺（無色）/ AlCl₃）
- ③ +NaOH、④ +HCl（Al(OH)₃ ⇔ [Al(OH)₄]⁻（無色）/ Na[Al(OH)₄]）
- ⑤ +HCl（Al₂O₃ → AlCl₃）
- ⑥ +NaOH（Al₂O₃ → Na[Al(OH)₄]）
- ⑦ +HCl（Al → AlCl₃ + H₂）
- ⑧ +NaOH（Al → Na[Al(OH)₄] + H₂）

<反応式>
① $AlCl_3 + 3NaOH \longrightarrow Al(OH)_3\downarrow + 3NaCl$
② $Al(OH)_3\downarrow + 3HCl \longrightarrow AlCl_3 + 3H_2O$
③ $Al(OH)_3\downarrow + NaOH \longrightarrow Na[Al(OH)_4]$
④ $Na[Al(OH)_4] + HCl \longrightarrow Al(OH)_3\downarrow + H_2O + NaCl$
⑤ $Al_2O_3 + 6HCl \longrightarrow 3H_2O + 2AlCl_3$
⑥ $Al_2O_3 + 3H_2O + 2NaOH \longrightarrow 2Na[Al(OH)_4]$
⑦ $2Al + 6HCl \longrightarrow 2AlCl_3 + 3H_2$
　　　還元剤　酸化剤
⑧ $2Al + 6H_2O + 2NaOH \longrightarrow 2Na[Al(OH)_4] + 3H_2$

V　金属一般の性質

2 亜鉛

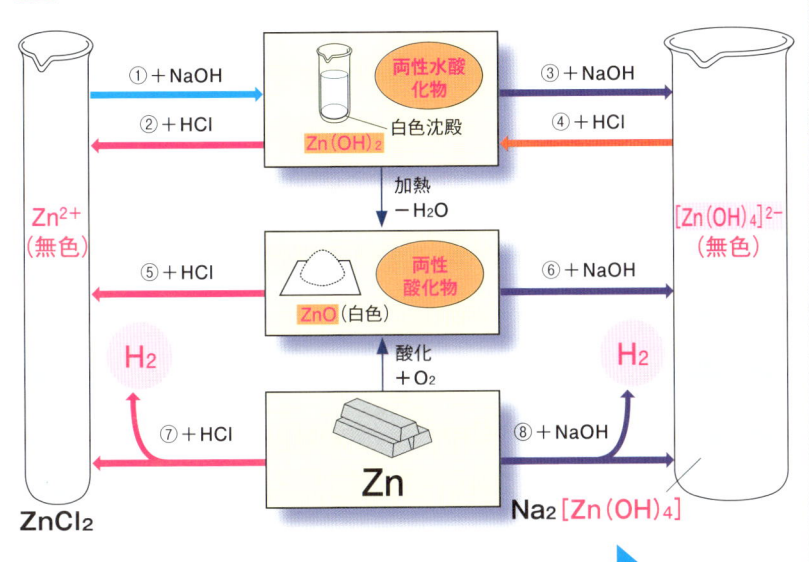

①＋NaOH → 両性水酸化物 Zn(OH)₂ 白色沈殿
②＋HCl
③＋NaOH
④＋HCl

Zn^{2+}（無色）

加熱 −H_2O

⑤＋HCl ← 両性酸化物 ZnO（白色） → ⑥＋NaOH

$[Zn(OH)_4]^{2-}$（無色）

酸化 ＋O_2

H_2 H_2

⑦＋HCl ← Zn → ⑧＋NaOH

$ZnCl_2$ $Na_2[Zn(OH)_4]$

酸性 ←――――――――→ 塩基性

<反応式>
① $ZnCl_2 + 2NaOH \longrightarrow Zn(OH)_2\downarrow + 2NaCl$
② $Zn(OH)_2\downarrow + 2HCl \longrightarrow ZnCl_2 + 2H_2O$
③ $Zn(OH)_2\downarrow + 2NaOH \longrightarrow Na_2[Zn(OH)_4]$
④ $Na_2[Zn(OH)_4] + 2HCl \longrightarrow Zn(OH)_2\downarrow + 2H_2O + 2NaCl$
⑤ $ZnO + 2HCl \longrightarrow H_2O + ZnCl_2$
⑥ $ZnO + H_2O + 2NaOH \longrightarrow Na_2[Zn(OH)_4]$
⑦ $Zn + 2HCl \longrightarrow ZnCl_2 + H_2$
　　還元剤　酸化剤
⑧ $Zn + 2H_2O + 2NaOH \longrightarrow Na_2[Zn(OH)_4] + H_2$

Ⅴ　金属一般の性質

3 鉛

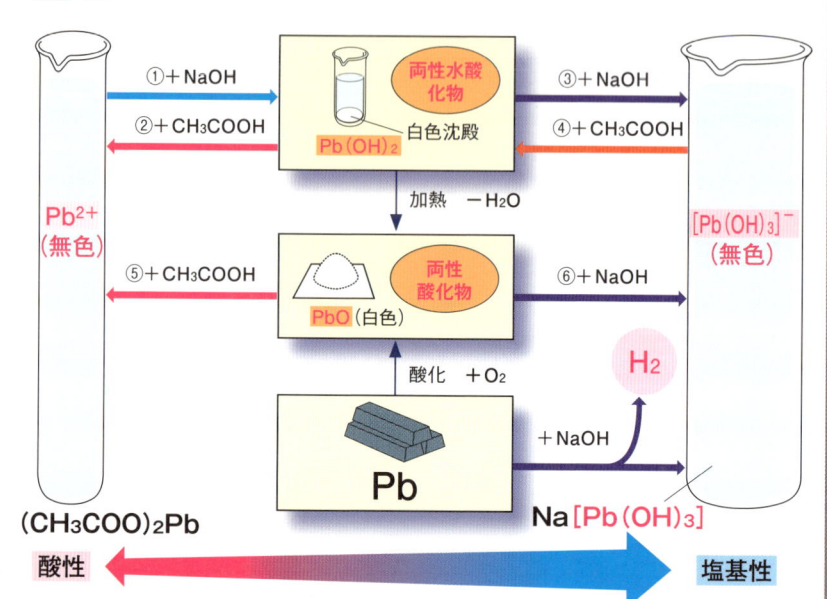

Pb²⁺（無色）

①＋NaOH → 両性水酸化物 Pb(OH)₂（白色沈殿）
②＋CH₃COOH

③＋NaOH → [Pb(OH)₃]⁻（無色）
④＋CH₃COOH

加熱　−H₂O ↓

両性酸化物 PbO（白色）

⑤＋CH₃COOH
⑥＋NaOH

Pb ＋O₂（酸化）→ PbO

Pb ＋NaOH → Na[Pb(OH)₃] ＋H₂↑

(CH₃COO)₂Pb　　　　　　　Na[Pb(OH)₃]

酸性 ←　　　　　　→ 塩基性

<反応式>
① $(CH_3COO)_2Pb + 2NaOH \longrightarrow Pb(OH)_2\downarrow + 2CH_3COONa$
② $Pb(OH)_2\downarrow + 2CH_3COOH \longrightarrow 2H_2O + (CH_3COO)_2Pb$
③ $Pb(OH)_2\downarrow + NaOH \longrightarrow Na[Pb(OH)_3]$
④ $Na[Pb(OH)_3] + CH_3COOH \longrightarrow Pb(OH)_2\downarrow + H_2O + CH_3COONa$
⑤ $PbO + 2CH_3COOH \longrightarrow H_2O + (CH_3COO)_2Pb$
⑥ $PbO + H_2O + NaOH \longrightarrow Na[Pb(OH)_3]$

V　金属一般の性質

4 スズ

両性水酸化物 Sn(OH)₄ 白色沈殿

① +NaOH → Sn^{4+} (SnCl₄)
② +HCl ←
③ +NaOH → $[Sn(OH)_6]^{2-}$ (無色) Na₂[Sn(OH)₆]
④ +HCl ←

加熱 −H₂O ↓

両性酸化物 SnO₂（白色）

⑤ +HCl ←
⑥ +NaOH →

Sn ＋O₂ 酸化

⑦ +HCl → H₂ （Sn²⁺, SnCl₂）
⑧ +NaOH → H₂ （Na[Sn(OH)₃]）

両性水酸化物 Sn(OH)₂ 白色沈殿

+NaOH → $[Sn(OH)_3]^-$
+HCl ←

酸性 ←←← →→→ 塩基性

<反応式>

① $SnCl_4 + 4NaOH \longrightarrow Sn(OH)_4\downarrow + 4NaCl$
② $Sn(OH)_4\downarrow + 4HCl \longrightarrow SnCl_4 + 4H_2O$
③ $Sn(OH)_4\downarrow + 2NaOH \longrightarrow Na_2[Sn(OH)_6]$
④ $Na_2[Sn(OH)_6] + 2HCl \longrightarrow Sn(OH)_4\downarrow + 2H_2O + 2NaCl$
⑤ $SnO_2 + 4HCl \longrightarrow 2H_2O + SnCl_4$
⑥ $SnO_2 + 2H_2O + 2NaOH \longrightarrow Na_2[Sn(OH)_6]$
⑦ $Sn + 2HCl \longrightarrow SnCl_2 + H_2$
  （還元剤） （酸化剤）
⑧ $Sn + 4H_2O + 2NaOH \longrightarrow Na_2[Sn(OH)_6] + 2H_2$

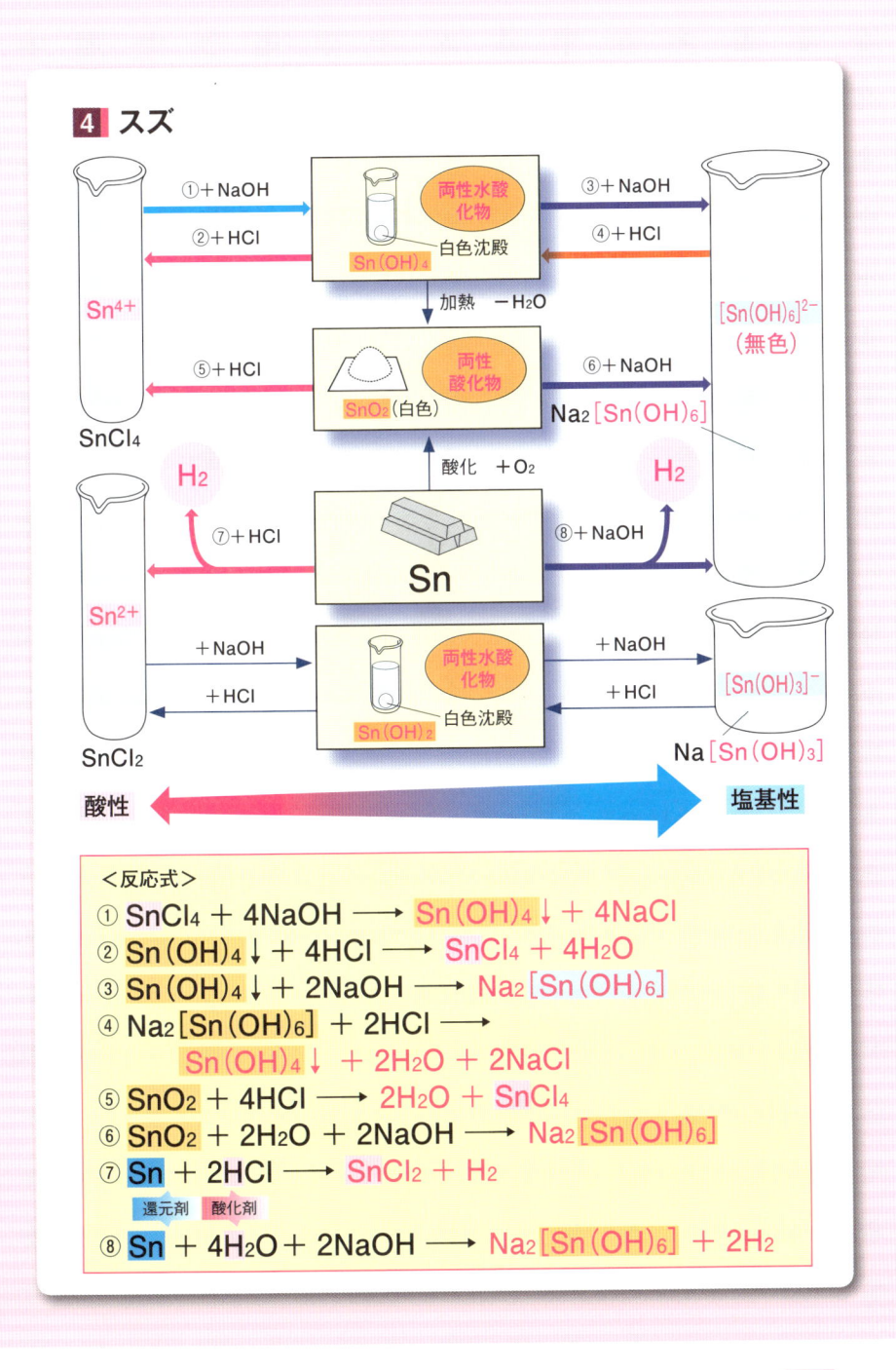

Ⅴ　金属一般の性質

VI 金属元素の単体と化合物
第20章 アルカリ金属の性質

1 原子半径と第一イオン化エネルギー

アルカリ金属元素	原子半径	第一イオン化エネルギー	1価の陽イオンへのなりやすさ	炎色反応	保存法
Li	小 ↑↓ 大	大 ↑↓ 小	小 ↑↓ 大	赤色	石油・灯油中に保存
Na				黄色	
K				赤紫色	
Rb				赤色	
Cs				青色	

2 アルカリ金属の反応性

アルカリ金属元素	還元力 反応性	酸素との反応, 塩素との反応	水との反応, アルコールの反応	結晶格子	融点
Li	小 ↑↓ 大	$4M + O_2 \longrightarrow 2M_2O$	$2M + 2H_2O \longrightarrow 2MOH + H_2$	体心立方格子	高 ↑↓ 低
Na					
K					
Rb		$2M + Cl_2 \longrightarrow 2MCl$	$2M + 2ROH \longrightarrow 2ROM + H_2$		
Cs					

※ M：アルカリ金属

3 NaClの電気分解

	NaClの融解塩電解	食塩水の電気分解
陽極 ⊕ (炭素電極)	$2Cl^- \longrightarrow Cl_2 + 2e^-$	
陰極 ⊖ (Fe電極)	$2Na^+ + 2e^- \longrightarrow 2Na$	$2H_2O + 2e^- \longrightarrow H_2 + 2OH^-$

4 潮解と風解

	イメージ	結晶の例
潮解	H₂O H₂O ↓↓ 表面が湿って、だんだん水溶液になる →潮解→	NaOH　H₃PO₄ KOH　CaCl₂ RbOH （乾燥剤 CsOH になる）
風解	H₂O H₂O ↑↑ 徐々に粉末状になっていく →風解→ $Na_2CO_3 \cdot 10H_2O$ ／ $Na_2CO_3 \cdot H_2O$	$Na_2CO_3 \cdot 10H_2O$

潮解性の結晶は乾燥剤になるんだ～!!

5 アンモニアソーダ法（ソルベー法）

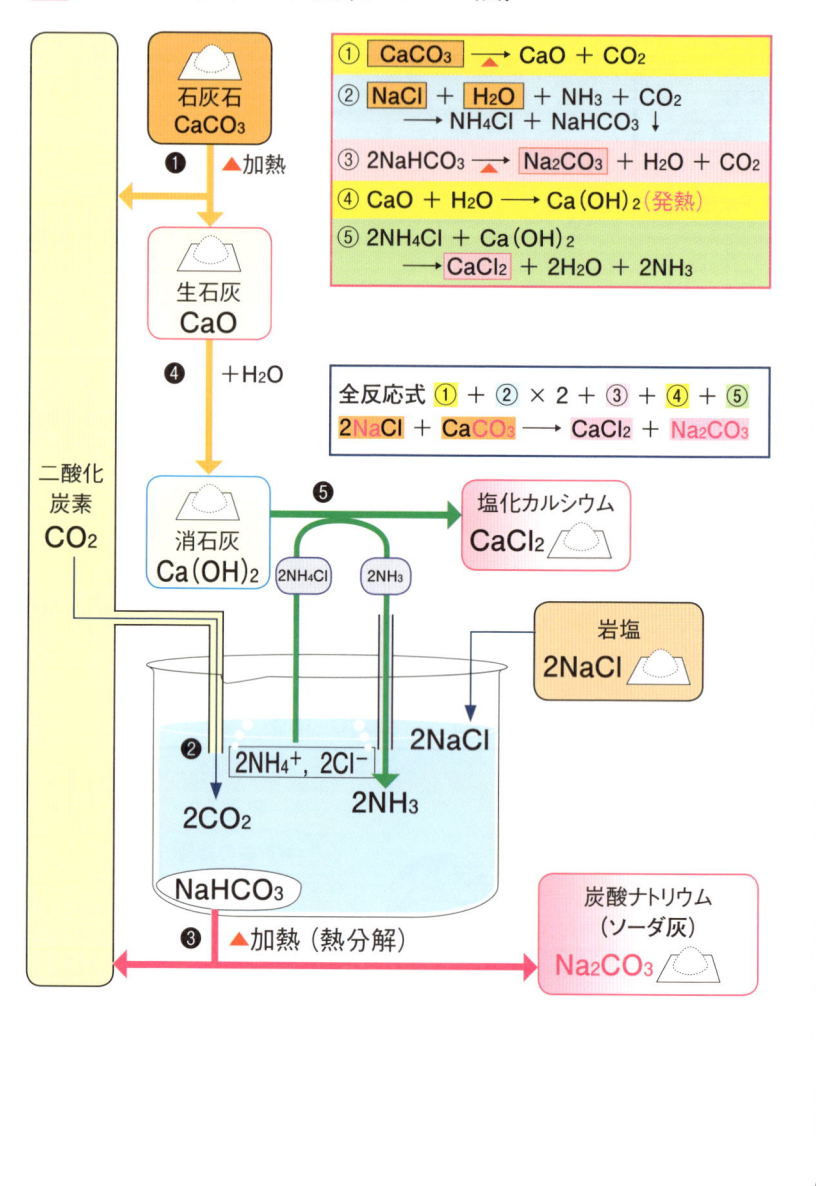

① $CaCO_3 \xrightarrow{\triangle} CaO + CO_2$
② $NaCl + H_2O + NH_3 + CO_2 \longrightarrow NH_4Cl + NaHCO_3 \downarrow$
③ $2NaHCO_3 \xrightarrow{\triangle} Na_2CO_3 + H_2O + CO_2$
④ $CaO + H_2O \longrightarrow Ca(OH)_2$ （発熱）
⑤ $2NH_4Cl + Ca(OH)_2 \longrightarrow CaCl_2 + 2H_2O + 2NH_3$

全反応式 ① + ② × 2 + ③ + ④ + ⑤
$2NaCl + CaCO_3 \longrightarrow CaCl_2 + Na_2CO_3$

石灰石 $CaCO_3$
❶ ▲加熱
生石灰 CaO
❹ $+H_2O$
消石灰 $Ca(OH)_2$
❺
塩化カルシウム $CaCl_2$
岩塩 $2NaCl$

二酸化炭素 CO_2

$2NH_4^+,\ 2Cl^-$
❷
$2CO_2$
$2NH_3$
$2NaCl$
$2NH_3$
$2NH_4Cl$

$NaHCO_3$
❸ ▲加熱（熱分解）

炭酸ナトリウム（ソーダ灰） Na_2CO_3

第21章 アルカリ土類金属の性質

1 2族元素の基本的性質

2族元素	炎色反応	水との反応		結晶格子
		反応式	反応性	
Be	なし	反応しない	小	六方最密構造
Mg		湯と反応: $Mg + 2H_2O \longrightarrow Mg(OH)_2 + H_2$	↑	
Ca	橙赤色	常温の水と反応: $Ca + 2H_2O \longrightarrow Ca(OH)_2 + H_2$		面心立方格子
Sr	紅色	$Sr + 2H_2O \longrightarrow Sr(OH)_2 + H_2$		
Ba	黄緑色	$Ba + 2H_2O \longrightarrow Ba(OH)_2 + H_2$	↓	体心立方格子
Ra	紅色	$Ra + 2H_2O \longrightarrow Ra(OH)_2 + H_2$	大	

(Ca, Sr, Ba, Ra は アルカリ土類金属)

2 セッコウ, 鍾乳石, 硬水

(1) セッコウ

$$CaSO_4 \cdot 2H_2O \rightleftharpoons CaSO_4 \cdot \frac{1}{2}H_2O + \frac{3}{2}H_2O$$

セッコウ　　　　焼きセッコウ

(2) 鍾乳石 （鍾乳洞形成時の反応）

$$CaCO_3 \downarrow + H_2O + CO_2 \rightleftharpoons Ca(HCO_3)_2$$

石灰石, 鍾乳石

(3) 硬水

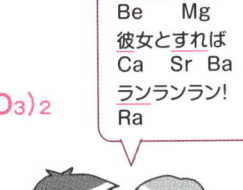

Ca^{2+} や Mg^{2+} を多く含む水

> ベッドに潜って Be Mg
> 彼女とすれば Ca Sr Ba
> ランランラン！ Ra

3 第2族元素の化合物の水溶性

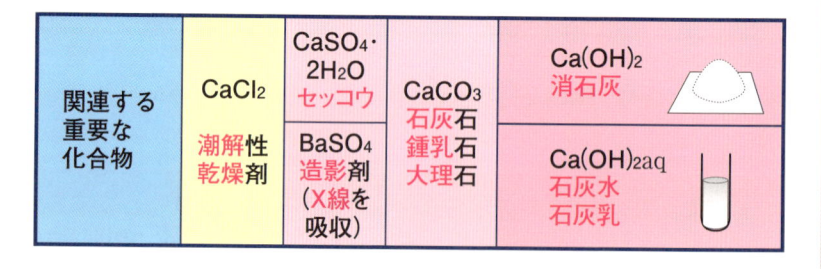

2族元素	塩化物	硫酸塩	炭酸塩	水酸化物	
Be^{2+}	溶ける	$BeSO_4$ $MgSO_4$	沈殿する (すべて白沈)	$Be(OH)_2↓$ $Mg(OH)_2↓$ 沈殿する(白沈)	両性
Mg^{2+}					弱塩基性
アルカリ土類金属 Ca^{2+}	$BeCl_2$ $MgCl_2$ $CaCl_2$ $SrCl_2$ $BaCl_2$ $RaCl_2$	$CaSO_4↓$ $SrSO_4↓$ $BaSO_4↓$ $RaSO_4↓$	$BeCO_3↓$ $MgCO_3↓$ $CaCO_3↓$ $SrCO_3↓$ $BaCO_3↓$ $RaCO_3↓$	$Ca(OH)_2↓$ $Sr(OH)_2↓$ 少し溶ける	強塩基性
Sr^{2+}					
Ba^{2+}				$Ba(OH)_2$ $Ra(OH)_2$ 溶ける	
Ra^{2+}					

| 関連する重要な化合物 | $CaCl_2$ 潮解性 乾燥剤 | $CaSO_4・2H_2O$ セッコウ $BaSO_4$ 造影剤 (X線を吸収) | $CaCO_3$ 石灰石 鍾乳石 大理石 | $Ca(OH)_2$ 消石灰 $Ca(OH)_2aq$ 石灰水 石灰乳 |

Caの化合物は"石灰"って名前が多いね!!

4 石灰石からできる物質

石灰石 $CaCO_3$ —①強熱→ 生石灰(石灰) CaO → 乾燥剤 / 発熱剤 / セメントの原料

大理石 $CaCO_3$

②コークスを加え加熱 → 炭化カルシウム CaC_2

④+水 → 消石灰(石灰) $Ca(OH)_2$ → 漆喰(しっくい)の原料

炭化カルシウム +③+水 → アセチレン $H-C≡C-H$

消石灰 +水 → 石灰乳(懸濁液)(飽和水溶液は石灰水) $Ca(OH)_2$ 水溶液

⑤塩素を吸収させる → さらし粉 $CaCl(ClO)\cdot H_2O$ → 殺菌剤 / 漂白剤

⑥ $+NH_4Cl$ → 塩化カルシウム $CaCl_2$ → 乾燥剤

<反応式>

① $CaCO_3 \longrightarrow CaO + CO_2$

② $CaO + 3C \longrightarrow CaC_2 + CO$

③ $CaC_2 + 2H_2O \longrightarrow Ca(OH)_2 + HC≡CH$

④ $CaO + H_2O \longrightarrow Ca(OH)_2$

⑤ $Ca(OH)_2 + Cl_2 \longrightarrow CaCl(ClO)\cdot H_2O$

⑥ $Ca(OH)_2 + 2NH_4Cl \longrightarrow CaCl_2 + 2H_2O + 2NH_3$

Ⅵ 金属元素の単体と化合物

第22章　アルミニウムの性質

1 Alの製錬

ボーキサイト
主成分 Al_2O_3
不純物 Fe_2O_3 など

→ 不純物の除去（バイヤー法） →

アルミナ（酸化アルミニウム） Al_2O_3

氷晶石 $Na_3[AlF_6]$

→ 融解塩電解（ホール・エルー法）→

アルミニウム Al
面心立方格子

バイヤー法

NaOHの濃厚な水溶液に溶かす → $[Al(OH)_4]^-$ → ろ過（Fe_2O_3 などの不純物）→ 水で希釈 → $Al(OH)_3$ → ろ過 → 加熱（か焼）

$Al_2O_3 + 3H_2O + 2NaOH$
$\longrightarrow 2Na[Al(OH)_4]$

$Na[Al(OH)_4]$
$\longrightarrow NaOH + Al(OH)_3$

$2Al(OH)_3 \longrightarrow$
$Al_2O_3 + 3H_2O$

融解塩電解

炭素電極で電解

陰極
$Al^{3+} + 3e^-$
$\longrightarrow Al$

陽極
$C + O^{2-}$
$\longrightarrow CO + 2e^-$
$C + 2O^{2-}$
$\longrightarrow CO_2 + 4e^-$

2 酸化アルミニウム

アルミナ（酸化アルミニウム） Al_2O_3

→ 磁性るつぼ

→ **ルビー** 少量のCrを含む

→ **サファイア** 少量のFeやTiを含む

ルビーもサファイアもるつぼもすべて Al_2O_3 だったのね!!

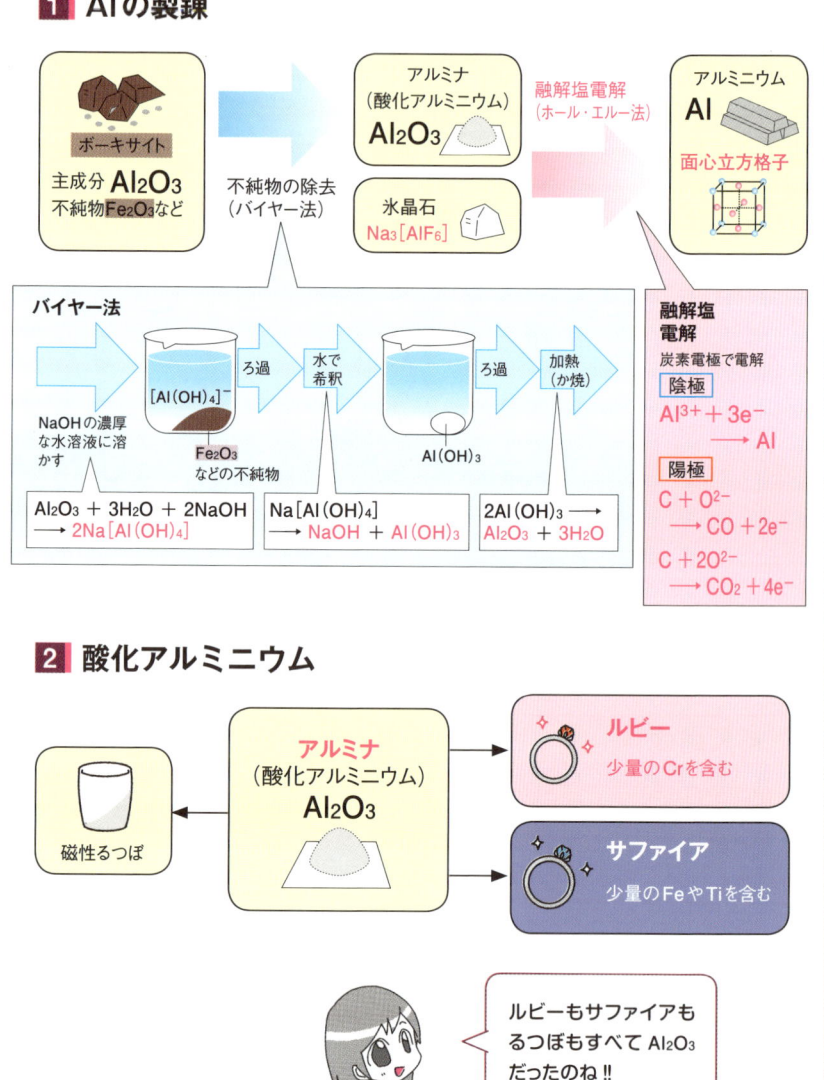

3 Alの重要な化合物

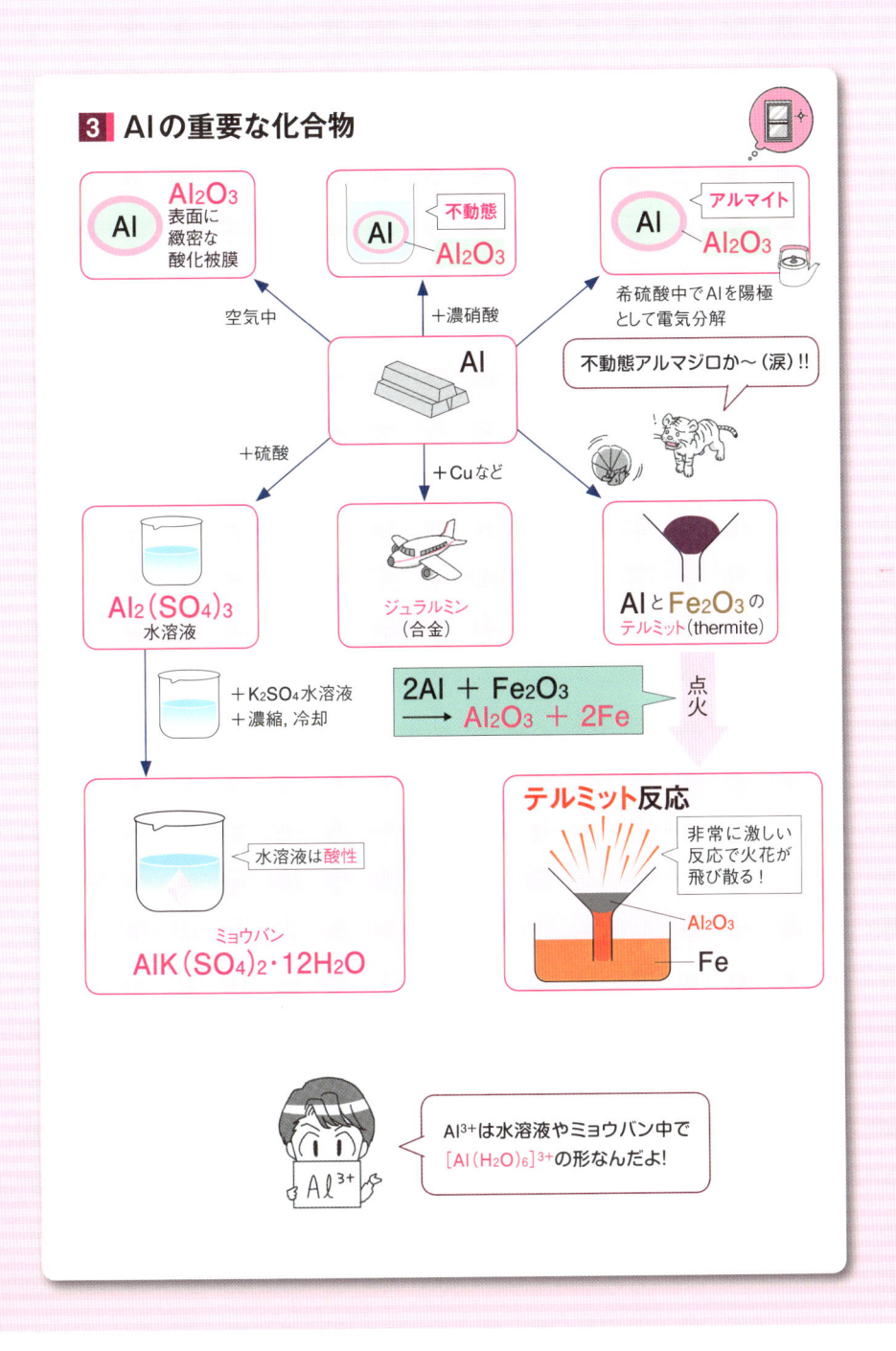

- 空気中 → Al / Al₂O₃ 表面に緻密な酸化被膜
- +濃硝酸 → Al / Al₂O₃ ←不動態
- 希硫酸中でAlを陽極として電気分解 → Al / Al₂O₃ ←アルマイト

不動態アルマジロか〜（涙）!!

- +硫酸 → Al$_2$(SO$_4$)$_3$ 水溶液
  - +K$_2$SO$_4$水溶液 +濃縮, 冷却 → ミョウバン AlK(SO$_4$)$_2$·12H$_2$O ←水溶液は酸性
- +Cuなど → ジュラルミン（合金）
- AlとFe$_2$O$_3$のテルミット(thermite)

$$2Al + Fe_2O_3 \longrightarrow Al_2O_3 + 2Fe$$

点火 → テルミット反応 非常に激しい反応で火花が飛び散る！
Al$_2$O$_3$ / Fe

Al³⁺は水溶液やミョウバン中で [Al(H$_2$O)$_6$]³⁺の形なんだよ！

第23章　鉄の性質

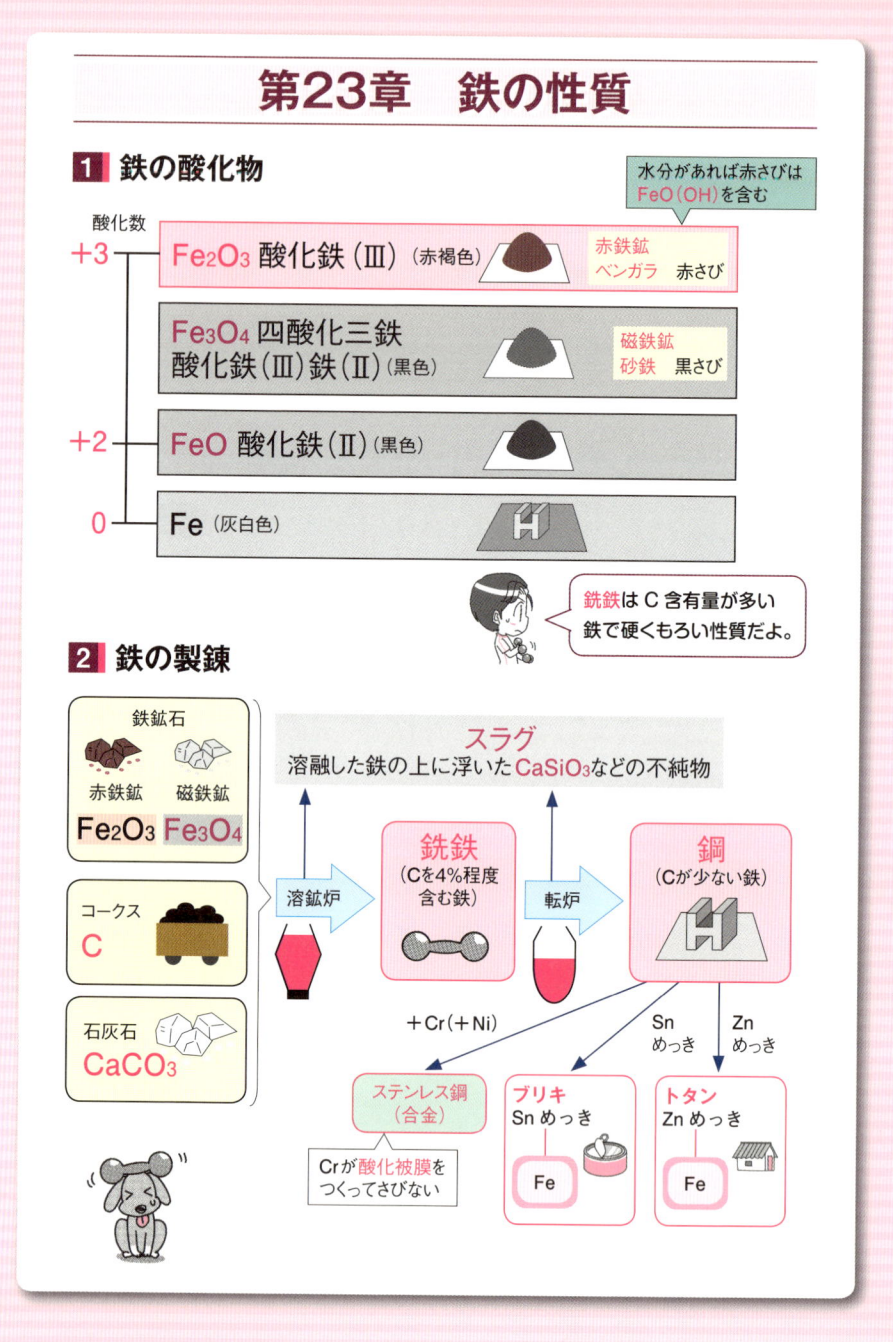

1 鉄の酸化物

水分があれば赤さびは $FeO(OH)$ を含む

酸化数
- **+3**　Fe_2O_3 酸化鉄（Ⅲ）（赤褐色）　　赤鉄鉱　ベンガラ　赤さび
- 　　　Fe_3O_4 四酸化三鉄　酸化鉄（Ⅲ）鉄（Ⅱ）（黒色）　　磁鉄鉱　砂鉄　黒さび
- **+2**　FeO 酸化鉄（Ⅱ）（黒色）
- **0**　Fe（灰白色）

銑鉄は C 含有量が多い鉄で硬くもろい性質だよ。

2 鉄の製錬

鉄鉱石
- 赤鉄鉱　Fe_2O_3
- 磁鉄鉱　Fe_3O_4

コークス　C

石灰石　$CaCO_3$

→ 溶鉱炉 →

スラグ　溶融した鉄の上に浮いた $CaSiO_3$ などの不純物

銑鉄（Cを4%程度含む鉄）

→ 転炉 →

鋼（Cが少ない鉄）

+Cr(+Ni) → **ステンレス鋼**（合金）　Crが酸化被膜をつくってさびない

Sn めっき → **ブリキ**　Sn めっき　Fe

Zn めっき → **トタン**　Zn めっき　Fe

3 鉄の化合物

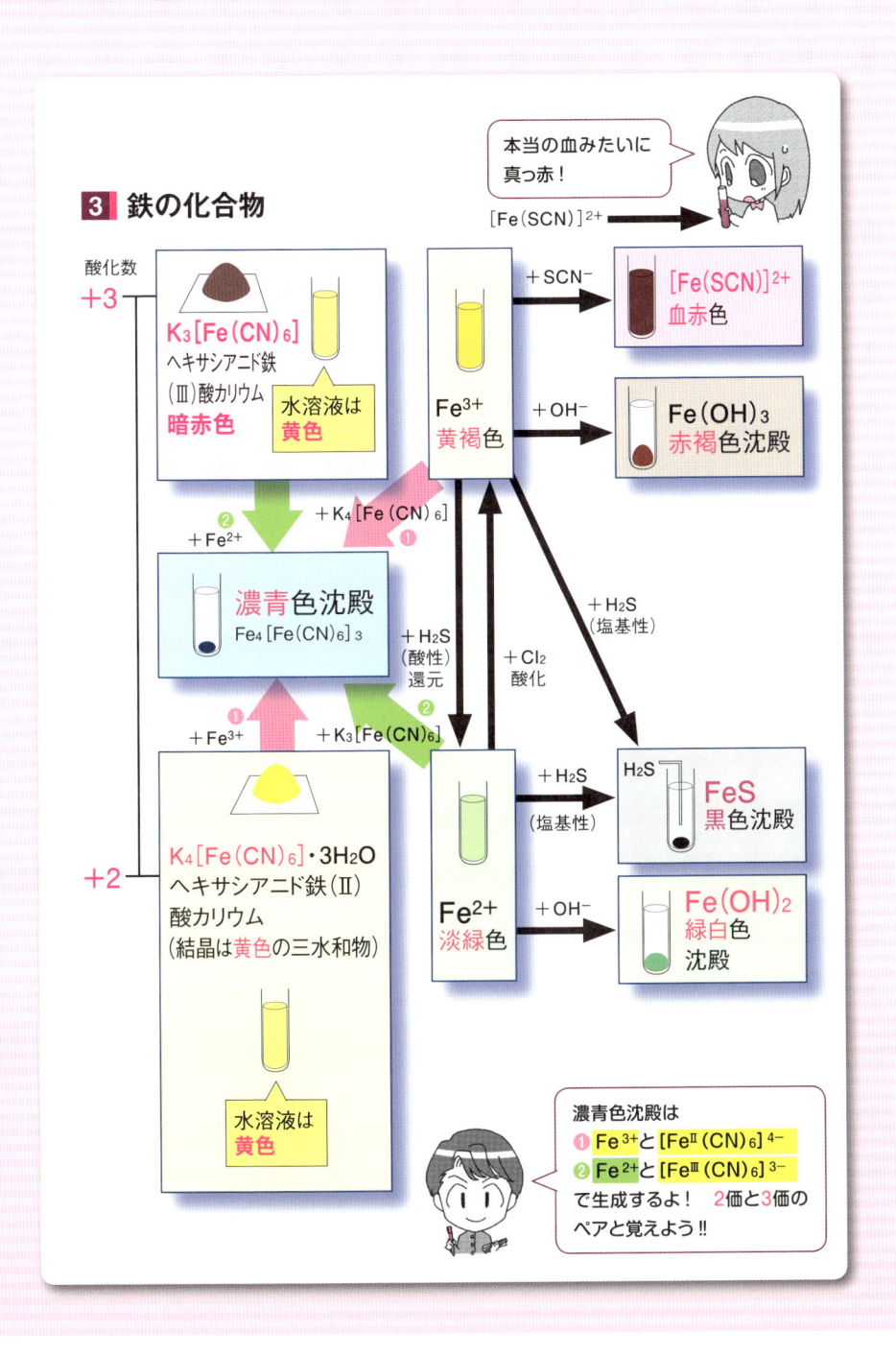

本当の血みたいに真っ赤！
$[Fe(SCN)]^{2+}$

酸化数 +3

$K_3[Fe(CN)_6]$
ヘキサシアニド鉄（Ⅲ）酸カリウム
暗赤色
水溶液は**黄色**

Fe^{3+} **黄褐色**

$+SCN^-$ → $[Fe(SCN)]^{2+}$ **血赤色**

$+OH^-$ → $Fe(OH)_3$ **赤褐色沈殿**

❷ $+Fe^{2+}$ / ❶ $+K_4[Fe(CN)_6]$

濃青色沈殿 $Fe_4[Fe(CN)_6]_3$

$+H_2S$（酸性）還元

$+Cl_2$ 酸化

$+H_2S$（塩基性）

❶ $+Fe^{3+}$ / ❷ $+K_3[Fe(CN)_6]$

酸化数 +2

$K_4[Fe(CN)_6]\cdot 3H_2O$
ヘキサシアニド鉄（Ⅱ）酸カリウム
（結晶は**黄色**の三水和物）

水溶液は**黄色**

Fe^{2+} **淡緑色**

$+H_2S$（塩基性）→ FeS **黒色沈殿**

$+OH^-$ → $Fe(OH)_2$ **緑白色沈殿**

濃青色沈殿は
❶ Fe^{3+}と$[Fe^{Ⅱ}(CN)_6]^{4-}$
❷ Fe^{2+}と$[Fe^{Ⅲ}(CN)_6]^{3-}$
で生成するよ！ 2価と3価のペアと覚えよう!!

第24章　銅と銀の性質

1 銅の精錬と化合物

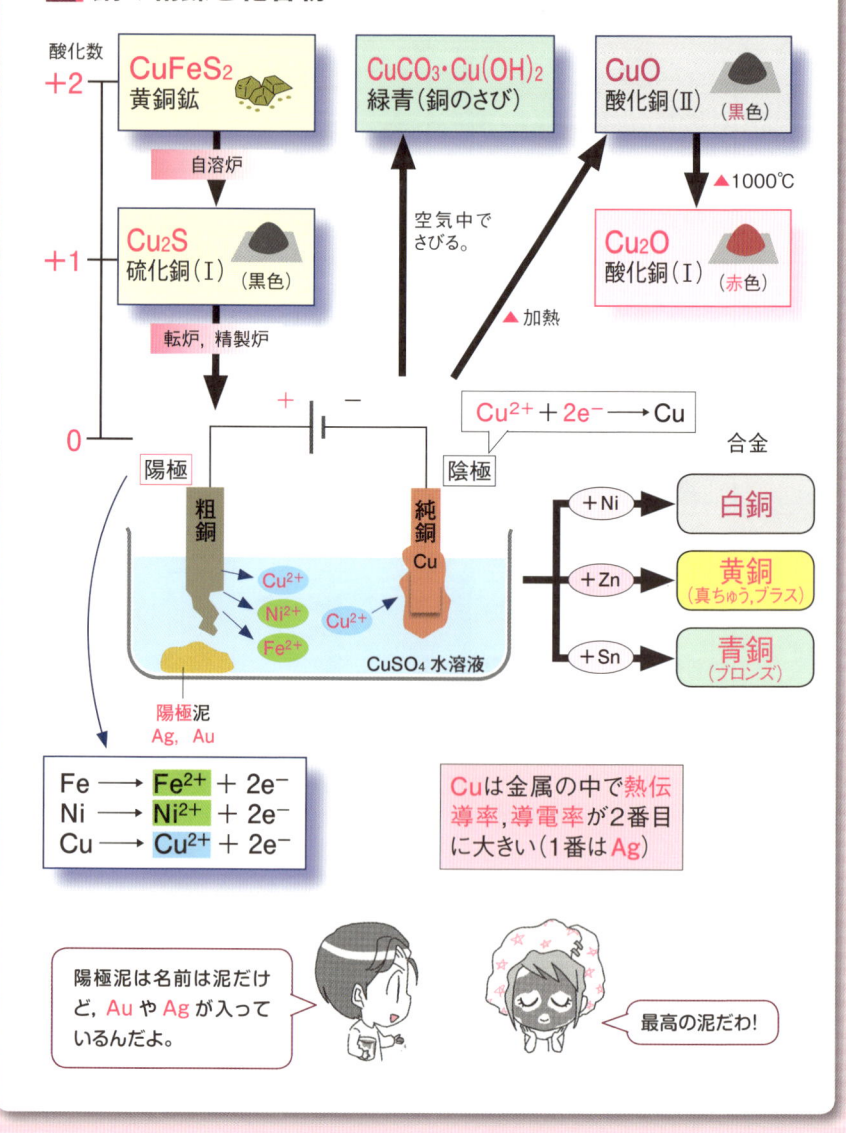

酸化数

+2: $CuFeS_2$ 黄銅鉱 ― 自溶炉 →

$CuCO_3 \cdot Cu(OH)_2$ 緑青（銅のさび）

CuO 酸化銅（Ⅱ）（黒色） ―▲1000℃→ Cu_2O 酸化銅（Ⅰ）（赤色）

+1: Cu_2S 硫化銅（Ⅰ）（黒色） ― 転炉, 精製炉 →

空気中でさびる。

▲加熱

0: 陽極（粗銅） ／ 陰極（純銅 Cu）／ $CuSO_4$ 水溶液

$Cu^{2+} + 2e^- \longrightarrow Cu$

溶液中: Cu^{2+}, Ni^{2+}, Fe^{2+}

陽極泥　Ag, Au

$Fe \longrightarrow Fe^{2+} + 2e^-$
$Ni \longrightarrow Ni^{2+} + 2e^-$
$Cu \longrightarrow Cu^{2+} + 2e^-$

合金
- +Ni → 白銅
- +Zn → 黄銅（真ちゅう, ブラス）
- +Sn → 青銅（ブロンズ）

Cuは金属の中で熱伝導率, 導電率が2番目に大きい（1番はAg）

陽極泥は名前は泥だけど, AuやAgが入っているんだよ。

最高の泥だわ！

Ⅵ　金属元素の単体と化合物

2 銅(Ⅱ)イオンの反応

- $CuSO_4 \cdot 5H_2O$ 硫酸銅(Ⅱ)五水和物 青色
- 濃縮・再結晶
- 加熱 $-5H_2O$ → $CuSO_4$ 硫酸銅(Ⅱ) 白色
- 加熱 800℃ $-SO_3$ → CuO 酸化銅(Ⅱ) 黒色
- $+H_2SO_4$ → Cu^{2+} 青色 / $CuSO_4$ 硫酸銅(Ⅱ)水溶液
- $+OH^-$ (NH_3 または $NaOH$) → $Cu(OH)_2$ 水酸化銅(Ⅱ) 青白色
- 加熱 $-H_2O$ → CuO
- $+NH_3$ → $[Cu(NH_3)_4]^{2+}$ テトラアンミン銅(Ⅱ)イオン 濃青色
- $+H_2S$ → CuS 硫化銅(Ⅱ) 黒色
- Cu $+$ 熱濃硫酸 → Cu^{2+}, SO_2

$[Cu(NH_3)_4]^{2+}$ はインクの色みたい

3 銀イオンの反応

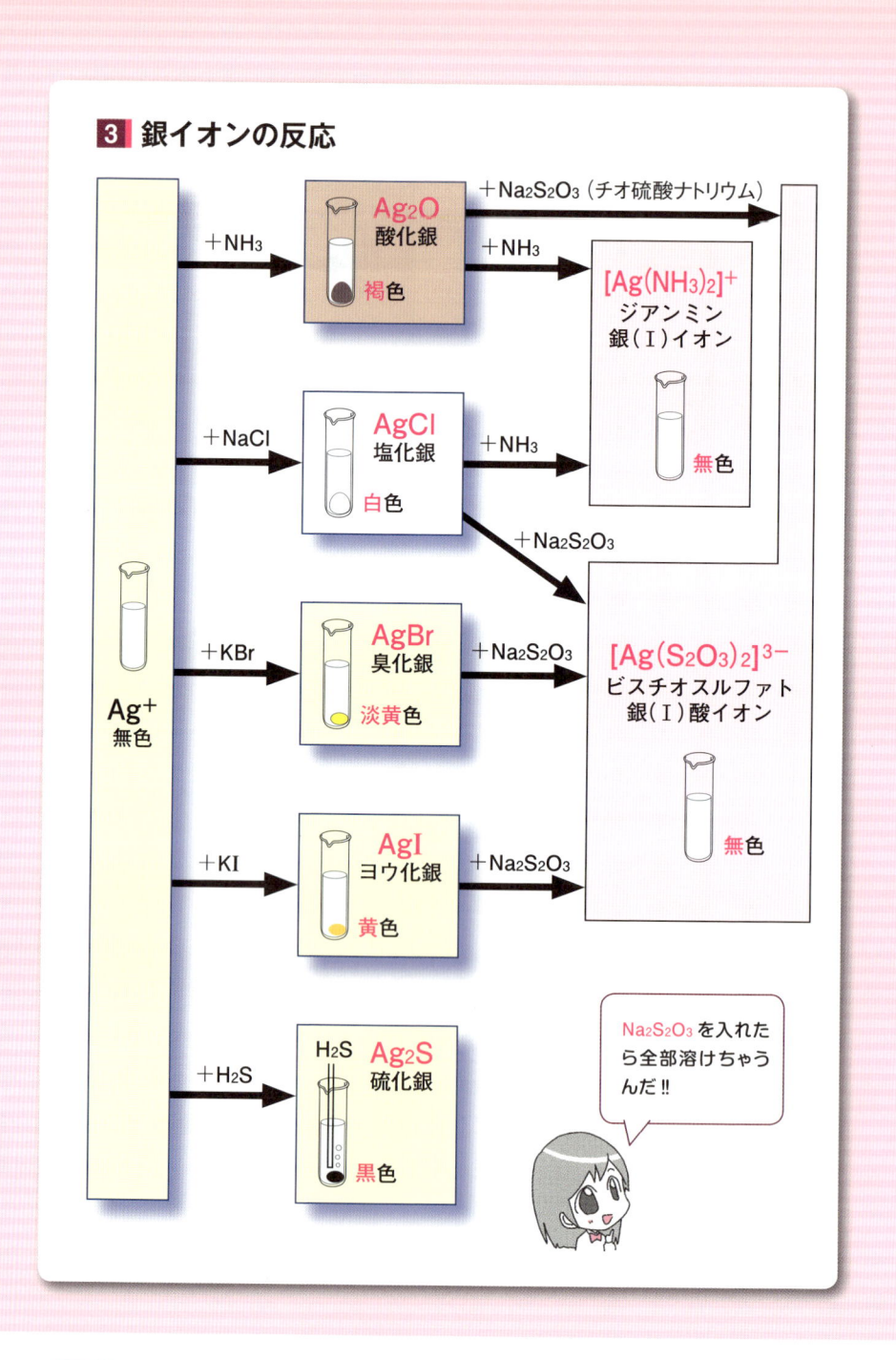

Ag^+ 無色

- $+NH_3$ → Ag_2O 酸化銀（褐色）
  - $+Na_2S_2O_3$（チオ硫酸ナトリウム） →
  - $+NH_3$ → $[Ag(NH_3)_2]^+$ ジアンミン銀(I)イオン（無色）
- $+NaCl$ → $AgCl$ 塩化銀（白色）
  - $+NH_3$ → $[Ag(NH_3)_2]^+$
  - $+Na_2S_2O_3$ → $[Ag(S_2O_3)_2]^{3-}$ ビスチオスルファト銀(I)酸イオン（無色）
- $+KBr$ → $AgBr$ 臭化銀（淡黄色）
  - $+Na_2S_2O_3$ → $[Ag(S_2O_3)_2]^{3-}$
- $+KI$ → AgI ヨウ化銀（黄色）
  - $+Na_2S_2O_3$ → $[Ag(S_2O_3)_2]^{3-}$
- $+H_2S$ → Ag_2S 硫化銀（黒色）

$Na_2S_2O_3$ を入れたら全部溶けちゃうんだ!!

第25章 クロムとマンガンの性質

1 クロムの化合物

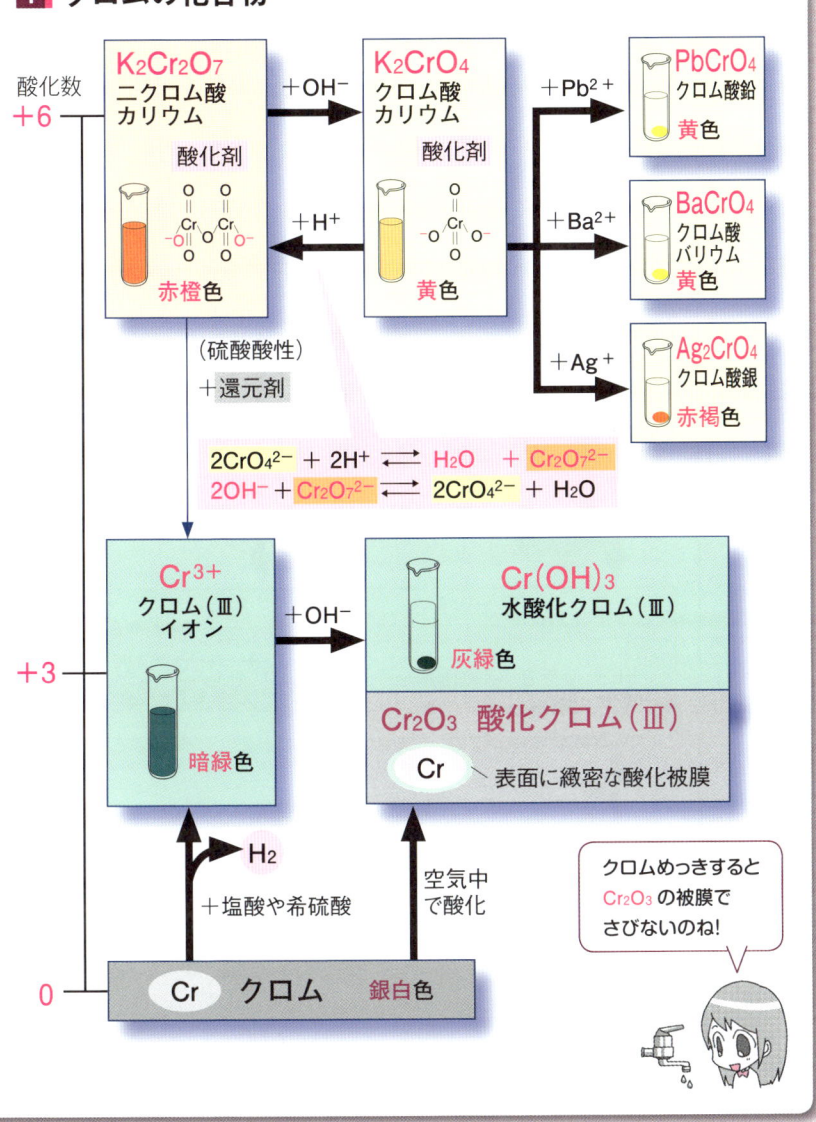

酸化数
+6 ― $K_2Cr_2O_7$ ニクロム酸カリウム 酸化剤 赤橙色 →(+OH⁻)→ K_2CrO_4 クロム酸カリウム 酸化剤 黄色 ←(+H⁺)←

- +Pb²⁺ → $PbCrO_4$ クロム酸鉛 黄色
- +Ba²⁺ → $BaCrO_4$ クロム酸バリウム 黄色
- +Ag⁺ → Ag_2CrO_4 クロム酸銀 赤褐色

（硫酸酸性）
＋還元剤

$$2CrO_4^{2-} + 2H^+ \rightleftharpoons H_2O + Cr_2O_7^{2-}$$
$$2OH^- + Cr_2O_7^{2-} \rightleftharpoons 2CrO_4^{2-} + H_2O$$

+3 ― Cr^{3+} クロム（Ⅲ）イオン 暗緑色 →(+OH⁻)→ $Cr(OH)_3$ 水酸化クロム（Ⅲ） 灰緑色

Cr_2O_3 酸化クロム（Ⅲ） Cr ― 表面に緻密な酸化被膜

0 ― Cr クロム 銀白色
↑＋塩酸や希硫酸 → H₂
↑空気中で酸化

クロムめっきするとCr_2O_3の被膜でさびないのね！

2 マンガンの化合物

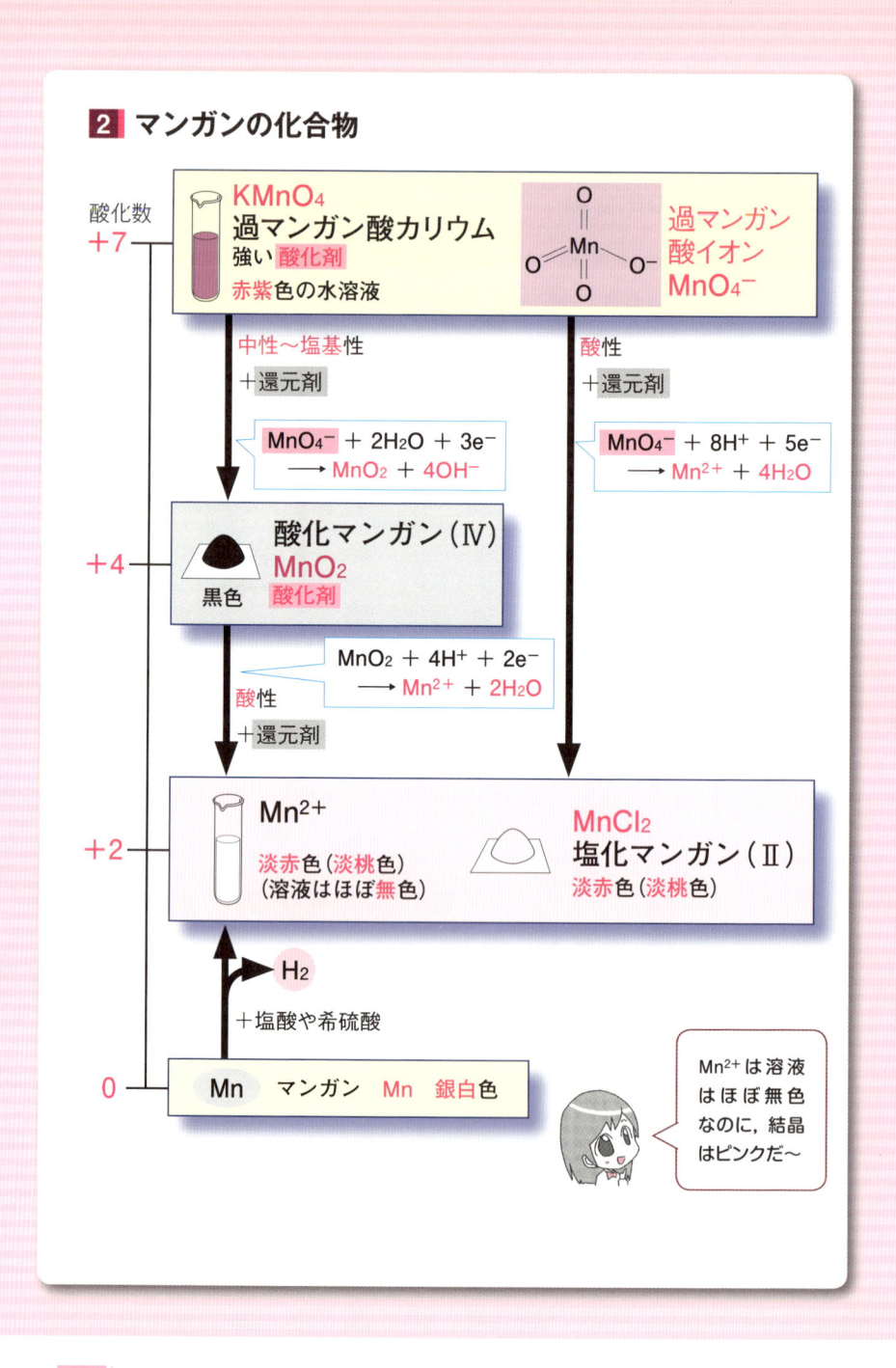

酸化数 +7

KMnO₄ 過マンガン酸カリウム
強い 酸化剤
赤紫色の水溶液

過マンガン酸イオン MnO_4^-

中性〜塩基性 +還元剤:
$$MnO_4^- + 2H_2O + 3e^- \longrightarrow MnO_2 + 4OH^-$$

酸性 +還元剤:
$$MnO_4^- + 8H^+ + 5e^- \longrightarrow Mn^{2+} + 4H_2O$$

酸化数 +4

酸化マンガン(Ⅳ) MnO_2
黒色 酸化剤

酸性 +還元剤:
$$MnO_2 + 4H^+ + 2e^- \longrightarrow Mn^{2+} + 2H_2O$$

酸化数 +2

Mn^{2+}
淡赤色(淡桃色)
(溶液はほぼ無色)

$MnCl_2$ 塩化マンガン(Ⅱ)
淡赤色(淡桃色)

+塩酸や希硫酸 → H_2

酸化数 0

Mn マンガン Mn 銀白色

> Mn^{2+} は溶液はほぼ無色なのに,結晶はピンクだ〜

©2016 Kazuhisa Kameda, Printed in Japan.

〔著者紹介〕

亀田　和久（かめだ　かずひさ）

　代々木ゼミナール化学講師。10年以上、代ゼミトップ講師として絶大なる人気を誇る。ダイナミックな授業を展開し、化学の真髄を絶妙な語りで教えるスタイルで数多くの受験生を合格へと導いている。

　各回の授業における黒板いっぱいのまとめが"化学の本質"が身につくと好評。また、色鉛筆でカラフルにまとめあげたノートは、受験生にとってまさに化学のバイブルである。本部校・札幌校・新潟校で講座を担当し、季節講習会ではオリジナルゼミが開講される。

　著書に、本書の姉妹版である『大学入試　亀田和久の　理論化学が面白いほどわかる本』『大学入試　亀田和久の　有機化学が面白いほどわかる本』の他に、『カリスマ講師の　日本一成績が上がる魔法の化学ノート』『大学入試　ここで差がつく！　ゴロ合わせで覚える化学130』（以上、KADOKAWA）、『［新版］センター｜マーク基礎問題集 化学基礎』（代々木ライブラリー）、『亀田講義ナマ中継　有機化学』（講談社）などがあり、共著書として『改訂版　9割とれる最強のセンター試験勉強法』（KADOKAWA）がある。

大学入試　亀田和久の
無機化学が面白いほどわかる本

2016年8月7日　第1刷発行
2018年2月25日　第2刷発行

（検印省略）

著　者　亀田　和久（かめだ　かずひさ）
発行者　川金　正法

発　行　株式会社KADOKAWA
　　　　〒102-8177　東京都千代田区富士見2-13-3
　　　　0570-002-301（カスタマーサポート・ナビダイヤル）
　　　　受付時間　11：00～17：00（土日　祝日　年末年始を除く）
　　　　http://www.kadokawa.co.jp/

落丁・乱丁本はご面倒でも、下記KADOKAWA読者係にお送りください。
送料は小社負担でお取り替えいたします。
古書店で購入したものについては、お取り替えできません。
電話049-259-1100（9：00～17：00／土日、祝日、年末年始を除く）
〒354-0041　埼玉県入間郡三芳町藤久保550-1

DTP／エルグ　印刷・製本／加藤文明社

©2016 Kazuhisa Kameda, Printed in Japan.
ISBN978-4-04-600740-7　C7043

本書の無断複製（コピー、スキャン、デジタル化等）並びに無断複製物の譲渡及び配信は、著作権法上での例外を除き禁じられています。また、本書を代行業者などの第三者に依頼して複製する行為は、たとえ個人や家庭内での利用であっても一切認められておりません。